高等数学(上)

北京邮电大学高等数学双语教学组　编

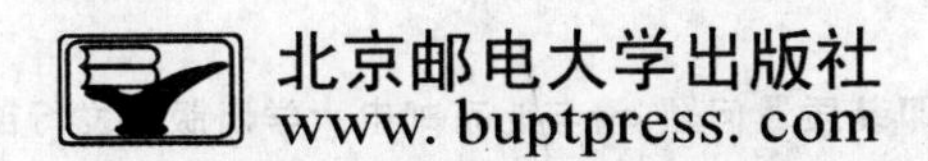

内 容 提 要

本书是根据国家教育部非数学专业数学基础课教学指导分委员会制定的工科类本科数学基础课程教学基本要求编写的教材，全书分为上、下两册，此为上册，主要包括函数与极限、一元函数微积分及其应用和无穷级数三部分.本书对基本概念的叙述清晰准确，对基本理论的论述简明易懂，例题习题的选配典型多样，强调基本运算能力的培养及理论的实际应用.本书可作为高等理工科院校非数学类专业本科生的教材，也可供其他专业选用和社会读者阅读.

图书在版编目(CIP)数据

高等数学. 上/ 北京邮电大学高等数学双语教学组编.--北京:北京邮电大学出版社，2012.8(2016.7 重印)
ISBN 978-7-5635-3132-5

Ⅰ.①高… Ⅱ.①北… Ⅲ.①高等数学—高等学校—教材 Ⅳ.①O13

中国版本图书馆 CIP 数据核字(2012)第 156543 号

书　　名：高等数学(上)
作　　者：北京邮电大学高等数学双语教学组
责任编辑：赵玉山　张国申
出版发行：北京邮电大学出版社
社　　址：北京市海淀区西土城路 10 号(邮编:100876)
发 行 部：电话：010-62282185　传真：010-62283578
E-mail：publish@bupt.edu.cn
经　　销：各地新华书店
印　　刷：北京源海印刷有限责任公司
开　　本：787 mm×960 mm　1/16
印　　张：20.75
字　　数：452 千字
印　　数：4 001—4 500 册
版　　次：2012 年 8 月第 1 版　2016 年 7 月第 3 次印刷

ISBN 978-7-5635-3132-5　　定　价：42.00 元

前　言

关于高等数学

高等数学(微积分)是一门研究运动和变化的数学,产生于16世纪至17世纪,受当时科学家们在研究力学问题时对相关数学的需要而逐渐发展起来的.高等数学中微分处理的目的是求已知函数的变化率的问题,例如,曲线的斜率,运动物体的速度和加速度等;而积分处理的目的则是在当函数的变化率已知时,如何求原函数的问题,例如,通过物体当前的位置和作用在该物体上的力来预测该物体的未来位置,计算不规则平面区域的面积,计算曲线的长度等.现在,高等数学已经成为高等院校学生尤其是工科学生最重要的数学基础课程之一,学生在这门课程上学习情况的好坏对其后续课程能否顺利学习有着至关重要的影响.

关于本书

本书是我们编写的英文"高等数学"的中译本,以便于接受双语数学的学生能够对照英文教材进行预习、复习或自习.本书的所有作者都在我校主讲了多年的双语"高等数学"课程,获得了丰富的教学经验,了解学生在学习双语"高等数学"课程中所面临的问题与困难.本书函数、空间解析几何及微分部分由张文博、王学丽和朱萍三位副教授编写,级数、微分方程及积分部分则由艾文宝教授和袁健华副教授编写,全书由孙洪祥教授审阅校对.此外,本书在内容编排和讲解上适当吸收了欧美国家微积分教材的一些优点.由于作者水平有限,加上时间匆忙,书中出现一些错误在所难免,欢迎感谢读者通过邮箱(jianhuayuan@bupt.edu.cn)指出错误,以便我们及时纠正.

致谢

本书在编写过程中得到北京邮电大学、北京邮电大学理学院和国际学院的教改项目资金支持,作者在此表示衷心感谢.同时也借此机会,感谢所有在本书写作过程中支持和帮助过我们的同事和朋友.

致学生的话

高等数学的学习没有捷径可走,它需要你们付出艰苦的努力.只要你能勤奋学习并持之以恒,定能取得成功.希望你们能喜欢这本书,并预祝你取得成功!

目 录

第 0 章

预备知识

概述

本章中我们将介绍一些在后续章节中广泛使用的重要概念.

与直角坐标系一样,极坐标系在表示平面上的点、描述函数等问题时,也发挥了重要的作用.

0.1 极坐标系

数学上看,**极坐标系**实际上就是一个二维坐标系统. 在该系统下,平面上的每一个点都可以用一个角度和一个距离来刻画. 通常,当两个点之间的关系能够较为容易地用角度和距离表示时,可以使用极坐标系;而此时,若使用直角坐标系,它们之间的关系则只能借助三角公式的帮助来刻画了.

由于极坐标系是一个二维坐标系统,平面上的每一个点都可以使用两个极坐标来表示:极径和夹角坐标(如图 0.1.1 所示).

极径(通常记作 r 或 ρ)表示从所谓**极点**的中心点(等同于直角坐标系中的原点)到该点的距离. 夹角坐标(通常称为**极角**或**方位角**,且通常记为 θ 或 t)表示从 $0°$ 的射线或**极轴**(通常使用直角坐标平面中的 x 轴)按照**正方向**或**逆时针**旋转到极径所在位置的角度.

0.1.1 绘制极坐标中的点

极坐标系中的每一个点都可以表示为两个极坐标,通常记为 r(或 ρ,称为**极径**)以及 θ **极角**(或**辐角**,有时也记为 φ 或 t). r 坐标表示到极点的距离,而 θ 坐标表示从 $0°$ 射线(或极轴)按照逆时针方向得到的角度. 极径通常采用直角坐标平面内的 x 轴[1](见图 0.1.2).

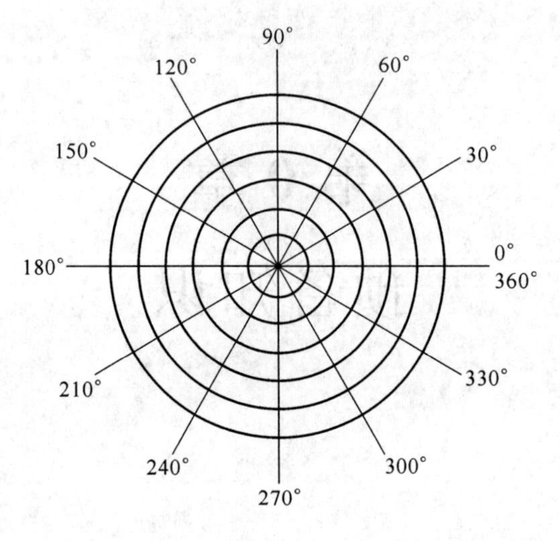

图 0.1.1

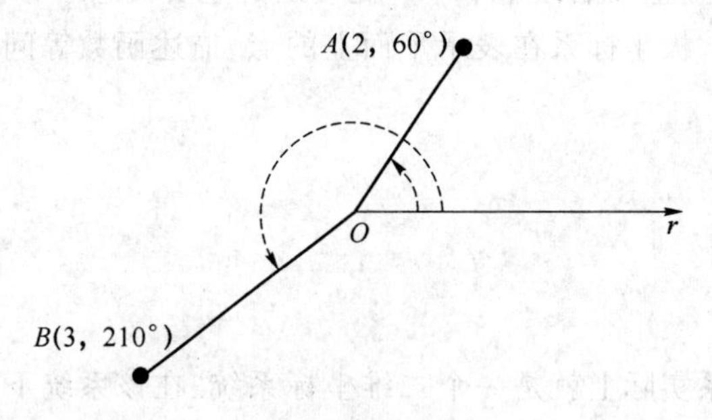

图 0.1.2

0.1.2 极坐标与直角坐标之间的转换

两个极坐标 r 和 θ 可以通过正弦和余弦三角函数转化为直角坐标 x 和 y：

$$x=r\cos\theta,$$

$$y=r\sin\theta.$$

两个直角坐标 x 和 y 也可以利用 $r=\sqrt{x^2+y^2}$ 转换为极坐标 r(该结论是利用勾股定理).

为确定极角坐标 θ,需要考虑如下的结论：

- 当 $r=0$,时 θ 可以取任何实值；
- 当 $r\neq0$,为得到 θ 的唯一表示,必须将辐角的范围限定在长度为 2π 的区间内.通常选取区间 $[0,2\pi)$ 或 $(-\pi,\pi]$.

为求得在区间 $[0,2\pi)$ 内的 θ,可以使用如下的规则(arctan 表示反正切函数)：

$$\theta=\begin{cases}\arctan\left(\dfrac{y}{x}\right), & x>0 \text{ 且 } y\geqslant 0,\\ \arctan\left(\dfrac{y}{x}\right)+2\pi, & x>0 \text{ 且 } y<0,\\ \arctan\left(\dfrac{y}{x}\right)+\pi, & x<0,\\ \dfrac{\pi}{2}, & x=0 \text{ 且 } y>0,\\ \dfrac{3\pi}{2}, & x=0 \text{ 且 } y<0.\end{cases}$$

读者也可以求得区间$(-\pi,\pi]$内的θ的计算公式.

例 0.1.1　(中心在(0,0)且半径为a的圆).在直角坐标系内,一个中心在(0,0),半径为$a>0$的圆为满足如下方程的点集

$$\sqrt{x^2+y^2}=a \text{ 或 } x^2+y^2=a^2 \quad (a>0).$$

在使用极坐标时,该表述可以非常简洁.事实上,由于圆为距离点(0,0)有相同距离的点的集合,若我们取直角坐标系的原点作为极坐标系的极点,则圆可以表示为

$$r(\theta)=a(a>0).$$

一般地,圆心在(r_0,θ_0)且半径为$a>0$的圆可以表示为

$$r^2-2rr_0\cos(\theta-\theta_0)+r_0^2=a^2.$$

例 0.1.2　(直线).**径向线**(穿过极点的直线)可用如下的方程表示

$$\theta=\theta_0,$$

其中θ_0直线升高的角度,也即$\theta_0=\arctan m$,其中m为直线在直角坐标系中的斜率.非径向直线,若它在点(r_0,θ_0)和径向直线$\theta=\theta_0$正交,则其方程为

$$r(\theta)=r_0\sec(\theta-\theta_0).$$

例 0.1.3　(极坐标玫瑰线).极坐标玫瑰线为一个著名的数学曲线,它看起来像是一朵有花瓣的花,同时它的方程在极坐标系下的表示也非常简单.

$$r(\theta)=a\cos(k\theta+\theta_0)$$

其中θ_0为给定常熟(包括0).若k为一个奇数,这些方程得到一个有k个花瓣的玫瑰,若k为偶数,则得到$2k$片花瓣的玫瑰.若k为有理数,但不是整数,则会得到一朵花瓣相互重叠的玫瑰.需要注意的是,这些方程无法得到花瓣数量为2,6,10,14等的玫瑰.变量a表示玫瑰花瓣的长度(见图0.1.3).

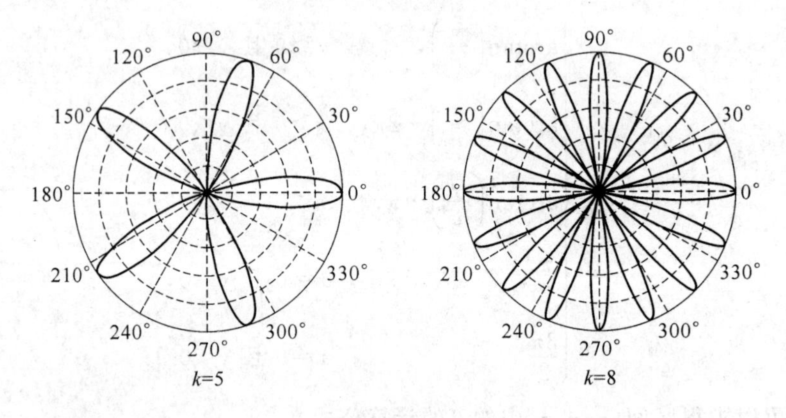

图 0.1.3

▶阅读材料:极坐标系的历史

在公元前 1 千年前,角度和半径的概念就已经被古人所使用了①. 天文学家 Hipparchus (190-120 BCE)建立了一个弦函数的表格,在其中给出了每一个角度对应的弦长,并且有文献显示他使用了极坐标系来标识恒星的位置. 在对螺线的研究中,阿基米德使用了一个半径依赖于夹角的函数来刻画阿基米德螺线. 但是,希腊人却并没有将这些工作扩展为一个完整的坐标系统.

关于如何将极坐标逐渐引入成为一种正式的坐标系统有多种不同的记载. 这个主题的完整历史在哈佛大学教授 Julian Lowell 的书《Coolidge 的极坐标起源》[3]. Grégoire de Saint-Vincent 和 Bonaventura Cavalieri 在公元 17 世纪中页分别独立地引入了极坐标的概念. Saint-Vincent 于 1625 年撰写并于 1647 年发表了自己的工作,而 Cavalieri 于 1635 年出版了自己的工作,并在 1653 年出版了修正版. Cavalieri 首次使用了极坐标来求解关于阿基米德螺线所围面积的问题. Blaise Pascal 随后将极坐标应用于计算抛物线的弧长.

在《微分法》(写于 1671 年,出版于 1736 年)一书中,Isaac Newton 爵士考察了极坐标系之间的变换问题,这一问题被他称为"对螺线的第七个方法". 此外还考虑了九个其他的坐标系[4]. 在期刊 *Acta Eruditorum*(1691)中,Jakob Bernoulli 使用了一个点在直线上的系统,分别称为**极点**和**极轴**. 其中的坐标由到极点的距离和极径与极轴之间的夹角给出. Bernoulli 的工作还被推广到采用此种坐标来计算曲线的曲率半径.

术语**极坐标**源于 Gregorio Fontana,并在 18 世纪意大利的作家的作品中使用. 该术语在英语中最早出现在 1816 年 George Peacock 翻译的 Lacroix 作品《微积分》[5](*Differential and Integral Calculus*). Alexis Clairaut 是第一个考虑三维空间中的极坐标问题的人, Leonhard Euler却是第一个真正发展了他们的人[3]. ◀

① 公元纪年,也称公历纪年或基督教纪年,通常简写为 CE,起始于公元 1 年. 以前的年份称为公元前,简记为 BCE,表示"before the Common/Current/Christian Era". 这些简写有时也使用小写字母或使用缩写点来表示(例如,"bce"或"C. E.").

▶**阅读材料**:极坐标系的应用

由于极坐标系是二维坐标系,因此它只能用于研究点的所有位置可以用一个二维平面刻画的问题.它们最为适用的范围是与从一个中心点出发的方向和距离密切相关的问题.例如,前面的例子就说明了基本的极坐标方程如何定义曲线——极坐标玫瑰线——其方程在直角坐标系内将会变得非常复杂.此外,很多物理系统——例如刚体围绕一个中心的运动以及以某一中心开始的现象等——使用极坐标将会变得更为直接、简单.引入极坐标最初的原因就是研究圆周运动和行星轨道运动.

定位与导航

极坐标系统也被应用于导航,因为航行的距离和方向可以使用针对考虑的对象给出的角度和距离来确定.例如,飞行器使用稍作修改的极坐标系来进行导航.在该系统中,通常使用如下的方式进行导航.0°的射线通常称为航向 360,角度则使用顺时针方向,而不是数学系统中的逆时针方向.航向 360 对应于磁极的北极,而航向 90、180 和 270 则分别对应于地磁东、南和西[2].因此,一架飞机向东飞行 5 海里意味着飞机沿着航向 90(空管读作 niner-zero)运行了 5 个单位距离. ◀

0.2 复数

0.2.1 复数的定义

数学上,**复数**是如下定义的数

$$a+bi,$$

其中 a 和 b 为实数,且 i 为虚单位,其性质为 $i^2=-1$.实数 a 称为复数的**实部**,b 称为**虚部**.实数可以认为是虚部为零的复数,也即,实数 a 等价于复数 $a+0i$.

若 $z=a+bi$,则 z 的实部记为 $\mathrm{Re}(z)$ 或 $R(z)$,虚部记为 $\mathrm{Im}(z)$ 或 $I(z)$.

下面给出一些常用的记号极其定义.

定义 0.2.1 (复数集合).所有复数构成的集合通常记为 $\mathbf{C}$ 或 $\mathbb{C}$.

定义 0.2.2 (复数的相等).假设有两个复数 $a+bi$ 和 $c+di$,若 $a=c$ 且 $b=d$,则称这两个复数相等.

性质 0.2.3 (复数的运算).复数可以定义加法、减法、乘法和除法,并且在满足性质 $i^2=-1$ 时,满足代数结合率、交换律及分配率:

- **加法**:$(a+bi)+(c+di)=(a+c)+(b+d)i$,

- **减法**:$(a+b\mathrm{i})-(c+d\mathrm{i})=(a-c)+(b-d)\mathrm{i}$,
- **乘法**:

$$(a+b\mathrm{i})(c+d\mathrm{i})=ac+bc\mathrm{i}+ad\mathrm{i}+bd\mathrm{i}^2=(ac-bd)+(bc+ad)\mathrm{i},$$

- **除法**:

$$\frac{(a+b\mathrm{i})}{(c+d\mathrm{i})}=\left(\frac{ac+bd}{c^2+d^2}\right)+\left(\frac{bc-ad}{c^2+d^2}\right)\mathrm{i}.$$

0.2.2 复平面

一个复数 z 可以看作一个点或者二维直角坐标系中的一个**位置向量**. 该坐标系称为**复平面**或**阿干特图**(Argand diagram,Jean-Robert Argand 之后命名,见图 0.2.1),因此点和复数 z 可以用直角坐标系给出. 分别以直角坐标系的两个轴分别表示复数的实部 $x=\mathrm{Re}(z)$ 和虚部 $y=\mathrm{Im}(z)$. 采用直角坐标系表示的复数称为复数的笛卡儿形式、直角形式或者代数形式.

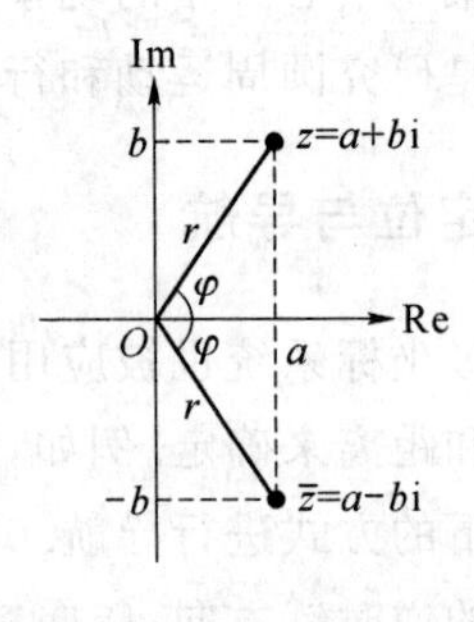

图 0.2.1

0.2.3 绝对值、共轭和距离

定义 0.2.4 (绝对值). 一个复数 $z=a+b\mathrm{i}$ 的**绝对值**(或**模**、**长度**)定义为 $|z|=r$,其中 $r=\sqrt{a^2+b^2}$.

对任意复数 z 和 w,容易验证下列结论:

- 当且仅当 $z=0$ 时 $|z|=0$,
- $|z+w|\leqslant|z|+|w|$,
- $|z\cdot w|=|z|\cdot|w|$.

定义 0.2.5 (两个复数之间的距离). 两个复数之间的距离为函数 $d(z,w)=|z-w|$.

注 0.2.6 利用距离函数的定义,我们可以将复数集合转换到度量空间,并可以讨论极限和连续.

定义 0.2.7 (复数的共轭). 复数 $z=a+b\mathrm{i}$ 的复共轭定义为 $a-b\mathrm{i}$,记为 $\bar{z}$ 或 z^*.

如图 0.2.1,$\bar{z}$ 为 z 关于实轴的"反射",容易证明

- $\overline{z+w}=\bar{z}+\bar{w}$,
- $\overline{z\cdot w}=\bar{z}\cdot\bar{w}$,
- $\overline{(z/w)}=\bar{z}/\bar{w}$,
- $\bar{\bar{z}}=z$,
- 当且仅当 z 为实数时,$\bar{z}=z$,
- $|z|=|\bar{z}|$,
- $|z|^2=z\cdot\bar{z}$,
- 若 z 非零,则 $z^{-1}=\bar{z}\cdot|z|^{-2}$.

0.2.4　复数的极坐标形式

除了直角坐标表示 $z=a+bi$ 外，z 还可用极坐标表示. 对应的极坐标为 $r=|z|\geqslant 0$，称作**绝对值或模**，且 $\varphi=\arg(z)=\arctan\left(\dfrac{b}{a}\right)$称为 z 的**辐角或相位**.

注 0.2.8　当 $r=0$ 时，φ 取任何值均表示相同的数值. 为得到唯一的表示，通常的选择是令 $\arg(0)=0$. 当 $r>0$ 时，辐角 φ 对 2π 取模后是唯一的. 因此，如果两个复数唯一的差别是它们的辐角相差 2π 的整数倍，则认为它们是等价的. 为得到唯一的表示，通常将 φ 的取值限制在区间$(-\pi,\pi]$内，也即$-\pi<\varphi\leqslant\pi$.

根据复数模与相位的定义，容易看到如下的关系（如图 0.2.1 所示）：

$$z=r(\cos\varphi+\mathrm{i}\sin\varphi) \tag{0.2.1}$$

该表示称为**三角形式**(trigonometric form). 根据欧拉(Euler)公式有

$$e^{\mathrm{i}x}=\cos(x)+\mathrm{i}\sin(x), \tag{0.2.2}$$

式(0.2.1)可以表示为

$$z=re^{\mathrm{i}\phi} \tag{0.2.3}$$

并称为**复数形式**(exponential form). 容易证明下面的性质.

性质 0.2.9　复数的乘法、除法、指数和求根运算满足如下的规则：

• 乘法：

$$r_1e^{\mathrm{i}\phi_1}\cdot r_2e^{\mathrm{i}\phi_2}=r_1r_2e^{\mathrm{i}(\phi_1+\phi_2)}; \tag{0.2.4}$$

• 除法：

$$\frac{r_1e^{\mathrm{i}\phi_1}}{r_2e^{\mathrm{i}\phi_2}}=\frac{r_1}{r_2}e^{\mathrm{i}(\phi_1-\phi_2)}; \tag{0.2.5}$$

• 指数：

$$(re^{\mathrm{i}\phi})^n=r^ne^{\mathrm{i}n\phi}, \tag{0.2.6}$$

其中 n 为整数；

• 求根：

$$\sqrt[n]{re^{\mathrm{i}\phi}}=\sqrt[n]{r}\,e^{\mathrm{i}\left(\frac{\phi+2k\pi}{n}\right)}, \tag{0.2.7}$$

其中 n 可以为实数或复数等任何数，$k=0,1,2,\cdots,n-1$，且$\sqrt[n]{r}$表示 r 的 n 次方根.

第1章

微积分基础知识

本章中,我们将介绍很多微积分的基本知识.例如集合、函数、数列的极限、函数的极限以及函数连续等,同时也包括了一些与它们相关的基本运算.

函数是数学中描述真实世界的基本工具,因此它们也是微积分研究的主要对象.

极限的概念是区分微积分与代数和三角学区别的要点之一,而且也给出数列极限和函数极限的严格定义.

如果连续改变函数的输入信息,某些函数的输出结果也连续地变化,或者说当输入信息有很小的变化时,输出结果的变化也很小.而对另一些函数,无论我们如何仔细地控制输入信息,其输出结果也可能会发生跳跃或没有规则.极限的记法给出了区分这些行为的精确方法.

1.1 集合与函数

你会如何描述你自己?你是否会采用下列之一?

“我是一个学生,来自….”

“我18岁,男,非常友好.”

“我是一个教师,并且很有幽默感.”

“我是一个单身母亲且是学校的非全日制学生.我是一个运动员.”

这些人都有特定的特点、能力,并且可以归为一个更大的、更易于识别的组的成员.人们总是将身边的一切都进行分类,通过这样的过程,可以考虑自身与环境之间、以及人们之间的关系.我们都听说过X代或Y代,以及婴儿潮时代,他们的区别主要在于年龄区别.商店和图书馆将书籍和记录等进行一定的组织,这样使得我们可以迅速、高效地找到需要的信息.电话簿将电话按照商业业务种类进行分类,这样可以帮助我们寻找到需要的产品和服务.

数学家们将他们所研究的对象也采用类似的方式划分为有意义的组.但是,他们进行划分的过程与人们平时使用的信息分类方法相比更为精细.

集合论有着很多的实际应用.如果你曾经使用过互联网搜索引擎在数以百万计的网站之间搜索信息,你就已经受惠于集合论的原理了.本节内容并不希望过分深入集合论的细节理论,而需将主要的精力放在本书后续章节中经常用到的一些集合的符号.

1.1.1　集合及运算

1. 集合的语言

数学家们将具有相同性质的对象组成一组,从而可以将这一组对象看成为一个单一的对象进行处理.用数学的术语来说,一组对象的全体就称为**集合**(set),集合中的每一个个体称为集合的**元素**(element)或**成员**(members).

一般地,使用大写字母表示集合的名称,而集合中的元素则通常使用小写字母表示.例如,可以将教室内的所有同学的集合记为 A,而这个集合中的一个元素可以是 x,a,p 或 d.

通常我们使用集合符号来表示集合.

通常使用大括号将集合的元素括起来表示集合.例如,考虑一年的四个季节构成的集合 S,这个集合可以写为 $S=\{$春天,夏天,秋天,冬天$\}$.尽管可能将集合中的所有元素都用列表的方式给出,但是,这样做有的时候并不方便.设 B 为从 1 到 1000 之间的所有正整数,若将其所有的元素都列出来是不可能的.但是,我们可以将其写为 $B=\{1,2,3,\cdots,1000\}$.列出 B 的前几项的目的是为了建立一种模式.那些点,称为省略号,表示按照前面给出的方式逐项给出直到集合的最后一项,此处为 1000.如果在省略号后面没有数字,例如 $W=\{0,1,2,\cdots\}$,表示该列表没有最后一项.

定义 1.1.1　(有限集与无限集). 具有有限个元素的集合称为**有限集**(finite set),有无限个元素的集合称为**无限集**(infinite set).

如果集合的所有元素具有相同的属性,不属于这个集合的元素都不具有这个属性,此时,我们可以用给出属性的方式表示集合.例如,设 C 所有肉食动物的集合,则采用给出属性的方法,集合可以表示为

$$C=\{x|x\text{ 为肉食动物}\} \tag{1.1.1}$$

该式可以读作:

C 为所有元素 x 的集合,其中 x 为食肉动物.

显然狮子是集合 C 的一个元素,但是山羊不是.

例 1.1.2　(数学中常用的数集).下列给出了一些常用的数集及其符号:

$\mathbf{N}=\{x|x$ 为自然数$\}=\{0,1,2,\cdots\}$;

$\mathbf{N}_+=\{x|x$ 为正自然数$\}=\{1,2,\cdots\}$;

$\mathbf{Z}=\{x|x$ 为正整数$\}=\{0,\pm1,\pm2,\cdots\}$;

$\mathbf{Q}=\{x|x$ 为有理数$\}$;

$\mathbf{R}=\{x|x$ 为实数$\}$.

注 1.1.3 正确使用术语和符号可以大大改进自己在数学方面工作的质量. 例如,如果你大声将(1.1.1)表示的集合读出来,它就好像是语法完全正确的句子.

当使用属性法表示集合时,可能得到没有任何元素满足属性的集合. 例如集合

$$M=\{m|m \text{ 为大于 2 但小于 1 的整数}\} \tag{1.1.2}$$

就不包含任何元素.

定义 1.1.4 不包含任何元素的集合称为**空集**(empty set 或 null set),并记为$\varnothing$.

因此,如果集合 M 为一个空集. 我们可以将其记为 $M=\varnothing$. 接下来,介绍另一个较为常用的集合——全集.

定义 1.1.5 在讨论某一问题时,所有可能的元素构成的集合称为**全集**(universal set),通常记为 X.

用"是……的一个元素"的符号表示一个对象是一个集合的成员.

符号"$\in$"用来表示短语"是……的一个元素". 尽管"$\in$"看起来和字母 e 有些相似,但这两个符号表示的含义是完全不同的,不能混淆. 符号"$3\in A$"表示 3 是集合 A 的一个元素. 若 3 不是集合 A 的一个元素,我们将其记为"$3\notin A$". 意大利数学家 Giuseppe Peano 于 1889 年引入了这个记号. 这个记号是希腊单词 ιστι 首字母缩写 ε 的另一个写法,这个单词的意思为"是".

2. 集合的比较

将对象用集合的方式进行组织的一个重要意义,在于可以用比较其他数学对象的方法相似的方法,对研究的对象进行比较,正如代数学中的数字以及几何学中的几何图形.

如果一个集合的元素都属于另一集合,则称该集合为另一集合的子集合.

两集合比较时,一个非常基本的方法就是判断一个集合是否是另一个集合的一部分.

定义 1.1.6 集合 A 称为集合 B 的**子集**(subset)的充要条件为 A 中的每一元素均为 B 中的元素. 这个关系被记为 $A\subseteq B$. 若 A 不是集合 B 的子集则记为 $A\nsubseteq B$.

相等的集合包含相同的元素.

当考虑两个集合是否一样时,需要理解另一个重要的概念.

定义 1.1.7 两个集合 A 与 B **相等**(equal)的充要条件为他们恰有相同的成员. 此时,记为 $A=B$. 若 A 与 B 不相等,则记为 $A\neq B$.

这个定义说明对于两个相等的集合 A 和 B ,集合 A 中的所有元素必然为 B 中的元素,而且 B 中的每一元素也必然为 A 中的元素.

定义 1.1.8 若集合 A 和集合 B 满足 $A\subseteq B$ 但 $A\neq B$,则称 A 为集合 B 的**真子集**(proper subset). 若 A 不是 B 的真子集,则记为 $A\not\subset B$.

Venn 图以几何的方式表示集合.

Venn 图通常用于可视化展示集合之间的关系. 图 1.1.1 为集合 A 为集合 B 子集的一个示意图.

通常用一个矩形表示全集,并以 X 标记. 标记为 A 的区域完全包含于标记为 B 的区域,这表示 A 中的全部元素也属于 B .

3. 集合的运算

当使用数字的运算,例如加法、减法等,实际上是将数字进行组合然后得到新的数字. 类似地,集合运算也给出了不同的方法来得到其他的集合.

(1) 并集

将两个集合的元素合在一起得到集合的并集.

定义 1.1.9　集合 A 与 B 的**并集**(union)表示所有属于 A 的元素或 B 的元素的集合,记为 $A \cup B$. 用集合符号可表示为

$$A \cup B=\{x \mid x \text{ 为集合 } A \text{ 的元素或 } x \text{ 为集合 } B \text{ 的元素}\}.$$

在构造并集时,总是将两个集合结合在一起得到更大的集合. 例如 $\{1,2,3,4\} \cup \{4,5,6\} = \{1,2,3,4,5,6\}$. 注意到尽管 4 同时属于两个集合,在并集中却没有必要将元素 4 罗列两遍,如图 1.1.2 所示.

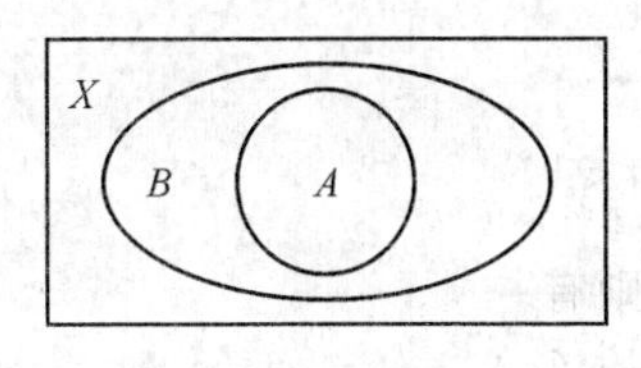

图 1.1.1

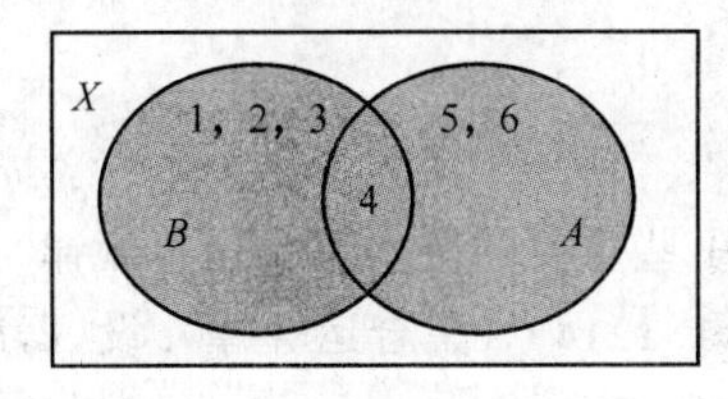

图 1.1.2

(2) 交集

两个集合的公共部分称为集合的交集.

定义 1.1.10　集合 A 和 B 的交集,记为 $A \cap B$,为属于 A 和 B 的公共元素的集合. 用集合的符号表示为

$$A \cap B=\{x \mid x \text{ 为 } A \text{ 的元素且 } x \text{ 为 } B \text{ 的元素}\}.$$

多于两个集合的交集为那些所有集合的公共元素组成的集合. 若 $A \cap B = \varnothing$,则称 A 和 B **不相交**(disjoint).

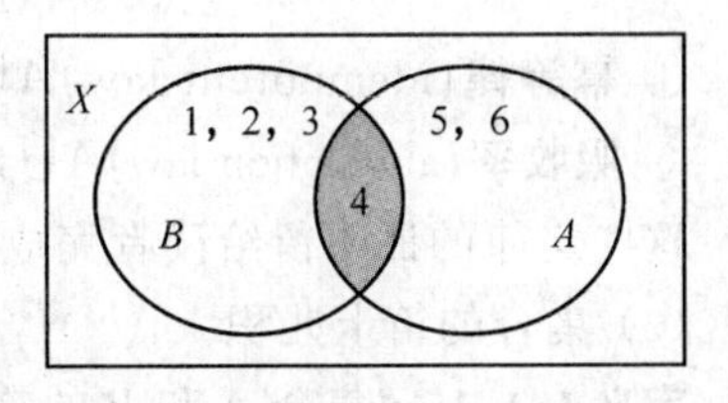

图 1.1.3

图 1.1.3 说明了两个集合的交集, $\{1,2,3,4\} \cap \{4,5,6\} = \{4\}$,而且 Venn 图总是能够帮助我们理解集合论中的问题.

(3) 补集

定义 1.1.11 若 A 为全集 X 的子集,则集合 X 中不属于集合 A 的元素的全体称为 A 的**补集**(complement). 这个集合记为 C_A 或 A^c. 以集合的符号表示为

$$C_A=\{x|x\in X 但 x\notin A\}.$$

如图 1.1.4(a),容易证明$(A\cup B)^c=A^c\cap B^c$,而这个结果也是下面著名定理的结论.

定理 1.1.12 (DeMorgan 定律[①]). 若 A 和 B 为两个集合,则 $(A\cup B)^c=A^c\cap B^c$ 且 $(A\cap B)^c=A^c\cup B^c$.

为构造两个集合的减法,首先从一个集合中除去另一个集合中出现过的元素.

定义 1.1.13 集合 B 与集合 A 的**差**(difference)定义为集合 B 中不属于集合 A 的元素的集合. 这个集合记为 $B-A$ 或 $B\backslash A$. 利用集合符号有

$$B-A=\{x|x 为集合 B 的元素且 x 不是 A 的元素\}.$$

见图 1.1.4(b).

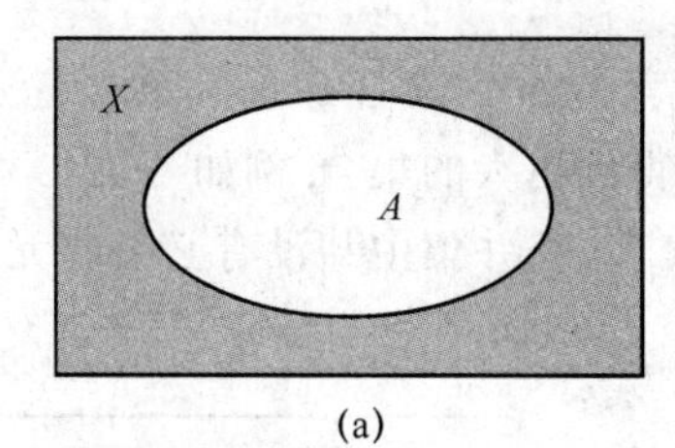

(a)

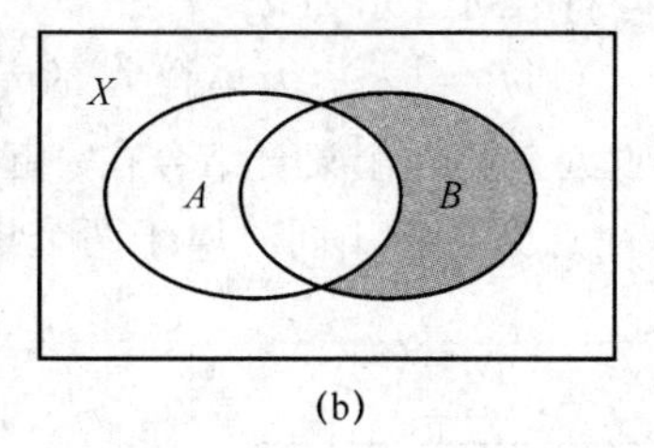

(b)

图 1.1.4

(4) 一些重要的基本集合运算规律

定理 1.1.14 (集合运算律). 设 A,B 及 C 为集合,则有

① **交换律**(commutative law)$A\cup B=B\cup A$;$A\cap B=B\cap A$.

② **结合律**(associative law)$(A\cup B)\cup C=A\cup(B\cup C)$;$(A\cap B)\cap C=A\cap(B\cap C)$.

③ **分配律**(distributive law)

$$(A\cup B)\cap C=(A\cap C)\cup(B\cap C);$$
$$(A\cap B)\cup C=(A\cup C)\cap(B\cup C);$$
$$(A\backslash B)\cap C=(A\cap C)\backslash(B\cap C).$$

④ **幂等律**(idempotent law)$A\cup A=A$;$A\cap A=A$.

⑤ **吸收率**(absorption law)$A\cup\varnothing=A$;$A\cap\varnothing=\varnothing$. 若 $A\subseteq B$,则 $A\cup B=B$ 且$A\cap B=A$.

这些定律的证明留给读者完成.

(5) 集合的笛卡儿积

定义 1.1.15 集合 A 和 B 的**笛卡儿积**(Cartesian product)〔也称为集合的**乘积**(product)、

---

① 该定理也称为集合论中的对偶律.

集合的**直积**(direct product)或集合的**叉积**(cross product)〕为点集(x,y)，其中 $x\in A$ 且 $y\in B$. 该集合记为 $A\times B$.

这个集合之所以称作笛卡儿积，主要是因为它最早出现在笛卡儿的解析几何公式中. 在笛卡儿看来，平面上的点可以用它们的竖直和水平坐标来表示，而在直线上的点则只需要一个坐标即可表示. 直积的一个主要例子就是欧几里得三维空间($\mathbf{R}\times\mathbf{R}\times\mathbf{R}$，其中 $\mathbf{R}$ 为所有实数)，以及平面($\mathbf{R}\times\mathbf{R}$).

1.1.2　映射与函数

函数在数学中的很多领域都扮演着非常重要的角色，正如他们在其他科学和工程学中一样. 但是，与函数相关的直接的记号，甚至于术语**函数**(function)表示的确切含义在不同的领域也是各不相同的. 在很多抽象数学的领域，例如集合论，通常考虑非一般形式的函数，这些函数可能根本不能给出一个具体的规则，或者符合某种较为熟悉的法则. 抽象地讲，函数的基本特征仅仅意味着他将输入和输出结果之间建立了联系.

这些函数并不必须包含数字，例如将所有单词与其第一个字母建立联系. 同时他们也可以是如下讨论的类型. 代数学中，函数通常使用代数运算的术语来表示. 分析学中的函数，例如**指数函数**(exponential function)，通常来源于连续空间，并带有特殊的性质，但是一般地说，他们无法使用一个单一的公式表述. 复变函数中的解析函数可以用非常确定的级数展开来定义. 然而，在 λ 演算中，函数则是一个基本的概念，而不是那些用集合论定义的术语. 在大多数学领域中，术语**映射**(map **或** mapping)以及**变换**(transformation)通常是函数的同义词. 但是，在某些内容中，他们却有着不同的含义. 特别地，术语“变换”一般应用于那些输入和输出均为相同集合的函数，或者一些其他的一般结构. 例如，人们会考虑从一个向量空间到其自身的线性变换，以及集合对象或者图案的对称变换.

数学函数通常用字母来书写，且对输入 x 的输出函数 f 的标准记法为 $f(x)$.

定义 1.1.16　(映射). **映射**(mapping)是集合之间建立的关系，他关联了相同的集合或一个集合与另外一个集合之间的元素.

确切地说，若令 A 和 B 为两个非空集合. 若对每一个 $x\in A$，存在唯一的一个 $y\in B$，使得 x 按照某一规则 f 与之对应，则 f 称为从集合 A 到集合 B 的映射，并记为

$$f:A\rightarrow B$$

或

$$f:x\rightarrow y=f(x),\quad x\in A.$$

其中，y 称为 x 在映射 f 之下的**像**(image)，x 则称为 y 在映射 f 下的**原像**(inverse image).

注 1.1.17　在与数学相关的领域，术语**映射**(map **或** mapping)通常和函数具有相似的含义. 粗略地，同时也是不太正式的函数可以如下定义. 令 D 与 C 为两个集合. 一个从 D 到 C 的函数，f，就是将每一个 C 中的元素均和一个唯一的 D 中的元素对应得到的关系. 集合

D 称为函数的**定义域**(domain);集合 C 称为函数的**上域**(codomain),表示函数所有可能的"输出结果".

这个非正式的将函数看作一个关系的方法,自从远古时代就开始使用,直到现在,在很多非正式的介绍微积分的教材中也是如此定义的.一个经典的非正式定义,正如 Tomas 和 Finney(1995)给出的,是"函数就是一个将 C 中的每一元素都与 D 中的唯一一个元素之间建立起来的规则".这样的定义在很多场合都已经足够了,但是他依赖于对一个没有定义的术语"规则(rule)"的理解.在 19 世纪末,如何有效地构造一个函数的定义被提了出来.现代数学家的共识是,"规则"一词,应尽可能以最为一般的意义解释:类似一种"二元关系(binary relation)".

定义 1.1.18 (函数).设 D 和 C 为两个非空数集,f 为一个"规则".对任意 D 中的元素 x,若存在唯一的一个 C 中的元素 y 按照规则 f 与 x 对应,则称存在一个从集合 D 到集合 C 的函数,并记为

$$f:D\to C \text{ 或 } f:x\to y=f(x),\quad x\in D.$$

集合 D 称为**定义域**(domain **或** domain of definition),表示所有输入变量的集合,集合 C 称为**值域**(range).x 称为**自变量**(independent variable),y 称为**因变量**(dependent variable).记号 $f(x_0)$ 表示函数在 $x=x_0$ 处的取值.

由所有自变量和因变量组成的有序数对所构成的集合称为**图形**(graph).

注 1.1.19 一般地,在近代科学技术中,函数通常用于描述一个系统的反馈.也即,若给出某些"输入"变量,系统会生成一个"输出",而此时就建立了一种自变量和因变量之间的"规则".见图 1.1.5.

一个函数的"输入"并不一定要求是一个实数.例如,一个函数的功能是将字母 A 与数字 1 对应,将字母 B 与数字 2 对应,并依此类推.

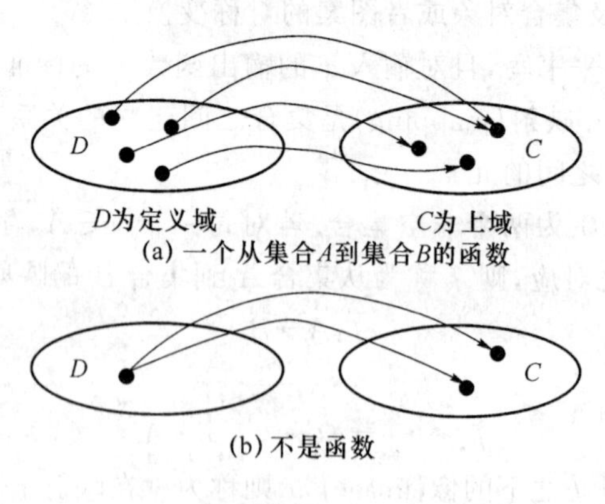

(a) 一个从集合A到集合B的函数

(b) 不是函数

图 1.1.5

思考 1.1.20 函数定义中的上域与函数的值域有什么不同?

注 1.1.21 如果一个函数不起任何作用,或总是返回那些输入变量的量,则称其为**恒等**

函数(identity function),也可称为**恒等映射**(identity map)或**恒等变换**. 换句话说,恒等函数定义为 $f(x)=x$.

注 1.1.22　为简单起见,函数 f 的定义域记为 $D(f)$,f 的值域记为 $R(f)$. 这样的记号在很多微积分教科书中都在使用.

例 1.1.23　求函数的定义域

$$y=\sqrt{1-|x|}+\ln(2x-1). \tag{1.1.3}$$

解　由定义,容易求得那些使 y 可以用(1.1.3)定义的包含所有 x 的集合. 容易看到,若记 $y_1=\sqrt{1-|x|}$ 且 $y_2=\ln(2x-1)$,则 y_1 在 $|x|\leqslant 1$ 或 $-1\leqslant x\leqslant 1$ 时有定义,y_2 则在 $x>\dfrac{1}{2}$ 或 $\dfrac{1}{2}<x<+\infty$ 时有定义. 由于 y_1 和 y_2 需要同时有定义,因此

$$x\in A=\{x\,|\,-1\leqslant x\leqslant 1\}\cap\left\{x\,\middle|\,\frac{1}{2}<x<+\infty\right\}=\left\{x\,\middle|\,\frac{1}{2}<x\leqslant 1\right\}.$$

因此,(1.1.3)中定义的函数的定义域为

$$D(f)=\left\{x\,\middle|\,\frac{1}{2}<x\leqslant 1\right\}.$$

术语**区间**(interval)通常指数集或符号集合的一个抽象集合,且例如$[a,b]$、$(a,b]$、$[a,b)$及(a,b)的概念也是较为熟悉的了. 因此也可以使用这些记号来写出函数的定义域. 例如,例 1.1.23 中的函数 f 的定义域可以写为 $D(f)=\left(\dfrac{1}{2},1\right]$.

注 1.1.24　(逆函数或反函数). 非正式地说,一个函数 f 的**逆函数**或**反函数**(inverse function)是一个与函数 f 功能相反的函数,他将每一个 $f(x)$ 的取值作为自己的参数 x 平方函数为非负的平方根函数的逆函数. 正式地说,由于每一个函数 f 是一个关系,其逆 f^{-1} 就是其逆关系. 也即,若 f 的定义域为 X,值域为 Y,图形为 G,则其逆函数的定义域为 Y,值域为 X,图形为

$$G^{-1}=\{(y,x)\,|\,(x,y)\in G\}.$$

例如,若 f 的图形为 $G=\{(1,5),(2,4),(3,5)\}$,则 f^{-1} 的图形为 $G^{-1}=\{(5,1),(4,2),(5,3)\}$.

关系 f^{-1} 是函数的充要条件是对值域中的每一个 y,有且仅有一个参数 x 使得 $f(x)=y$;换句话说,函数 f 的逆函数存在的充要条件是 f 为一个**双射**(bijection),$f^{-1}(f(x))=x$ 对任意 X 中的元素 x 都成立,且 $f(f^{-1}(y))=y$ 对任意 Y 中的元素 y 也都成立. 有时,一个函数也可以通过修正,一般是将函数的定义域用其一个子集替换,并且相应修改其值域和图像,使得它成为一个可逆函数.

例如,对函数 $y=\sin(x)$ 的逆函数 $f(x)=\arcsin(x)$,若定义 $y=\arcsin(x)$ 当且仅当 $x=\sin(y)$,则这并不是一个函数,因为其图形中同时包括有序对$(0,0)$及有序对$(0,2\pi)$. 但是,如果将函数 $y=\sin(x)$ 的定义域改为 $-\pi/2\leqslant x\leqslant\pi/2$,并将值域改为 $-1\leqslant y\leqslant 1$,则其结果是

函数可逆. 为了和函数 $y=\arcsin(x)$ 相区别,此处,将这个逆函数的首字母 A 大写,$f(x)=\mathrm{Arcsin}(x)$.

引入函数的方法

对于函数的引入,可以使用任何想要的方法.本节将介绍三种常用的方法.

1. 表格法(by tabulating)

将一个函数的输入和输出列表绘制在一个表格中.

例 1.1.25 (表格法引入函数).给出下列表格并容易验证该表格确实定义了一个函数.

表 1.1.1

x	1	2	3	4	5	6	7	8	9	10
$f(x)$	3	4	10	5	9	3	5	6	8	1

思考 1.1.26 你能否给出表格 1.1 定义的函数的定义域和值域?

2. 图像法(by graphs)

这是一个给出函数输入输出之间关系的常用方法.通过这个方法,可以绘制一个函数的图像,并可以容易地看出函数的趋势.

例 1.1.27 绘制函数的图像

$$u(t)=\begin{cases} t, & 0\leqslant t\leqslant 1, \\ 2-t, & 1\leqslant t\leqslant 2. \end{cases}$$

函数的图像见图 1.1.6.函数的定义域为[0,2].

例 1.1.28 (最大整数函数).最大整数函数定义为求不超过给定实数 x 的最大整数的函数.这个函数记为$[x]$,其中 $x\in(-\infty,+\infty)$.其图像如图 1.1.7 所示.

例 1.1.29 (符号函数).符号函数的定义为

$$y=\mathrm{sgn}\,x=\begin{cases} 1, & x>0, \\ 0, & x=0, \\ -1, & x<0. \end{cases}$$

如图 1.1.8 所示.

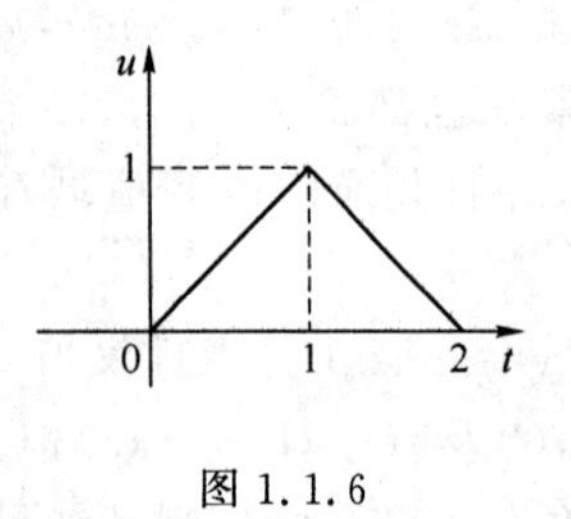

图 1.1.6

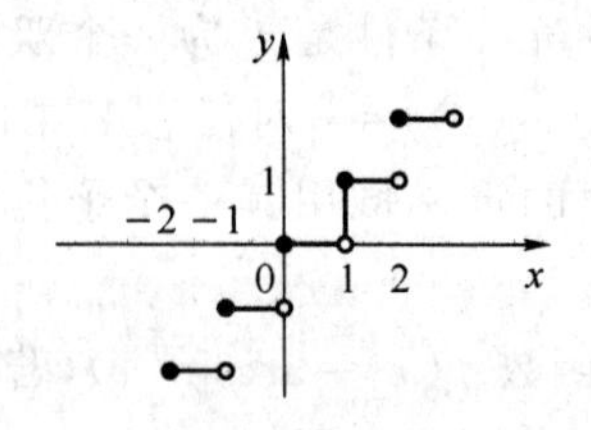

图 1.1.7

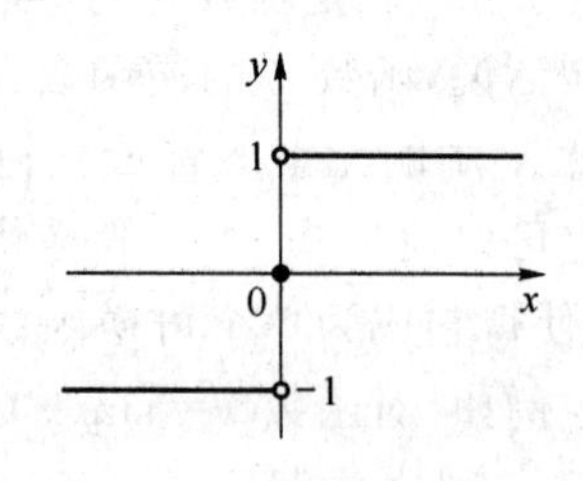

图 1.1.8

3. 解析法(by analytic representation)

并不是所有的函数都容易用图像进行表示(后面会看到这种情形),因此另一种替代的方式是使用解析表达式表示函数.这种方法抽象地定义了函数,并被数学家们广泛使用.

例 1.1.30 (Dirichlet 函数).另 c 及 $d\neq c$ 为两个实数(通常选取 $c=1$ 且 $d=0$).Dirichlet 函数定义为

$$D(x)=\begin{cases} c, & \text{当 } x \text{ 为有理数}, \\ d, & \text{当 } x \text{ 为无理数}. \end{cases} \tag{1.1.4}$$

绘制这个函数的图像非常困难的,因为这个函数在任何地方都不连续.但是你可以像(1.1.4)一样将这个函数写出来.

例 1.1.31 (整数变量函数).如果一个函数的定义域为正整数集合,则称该函数为**整数变量函数**(integer variable function),并记为

$$y=f(n),\quad n\in \mathbf{N}_+.$$

若记 $f(n)=a_n, n\in \mathbf{N}_+$,则整数变量函数可以表示为一个序列:

$$a_1,a_2,\cdots,a_n,\cdots.$$

注 1.1.32 函数是一个只依赖于定义域、自变量以及因变量的"规则",并不依赖于其自变量和因变量的书写符号.因此,若函数 f 和 g 有相同的定义域,且对任意 $x\in D(f)=D(g)$,有 $f(x)=g(x)$,则称 f 和 g 为**相等的**(equal).例如,下列函数是相等的:

$$y=\sqrt{1-x^2},x\in[-1,1];y=\sqrt{1-t^2},t\in[-1,1];$$

$$u=\sqrt{1-v^2},v\in[-1,1];x=\sqrt{1-y^2},y\in[-1,1].$$

注 1.1.33 为简单起见,引入如下的记号:$\exists$ 表示"存在";$\exists 1$ 表示"存在且唯一";$\forall$ 表示"对所有给定的"或"对所有的";$P\Leftrightarrow Q$表示"P 等价于 Q".

1.1.3 函数的基本性质

由于函数在数学上起着非常重要的作用,因此了解函数的性质非常重要.接下来,将介绍一些函数的基本性质.

定义 1.1.34 (有界性).令 $y=f(x)$且 $D(f)$为 f 的定义域.令 $A\subset D(f)$.若对任意 $x\in A$,$\exists M>0$,使得$|f(x)|\leqslant M$,则称 f 在 A 上有界(见图 1.1.9(a)).反之,若对任意的 $M>0$,总存在一个 $x_0\in A$,使得$|f(x)|>M$,则称 f 在 A 上无界(见图 1.1.9(b)).

定义 1.1.35 (单调性).令 $y=f(x)$且 $D(f)$为函数 f 的定义域.令 $A\subset D(f)$.若 $\forall x_1,x_2\in A$ 且 $x_1<x_2$,总有

$$f(x_1)\leqslant f(x_2)\quad \text{或}\quad f(x_1)\geqslant f(x_2),$$

则 $f(x)$称为在 A 上**单调增加的**(monotonic increasing)(见图 1.1.10(a))或**单调减少的**(monotonic decreasing)(见图 1.1.10(b)).若

$$f(x_1)<f(x_2)\quad \text{或}\quad f(x_1)>f(x_2),$$

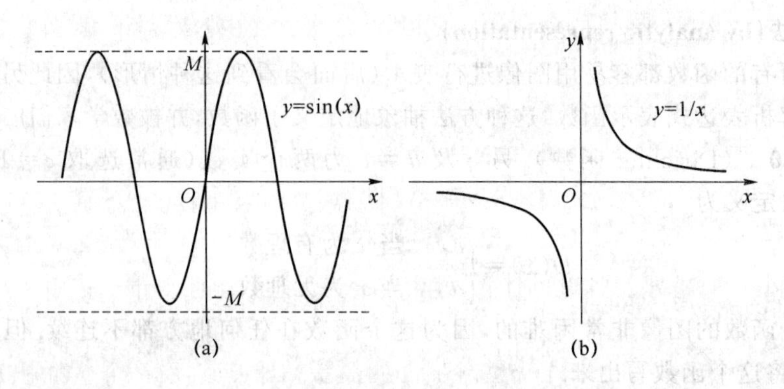

图 1.1.9

则称 f 在 A 上为**严格单调增加的**(strictly monotonic increasing)或**严格单调减少的**(strictly monotonic decreasing)

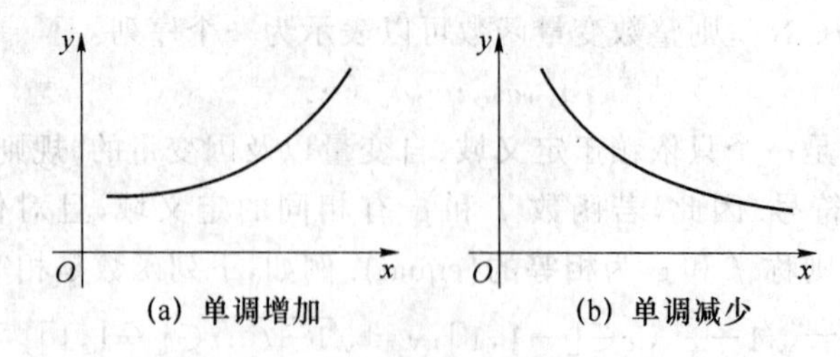

图 1.1.10

定义 1.1.36 (奇偶性). 令 $y=f(x)$,$D(f)$为 f 的定义域. 令 $A\subset D(f)$. 若 $\forall x\in D(f)$,均有

$$f(-x)=f(x),$$

则称 f 为一个**偶函数**(even function)(如图 1.1.11(a)所示). 若 $\forall x\in D(f)$,总有

$$f(-x)=-f(x),$$

则称 f 为一个**奇函数**(odd function)(如图 1.1.11(b)所示).

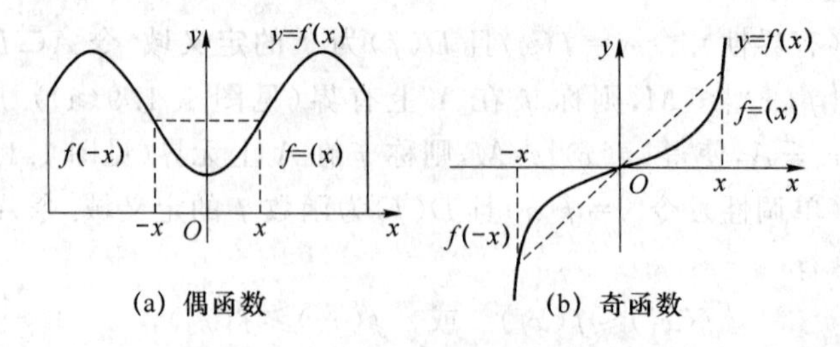

图 1.1.11

定义 1.1.37 (周期性). 令 $y=f(x)$,$D(f)=(-\infty,+\infty)$为 f 的定义域. 若存在一个

$T>0$,使得 $\forall x\in D(f)$,有

$$f(x+T)=f(x),$$

在称 f 为一个**周期函数**(periodic function),其**周期**(period)为 T(如图 1.1.12 所示).

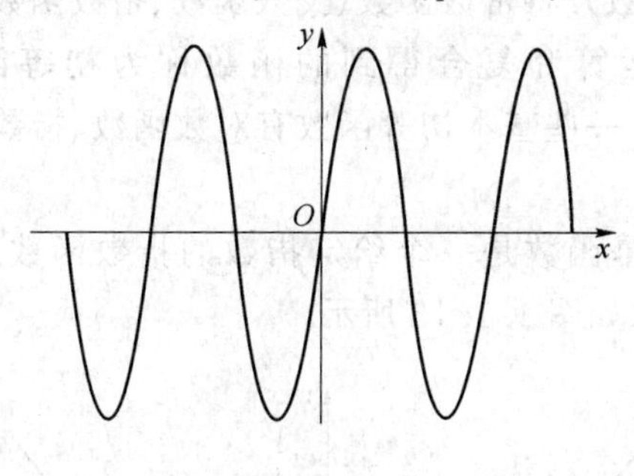

图 1.1.12

易见,若 T 为 f 的一个周期,则 $2T,3T,\cdots$都是 f 的周期.在这些周期中,最小的周期是最为重要的.

思考 1.1.38　能否构造一个没有最小正周期的周期函数?

1.1.4　复合函数

定义 1.1.39　**复合函数**(composite function)是通过将一个函数与另外一个函数复合而成的函数,它表示的是将符合函数的参数先应用于一个函数,然后将这个结果再作为参数应用于另一个函数.函数 $f:X\to Y$ 和 $g:Y\to Z$ 可以按照先将 f 作用在参数 x 上,然后将其结果作用于 g 来得到最终的结果.因此可以得到一个函数 $g\circ f:X\to Z$ 定义为对一切 X 中的变量 x,$(g\circ f)(x)=g(f(x))$.记号 $g\circ f$ 读作"g 复合 f".

定义 1.1.39 等价于令 $u=f(x)$,$y=g(u)$为两个函数,若对任一 $x\in X$,$f(x)=u\in D(g)$,则函数 g 和 f 可以复合为一个复合函数.

$$y=g(f(x)),x\in X.$$

称 u 为复合函数的**中间变量**(intermediate variable).

例 1.1.40　令 $f(u)=u^2$,$g(v)=\arcsin v$,$h(x)=x^2$,则

$$(f\circ g\circ h)(x)=f(g(h(x)))=(\arcsin x^2)^2.$$

注 1.1.41　(复合函数的结合性).复合函数"总是"具有**结合性**(associativc)的.即,若 f,g 和 h 为三个函数,它们的定义域及值域都已经经过了恰当的选择,则 $f\circ(g\circ h)=(f\circ g)\circ h$.由于对括号的不同位置,对复合函数并没有影响,因此,可以去掉所有的括号.

注 1.1.42　(复合函数的交换性).设 g 和 f 为两个函数,若 $g\circ f=f\circ g$,则他们称为**可交换**(commute)的.一般地,复合函数并不满足交换性.交换性是一个非常特殊的性质,只有对特殊的函数,并在特殊的条件下才成立.例如,$|x|+3=|x+3|$ 只有在 $x\geqslant 0$ 时成立.但是逆函数通常是可交换的,因为需要和函数复合而成恒等映射.

1.1.5 初等函数及双曲函数

定义 1.1.43 (初等函数). 将常数函数、代数函数、指数函数、对数函数以及他们的逆函数,经过有限多次的四则运算和复合得到的函数称为**初等函数**(elementary function)(Shanks 1993,Chow 1999).一些基本初等函数有对数函数、指数函数(包括双曲函数)、幂函数和三角函数.

例 1.1.44 幂函数). 幂函数是一个给定指数的指数函数.表达式 x^a 表示"x 的 a 次幂".一些 x 的幂函数的图像如图 1.1.13 所示.

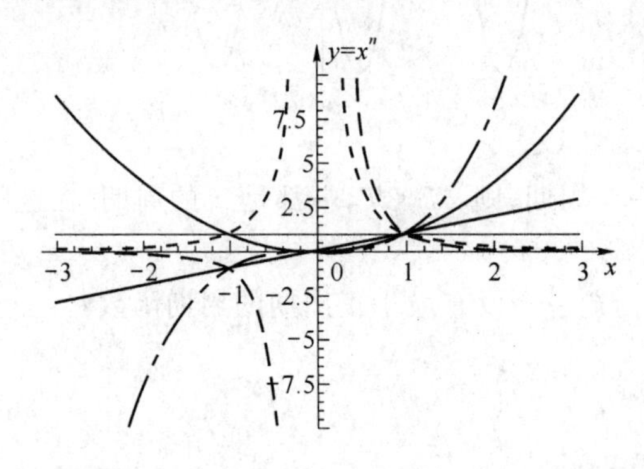

图 1.1.13

幂次可以是整数、实数或复数.注意,一个实数的非正数次幂次并不一定是实数.例如,$x^{1/2}$ 只有在 $x\geqslant0$ 时才是实数.

任何非 0 数的 0 次幂定义为 1.

例 1.1.45 (对数函数).底为 b,x 的对数,$\log_b x$,定义为 b^x 的逆函数.因此,对适当的 x 和 b,有

$$x=\log_b(b^x),\tag{1.1.5}$$

或者等价地写为

$$x=b^{(\log_b x)}.\tag{1.1.6}$$

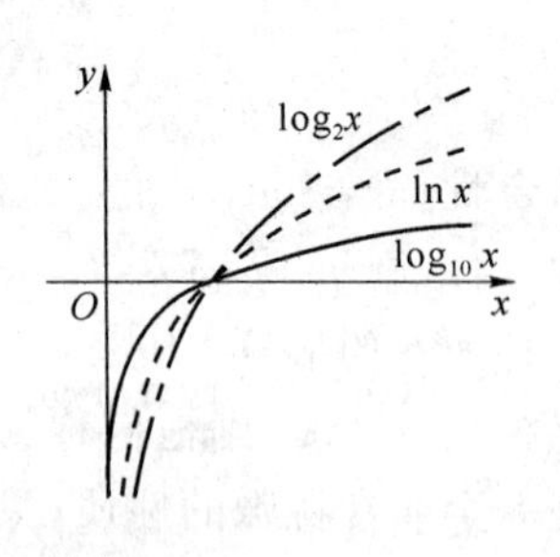

图 1.1.14

无论基是什么,对数函数在 $x=0$ 处均奇异.图 1.1.14 中,给出了底为 2(表示为 $\log_2 x$)、e(自然对数底,$\log_e x=\ln x$)以及底为 10(常用对数,$\log_{10} x=\lg x$)的对数函数图像.

例 1.1.46 (指数函数). 指数函数(exponential function)定义为

$$f(x)=a^x,\quad a>0 \text{ 且 } a\neq1.$$

特别地,若 $a=\mathrm{e}$,即取自然对数底,则记

$$\exp(x)\equiv\mathrm{e}^x.$$

例 1.1.47　(双曲函数). 双曲正弦(Hyperbolic Sine)定义为

$$\sinh x=\frac{e^x-e^{-x}}{2},$$

其中 x 既可以是实数,也可以是复数. 有时也用符号 sh x 表示此函数. 当 x 为实数时,该函数的图像如图 1.1.15 所示.

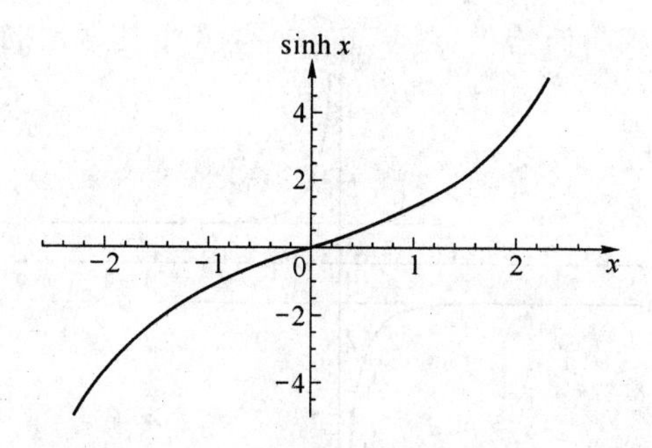

图 1.1.15

双曲余弦(Hyperbolic Cosine)定义为

$$\cosh x=\frac{e^x+e^{-x}}{2},$$

其中 x 也可以为实数或复数. 有时也使用符号 ch x 表示这个函数. 当 x 为实数时的函数图像如图 1.1.16 所示.

双曲正切(Hyperbolic Tangent)定义为

$$\tanh x=\frac{\sinh x}{\cosh x}=\frac{e^x-e^{-x}}{e^x+e^{-x}}=\frac{e^{2x}-1}{e^{2x}+1},$$

其中 x 可以为实数,也可以为复数. 有时也用符号 th x 表示该函数. 当 x 为实数时,函数的图像如图 1.1.17 所示.

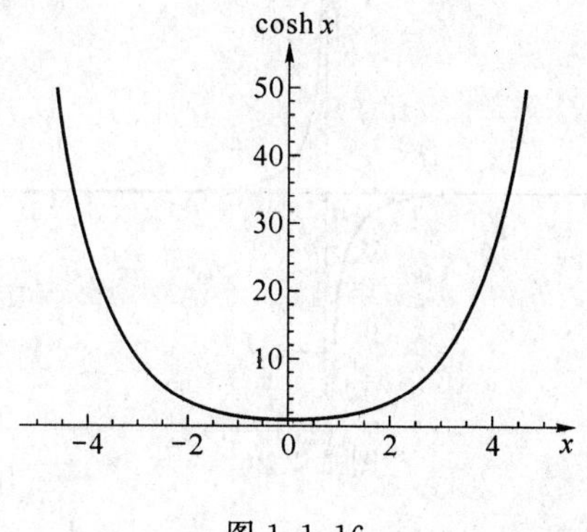

图 1.1.16

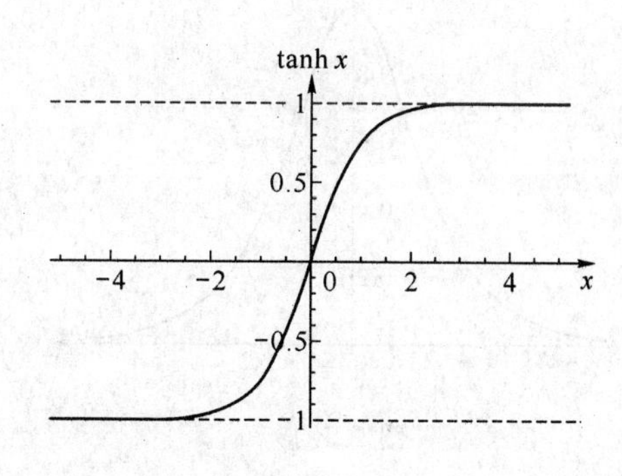

图 1.1.17

双曲余切(Hyperbolic Cotangent)定义为

$$\coth x=\frac{\cosh x}{\sinh x}=\frac{e^{x}+e^{-x}}{e^{x}-e^{-x}}=\frac{e^{2x}+1}{e^{2x}-1},$$

其中 x 可以为实数或复数.有时也用符号 cth x 表示该函数.当 x 为实数时,函数的图像如图 1.1.18 所示.

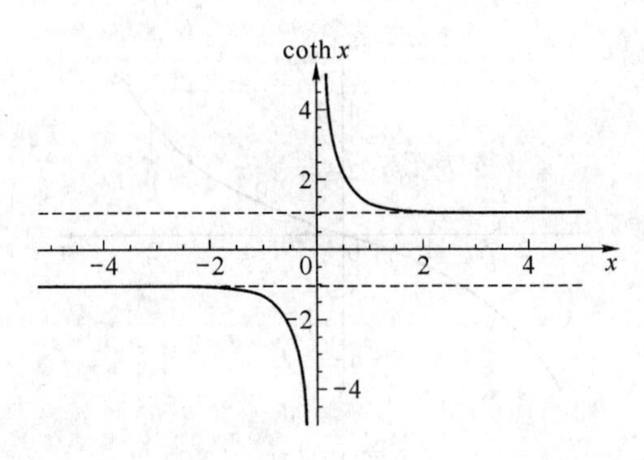

图 1.1.18

双曲正割(Hyperbolic Secant)定义为

$$\operatorname{sech} x=\frac{1}{\cosh x}=\frac{2}{e^{x}+e^{-x}},$$

其中 x 可以为实数也可以为复数.当 x 为实数时,函数的图像如图 1.1.19 所示.

双曲余割(Hyperbolic Cosecant)定义为

$$\operatorname{csch} x=\frac{1}{\sinh x}=\frac{2}{e^{x}-e^{-x}},$$

其中 x 既可以为实数,也可以为复数.当 x 为实数时,函数的图像如图 1.1.20 所示.

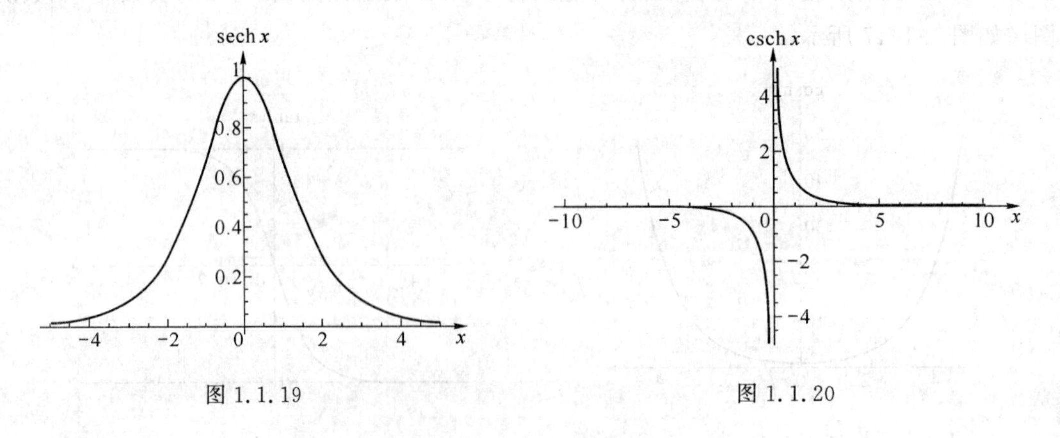

图 1.1.19

图 1.1.20

注 1.1.48 正如三角函数,双曲函数也有一些运算规则,例如

$$\sinh(x\pm y)=\sinh x\cosh y\pm\cosh x\sinh y,$$
$$\cosh(x\pm y)=\cosh x\cosh y\pm\sinh x\sinh y,$$
$$\cosh^2 x-\sinh^2 x=1,$$
$$\sinh 2x=2\sinh x\cosh x,$$
$$\cosh 2x=\cosh^2 x+\sinh^2 x.$$

读者还可以容易地得到更多的规则.

注 1.1.49　(反双曲函数). 此处仅给出反双曲函数的列表.

反双曲正弦(inverse-hyperbolic sine)　$\operatorname{arcsinh} x=\ln\left(x+\sqrt{x^2+1}\right), x\in(-\infty,+\infty)$;

反双曲余弦(inverse-hyperbolic cosine)　$\operatorname{arccosh} x=\ln(x+\sqrt{x^2-1}, x\in(1,+\infty)$;

反双曲正切(inverse-hyperbolic tangent)　$\operatorname{arctanh} x=\frac{1}{2}\ln\left(\frac{1+x}{1-x}\right), x\in(-1,1)$.

1.1.6　模型化真实的世界

为帮助人们理解人们所在的世界,通常人们使用数学的方式来刻画特定的现象(例如通过函数或方程). 由于**数学模型**(mathematical model)是将真实世界中的现象理想化之后得到的,并且永远无法精确表述真实世界的现象,因此一个好的模型只要能给出有价值的结论就足够了. 本节中,将给出一个模型建立过程的实例.

1. 数学模型

在模型化真实世界时,通常人们会关心某些特定的变量 A 在将来的取值. 他可能是人口数量、房地产的价值,或者感染某种疾病的人数. 同时,人们也致力于确切地解释这个世界. 也许人们想要知道太阳为什么可以招摇如此长的时间,为什么中国的河流主要是从西向东流的,或如何找到从宿舍到教室的路. 通常,数学模型可以帮助人们更好地理解现象,帮助人们计划未来,或精确描述世界. 但模型的建立过程不是一蹴而就的,他需要耐心和经验逐渐将一个问题平滑地过渡到另外一个问题. 正如学习刚刚在方向盘后面几个小时的实习驾驶员无法像一个老手一样经验丰富. 不要期望没有经过训练就可以将模型建立得恰如其分. 一般地,建立模型的过程通常包括四个步骤,见图 1.1.21.

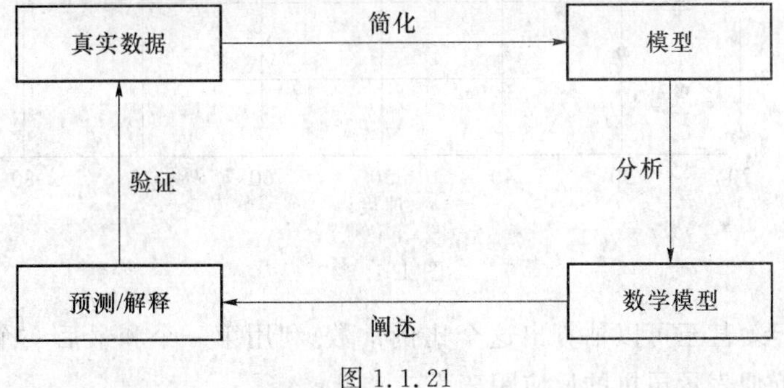

图 1.1.21

2. 一个建立模型的例子

例 1.1.50 (驾驶员刹车距离的测试). 在紧急刹车的过程中,汽车驾驶员必须对紧急事件做出反应、使用刹车并将车停住. 对汽车司机来说,什么是安全的跟车距离呢? 为回答这个问题,如果能够知道汽车在给定速度下,刹车开始作用前汽车走了多远(司机反应距离),将会有很大的帮助. 美国公共道路局(The U.S. Bureau of Public Roads)收集了大量司机的反应距离和刹车距离的数据. 所谓刹车距离是指在刹车过程开始后,直到车辆静止,车辆走过的路程. 表 1.2 中,x 为汽车的速度,单位为英里每小时(mph),y 汽车在刹车起作用之前运动的路程,单位为英尺(ft).

表 1.1.2

x(mph)	20	25	30	35	40	45	50	55	60	65	70	75	80
y(ft)	22	28	33	39	44	50	55	61	66	72	77	83	88

对于有很多司机的数据集合,通常可以假设对一个典型的司机来说,对紧急事件的反应时间近似为一个常数(与速度无关). 于是,反应距离就和速度近似成比例. 为验证这个成比例的假设,可以绘制一个距离-速度曲线. 图 1.1.22 说明绘制的曲线是通过原点的,这当然是合理的. 于是成比例的假设显然是可行的.

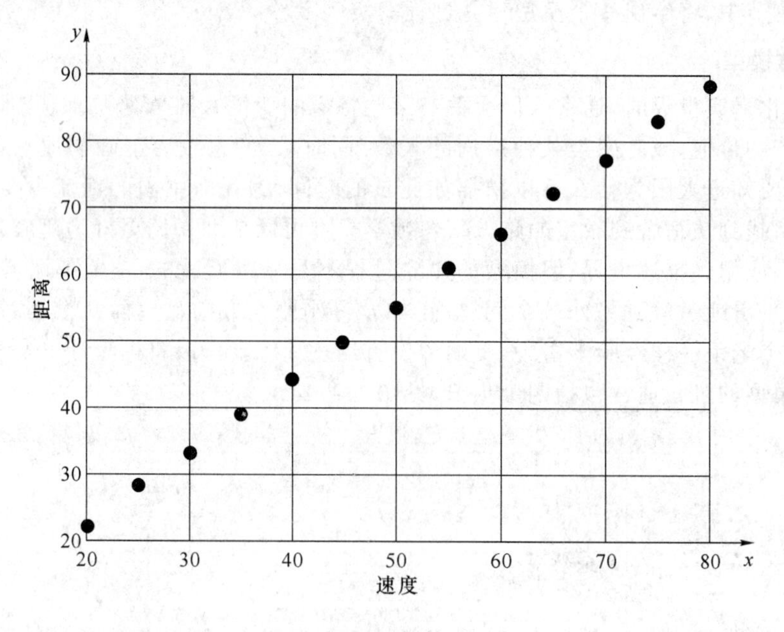

图 1.1.22

通过这个图形,甚至可以估算出这个比例常数. 利用第一个和最后一个点的数据,可以求得一条直线,近似表示司机的反应距离为

$$y=1.1x. \tag{1.1.7}$$

还可以将函数的图形与散点图像叠加在一起来验证表达式(1.1.7)近似数据的好坏. 另一个方法是可以考察误差或残差(见表 1.3).

残差=观测值－预测值

表 1.1.3

速度(mph) x	观测值(ft)	预测值(ft) $y=1.1x$	残差(ft)
20	22	22.0	0.0
25	28	27.5	0.5
30	33	33.0	0.0
35	39	38.5	0.5
40	44	44.0	0.0
45	50	49.5	0.5
50	55	55.0	0.0
55	61	60.5	0.5
60	66	66.0	0.0
65	72	71.5	0.5
70	77	77.0	0.0
75	83	82.5	0.5
80	88	88.0	0.0

表 1.3 中的残差相对还是较小的(其最大值为 0.5 英尺,相应于距离范围为 22 英尺到 88 英尺),并且没有特殊的项. 注意到,在 60 英里每小时,或 88 英尺每秒时,司机的平均反应距离为 66 英尺. 一个一般的司机需要(66 英尺)/(88 英尺每秒)＝0.75 秒来停车. 这个反应时间对大量且多样的司机平均来说看起来比较合理. 由于对给定的实际问题并不非常清楚,此时可以接受这个简单的模型,并通过他预测反应距离.

一个考察模型优劣,以及洞察问题来改进模型的强大工具就是绘制残差－自变量的图形,然后观察相对误差. 通过在模型中引入相对误差所满足的模式,就可以使得模型得以改进.

例 1.1.51　(光线的折射). 如果将木棒的一半浸入水中,可以注意到木棒在入水点处发生了弯曲. 这种光学现象源于**折射**(refraction). 由于光线从一种介质转移到另一种介质时,速度发生改变,因此出现了弯曲. 这种弯曲的大小取决于介质的**折射率**(refractive index)以及光线与两种介质接触面的垂直方向(法方向)的夹角有关(见图 1.1.23). 每一种介质都有不同的折射率. 当光线离开一种介质时,它与接触面法方向之间的夹角称为**入射角**(angle of incidence). 当管线进入一种介质时,它与接触面法方向之间的夹角称为**折射角**(angle of refraction).

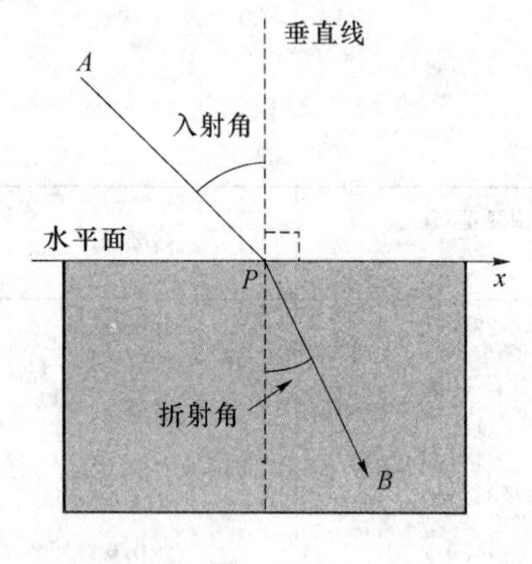

图 1.1.23

1621 年,荷兰物理学家 Willebrord Snell (1591—1626)得到了光线从一个透明介质转移到另一个介质时,不同夹角之间的关系. 当光线从一种介质到另外一种介质传播时,其弯曲服从 Snell 定律:

$$\mathrm{Ni}\times\sin(\mathrm{Ai})=\mathrm{Nr}\times\sin(\mathrm{Ar}),$$

其中 Ni 为光线离开的介质的折射系数,Ai 为光线与界面法方向之间的入射角,Nr 为光线进入的介质的折射率,Ar 为光线与界面法方向之间的折射角.

例 1.1.52 (旋轮线). 考虑沿着直线滚动的车轮上的一点. 其轨迹通常称为**摆线**(trachoids). 若点在轮子的边缘时,其结果也称为**旋轮线**(cycloids). 此处,并不将这两类曲线进行区分. 不难得到旋轮线所满足的数学模型以及这条曲线所满足的参数方程(见图 1.1.24).

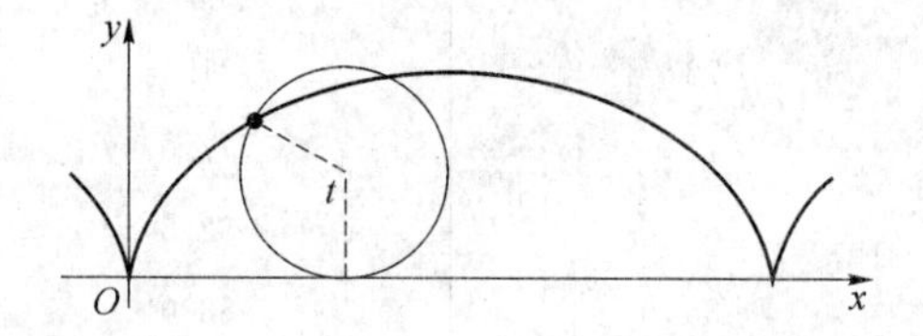

图 1.1.24

思考 1.1.53 能否绘制当摆线中的点不在轮子边缘上的轨迹图像? 也许需要使用计算机来绘制这个图形,这是一个很有趣的事情.

▶阅读材料: 布尔(Boole)与德摩根(DeMorgan)

正如生物学家将动物和植物以其不同的特征进行分类一样,数学家们使用系统中的关系和运算对数学系统进行分类. 集合论就是**布尔代数**(Boolean algebra)的一个例子. 布尔代数是以英国著名数学家乔治·布尔的名字命名的(George Boole,1815—1864,见图 1.1.25(a)). 作为一个店主的儿子,布尔是没有什么机会上特殊学校的. 因此,他自学了拉丁文、希腊文以及数学. 1854 年,他出版的书《思维规律的调查》(*Investigation of the Laws of Thought*)是数学史上一部经典的著作.

布尔与奥古斯都·德摩根(Augustus DeMorgan ,1806—1871,见图 1.1.25(b)),联合其他人一起创建了"英国"的数学学校. 在 19 世纪,他们构造了一种类似于人们进行代数计算过程的逻辑计算方法. 布尔和德摩根的工作构成了今天广泛使用的基于计算机设备的数学基础.

(a) George Boole
(1815—1864)

(b) Augustus DeMorgan
(1806—1871)

图 1.1.25

▶ 阅读材料：笛卡儿(René Descartes)

图 1.1.26

笛卡儿(René Descartes,(1595—1650),见图 1.1.26),又名 Renatus Cartesius (拉丁语),是一位颇具影响力的法国哲学家、数学家、科学家及法国的作家. 并被冠以"现代哲学之父"和"现代数学之父"的双重称号,很多西方哲学的分支都是基于他的作品,而这些作品也是从他所在的那个时代直到今天都在深入研究的. 他在数学上的影响力也是显然的,在平面几何以及代数中常用的笛卡儿坐标系就是用他的名字命名的,他也正是开启科学革命的一把钥匙.

习题 1.1

A

1. 令 A 和 B 为两个按照如下的方式给定的集合. 试求 $A\cup B$,$A\cap B$,$A\backslash B$ 及 $B\backslash A$.

(1) $A=\{1,3,5,7,8\}$,$B=\{2,4,6,8\}$;

(2) A 为所有平行四边形集合,B 为所有矩形的集合;

(3) $A=\{1,2,3,\cdots\}$,$B=\{2,4,6,\cdots\}$.

2. 令 $X=\{1,2,3,\cdots,10\}$,$A_1=\{2,3\}$,$A_2=\{2,4,6\}$,$A_3=\{3,4,6\}$,$A_4=\{7,8\}$,$A_5=\{1,8,10\}$. 试求 $\bigcap\limits_{i=1}^{5}A_i^c$,其中 A_i^c 为 A_i 相对于全集 X 的补集,$i=1,2,3,4,5$.

3. 令 $A=\left\{x\,\middle|\,\dfrac{1}{\sqrt{x-1}}>1\right\}$,$B=\{x\,|\,x^2-5x+6\leqslant 0\}$. 试求 $A\cup B$ 和 $A\cap B$.

4. 设集合 A 与 B 为如下给定的集合,在直角坐标系内绘制 $A\times B$.

(1) $A=\{x\,|\,1\leqslant x\leqslant 2\}\cup\{x\,|\,5\leqslant x\leqslant 6\}\cup\{3\}$,$B=\{y\,|\,2\leqslant y\leqslant 3\}$;

(2) $A=\{x|-1\leqslant x\leqslant 1\}, B=\left\{y|-\frac{\pi}{2}\leqslant y\leqslant\frac{\pi}{2}\right\}\cap\left\{\left\{y|\sin y=\frac{\sqrt{2}}{2}\right\}\cup\left\{y|\sin y=-\frac{\sqrt{2}}{2}\right\}\right\}$.

5. 求下列函数的定义域.

(1) $|1-x|-x\geqslant 0$;

(2) $(x-\alpha)(x-\beta)(x-\gamma)>0$($\alpha,\beta,\gamma$ 为常数且 $\alpha<\beta<\gamma$);

(3) $\sin x\geqslant\frac{\sqrt{3}}{2}$;　　(4) $y=\sin\sqrt{x}$;

(5) $y=\arcsin(x+3)$;　　(6) $y=\frac{1}{\sqrt{9-x^2}}$;

(7) $y=\log(x-1)^{(16-x^2)}$;　　(8) $y=\sqrt{\arcsin x+\frac{\pi}{4}}$;

(9) $y=e^{\frac{1}{\sqrt{x}}}$;　　(10) $y=\ln(4-x^2)+\sqrt{\sin x}$;

(11) $y=\ln(\ln x)$.

6. 假设 $f(x)$为定义在区间[0,1]上的函数. 试求下列函数的定义域.

(1) $f(\sqrt{x+1})$;　　(2) $f(x^n)$;

(3) $f(\sin x)$;　　(4) $f(x+a)-f(x-a)\quad(a>0)$.

7. 判别下列每对函数是否相等:

(1) $f(x)=\frac{x^2}{x}, g(x)=x$;　　(2) $f(x)=(\sqrt{x})^2, g(x)=\sqrt{x^2}$;

(3) $f(x)=x, g(x)=\sqrt{x^2}$;　　(4) $f(x)=\sqrt{x^2}, g(x)=|x|$;

(5) $f(x)=\sqrt{1-\cos^2 x}, g(x)=\sin x$;

(6) $f(x)=2^x+x+1, g(x)=2^t+t+1$;

(7) $f(x)=x^0, g(x)=1$;

(8) $f(x)=\ln(x+\sqrt{x^2-1}), g(x)=-\ln(x-\sqrt{x^2-1})$;

(9) $f(x)=\log_2(x-2)+\log_2(x-3), g(x)=\log_2(x-2)(x-3)$;

(10) $f(x)=\frac{\sqrt[3]{x-1}}{x}, g(x)=\sqrt[3]{\frac{x-1}{x^3}}$.

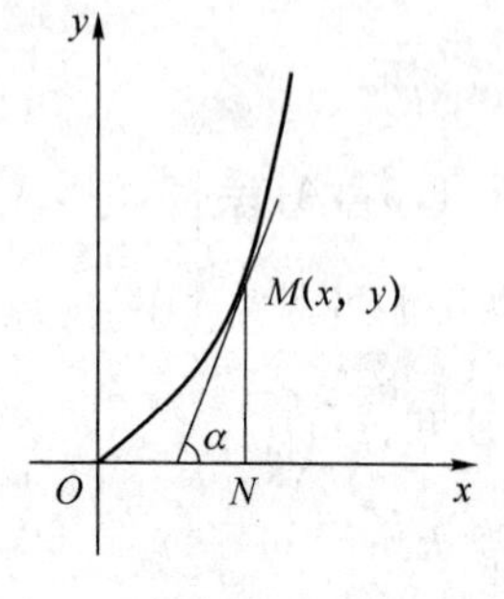

图 1.1.27

8. 令 $M(x,y)$为曲线 $y=x^2$ 上的动点(见图 1.1.27). 试回答下列问题:

(1) 是否由曲线 $y=x^2$, x 轴和直线 MN 所围城的曲边三角形 OMN 的面积为 x 的函数?

(2) 弧长$\overset{\frown}{OM}$是否为 x 的函数?

(3) 抛物线 $y=x^2$ 在点 M (如图 1.1.27 所示)处的切线与 x 轴正向之间的夹角为 x 的函数?

9. 令 $y=f(x)=\frac{ax+b}{cx-a}$. 证明函数 f 的逆函数是 f 自己,

其中 a,b,c 均为常数，且$a^2+bc\neq 0$.

10. 令 $f(x)=\begin{cases}\sin|x|, & \dfrac{\pi}{6}\leqslant|x|\leqslant\pi\\ \dfrac{1}{2}, & |x|<\dfrac{\pi}{6}\end{cases}$. 试求 $f\left(\dfrac{\pi}{6}\right),f\left(\dfrac{\pi}{4}\right),f\left(-\dfrac{\pi}{2}\right)$及 $f(-2)$，并绘制它们的图像.

11. 将函数 $f(x)=2|x-2|+|x-1|$ 表示为分段函数，并绘制其图像.

12. 给出得到下列复合函数的简单函数. 同时，给出它们的定义域.

(1) $y=\left(\sin\sqrt{1-2x}\right)^3$；　　(2) $y=\arccos\left(\dfrac{x-2}{2}\right)$；

(3) $y=\dfrac{1}{1+\arctan 2x}$；　　(4) $y=(1+2x)^{10}$；

(5) $y=(\arcsin x^2)^2$；　　(6) $y=\ln(1+\sqrt{1+x^2})$；

(7) $y=2^{\sin^3 x}$.

13. 令 $f:x\rightarrow x^3-x,\phi:x\rightarrow\sin 2x$. 求 $(f\circ\phi)(x)$，$(\phi\circ f)(x)$ 及 $(f\circ f)(x)$.

14. 设 $f(x)=\begin{cases}-1,|x|<1\\ 0,|x|=1,\\ 1,|x|>1\end{cases}$　$g(x)=e^x$. 求$(f\circ g)(x)$及$(g\circ f)(x)$.

15. 写出图 1.1.28 中给出的两个函数的解析表达式.

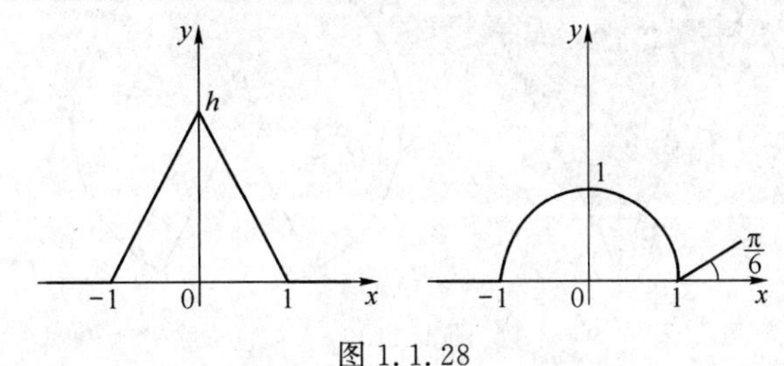

图 1.1.28

16. 证明下列恒等式：

(1) $\sinh(x\pm y)=\sinh x\cosh y\pm\cosh x\sinh y$；

(2) $\cosh(x\pm y)=\cosh x\cosh y\pm\sinh x\sinh y$；

(3) $\cosh^2 x-\sinh^2 x=1$；

(4) $\sinh 2x=2\sinh x\cosh x$；

(5) $\cosh 2x=\cosh^2 x+\sinh^2 x$.

17. 求下列函数的反函数：

(1) $y=\sqrt{1-x^2}$，$(-1\leqslant x\leqslant 0)$；　　(2) $y=1+\ln(x+2)$；

(3) $y=2\sin 3x$，$\left(-\dfrac{\pi}{6}\leqslant x\leqslant\dfrac{\pi}{6}\right)$；　　(4) $y=\dfrac{3^x}{3^x+1}$；

(5) $y=\dfrac{\sqrt{2x+1}-1}{\sqrt{2x+1}+1}$;　　(6) $y=\begin{cases}x, & -\infty<x<1,\\ x^2, & 1\leqslant x\leqslant 4,\\ 2^x, & 4<x<+\infty.\end{cases}$

18. 利用反函数的定义,导出双曲正弦和双曲余弦函数的逆函数

$$\operatorname{arcsinh} x=\ln\left(x+\sqrt{x^2+1}\right),\qquad \operatorname{arccosh} x=\ln\left(x+\sqrt{x^2-1}\right).$$

19. 一个工厂计划建造一个截面为梯形,长度为 50 m 的水库. 其形状见图 1.1.29. 为方便得到水池中的存水量,希望设计是一个标尺,使得在给出水库中液面高度时,就可以知道水库中的存水量. 说明如何设置刻度的位置? 如果标尺沿着水库的斜边放置(见图 1.1.29),如何设计?

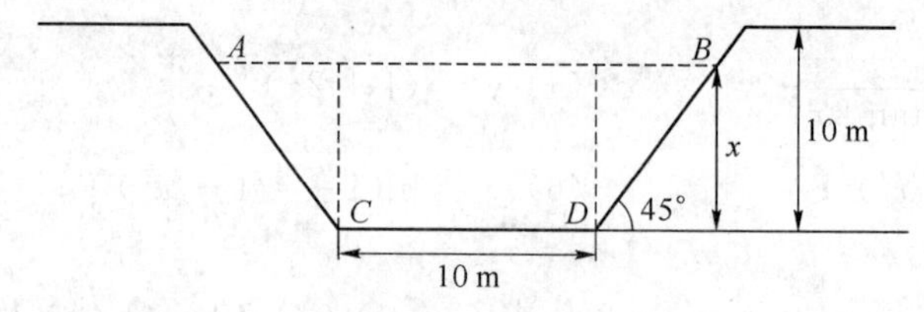

图 1.1.29

20. 一个无盖的锥形杯子是由一个如图 1.1.30 所示的扇形围成的. 给出以扇形圆心角 θ 为自变量的杯子容积的函数,并指出其定义域.

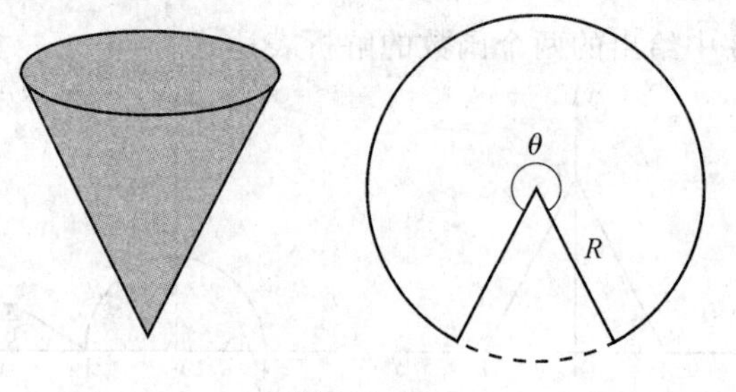

图 1.1.30

B

1. 考虑如下两个函数集合:

(1) $f: x\to\sqrt{x^2-1}$, $g: x\to\sqrt{1-x^2}$;

(2) $f(x)=\begin{cases}2x, & x\in[-1,1]\\ x^2, & x\in(1,3)\end{cases}$, $g(x)=\dfrac{1}{2}\arcsin\left(\dfrac{x}{2}-1\right)$.

每组函数是否可以进行复合? 如果可以,求在合适的集合上定义的复合函数 $(f\circ g)(x)$ 和 $(g\circ f)(x)$.

2. 设 $f(\cos^2 x)=\cos 2x-\cot^2 x$,其中 $0<x<1$. 试求 $f(x)$.

3. 求下列分段函数的反函数

$$f(x)=\begin{cases}x^2-1, & x\in[-1,0),\\ x^2+1, & x\in[0,1],\end{cases}$$

并绘制它们的图像.

4. 设 f 和 g 均为区间 I 上的正、单调增函数. 证明 $f\circ g$ 在 I 上也是单调增的.

5. 设 f 和 g 均为 $\mathbf{R}$ 上的单调增函数. 证明复合函数 $h=f\circ g$ 在 $\mathbf{R}$ 上也为单调增. 若 f 为单调增,而 g 为单调减,则可以得到什么结论?

6. 令函数 $f:\mathbf{R}\to\mathbf{R}$,并设对每一 $x,y\in\mathbf{R}$,有

$$f(xy)=f(x)f(y)-x-y.$$

求 $f(x)$ 的表达式.

7. 令函数 $f:\mathbf{R}\to\mathbf{R}$,并设对每一 $x,y\in\mathbf{R}$,有

$$f(xy)=xf(x)+yf(y),$$

证明:$f(x)\equiv 0$.

8. 令 $f\left(x+\dfrac{1}{x}\right)=x^2+\dfrac{1}{x^2}$. 求 $f(x)$ 及 $f\left(x-\dfrac{1}{x}\right)$.

1.2　数列极限

本节将介绍关于数列的极限. 数列极限是数学分析中的一个最为古老的问题之一,它粗略地给出了数列收敛到一个称为极限的点的定义.

1.2.1　数列

不甚严格地说,**序列**(sequence)就是一组有序对象的列表,但在本节,这些对象将为数字. 通常,序列被记为 $a_0,a_1,\cdots,a_n,\cdots$.

数列极限的概念是非常自然的. 事实上,对一个每天记录数据的科学家,可令 $\{a_n\}$ 为该科学家收集的数据序列(a_n 为第 n 天收集的数据).

一个序列可以看作为一个函数 $f(n)$,其中自变量定义在集合 $\mathbf{N}_+$ 上. 符号 $\mathbf{N}_+$ 表示除 0 外的自然数.

定义 1.2.1　(序列). 一个无穷**数列**(sequence of numbers)是一个定义在大于 0 或大于某整数 n_0 的整数集合上的函数.

通常,n_0 是 1,且数列的定义域为正整数. 当然,有时数列也可以开始于其他位置.

例 1.2.2　(描述序列). 记号 $\{a_n\}$ 表示第 n 项为 a_n 的数列(数列 a,下标为 n). 表

1.2.1中的第二个序列为 $\{1/n\}$（数列 n 分之 1）；最后一个数列为 $\{3\}$（常数 3 的数列）.

表 1.2.1

记号	数列规则定义为
(a) $1,\sqrt{2},\sqrt{3},\sqrt{4},\cdots,\sqrt{n},\cdots$	$a_n=\sqrt{n}$
(b) $1,\frac{1}{2},\frac{1}{3},\cdots,\frac{1}{n},\cdots$	$a_n=\frac{1}{n}$
(c) $1,-\frac{1}{2},\frac{1}{3},-\frac{1}{4},\cdots,(-1)^{n+1}\frac{1}{n},\cdots$	$a_n=(-1)^{n+1}\frac{1}{n}$
(d) $0,\frac{1}{2},\frac{2}{3},\frac{3}{4},\cdots,\frac{n-1}{n},\cdots$	$a_n=\frac{n-1}{n}$
(e) $0,-\frac{1}{2},\frac{2}{3},-\frac{3}{4},\cdots,(-1)^{n+1}\left(\frac{n-1}{n}\right),\cdots$	$a_n=(-1)^{n+1}\left(\frac{n-1}{n}\right)$
(f) $3,3,3,\cdots,3,\cdots$	$a_n=3$

数列可以采用两种方式给出其图像：在一个横轴上绘制 a_n 所表示的数值，或者在坐标平面上绘制点 (n,a_n). 图 1.2.1 中，给出了如何绘制数列 $\{1/n\}$ 的的图形，其他图形读者可以自己完成.

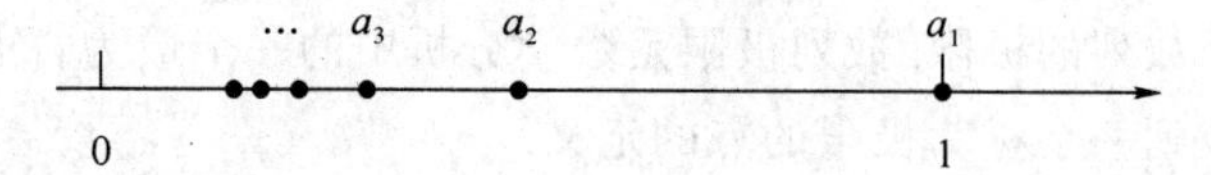

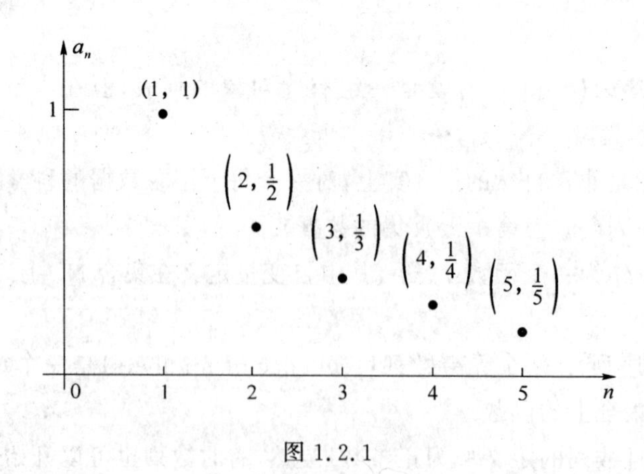

图 1.2.1

1.2.2　数列的收敛性

与 1.2.1 节中的例 1.2.2 相比，数列的行为有所不同．数列 $\left\{\frac{1}{n}\right\}$，$\left\{(-1)^{n+1}\frac{1}{n}\right\}$ 及 $\left\{\frac{n-1}{n}\right\}$ 看起来均在 n 增加时趋向于一个极限值，而 $\{3\}$ 则从第一项开始就是其极限值．另一方面，数列 $\left\{(-1)^{n+1}\frac{(n-1)}{n}\right\}$ 的项似乎聚集到了两个不同的值，-1 和 1，而且数列 $\{\sqrt{n}\}$ 则会逐渐变大，不趋向于任何值．

人们自然会问如下的问题：

(1) 一个数列是否在 n 趋向于无穷时会趋向于一个数，以及

(2) 在什么条件下一个数列在 $n\to\infty$ 时会趋向于一个数？

在本段将首先回答第一个问题，第二个问题的回答放到下一段．为回答这个问题，首先引入数列收敛的定义．

定义和说明

定义 1.2.3　(收敛，发散，极限)．数列 $\{a_n\}$ **收敛**(converges)于一个数 A 的充要条件为，对任意正数 ε 存在一个正整数 N，使得

$$n>N\Rightarrow |a_n-A|<\varepsilon$$

对一切 $n\in\mathbf{N}_+$ 都成立，并记作

$$\lim_{n\to\infty}a_n=A$$

或

$$a_n\to A,(n\to\infty).$$

其中 A 称为数列 $\{a_n\}$ 的**极限**(limit)(见图 1.2.2)．图中，所有 a_N 以后的项 a_n 都落在 A 的一个 ε 邻域内．

如果这样的 A 不存在，则称数列 $\{a_n\}$ **发散**(diverge)．

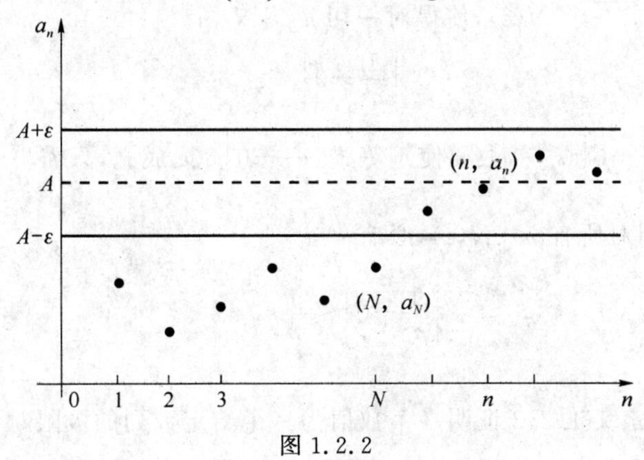

图 1.2.2

定义 1.2.3 说明,最后数列中的元素会与其极限接近到任意程度.一个实数构成的数列还可能趋向于 $+\infty$ 或 $-\infty$,这可以被记为如下的形式:

$$\lim_{n\to\infty} a_n = +\infty \quad 或 \quad \lim_{n\to\infty} a_n = -\infty.$$

注 1.2.4 需要指出的是,数列趋向于 $+\infty$ 或 $-\infty$ 并不意味着数列收敛.确切地说,$\{a_n\}\to+\infty\ (-\infty)$ 的充要条件为对任一正(负)数 M,存在一个整数 $N\in\mathbf{N}_+$,使得 $a_n>M\ (a_n<M)$ 对一切 $n>N$ 都成立.

定义 1.2.3 中一个重要的条件是 ε 为一正常数,并且可以被选取得任意小.利用这个方法,不等式 $|a_n-A|<\varepsilon$ 意味着 a_n 可以和 A 任意接近.

N 为数列中的一个下标,其功能就是提供了一个边界,保证 $|a_n-A|<\varepsilon$ 对一切 $n>N$ 都成立.一般地,N 是依赖于给定的 ε 的,并且当 ε 是一个很小的值时,N 将会取一个很大的值.对于这种依赖性,常用记号 $N(\varepsilon)$ 表示.还需说明的是,对一个给定的 ε,与之对应的 N 并不唯一.若 N_0 可被用以保证 $|a_n-A|<\varepsilon$ 在 $n>N_0$ 时成立,则对每一个 $N>N_0$ 及 $N\in\mathbf{N}_+$,同样可以保证 $|a_n-A|<\varepsilon$ 在 $n>N$ 时成立.

定义中的条件,对所有 $n>N$ 均有 $|a_n-A|<\varepsilon$,不是只对有限多个 n 成立.例如,考虑下列数列:

$$1,1,\frac{1}{2},1,\frac{1}{3},1,\cdots,\frac{1}{n},1,\cdots.$$

容易看到,$\forall\varepsilon>0$,$\exists N(\varepsilon)=\left[\frac{1}{\varepsilon}\right]$,使得对所有奇数项有

$$\left|\frac{1}{n}-0\right|<\varepsilon,$$

其中 $n>\left[\frac{1}{\varepsilon}\right]=N$,但若 ε 的取值小于 1,则其偶数项并不满足 $|1-0|<\varepsilon$.容易证明,这个数列是发散的.

例 1.2.5 证明 $\lim\limits_{n\to\infty}\frac{1}{n^k}=0,k\in\mathbf{N}_+$.

证明 $\forall\varepsilon>0$,只需求一个 $N(\varepsilon)$,使得对一切 $n>N$,有

$$\left|\frac{1}{n^k}-0\right|<\varepsilon$$

成立即可.注意到 $\left|\frac{1}{n^k}-0\right|\leqslant\frac{1}{n}$,故要使不等式 $\left|\frac{1}{n^k}-0\right|<\varepsilon$ 成立,只需 $\frac{1}{n}<\varepsilon$ 或 $n>\frac{1}{\varepsilon}$.因此,若令 $N(\varepsilon)=\left[\frac{1}{\varepsilon}\right]$,则对所有 $n>N(\varepsilon)$,必有

$$\left|\frac{1}{n^k}-0\right|\leqslant\frac{1}{n}<\varepsilon.$$

由定义 1.2.3,证毕.

注 1.2.6 使用定义 1.2.3 证明一个数值为一个给定数列的极限时,只需证明存在一个

N，而无须找出最小的 N.

例 1.2.7　证明 $\lim_{n\to\infty} q^n=0$，其中 $|q|<1$.

证明　若 $q=0$，数列的所有项都是 0，因此，该数列为常数数列，故有 $\lim_{n\to\infty} q^n=0$.

当 $q\neq 0$，对任一给定的 $\varepsilon>0$，不妨设 $0<\varepsilon<1$. 需要求 $N(\varepsilon)>0$，使得

$$|q^n-0|<\varepsilon \text{ 对一切 } n>N \text{ 成立.}$$

注意到 $|q^n-0|=|q|^n<\varepsilon$ 意味着 $n\ln|q|<\ln\varepsilon$ 及 $\ln|q|<0$，因此，只需令 $n>\dfrac{\ln\varepsilon}{\ln|q|}$ 即可. 因此，对任何给定的 $\varepsilon>0$，可令 $N(\varepsilon)=\left[\dfrac{\ln\varepsilon}{\ln|q|}\right]$，则对一切 $n>N(\varepsilon)$，有 $|q^n-0|<\varepsilon$. 证毕.

例 1.2.8　设 $x_n\leqslant a\leqslant y_n$ 且 $\lim_{n\to\infty}(y_n-x_n)=0$，证明 $\lim_{n\to\infty}x_n=a$ 及 $\lim_{n\to\infty}y_n=a$.

证明　注意到 $\lim_{n\to\infty}(y_n-x_n)=0$. 由定义 1.2.3 可知，对任一 $\varepsilon>0$，均存在一个 $N>0$，使得 $|y_n-x_n|<\varepsilon$ 成立. 这等价于说，当 $n>N$，

$$x_n-\varepsilon<y_n<x_n+\varepsilon.$$

又注意到 $x_n\leqslant a$，则 $y_n<a+\varepsilon$ 且 $y_n\geqslant a$，则 $y_n>a-\varepsilon$. 因此

$$a-\varepsilon\leqslant y_n\leqslant a+\varepsilon$$

对所有 $n>N$ 都成立. 即对所有 $n>N$，总有 $|y_n-a|<\varepsilon$. 又由定义 1.2.3，有

$$\lim_{n\to\infty} y_n = a.$$

类似地，可以证明 $\lim_{n\to\infty} x_n=a$. ■

注 1.2.9　定义 1.2.3 可以用于判定数 A 是否为 $\{a_n\}$ 的极限，但并不能用以求数列的极限，或判定数列的极限是否存在.

数列极限的性质

定理 1.2.10　（**唯一性**(Uniqueness)）. 任何收敛的数列，其极限必然唯一.

证明　用反证法证明. 设一个数列不止有一个极限，不妨设为两个不同的极限 A 和 B，也即

$$\lim_{n\to\infty} a_n = A,\quad \lim_{n\to\infty} a_n = B \text{ 且 } A\neq B.$$

不妨设 $A>B$. 为能够将 A 与 B 的分离，令 $\varepsilon_0=\dfrac{A-B}{2}$.

由于 $\lim_{n\to\infty} a_n=A$，故由定义 1.2.3，对给定的 $\varepsilon_0>0$，存在一个 $N_1\in\mathbf{N}_+$，使得 $|a_n-A|<\varepsilon_0$ 对所有 $n>N_1$ 成立. 这意味着 $n>N_1\Rightarrow -\varepsilon_0<a_n-A<\varepsilon_0$ 或 $A-\varepsilon_0<a_n<A+\varepsilon_0$，因此

$$n>N_1\Rightarrow a_n>A-\frac{A-B}{2}=\frac{A+B}{2}.$$

类似地，由于 $\lim_{n\to\infty} a_n=B$，则必存在一个 $N_2\in\mathbf{N}_+$，使得 $|a_n-B|<\varepsilon_0$ 对所有 $n>N_2$ 成立. 也即

$$n>N_2 \Rightarrow a_n<B+\frac{A-B}{2}=\frac{A+B}{2}.$$

若令 $N=\max(N_1,N_2)$,则

$$a_n>\frac{A+B}{2} \text{ 且 } a_n<\frac{A+B}{2} \text{对所有 } n>N \text{ 成立.}$$

这是不可能的.因此$\{a_n\}$的极限必唯一.

为判别一个数列是否存在极限,知道数列的趋势或者数列的性质是非常有帮助的.

例 1.2.11 证明 $a_n=(-1)^{n+1}$,$(n=1,2,\cdots)$ 发散.

证明 仍然使用反证法.假定数列收敛,则根据定理 1.2.10,其极限唯一,设为 A.因此$\lim\limits_{n\to\infty} a_n=A$.取 $\varepsilon=\frac{1}{4}$,则由定义 1.2.3,存在一个正常数 $N\in\mathbf{N}_+$,使得对所有的 $n>N$,

$$|a_n-A|<\frac{1}{4}$$

成立.也即,当 $n>N$,所有的 a_n 都落在区间$\left(A-\frac{1}{4},A+\frac{1}{4}\right)$内,但这是不可能的.证毕.

定义 1.2.12 (数列的**有界性**(Boundedness)).数列$\{a_n\}$为**有界的**(bounded)充要条件为存在常数 M(与 n 无关),使得

$$|a_n|\leqslant M \text{ 对所有 } n\in\mathbf{N}_+ \text{ 成立.}$$

否则,$\{a_n\}$称为**无界的**(unbounded).进一步,若 $a_n\leqslant A(\geqslant B)$对所有 $n\in\mathbf{N}_+$都成立,则$\{a_n\}$称为**上(下)有界的**(bounded above (below)).

定理 1.2.13 (有界性).任何收敛的数列必有界.

证明 设

$$\lim_{n\to\infty} a_n=A.$$

由定义 1.2.3,对给定的 $\varepsilon=1$,存在一个 $N\in\mathbf{N}_+$,使得$|a_n-A|<1$ 对所有的 $n>N$ 成立.因此,当 $n>N$ 时,有

$$|a_n|-|A|\leqslant|a_n-A|<1 \text{ 或 } |a_n|<1+|A|.$$

注意到,在区间$[-(1+|A|),(1+|A|)]$外,至多有 N 个点:$a_1,a_2,\cdots,a_N$.若令

$$M=\max\{|a_1|,|a_2|,\cdots,|a_N|,1+|A|\},$$

则对所有 $n\in\mathbf{N}_+$,有$|a_n|\leqslant M$,这意味着数列$\{a_n\}$有界.

■

注 1.2.14 容易看出,有有限个元素的点集与有无限个元素的点集之间是存在这很大的区别的.对任何有限个数,总存在一个最大值(以及一个最小值),但这个结果在考虑无限个数的情形时是不成立的.

注 1.2.15 有界性仅仅是数列收敛的必要条件.因此,定理 1.2.13 的逆命题并不成立.

思考 1.2.16 能否给出一个例子说明数列是有界的,但并不收敛?

定理 1.2.17　（保号性）. 设$\lim\limits_{n\to\infty} a_n=A$ 其中 $A\neq 0$,则 $\exists N\in \mathbf{N}_+$,使得 a_n 与 A 对所有 $n>N$时,有相同的符号. 也即,

(1) 当 $A>0(<0)$,则 $\exists N\in \mathbf{N}_+$，使得 $a_n\geqslant q>0(a_n\leqslant q<0)$对所有 $n>N$ 成立;

(2) 当 $a_n\geqslant 0(a_n\leqslant 0)$ 对一切 $n>N$ 成立时,有 $A\geqslant 0(A\leqslant 0)$.

证明　这个定理可以用数列极限的定义直接证明.

为证(1),不妨设 $A\geqslant 2q>0$,其中 q 为一个正常数. 由数列极限的定义,$\lim\limits_{n\to\infty} a_n=A$ 意味着给定 $\varepsilon=q$ 时,存在一个 $N\in \mathbf{N}_+$,使得

$$|a_n-A|<q \tag{1.2.1}$$

对所有 $n>N$ 成立. 也即

$$-q<a_n-A<q \quad 或 \quad A-q<a_n<A+q. \tag{1.2.2}$$

注意到 $A\geqslant 2q>0$,故(1.2.2)左端项意味着 $a_n\geqslant q>0$,此即结果.

采用反证法证明(2). 设 $a_n\geqslant 0$,但 $A<0$. 由于$\lim\limits_{n\to\infty} a_n=A$,由 (1),必有 $p<0$,使得 $a_n\leqslant p<0$对一切 n 大于某一 N 都成立. 显然,这个结果和假设 $a_n\geqslant 0$ 矛盾.

■

定理 1.2.18　（保序性）. 设

$$\lim_{n\to\infty} a_n=A,\lim_{n\to\infty} b_n=B.$$

若$\exists N\in \mathbf{N}_+$，使得 $a_n\leqslant b_n$ 对一切 $n>N$ 成立,则 $A\leqslant B$,反之亦然.

证明　为说明证明过程,可以引入一个一般项如下的新数列

$$c_n=b_n-a_n,并令\ C=B-A.$$

首先,可以证明

$$\lim_{n\to\infty} c_n=\lim_{n\to\infty}(b_n-a_n)=C=B-A, \tag{1.2.3}$$

然后,可以根据定理 1.2.17 得到结论.

根据数列极限的定义知$\lim\limits_{n\to\infty} a_n=A$ 意味着对任意$\varepsilon/2$,存在一个 $N_1\in \mathbf{N}_+$,使得

$$|a_n-A|\leqslant\frac{\varepsilon}{2} \tag{1.2.4}$$

对所有 $n>N_1$ 成立. 类似地,$\lim\limits_{n\to\infty} a_n=A$ 意味着对任意给定的$\varepsilon/2$,存在一个$N_2\in \mathbf{N}_+$,使得

$$|b_n-B|\leqslant\frac{\varepsilon}{2} \tag{1.2.5}$$

对所有 $n>N_2$ 成立. 令 $N=\max\{N_1,N_2\}$,则当 $n>N$ 时,有

$$|b_n-a_n-B+A|\leqslant|b_n-B|+|a_n-A|<\varepsilon. \tag{1.2.6}$$

也即,(1.2.3)成立.

由定理 1.2.17 知,对$\{c_n\}$,若

$$\lim_{n\to\infty} c_n=C=B-A>0, \tag{1.2.7}$$

必存在一个 $N\in\mathbf{N}_+$,使得$\{c_n\}\geqslant q>0$,或 $b_n-a_n>0$,又或 $a_n<b_n$对$n>N$时成立;另外,若存在一个 $N\in\mathbf{N}_+$,使得 $a_n<b_n$,或 $b_n-a_n>0$,又或 $c_n\geqslant q>0$对所有 $n>N$ 成立,则

$$\lim_{n\to\infty} c_n=C=B-A>0. \tag{1.2.8}$$

■

注 1.2.19 尽管可将定理 1.2.18 中的条件 $a_n\leqslant b_n$ 改写为 $a_n<b_n$,但其结果仍为 $A\leqslant B$;并不能得到 $A<B$. 例如,$\frac{1}{n^2}<\frac{1}{n}$对所有$n>1$成立,但 $\lim\limits_{n\to\infty}\frac{1}{n^2}=\lim\limits_{n\to\infty}\frac{1}{n}=0$.

定义 1.2.20 (子列). **子列**(subsequence)是在保持剩余各项顺序不变的前提下,将某一数列中的若干项删去后,得到的一个新数列。

定理 1.2.21 (聚合原理). $\lim\limits_{n\to\infty} a_n=A$ 的充要条件为对一切子列$\{a_{n_k}\}$均有$\lim\limits_{n\to\infty}a_{n_k}=A$.

例 1.2.22 判定数列$\left\{\sin\frac{n\pi}{4}\right\}$的敛散性.

解 取 $n=4k$,可得原数列的一个子列$\left\{\sin\frac{4k\pi}{4}\right\}=\{0\}$,他收敛于 0. 取 $n=8k+2$,可以得到原数列的另一个子列$\left\{\sin\frac{(8k+2)\pi}{4}\right\}=\{1\}$,他收敛于 1. 由定理 1.2.21 中给出的必要条件,可得$\left\{\sin\frac{n\pi}{4}\right\}$ 是发散的.

■

思考 1.2.23 令 $\{a_n\}$为一个数列,且$\lim\limits_{n\to\infty}a_{2n}=A$ 及$\lim\limits_{n\to\infty} a_{2n+1}=A$. 是否可以说$\lim\limits_{n\to\infty} a_n=A$?为什么?

定义 1.2.24 (数列的单调性). 令 $\{a_n\}$ 为一个数列. 若瑞每一个下标 n,有 $a_{n+1}\geqslant a_n$ $(n=1,2,\cdots)$,则$\{a_n\}$ 称为**单调增加**(monotonic increasing);若总有 $a_{n+1}\leqslant a_n$ $(n=1,2,\cdots)$,则称$\{a_n\}$**单调减少**(monotonic decreasing). 一个单调增加或单调减少的数列称为**单调**(monotone)(见图 1.2.3).

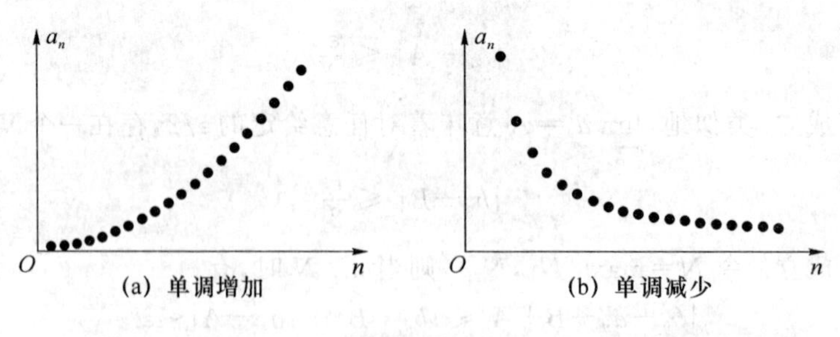

图 1.2.3

注 1.2.25 如果定义 1.2.24 的条件为 $a_{n+1}>a_n$(or $a_{n+1}<a_n$),则称其为**严格**(strictly)单调增加(减少).

定理 1.2.26　(单调准则). 设数列$\{a_n\}$为一定义在 $\mathbf{R}$ 上的数列,若$\{a_n\}$单调且有界,则$\{a_n\}$收敛.

证明　这个定理的证明超出了本书的要求,但其结果在几何上却是容易观察的.

■

注 1.2.27　容易证明,改变数列有限多项的值,并不改变数列的敛散性及其极限. 而且,如果一个数列尽在某有限多项以后的各项满足单调有界性,该数列也收敛(见图 1.2.4).

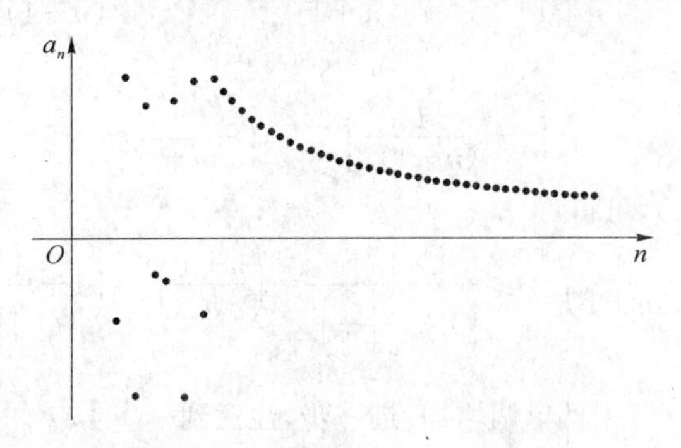

图 1.2.4

注 1.2.28　定理 1.2.26 一个数列收敛的充分条件. 一个收敛的数列并不一定是单调的. 例如,数列$\left\{\frac{(-1)^n}{n}\right\}$收敛,但并不单调(见图 1.2.5).

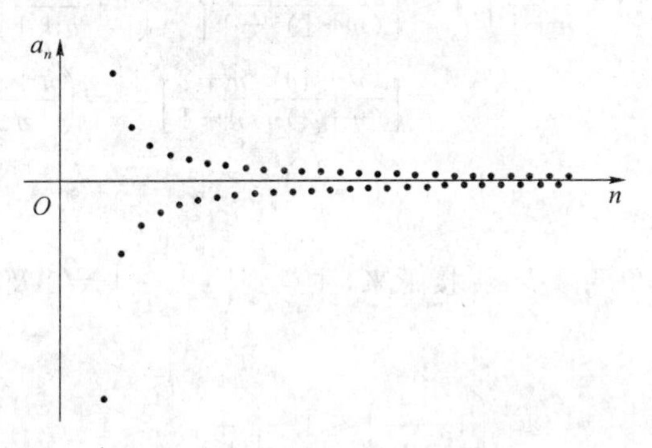

图 1.2.5

注 1.2.29　特别地,设数列$\{a_n\}$单调减少,则定理 1.2.26 也可改写为:若$\{a_n\}$单调减少且有下界,则$\{a_n\}$收敛. 类似地,若$\{a_n\}$单调增加且有上界,则$\{a_n\}$也收敛.

例 1.2.30　(数值 e). 证明数列$\left\{\left(1+\frac{1}{n}\right)^n\right\}$及$\left\{\left(1+\frac{1}{n}\right)^{n+1}\right\}$收敛.

证明　下面将证明$\left\{\left(1+\frac{1}{n}\right)^n\right\}$为单调增加且$\left\{\left(1+\frac{1}{n}\right)^{n+1}\right\}$为单调减少. 为得到这样的结果,需要构造一些乘法关系,并组合一些熟知的不等式.

注意到,对任何 $n\in\mathbf{N}_+$,均有

$$\left(1+\frac{1}{n+1}\right)^{n+1}\left(1-\frac{1}{n+1}\right)^{n+1}=\left[1-\frac{1}{(n+1)^2}\right]^{n+1}. \tag{1.2.9}$$

回顾算术平均值与几何平均值之间的关系,可得

$$\sqrt[n+1]{1-\frac{1}{n+1}}\leqslant\frac{1-\frac{1}{n+1}+\overbrace{1+\cdots+1}^{n\text{项}}}{n+1}=1-\frac{1}{(n+1)^2},$$

或者可以改写为

$$\left[1-\frac{1}{(n+1)^2}\right]^{n+1}\geqslant 1-\frac{1}{n+1}. \tag{1.2.10}$$

利用(1.2.9)及(1.2.10),可得

$$\left(1+\frac{1}{n+1}\right)^{n+1}\geqslant\frac{1}{\left(1-\frac{1}{n+1}\right)^n}=\left(\frac{n+1}{n}\right)^n=\left(1+\frac{1}{n}\right)^n.$$

这个结果说明数列$\left\{\left(1+\frac{1}{n}\right)^n\right\}$单调增加.进一步,注意到

$$\left[\frac{(n+1)^2}{(n+1)^2-1}\right]^{n+1}=\left[1+\frac{1}{(n+1)^2-1}\right]^{n+1}\geqslant\left[1+\frac{1}{(n+1)^2}\right]^{n+1}\geqslant 1+\frac{1}{n+1}, \tag{1.2.11}$$

故

$$\begin{aligned}\left(1+\frac{1}{n+1}\right)^{n+2}&\leqslant\left[\frac{(n+1)^2}{(n+1)^2-1}\right]^{n+1}\left(1+\frac{1}{n+1}\right)^{n+1}\\&=\left[\frac{(n+1)^2}{(n+2)n}\ \frac{n+2}{n+1}\right]^{n+1}=\left(\frac{n+1}{n}\right)^{n+1}\\&=\left(1+\frac{1}{n}\right)^{n+1}.\end{aligned}$$

此既,$\left\{\left(1+\frac{1}{n}\right)^{n+1}\right\}$是单调减少的.接下来,注意到$\left(1+\frac{1}{1}\right)^1=2$及$\left(1+\frac{1}{1}\right)^2=4$,则单调性定理意味着

$$2\leqslant\left(1+\frac{1}{n}\right)^n\leqslant 1+\left(\frac{1}{n}\right)^{n+1}\leqslant 4 \tag{1.2.12}$$

由定理 1.2.26 知,这两个数列都收敛.

■

极限 $\left(1+\frac{1}{n}\right)^{n+1}-\left(1+\frac{1}{n}\right)^n=\left(1+\frac{1}{n}\right)^n\ \frac{1}{n}\to 0$ 说明例 1.2.30 中的两个极限 $\left\{\left(1+\frac{1}{n}\right)^n\right\}$and $\left\{\left(1+\frac{1}{n}\right)^{n+1}\right\}$有相同的极限. Leonhard Euler 将这个极限记为符号 e.

定理 1.2.31 (* Cauchy 收敛原则).一个数列收敛的充要条件为 $\forall\varepsilon>0$, $\exists N(\varepsilon)\in\mathbf{N}_+$,使得

$$|a_n - a_m| < \varepsilon, \quad \forall n > N, \forall m > N.$$

Cauchy 收敛原则说明如下的事实，当 n 足够大时，如果数列的任意两项之间的距离可以任意小，则这个数列是收敛的. 更为重要的是，这个条件是充分必要的. 因此，若一个数列不满足这个条件，则该数列发散.

例 1.2.32　证明数列 $\{a_n\}$ 收敛，其中

$$a_n = 1 + \frac{1}{2^2} + \frac{1}{3^2} + \cdots + \frac{1}{n^2}.$$

证明　事实上，给定任意的 $n \in \mathbf{N}_+$ 和 $m \in \mathbf{N}_+$ 等价于给出任意的 $n \in \mathbf{N}_+$ 及 $p \in \mathbf{N}_+$ 并考虑 n 和 $n+p$，此时

$$\begin{aligned}
|a_{n+p} - a_n| &= \frac{1}{(n+1)^2} + \frac{1}{(n+2)^2} + \cdots + \frac{1}{(n+p)^2} \\
&< \frac{1}{n(n+1)} + \frac{1}{(n+1)(n+2)} + \cdots + \frac{1}{(n+p-1)(n+p)} \\
&= \left(\frac{1}{n} - \frac{1}{n+1}\right) + \left(\frac{1}{n+1} - \frac{1}{n+2}\right) + \cdots + \frac{1}{n+p-1} - \frac{1}{n+p} \\
&= \frac{1}{n} - \frac{1}{n+p} < \frac{1}{n}.
\end{aligned}$$

$\forall \varepsilon > 0$，若要 $|a_{n+p} - a_n| < \varepsilon$ 成立，只需 $\frac{1}{n} < \varepsilon$，或 $n > \frac{1}{\varepsilon}$. 因此，$\forall \varepsilon > 0$，$\exists N = \left[\frac{1}{\varepsilon}\right]$，使得 $|a_{n+p} - a_n| < \varepsilon$ 对任意的 $n > N$ 及 $p \in \mathbf{N}_+$ 成立. 于是由定理 1.2.31，即可得到结论.

■

例 1.2.33　证明数列 $\{a_n\}$ 发散，其中

$$a_n = 1 + \frac{1}{2} + \frac{1}{3} + \cdots + \frac{1}{n}.$$

证明　容易证明 Cauchy 定理的条件无法满足. 也即，$\exists \varepsilon_0 > 0$，$\forall N \in \mathbf{N}_+$，$\exists m > 0, n > N$，因此

$$|a_m - a_n| \geqslant \varepsilon_0.$$

特别地，可取 $\varepsilon_0 = \frac{1}{2}$，$m = 2n$. 由于

$$|a_m - a_n| = \frac{1}{n+1} + \frac{1}{n+2} + \cdots + \frac{1}{2n} \geqslant \frac{1}{2n} + \frac{1}{2n} + \cdots + \frac{1}{2n} = \frac{n}{2n} = \frac{1}{2},$$

这意味着数列 $\{a_n\}$ 并不满足 Cauchy 定理的条件. 因此，该数列发散.

1.2.3　数列极限的求法

在研究极限的过程中，如果对每一个有关收敛性的问题都需要使用定义来回答，那么这是一个非常令人厌烦的事. 幸运的是，有两个定理使得这个过程大大简化. 第一个定理并不

令人诧异,因为它正是基于前面对于极限的工作.

定理 1.2.34 (数列极限的运算法则). 令$\{a_n\}$和$\{b_n\}$为实数列,并令 A 和 B 为实数.若$\lim\limits_{n\to\infty} a_n=A$ 及$\lim\limits_{n\to\infty} b_n=B$成立,则有下列运算规则:

1. 加法规则:$\lim\limits_{n\to\infty}(a_n+b_n)=A+B$;
2. 减法规则:$\lim\limits_{n\to\infty}(a_n-b_n)=A-B$;
3. 乘法规则:$\lim\limits_{n\to\infty}(a_nb_n)=AB$;
4. 数量乘法规则:$\lim\limits_{n\to\infty}(kb_n)=kB$($k$ 为任意常数);
5. 除法规则:$\lim\limits_{n\to\infty}\dfrac{a_n}{b_n}=\dfrac{A}{B}$,若 $B\neq 0$ 且 $b_n\neq 0$.

此处省略了该定理的证明,因为这些证明容易使用极限的定义得到,具体过程留给读者.

例 1.2.35 (利用极限的运算法则). 由定理 1.2.34,有

1. $\lim\limits_{n\to\infty}\left(\dfrac{-1}{n}\right)=-1\times\lim\limits_{n\to\infty}\dfrac{1}{n}=-1\times 0=0$;
2. $\lim\limits_{n\to\infty}\left(\dfrac{n-1}{n}\right)=\lim\limits_{n\to\infty}\left(1-\dfrac{1}{n}\right)=\lim\limits_{n\to\infty}1-\lim\limits_{n\to\infty}\dfrac{1}{n}=1-0=1$;
3. $\lim\limits_{n\to\infty}\dfrac{5}{n^2}=5\times\lim\limits_{n\to\infty}\dfrac{1}{n}\times\lim\limits_{n\to\infty}\dfrac{1}{n}=5\times 0\times 0=0$;
4. $\lim\limits_{n\to\infty}\dfrac{4-7n^6}{n^6+3}=\lim\limits_{n\to\infty}\dfrac{(4/n^6)-7}{1+(3/n^6)}=\dfrac{0-7}{1+0}=-7$.

思考 1.2.36 设一个数列$\{a_n\}$发散且 c 为一个非零常数,则数列$\{ca_n\}$是否收敛?试说明原因.

例 1.2.37 Find $\lim\limits_{n\to\infty}\dfrac{1^2+2^2+\cdots+n^2}{n^3}$

解 Since $\dfrac{1^2+2^2+\cdots+n^2}{n^3}=\dfrac{n(n+1)(2n+1)}{6n^3}=\dfrac{1}{6}\left(1+\dfrac{1}{n}\right)\left(2+\dfrac{1}{n}\right)$,故

$$\begin{aligned}\lim_{n\to\infty}\frac{1^2+2^2+\cdots+n^2}{n^3}&=\lim_{n\to\infty}\left[\frac{1}{6}\left(1+\frac{1}{n}\right)\left(2+\frac{1}{n}\right)\right]\\&=\frac{1}{6}\lim_{n\to\infty}\left(1+\frac{1}{n}\right)\lim_{n\to\infty}\left(2+\frac{1}{n}\right)\\&=\frac{1}{6}\left(\lim_{n\to\infty}1+\lim_{n\to\infty}\frac{1}{n}\right)\left(\lim_{n\to\infty}2+\lim_{n\to\infty}\frac{1}{n}\right)\\&=\frac{1}{6}(1+0)\times(2+0)=\frac{1}{3}.\end{aligned}$$

■

思考 1.2.38 若采用如下的方法求例 1.2.37 中的极限

$$\lim_{n\to\infty}\frac{1^2+2^2+\cdots+n^2}{n^3}=\lim_{n\to\infty}\left(\frac{1^2}{n^3}+\frac{2^2}{n^3}+\cdots+\frac{n^2}{n^3}\right)$$

$$= \lim_{n\to\infty}\frac{1^2}{n^3}+\lim_{n\to\infty}\frac{2^2}{n^3}+\cdots+\lim_{n\to\infty}\frac{n^2}{n^3}$$

$$= 0+0+\cdots+0=0$$

于是,此处得到了不同的结果.哪一个错了呢?为什么?

例 1.2.39　求 $\lim\limits_{n\to\infty}\frac{4n^4+2n^2+5}{3n^4+2n}$.

解　若将分子和分母同除以 n^4,可得

$$\frac{4n^4+2n^2+5}{3n^4+2n}=\frac{4+\frac{2}{n^2}+\frac{5}{n^4}}{3+\frac{2}{n^3}}.$$

由除法规则和加法规则,有

$$\lim_{n\to\infty}\frac{4n^4+2n^2+5}{3n^4+2n}=\lim_{n\to\infty}\frac{4+\frac{2}{n^2}+\frac{5}{n^4}}{3+\frac{2}{n^3}}=\frac{4}{3}.$$

■

例 1.2.40　求 $\lim\limits_{n\to\infty}\left[\frac{1}{1\times2}+\frac{1}{2\times3}+\cdots+\frac{1}{n(n+1)}\right]$.

解　因为

$$\frac{1}{1\times2}+\frac{1}{2\times3}+\cdots+\frac{1}{n(n+1)}=\left(1-\frac{1}{2}\right)+\left(\frac{1}{2}-\frac{1}{3}\right)+\cdots+\left(\frac{1}{n}-\frac{1}{n-1}\right)$$

$$=1-\frac{1}{n-1},$$

故有

$$\lim_{n\to\infty}\left[\frac{1}{1\times2}+\frac{1}{2\times3}+\cdots+\frac{1}{n(n+1)}\right]=\lim_{n\to\infty}\left(1-\frac{1}{n-1}\right)=1.$$

■

定理 1.2.41　(数列极限的夹逼定理). 令 $\{a_n\}$, $\{b_n\}$ 及 $\{c_n\}$ 为实数列. 若 $a_n\leqslant b_n\leqslant c_n$ 对超过某一下标 N 后的所有下标 n 都成立,且 $\lim\limits_{n\to\infty}a_n=\lim\limits_{n\to\infty}c_n=A$, 则 $\lim\limits_{n\to\infty}b_n=A$.

例 1.2.42　(应用夹逼定理). 由于 $\frac{1}{n}\to0$,有

1. $\frac{\cos n}{n}\to0$,因为 $-\frac{1}{n}\leqslant\frac{\cos n}{n}\leqslant\frac{1}{n}$;

2. $\frac{1}{2^n}\to0$,因为 $0\leqslant\frac{1}{2^n}\leqslant\frac{1}{n}$;

3. $(-1)^n\frac{1}{n}\to0$,因为 $-\frac{1}{n}\leqslant(-1)^n\frac{1}{n}\leqslant\frac{1}{n}$.

例 1.2.43　求

1. $\lim\limits_{n\to\infty}\sqrt[m]{1+\frac{1}{n^p}}$,其中 $m,p\in\mathbf{N}_+$;

2. $\lim\limits_{n\to\infty}\left(\frac{1}{\sqrt{n^2+1}}+\frac{1}{\sqrt{n^2+2}}+\cdots+\frac{1}{\sqrt{n^2+n}}\right)$.

解

1. 因为 $1<\sqrt[m]{1+\frac{1}{n^p}}\leqslant 1+\frac{1}{n^p}$ 且 $\lim\limits_{n\to\infty}\left(1+\frac{1}{n^p}\right)=1$,由定理 1.2.41 可知

$$\lim_{n\to\infty}\sqrt[m]{1+\frac{1}{n^p}}=1.$$

2. 易见

$$\frac{n}{\sqrt{n^2+n}}\leqslant\frac{1}{\sqrt{n^2+1}}+\frac{1}{\sqrt{n^2+2}}+\cdots+\frac{1}{\sqrt{n^2+n}}\leqslant\frac{n}{\sqrt{n^2+1}},$$

且

$$\lim_{n\to\infty}\frac{n}{\sqrt{n^2+n}}=\lim_{n\to\infty}\frac{1}{\sqrt{1+\frac{1}{n}}}=1,$$

$$\lim_{n\to\infty}\frac{n}{\sqrt{n^2+1}}=\lim_{n\to\infty}\frac{1}{\sqrt{1+\frac{1}{n^2}}}=1.$$

由定理 1.2.41,可得

$$\lim_{n\to\infty}\left(\frac{1}{\sqrt{n^2+1}}+\frac{1}{\sqrt{n^2+2}}+\cdots+\frac{1}{\sqrt{n^2+n}}\right)=1.$$

▶阅读材料:埃利亚的芝诺(Zeno of Elea)

很少有人知道芝诺的生平. 尽管芝诺去世将近一个世纪后,其生平的主要信息仍然只能来源于柏拉图的一篇对话《巴门尼德》. 在该篇对话中,柏拉图描述了芝诺和巴门尼德对雅典的一次访问. 当时巴门尼德"大约 65 岁",芝诺"大约 40 岁",而苏格拉底还是"一个年轻人". 假设当时苏格拉底的年龄大约 20 岁,并取苏格拉底的生辰年份为公元前 470 年,则可得到芝诺大概生于公元前 490 年.

柏拉图称芝诺"个子很高且待人平和",并且"在他还很年轻时……就得到了巴门尼德的青睐".

关于芝诺的其他不太可靠的生活细节来源于提奥奇尼斯的著作《著名哲学家生平》. 其中指出芝诺是 Teleutagoras 的儿子,且是巴门尼德的养子. 他"非常善于对任何问题都从各个方面去考虑,是一个天生的评论家". 之后他被埃利亚的暴君逮捕,也许也被其杀死.

尽管很多古代的作者在他们的作品中都提到了芝诺,但是这些作品没有一件幸存于今.

柏拉图说,芝诺的作品"带来了"芝诺和巴门尼德"对雅典的首次造访". 柏拉图也说,芝诺说他"为了保卫巴门尼德的论断"的一个工作被人盗用,并在未经他同意的情况下进行了

发表. 柏拉图用苏格拉底的话说到,芝诺的工作是"关于第一个争论的第一篇论文",其内容是:"如果一个事情成立,则他不能既像是又不像是,因为任何事情都不可能是而看起来不像是,不是而看起来像是".

根据普罗克洛对柏拉图的《巴门尼德》的评注,芝诺构造了"不少于四十个带来矛盾的争论".

芝诺的论证也许就是第一个称为"归谬法(reductio ad absurdum)",也称为"反证法(proof by contradiction)"的方法. ◀

▶**阅读材料:**阿喀琉斯与乌龟——你永远无法追上

"在一次比赛中,跑得最快的人可能永远也追不上跑得最慢的。因为追赶者必须首先到达被追赶者的出发点,故跑得慢的人必然总是领先."

—亚里士多德,*Physics VI*:9,239*b*15

在阿喀琉斯与乌龟的悖论中,请设想希腊英雄阿喀琉斯与跑得最慢的动物竞赛的场景. 由于他是跑得最快的人,阿喀琉斯绅士地允许乌龟在他前面 100 英尺处起跑. 如果假设选手在竞赛过程中奔跑的速度为一个常数(其中一个很快,而另一个很慢),则经过有限长时间后,阿喀琉斯将会跑到 100 英尺的地方,这里正是乌龟起跑的地方;然而,在此时间段内,乌龟也"跑"了一段距离(很短),不妨设为 1 英尺. 接下来,阿喀琉斯需要使用更长的一段时间才能跑完这个 1 英尺,而在此时间内,乌龟又向前走了更远的距离. 于是,在下一个周期中,阿喀琉斯需要跑到乌龟的新起点,而乌龟则再次向前移动了. 因此,只要阿喀琉斯到达乌龟曾经到达的某地,他都需要继续进行追赶. 芝诺指出,奔跑迅速的阿喀琉斯永远不可能追上乌龟. 可是,根据通常的感觉和通常的经验,跑得快的一方当然会追上另一方. 根据前面的论证,跑得快的一方却不可能追上. 而这是一个悖论. ◀

习题 1.2

A

1. 下列哪一个说法可以用作数列$\{a_n\}$收敛的定义? 为什么?

(1) 对数列$\{\varepsilon_i\}_1^\infty$,存在一个 $N\in\mathbf{N}_+$,使得对所有的 ε_i,$|a_n-A|<\varepsilon_i$对一切 $n>N$ 成立;

(2) $\forall\varepsilon>0,\exists N\in\mathbf{N}_+$,使得$|a_n-A|\leqslant\varepsilon$ 对一切 $n>N$ 成立

(3) $\forall m\in\mathbf{N}_+,\exists N\in\mathbf{N}_+$,使得$|a_n-A|<\dfrac{1}{m}$对一切 $n>N$ 成立;

(4) $\forall\varepsilon>0,\exists N\in\mathbf{N}_+$,使得$|a_n-A|<\varepsilon$ 对无穷多个 $n>N$ 成立.

2. 下列哪个运算是正确的? 为什么?

(1) $\lim\limits_{n\to\infty}\dfrac{1+2+\cdots+n}{n^2}=\lim\limits_{n\to\infty}\left(\dfrac{1}{n^2}+\dfrac{2}{n^2}+\cdots+\dfrac{n}{n^2}\right)$

$$= \lim_{n\to\infty}\frac{1}{n^2}+\lim_{n\to\infty}\frac{2}{n^2}+\cdots+\lim_{n\to\infty}\frac{n}{n^2}=0;$$

(2) $\lim\limits_{n\to\infty}\left(1+\frac{1}{n}\right)^n=\lim\limits_{n\to\infty}\left(1+\frac{1}{n}\right)\lim\limits_{n\to\infty}\left(1+\frac{1}{n}\right)\cdots\lim\limits_{n\to\infty}\left(1+\frac{1}{n}\right)=1;$

(3) $\lim\limits_{n\to\infty}\frac{n^2+2n}{2n^2+3n+1}=\lim\limits_{n\to\infty}\frac{\frac{1}{n}+\frac{2}{n^2}}{\frac{2}{n}+\frac{3}{n^2}+\frac{1}{n^3}}$

$$=\frac{\lim\limits_{n\to\infty}\frac{1}{n}+\lim\limits_{n\to\infty}\frac{2}{n^2}}{\lim\limits_{n\to\infty}\frac{2}{n}+\lim\limits_{n\to\infty}\frac{3}{n^2}+\lim\limits_{n\to\infty}\frac{1}{n^3}}=1.$$

3. 若数列$\{a_n\}$和$\{b_n\}$均为发散的,则数列$\{a_n\pm b_n\}$及$\{a_nb_n\}$是否也发散?如果$\{a_n\}$收敛,而$\{b_n\}$发散,则有什么样的结果?数列$\{a_n\pm b_n\}$及$\{a_nb_n\}$的敛散性呢?

4. 使用数列极限的定义证明,若$\lim\limits_{n\to\infty}x_n=a>0$ and $x_n>0$,则$\lim\limits_{n\to\infty}\sqrt{x_n}=\sqrt{a}$.

5. 判断结论$\lim\limits_{n\to\infty}a_n=A\Leftrightarrow\lim\limits_{n\to\infty}|a_n|=|A|$是否正确?如果正确,试证明之;否则,给出反例.

6. 对数列$\{q^n\}$,$q>1$,有人采用如下的方法求$\lim\limits_{n\to\infty}q^n$:设$\lim\limits_{n\to\infty}q^n=a$,将等式$q^{n+1}=q^n$两边同时取极限,可得$a=aq$,或$a(q-1)=0$,因此 a=0. 你认为这个过程是否正确?为什么?

7. 总结一下证明数列发散的方法.

8. 用$\varepsilon-N$定义证明下列极限:

(1) $\lim\limits_{n\to\infty}\frac{1}{n}\cos\frac{n\pi}{2}=0$;

(2) $\lim\limits_{n\to\infty}\frac{1+(-1)^n}{\sqrt{n}}=0$.

9. 求下列极限:

(1) $\lim\limits_{n\to\infty}\frac{(n+1)(n-2)(n+3\,000)}{2n^3+1}$;

(2) $\lim\limits_{n\to\infty}\frac{3^n-(-1)^n}{3^{n+1}+(-1)^{n+1}}$;

(3) $\lim\limits_{n\to\infty}\frac{1}{\sqrt{n}(\sqrt{n+1}-\sqrt{n})}$;

(4) $\lim\limits_{n\to\infty}\sqrt[n]{1+2^n}$;

(5) $\lim\limits_{n\to\infty}\left(\frac{1}{n^3+1}+\frac{4}{n^3+2}+\cdots+\frac{n^2}{n^3+n}\right)$;

(6) $\lim\limits_{n\to\infty}\left(1-\frac{1}{n}\right)^n$.

10. 证明下列数列是发散的.

(1) $\left\{\left|\sin\frac{n\pi}{4}\right|\right\}$;

(2) $\{n(-1)^n\}$.

11. 设$n\to+\infty$时,$a_n\to0$,且$\{b_n\}$有界,证明$\lim\limits_{n\to\infty}(a_nb_n)=0$.

12. 讨论下列数列的敛散性,若其极限存在,试求之.

$$\left\{\frac{a_ln^l+a_{l-1}n^{l-1}+\cdots+a_1n+a_0}{b_mn^m+b_{m-1}n^{m-1}+\cdots+b_1n+b_0}\right\},a_l\neq0,b_m\neq0.$$

13. 判断下列数列是否收敛:

(1) $a_n=\frac{1}{3+1}+\frac{1}{3^2+1}+\cdots+\frac{1}{3^n+1}$, $(n=1,2,\cdots)$;

(2) $a_n=1+\frac{1}{\sqrt{n}}\sin\frac{\sqrt{n}\pi}{2}(n=1,2,\cdots)$;

(3) $a_n=\left(1-\frac{1}{2}\right)\left(1-\frac{1}{4}\right)\cdots\left(1-\frac{1}{2^n}\right)(n=1,2,\cdots)$.

14. 证明下列数列收敛并求其极限.

(1) $a_n=\sqrt{2+\sqrt{2+\sqrt{2+\cdots+\sqrt{2}}}}$ $(n=1,2,\cdots)$;

(2) $a_{n+1}=1-\sqrt{1-a_n}$ $(n=1,2,\cdots)$,其中 $0<a_1<1$.

15. 应用 Cauchy 收敛原则证明下列数列的收敛性:

$$a_n=\frac{\sin 1}{1^2}+\frac{\sin 2}{2^2}+\cdots+\frac{\sin n}{n^2}.$$

B

1. 证明数列 $\left\{\frac{n!}{n^n}\right\}$ 是收敛的,并求其极限.

2. 设两个数列分别为$\{a_n\}$包含其所有奇数项的子列和包含$\{a_n\}$所有偶数项的子列,且这两个子列都收敛到相同的极限 A. 证明数列$\{a_n\}$也收敛到 A.

3. 设 $b_n=\frac{a_1+a_2+\cdots+a_n}{n}(n=1,2,\cdots)$,证明

(1) 若 $a_n\to 0$,则 $b_n\to 0, n\to\infty$;

(2) 若 $a_n\to A(A\neq 0)$,则 $b_n\to A, n\to\infty$.

4. 证明下列数列是收敛的,并求它们的极限.

(1) $x_1=1, x_{n+1}=2-\frac{1}{1+x_n}(n=1,2,\cdots)$;

(2) $a_n=(1+2^n+3^n)^{\frac{1}{n}}(n=1,2,\cdots)$;

(3) $x_1>0, x_{n+1}=\frac{1}{2}\left(x_n+\frac{a}{x_n}\right)(a>0, n=1,2,\cdots)$.

5. 设$\{a_n\}$为单调增加的数列. 若它存在一个收敛到 A 的子列,证明$\lim\limits_{n\to\infty}a_n=A$.

1.3　函数的极限

数学中,函数极限是一个非常基本的概念. 粗略地讲,一个函数 $f(x)$ 在 x_0 的极限为 A,

意味着当自变量 x 和 x_0 非常接近的时候,$f(x)$的函数值会非常接近 A. 早至公元19世纪时给出的正式定义将在下文给出.

本节将首先引入平均速度和瞬时变化率的问题,这将引出本节主要的内容——函数极限.

1.3.1 速度与变化率

平均速度与瞬时速度

一个运动的刚体在某时间段内的**平均速度**(average speed)可以通过将其走过的路程除以该时间段的长度求得. 平均速度的单位通常是单位时间有多远:千米每小时、英尺每秒或其他由问题得到的结果.

例 1.3.1 (求平均速度). 假设一块岩石从一个高崖上崩落,在其下落过程的前 2 秒中,其平均速度是多少?

解 实验说明,一个实体在接近地球表面从高处自由下落时,在前 t 秒内下落的高度为

$$y=16t^2.$$

岩石在任意给定的时间段中下落的距离,Δy,除以时间段的长度 Δt 即为其平均速度. 对下落过程中的前 2 秒,即从$t=0$ 到 $t=2$,有

$$\frac{\Delta y}{\Delta t}=\frac{16\times 2^2-16\times 0^2}{2-0}=32\text{ 英尺每秒}.$$

■

例 1.3.2 (求瞬时速度). 试求例1.3.1中的岩石在时刻 $t=2$ 时的速度.

解 采用数值方法求解. 时刻 $t=2$ 非常接近的时刻 $t=2+h$, $h>0$ 到该时刻内的平均速度可如下计算

$$\frac{\Delta y}{\Delta t}=\frac{16\times(2+h)^2-16\times 2^2}{(2+h)-2} \tag{1.3.1}$$

这个公式不能用来计算恰在 $t=2$ 时刻的速度,因为此时需要 $h=0$,而 $0/0$ 是没有意义的. 但是,这个公式却提供了在 h 非常接近 0 时,考察时刻 $t=2$ 处速度的一个好想法. 如果采用此公式进行计算,显然可以看到下面的结果(表 1.5).

当 h 逐渐接近 0 时,平均速度趋向于一个极限值,64 英尺每秒.

利用代数的方法可以进行验证. 若将方程(1.3.1)展开并进行化简,可得

$$\frac{\Delta y}{\Delta t}=\frac{16\times(2+h)^2-16\times 2^2}{(2+h)-2}=\frac{16\times(4+4h+h^2)-64}{h}$$

$$=\frac{64h+16h^2}{h}=64+16h.$$

表 1.3.1

时间区间的长度 h（秒）	区间上的平均速度 $\Delta y/\Delta t$（英尺每秒）
1	80
0.1	65.6
0.01	64.16
0.001	64.016
0.000 1	64.001 6
0.000 01	64.000 16

对所有不为 0 的 h，表达式的右端和左端是等价的，且其平均速度为 $64+16h$ 英尺每秒．现在容易看出平均速度在 h 趋向于 0 时，其极限值为 $64+16(0)=64$ 英尺每秒．

■

平均变化率与割线

对任意给定的函数 $y=f(x)$，y 在区间 $[x_1,x_2]$ 上相对于 x 的平均变化率可用其变化值，$\Delta y=f(x_2)-f(x_1)$，除以变化发生的区间长度 $\Delta x=x_2-x_1=h$ 来得到．

定义 1.3.3　（平均变化率）．在区间 $[x_1,x_2]$ 上，$y=f(x)$ 相应于 x 的平均变化率为

$$\frac{\Delta y}{\Delta x}=\frac{f(x_2)-f(x_1)}{x_2-x_1}=\frac{f(x_1+h)-f(x_1)}{h},\quad h\neq 0.$$

注意到区间 $[x_1,x_2]$ 上 f 的平均变化率实际上是过点 $P(x_1,f(x_1))$ 和 $Q(x_2,f(x_2))$ 的直线的斜率（图 1.3.1）．从几何上看，连接曲线上两点之间的直线称为该曲线的割线．因此，从 x_1 到 x_2 之间 f 的平均变化率恰为割线 PQ 的斜率．

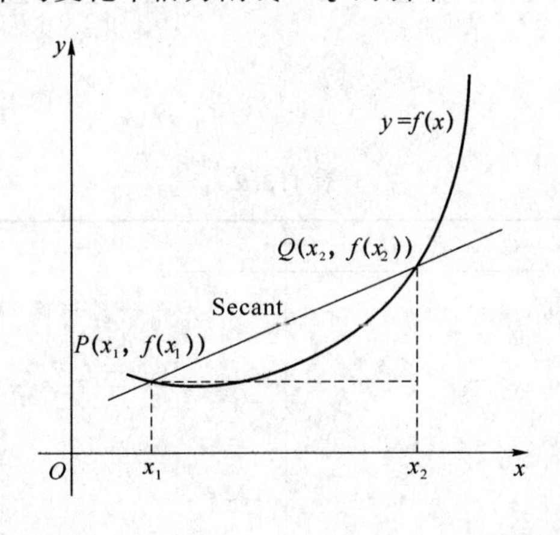

图 1.3.1

工程师常常需要知道材料中温度的变化率,以便于考虑裂缝或其他缺陷是否会出现.

例 1.3.4 (绝热外壳中温度的变化). 机械师希望为一个空间站设计一个厚度为 1 英寸的绝热外壳. 她已经确定了绝热外壳的每个深度 x 处的温度 u,如图 1.3.2(其中,温度已经被无量纲化,并满足 $0\leqslant u\leqslant 1$). 她必须找到单位深度温度变化最大的点,从而确定材料是否可以承受.

解 根据温度函数的图形(图 1.3.2),工程师注意到曲线切线的斜率在从深度为 0.1 英寸开始,到深度大约为 0.5 英寸的点 P 处是逐渐增大的. 在点 Q 到深度为 0.5 英寸时,有

$$\text{平均变化率:}\quad \frac{\Delta u}{\Delta x}=\frac{0.99-0.5}{0.1-0.5}\approx -1.23 \text{ 度/英寸.}$$

这个平均值就是图 1.3.2 中通过点 P 和 Q 的割线的斜率. 但是,这个均值并没有给出在点 P 处温度的变化情况. 要求得这个值,需要计算终点(或起点)在 $x=0.5$ 英寸处的很小深度区间内的平均变化率. 用几何术语来说,可以通过一系列沿着曲线从 P 到 Q ,且 Q 趋向于 P 点的割线斜率来计算(图 1.3.3 及表 1.6).

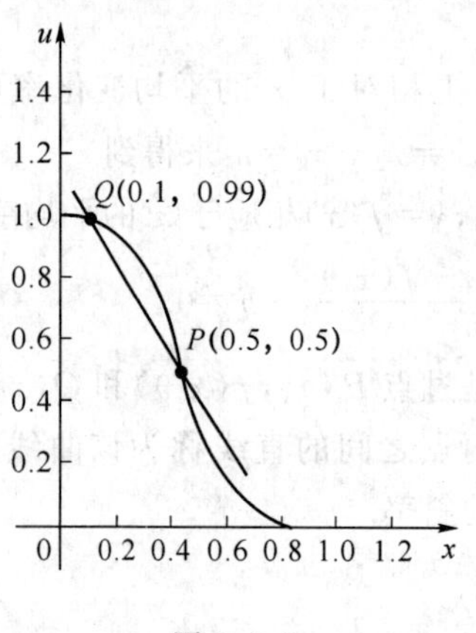

图 1.3.2

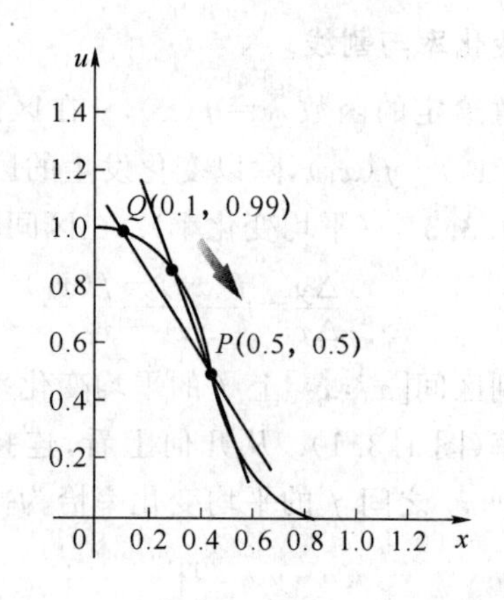

图 1.3.3

表 1.3.2

Q	$PQ=\Delta u/\Delta x$
(0.1,0.99)	$\frac{0.99-0.5}{0.1-0.5}\approx -1.23$
(0.2,0.98)	$\frac{0.98-0.5}{0.2-0.5}\approx -1.60$
(0.3,0.92)	$\frac{0.92-0.5}{0.3-0.5}\approx -2.10$
(0.4,0.76)	$\frac{0.76-0.5}{0.4-0.5}\approx -2.60$

表 1.3.2 中的数据表明，在点 Q 的横坐标 x 由 0.1 增加到 0.4 时，割线的斜率从 −1.23 变化到 −2.60．几何上看，割线绕着点 P 顺时针旋转，并逐渐趋向于曲线上过点 P，斜率最陡的直线．这条直线称为曲线在点 P 处的**切线**(tangent line，如图 1.3.4 所示)．由于这条直线大概通过点 $A(0.32,1)$ 及 $B(0.68,0)$，故其斜率为

$$\frac{1-0}{0.32-0.68}\approx -2.78 \text{ 度/英寸}.$$

在点 P，此时深度为 0.5 英寸，其温度的改变率 大约为 −2.78 度/英寸.

■

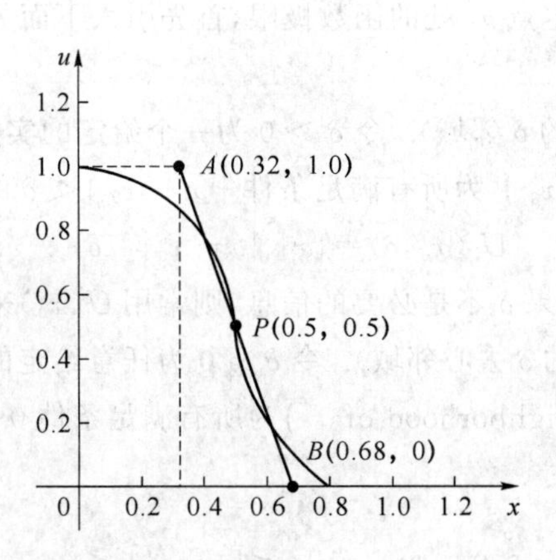

图 1.3.4

例 1.3.2 中岩石在时刻 $t=2$ 下落的速度，以及例 1.3.4 中温度在深度为 0.5 英寸处的变化率称为**瞬时变化率**(instantaneous rates of change)．这些例子说明，可以采用对平均变化率取极限的办法求瞬时变化率例 1.3.4 中，也给出了在深度 0.5 英寸时，作为割线极限的温度曲线的切线．在很多内容中，瞬时速率和切线都是紧密相关的．为能够更为深入地了解这两个概念之间的联系，需要引入一种可以用来确定极限值的方法，这种方法将在后续内容中称为函数极限.

1.3.2　函数极限的概念

对函数极限来说，下面的定义是被广泛接受的.

定义 1.3.5　(在无穷远处的函数极限 - Ⅰ)．设 $f(x)$ 为一实值函数，其中 x 可以无限增加或者减少，则当 x 趋向于无穷大时，函数 f 的极限为 A，并记为

$$\lim_{x\to\infty} f(x)=A,$$

的充要条件为对任一 $\varepsilon>0$，存在 $X>0$，使得当 $|x|>X$ 时，有 $|f(x)-A|<\varepsilon$(图 1.3.5).

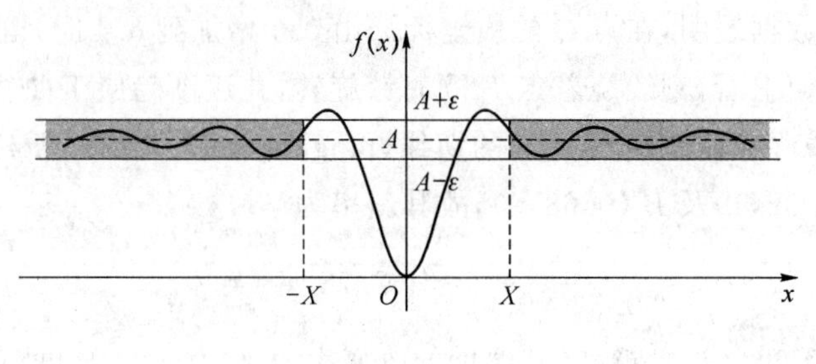

图 1.3.5

为引入函数在某一给定点 x_0 处的函数极限,首先引入下面关于 x_0 点的邻域和去心邻域的概念.

定义 1.3.6 (点 x_0 的 δ 邻域). 令 $\delta>0$ 为一个给定的实数,且 x_0 为一定点,则 **x_0 的 δ 邻域**(δ neighborhood of x_0) 为所有满足条件 $|x-x_0|<\delta$ 的点的集合. 这一集合记为

$$U(x_0,\delta)=\{x|\ |x-x_0|<\delta\}.$$

在讨论问题的时候,如果 δ 不是必要的信息,则常用 $U(x_0)$ 来表示.

定义 1.3.7 (点 x_0 的 δ 去心邻域). 令 $\delta>0$ 为任意给定的实数且 x_0 为一定点,则 **x_0 的 δ 去心邻域**(deleted δ neighborhood of x_0)为所有满足条件 $0<|x-x_0|<\delta$ 的点的集合. 这个集合记为

$$\mathring{U}(x_0,\delta)=\{x|0<|x-x_0|<\delta\}.$$

在讨论问题的时候,如果 δ 不是必要的信息,则常用 $\mathring{U}(x_0)$ 来表示.

定义 1.3.8 (函数在一点处的极限). 设 $f:\mathbf{R}\to\mathbf{R}$, $x_0,A\in\mathbf{R}$, 则当 x 趋向于 x_0 时的极限为 A 且记为

$$\lim_{x\to x_0}f(x)=A,$$

的充要条件为对任一 $\varepsilon>0$,存在一个实数 $\delta>0$, 使得满足 $0<|x-x_0|<\delta$ 时,有 $|f(x)-A|<\varepsilon$ 成立(图 1.3.6).

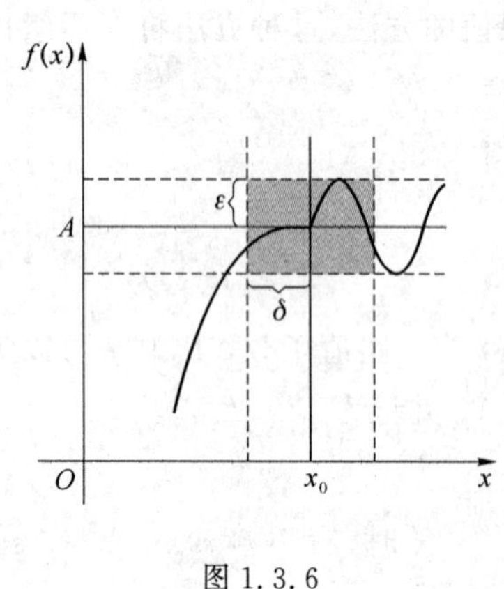

图 1.3.6

例 1.3.9 (函数在一点处的极限). 设 $f(x)=\sin x$,x$\in\mathbf{R}$, $\lim\limits_{x\to 0}f(x)=0$.

证明 由定义,只需证明对任意的 $\varepsilon>0$,存在一个 $\delta>0$,使得 $|f(x)-0|=|\sin x|<\varepsilon$ 成立即可. 注意到

$$|\sin x|\leqslant|x|,$$

若令 $\delta=\varepsilon>0$,并令 $0<|x-0|<\delta=\varepsilon$,则有

$$|f(x)-0|<\varepsilon.$$

因此,有如下的结论

$$\lim_{x\to 0} f(x)=0.$$

■

注 1.3.10　在定义 1.3.8 中,并不需要 $f(x_0)$有定义.

例 1.3.11　(函数在一点处的极限). 设 $f(x)$ 为一个实值函数,定义为

$$f(x)=\begin{cases}1, & x\neq 0,\\ 0, & x=0,\end{cases}$$

试证$\lim\limits_{x\to 0} f(x)=1$(见图 1.3.7).

证明　注意到,对任意的 $\varepsilon>0$ 及 $\delta>0$,若 $0<|x|<\delta$,有 $x\neq 0$,又根据$f(x)$的定义,可得

$$|f(x)-1|=|1-1|=0<\varepsilon.$$

利用函数极限的定义,可得

$$\lim_{x\to 0} f(x)=1.$$

■

接下来考虑 x 从右侧趋向于 x_0 的情形,此时相应的极限定义为:

定义 1.3.12　(函数在一点处的右极限). 设 $f:\mathbf{R}\to\mathbf{R}$,且 $x_0, A\in\mathbf{R}$,则 f 在 x 从右侧趋向于 x_0 时的极限为 A 并记为

$$\lim_{x\to x_0^+} f(x)=A,$$

的充要条件为对任意的 $\varepsilon>0$,存在一个实数 $\delta>0$,使得 $0<x-x_0<\delta$ 时有$|f(x)-A|<\varepsilon$ 成立(如图 1.3.8 所示).

类似地,还可以定义函数 f 在点 x_0 左侧的极限,并记为

$$\lim_{x\to x_0^-} f(x)=A.$$

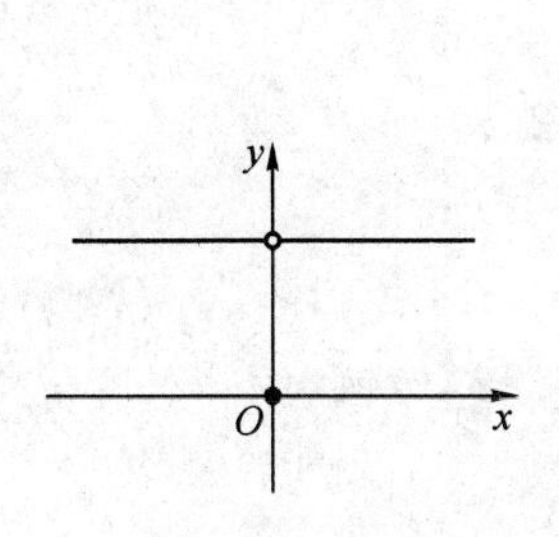

图 1.3.7

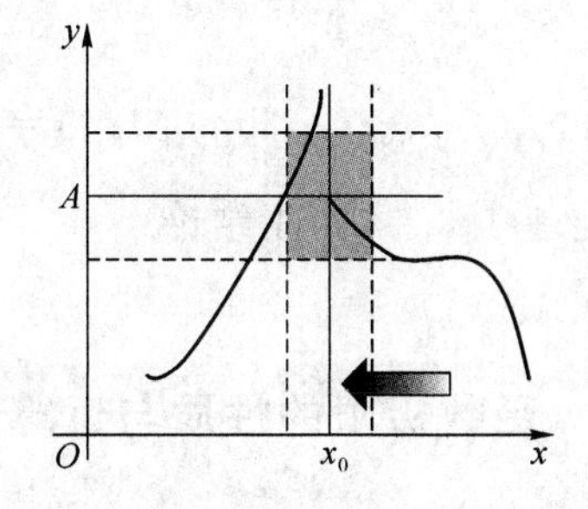

图 1.3.8

注 1.3.13　容易证明下列的等价性.

1. $\lim\limits_{x\to x_0} f(x)=A$;

2. $\lim\limits_{x\to x_0^+}f(x)=\lim\limits_{x\to x_0^-}f(x)=A$.

由定义 1.3.8 可知,若 A 为函数 $f(x)$ 在 x_0 处的极限,则 $|f(x)-A|<\varepsilon$ 对一切 $x\in\mathring{U}(x_0,\delta)$ 都成立,其中 $\mathring{U}(x_0,\delta)$ 定义为

$$\mathring{U}(x_0,\delta)=\{x\,|\,0<|x-x_0|<\delta\}.$$

这同样意为,对 $\mathring{U}(x_0,\delta)$ 中的任意趋向于 x_0 的数列 $\{x_n\}$,或 $x_n\to x_0,n\to\infty$,对应的函数值数列 $\{f(x_n)\}$ 也趋向于 A,或 $f(x_n)\to A$. 而且,由于 $x_n\to x_0,n\to\infty$,则有 $f(x_n)\to f(x_0)$. 另一方面,若 $f(x_n)\to A$ 对任意收敛于 x_0 的数列 $\{x_n\}$ 成立,则有 $\lim\limits_{x\to x_0}f(x)=A$. 因此,可得如下的定理.

定理 1.3.14 (Heine 定理). 设 $f:\mathring{U}(x_0)\to\mathbf{R}$,则 $\lim\limits_{x\to x_0}f(x)=A$ 的充要条件为对任意收敛数列 $x_n\to x_0$,其中 $\{x_n\}\subset\mathring{U}(x_0)$,相应的数列 $\{f(x_n)\}$ 收敛于 A.

Heine 定理说明了数列极限与函数极限之间的关系. 事实上,对任意给定的收敛于 x_0 的数列 $\{x_n\}$,相应的函数值 $f(x_n)$ 也构成了一个数列 $\{f(x_n)\}$.

例 1.3.15 设 $f(x)=\sin\dfrac{1}{x}$,试证 $\lim\limits_{x\to 0}f(x)$ 不存在.

证明 考虑数列 $x_n^{(1)}=\dfrac{1}{n\pi},n\in\mathbf{N}_+$,易见 $x_n^{(1)}\to 0$,$n\to\infty$,且对所有的 n,$x_n^{(1)}\neq 0$,于是有

$$\lim_{n\to\infty}f(x_n^{(1)})=\lim_{n\to\infty}\sin(n\pi)=0.$$

另外,考虑 $x_n^{(2)}=\dfrac{1}{2n\pi+\dfrac{\pi}{2}},n\in\mathbf{N}_+$,易见 $x_n^{(2)}\to 0,n\to\infty$,且对所有的 n ,$x_n^{(2)}\neq 0$,故有

$$\lim_{n\to\infty}f(x_n^{(2)})=\lim_{n\to\infty}\sin\left(2n\pi+\frac{\pi}{2}\right)=1.$$

最后,根据定理 1.3.14 可得结论.

■

1.3.3 函数极限的性质与运算法则

和数列极限相比,函数极限也有类似的性质.

定理 1.3.16 (函数极限的性质). 设 $\lim\limits_{x\to x_0}f(x)=A$,则有

1. (唯一性) 在 $x\to x_0$ 时,函数 $f(x)$ 的极限唯一;

2. (局部有界性) 在 x_0 的一个去心邻域内,$f(x)$ 有界,或 $\exists M>0$ 及 $\delta>0$,使得当 x 满

足 $0<|x-x_0|<\delta$,则

$$|f(x)|\leqslant M.$$

3.(局部保号性)若 $A>0(<0)$,则 $\exists\delta>0$ 及一个常数 $q>0$,使得对所有满足 $0<|x-x_0|<\delta$的 x,使得

$$f(x)\geqslant q>0(f(x)\leqslant -q<0).$$

4.(局部保序性)若 $\lim\limits_{x\to x_0}g(x)=B$ 且 $\exists\delta>0$,使得对所有满足$0<|x-x_0|<\delta$ 的 x,有 $f(x)\leqslant g(x)$,则

$$A\leqslant B.$$

5.(夹逼定理)若 $\lim\limits_{x\to x_0}g(x)=A$ 且 $\exists\delta>0$,使得对所有满足条件 $0<|x-x_0|<\delta$ 的 x,有 $f(x)\leqslant\varphi(x)\leqslant g(x)$,则

$$\lim_{x\to x_0}\varphi(x)=A.$$

6.(单调有界性法则)若函数 $f(x)$在区间$[a,+\infty)$上单调增加(减少)且有上界(下界),则 $\lim\limits_{x\to+\infty}f(x)$必存在.

证明　这个定理的证明并不困难,留给读者自己证明.

■

例 1.3.17　求 $f(x)=x\sin\dfrac{1}{x}$在 $x\to 0$ 时的极限.

解　显然,

$$\left|x\sin\frac{1}{x}\right|\leqslant|x| \tag{1.3.2}$$

因此,根据夹逼定理有

$$\lim_{x\to 0}x\sin\frac{1}{x}=\lim_{x\to 0}x=0. \tag{1.3.3}$$

■

利用 Heine 定理,还可得到如下的定理:

定理 1.3.18　(有理运算法则).设

$$\lim_{x\to x_0}f(x)=A,\lim_{x\to x_0}g(x)=B,$$

则

1. $\lim\limits_{x\to x_0}[f(x)\pm g(x)]=A\pm B=\lim\limits_{x\to x_0}f(x)\pm\lim\limits_{x\to x_0}g(x)$;
2. $\lim\limits_{x\to x_0}f(x)g(x)=AB=\lim\limits_{x\to x_0}f(x)\lim\limits_{x\to x_0}g(x)$;
3. $\lim\limits_{x\to x_0}\dfrac{f(x)}{g(x)}=\dfrac{A}{B}=\dfrac{\lim\limits_{x\to x_0}f(x)}{\lim\limits_{x\to x_0}g(x)}$,其中 $B\neq 0$ 且 $g(x)\neq 0$.

证明　该定理的证明留给读者自己完成.

■

推论 1.3.19 设 $\lim_{x\to x_0} f(x)$ 和 $\lim_{x\to x_0} g(x)$ 均存在,且 a,b 为两个常数,则

1. $\lim_{x\to x_0}[af(x)+bg(x)]=a\lim_{x\to x_0}f(x)+b\lim_{x\to x_0}g(x)$;

2. $\lim_{x\to x_0}[f(x)]^n=[\lim_{x\to x_0}f(x)]^n, n\in\mathbf{N}_+$.

注 1.3.20 定理 1.3.16 和 1.3.18 中的极限在 $x\to x_0^{\pm}, x\to\infty$ 及 $x\to\pm\infty$ 时也是成立的.

例 1.3.21 (利用有利运算法则). 试证 $\lim_{x\to 0}\cos x=1$.

证明

$$\lim_{x\to 0}\cos x=\lim_{x\to 0}\left(1-2\sin^2\frac{x}{2}\right)=1-2\left(\lim_{x\to 0}\sin\frac{x}{2}\right)^2=1-0=1.$$

■

定理 1.3.22 (复合运算法则). 设 $y=(f\circ g)(x)=f[g(x)]$ 为函数 $y=f(u)$ 和 $u=g(x)$ 的复合函数,且 $f\circ g$ 定义在 $\mathring{U}(x_0)$ 上. 若

$$\lim_{x\to x_0}g(x)=u_0,\quad \lim_{u\to u_0}f(u)=A,$$

且 $\exists\delta_0>0$, 使得 $g(x)\neq u_0$ 对所有 $x\in\mathring{U}(x_0,\delta_0)$ 成立,则

$$\lim_{x\to x_0}f[g(x)]=A=\lim_{u\to u_0}f(u).$$

证明 $\forall\varepsilon>0$,由于 $\lim_{u\to u_0}f(u)=A$,故对任意给定的 ε,

$$\exists\eta>0,\ \text{使得}\ |f(u)-A|<\varepsilon\ \text{成立}, u\in\mathring{U}(u_0,\eta). \tag{1.3.4}$$

另外,由于 $\lim_{x\to x_0}g(x)=u_0$ 对前面的 $\eta>0$ 也成立,因此,

$$\exists\delta_1>0,\ \text{使得}\ |g(x)-u_0|<\eta\ \text{成立}, x\in\mathring{U}(x_0,\delta_1). \tag{1.3.5}$$

注意到

$$\exists\delta_0>0,\ \text{使得对所有}\ x\in\mathring{U}(x_0,\delta_0)\ \text{有}\ g(x)\neq u_0. \tag{1.3.6}$$

将 $u=g(x)$ 带入 $g=f(u)$,可得复合函数 $(f\circ g)(x)=f[g(x)]$,且可令 $\delta=\min(\delta_0,\delta_1)$. 于是,若 $x\in\mathring{U}(x_0,\delta)$,(1.3.5) 和 (1.3.6) 成立,因此,$0<|g(x)-u_0|<\eta$, 或 $u\in\mathring{U}(u_0,\eta)$. 由 (1.3.4),有

$$|f[g(x)]-A|<\varepsilon.$$

因此,

$$\lim_{x\to x_0}f[g(x)]=A.$$

■

例 1.3.23　试求$\lim\limits_{x\to 1}\frac{x^3+1}{2x+1}$.

解　由有理运算法则及推论 1.3.19,可得

$$\lim_{x\to 1}\frac{x^3+1}{2x+1}=\frac{\lim\limits_{x\to 1}(x^3+1)}{\lim\limits_{x\to 1}(2x+1)}=\frac{(\lim\limits_{x\to 1}x)^3+1}{2(\lim\limits_{x\to 1}x)+1}=\frac{2}{3}.$$

例 1.3.24　求 $\lim\limits_{x\to 1}\frac{x^2-1}{x-1}$(见注 1.3.25).

解　由于 $x\to 1$ 且 $x\neq 1$,于是在取极限之前先将分母中的零因子消去,可得

$$\frac{x^2-1}{x-1}=\frac{(x+1)(x-1)}{x-1}=x+1.$$

于是有

$$\lim_{x\to 1}\frac{x^2-1}{x-1}=\lim_{x\to 1}(x+1)=2.$$

注 1.3.25　由于分母在 $x\to 1$ 时趋向于 0．因此,除法法则并不成立. 但是,注意到分子在 $x\to 1$ 时也趋向于 0 ,因此这类极限称为 $\frac{0}{0}$ 型的**未定型**(indeterminate form),这是一种最为常见的例子. 当 $x\to 0$,比例 $\frac{x^2}{x}$,$\frac{x}{x}$,且 $\frac{x}{x^3}$ 分别趋向于 0,1,和 ∞(图 1.3.9).

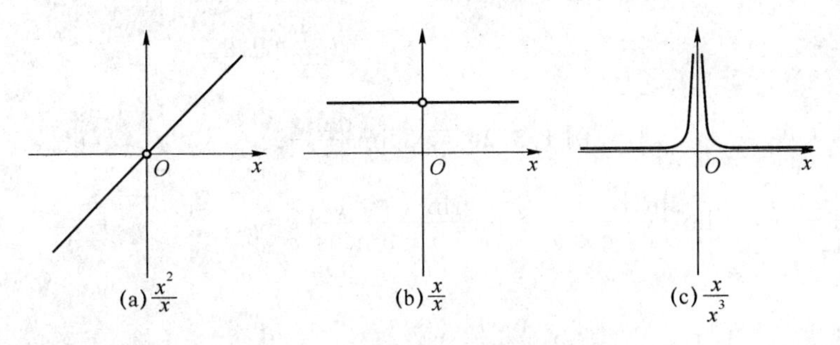

图 1.3.9

由于洛必达(L'Hospital)的杰出工作,计算形如 $\frac{0}{0}$ 或 $\frac{\infty}{\infty}$ 型的未定型变得容易起来,这些工作将在下一章进行介绍.

1.3.4　两个重要极限

规范化的 Sinc 函数和非规范的 Sinc 函数

在数学上,sinc 函数记为 $\mathrm{sinc}x$,有时也记为 $\mathrm{Sa}x$,有两个定义,通常用规范化的 sinc 函

数和非规范的 sinc 函数来区分. 在数值信号处理和信息论中,规范化的 sinc 函数一般定义为

$$\mathrm{Sa}x=\mathrm{sinc}x=\frac{\sin \pi x}{\pi x}.$$

历史上,非规范的 sinc 函数(或称 sinus cardinalis)定义为

$$\mathrm{Sa}x=\mathrm{sinc}x=\frac{\sin x}{x}.$$

可以证明

$$\lim_{x\to 0}\frac{\sin \pi x}{\pi x}=1 \text{ 及 } \lim_{x\to 0}\frac{\sin x}{x}=1.$$

本文将证明第二个极限,而第一个极限的证明留给读者完成.

不失一般性,设 $0<x<\frac{\pi}{2}$. 于是,由于 $x>0$,则有(见图 1.3.10)

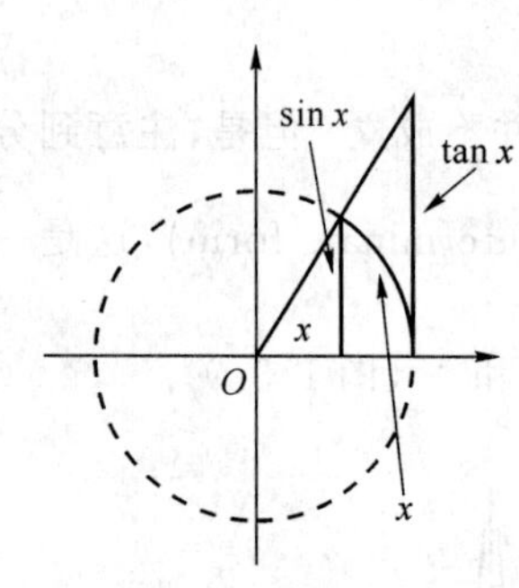

图 1.3.10

$$\sin x<x<\tan x=\frac{\sin x}{\cos x}.$$

上面不等式两边同除 $\sin x>0$ 可得

$$1<\frac{x}{\sin x}<\frac{1}{\cos x},\text{或 } \cos x<\frac{\sin x}{x}<1.$$

由夹逼定理,可得

$$\lim_{x\to 0}\frac{\sin x}{x}=1.$$

例 1.3.26 求 $\lim\limits_{x\to 0}\frac{\tan x}{x}$.

解 $\lim\limits_{x\to 0}\frac{\tan x}{x}=\lim\limits_{x\to 0}\frac{\sin x}{x}\frac{1}{\cos x}=\lim\limits_{x\to 0}\frac{\sin x}{x}\frac{1}{\lim\limits_{x\to 0}\cos x}=1.$

■

例 1.3.27 求 $\lim\limits_{x\to 0}\frac{1-\cos x}{x^2}$.

解 $\lim\limits_{x\to 0}\frac{1-\cos x}{x^2}=\lim\limits_{x\to 0}\frac{2\sin^2\frac{x}{2}}{x^2}=\lim\limits_{x\to 0}\frac{1}{2}\left(\frac{\sin\frac{x}{2}}{\frac{x}{2}}\right)^2=\frac{1}{2}.$

■

例 1.3.28 求 $\lim\limits_{x\to\infty}x\arcsin\frac{1}{x}$.

解 令 $\arcsin\frac{1}{x}=t$,因此 $\sin t=\frac{1}{x}$. 因此

$$\lim_{x\to\infty} x \arcsin\frac{1}{x}=\lim_{t\to 0}\frac{t}{\sin t}=\lim_{t\to 0}\frac{1}{\frac{\sin t}{t}}=1.$$

数学中的常数 e

考虑下列极限,这个极限于 17 世纪由 Jakob Bernoulli 进行了研究,

$$\lim_{n\to\infty}\left(1+\frac{1}{n}\right)^n \tag{1.3.7}$$

为研究这个极限,可以考虑函数 $f(x)=\left(1+\frac{1}{x}\right)^x$,于是 $f(n)=\left(1+\frac{1}{n}\right)^n$ 且 $n\to\infty$ 意味着 $x\to+\infty$ 且 $\{f(n)\}$ 为一个数列 $\lim\limits_{x\to\infty} f(x)$.

图 1.3.11 说明存在一个常数 c,使得 $x\to+\infty$ 时 $\left(1+\frac{1}{x}\right)^x\to c$. 进一步,可以假设这个常数 c 大于 2 而小于 3.

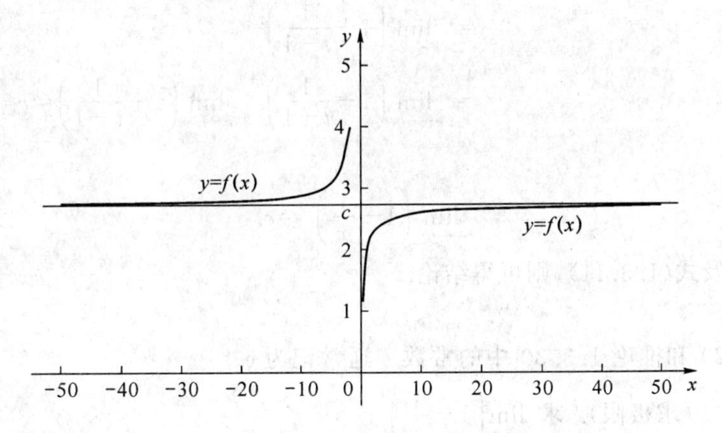

图 1.3.11

定理 1.3.29　存在一个常数 c,使得

$$\lim_{n\to\infty}\left(1+\frac{1}{n}\right)^n = c.$$

证明　参见例 1.2.30. ■

推论 1.3.30　存在一个常数 c,使得

$$\lim_{n\to\infty}\left(1+\frac{1}{x}\right)^x = c. \tag{1.3.8}$$

证明　令 $n=[x]$,则有 $n\leqslant x<n+1$. 进一步,有

$$\left(1+\frac{1}{n+1}\right)^n<\left(1+\frac{1}{x}\right)^x<\left(1+\frac{1}{n}\right)^{n+1}, \tag{1.3.9}$$

利用定理 1.3.29,可得

$$\lim_{n\to\infty}\left(1+\frac{1}{n+1}\right)^n=\lim_{n\to\infty}\frac{\left(1+\frac{1}{n+1}\right)^{n+1}}{1+\frac{1}{n+1}}=c,$$

$$\lim_{n\to\infty}\left(1+\frac{1}{n}\right)^{n+1}=\lim_{n\to\infty}\left(1+\frac{1}{n}\right)^n\lim_{n\to\infty}\left(1+\frac{1}{n}\right)=c.$$

由夹逼定理 1.3.16,有

$$\lim_{x\to+\infty}\left(1+\frac{1}{x}\right)^x=c. \tag{1.3.10}$$

至此,已经证明 $\lim\limits_{t\to+\infty}\left(1+\frac{1}{x}\right)^x=c$. 利用变量替换,令 $t=-x$,有 $t\to+\infty$ as $x\to-\infty$. 故

$$\begin{aligned}\lim_{t\to-\infty}\left(1+\frac{1}{x}\right)^x&=\lim_{t\to+\infty}\left(1-\frac{1}{t}\right)^{-t}=\lim_{t\to+\infty}\left(\frac{t}{t-1}\right)^t\\&=\lim_{t\to+\infty}\left(1+\frac{1}{t-1}\right)^t\\&=\lim_{t\to+\infty}\left(1+\frac{1}{t-1}\right)^{t-1}\lim_{t\to+\infty}\left(1+\frac{1}{t-1}\right)=c.\end{aligned}$$

因此

$$\lim_{x\to-\infty}\left(1+\frac{1}{x}\right)^x=c. \tag{1.3.11}$$

由式(1.3.10) 及式(1.3.11),则可得结论.

■

定理 1.3.29 和推论 1.3.30 中的常数 c 通常记为 e.

例 1.3.31 (求极限). 求 $\lim\limits_{n\to\infty}\left(1-\frac{1}{x}\right)^x$.

解

$$\lim_{n\to\infty}\left(1-\frac{1}{x}\right)^x=\lim_{n\to\infty}\left[\left(1+\frac{1}{(-x)}\right)^{-x}\right]^{-1}=\frac{1}{\mathrm{e}}.$$

■

注 1.3.32 一般地,用 $\lim f(x)$ 表示函数 $f(x)$ 在 $x\to x_0, x\to x_0^{\pm}, x\to\infty, x\to\pm\infty$ 之一的过程中的极限。设 $\lim\alpha=0$,则有

$$\lim\frac{\sin\alpha}{\alpha}=1 \text{ 及 } \lim(1+\alpha)^{\frac{1}{\alpha}}=\mathrm{e}.$$

例 1.3.33 (求极限). 求 $\lim\limits_{x\to\infty}x\sin\frac{1}{x}$.

解

$$\lim_{x\to\infty}x\sin\frac{1}{x}=\lim_{x\to\infty}\frac{\sin\frac{1}{x}}{\frac{1}{x}}=1.$$

例 1.3.34　(求极限). 求 $\lim\limits_{x\to0}(1-x)^{\frac{1}{x}}$.

解

$$\lim_{x\to0}(1-x)^{\frac{1}{x}}=\lim_{x\to0}[(1+(-x))^{\frac{1}{-x}}]^{-1}=\frac{1}{\mathrm{e}}.$$

■

习题 1.3

A

1. 给出 $\lim\limits_{x\to-\infty}f(x)=A$, $\lim\limits_{x\to x_0^-}f(x)=A$ 及 $\lim\limits_{x\to2}f(x)=-\infty$ 的定义.

2. 下列结论是否正确？如果结论正确,试证明之；若不正确,给出一个反例.

(1) 若 $\lim\limits_{n\to\infty}f\left(\frac{1}{n}\right)=A$, 则 $\lim\limits_{x\to0^+}f(x)=A$;

(2) 若 $\lim\limits_{x\to x_0}f(x)=A$, 则 $\lim\limits_{x\to x_0}[f(x)]^k=A^k$,其中 $k\in\mathbf{N}_+$；

(3) 若 $\lim\limits_{x\to x_0}f(x)$ 及 $\lim\limits_{x\to x_0}[f(x)+g(x)]$都存在,则 $\lim\limits_{x\to x_0}g(x)$ 必存在；

(4) 若 $\lim\limits_{x\to x_0}f(x)$ 及 $\lim\limits_{x\to x_0}[f(x)g(x)]$ 都存在,则 $\lim\limits_{x\to x_0}g(x)$ 必存在；

(5) 若 $f(x)>0$, $x\in\mathring{U}(x_0)$且 $\lim\limits_{x\to x_0}f(x)=A$,则 $A>0$.

3. 下列运算是否正确？如不是,指出其中的错误并将其改正.

(1) $\lim\limits_{x\to0}\frac{\sin x}{x}=\frac{\lim\limits_{x\to0}\sin x}{\lim\limits_{x\to0}x}=\frac{0}{0}=1$;　　(2) $\lim\limits_{x\to\infty}\frac{\sin x}{x}=\frac{\lim\limits_{x\to\infty}\sin x}{\lim\limits_{x\to\infty}x}=0$;

(3) $\lim\limits_{x\to0}x\sin\frac{1}{x}=\lim\limits_{x\to0}x\lim\limits_{x\to0}\sin\frac{1}{x}=0$.

4. 利用极限的定义证明下列极限.

(1) $\lim\limits_{x\to0^-}x\sin\frac{1}{x}=0$;　　(2) $\lim\limits_{x\to1/2}x^2=\frac{1}{4}$.

5. 下列极限是否存在？为什么？

(1) $x\to 0, f(x)=\cos\frac{1}{x}$;　　(2) $x\to 0, f(x)=\frac{|x|}{x}$;

(3) $x\to +\infty, f(x)=x(1+\sin x)$;　　(4) $x\to 0, f(x)=\frac{1}{1+2^{1/x}}$;

(5) $x\to\infty, f(x)=\arctan x$;　　(6) $x\to 0, f(x)=\begin{cases}x+1, & x<0,\\ 1, & x=0,\\ 2, & x>0;\end{cases}$

(7) $x\to 0, f(x)=\begin{cases}2^x & x>0,\\ 0, & x=0,\\ 1+x^2, & x<0;\end{cases}$　　(8) $x\to 0, f(x)=\begin{cases}\frac{\sin x}{x}, & x<0,\\ (1+x)^{\frac{1}{x}}, & x>0.\end{cases}$

6. 求下列极限:

(1) $\lim\limits_{x\to 1}\frac{x^2+x-2}{x^2-3x+2}$;　　(2) $\lim\limits_{x\to 0}\frac{\sin x}{\tan x}$;

(3) $\lim\limits_{x\to +\infty}\sqrt{x}(\sqrt{2+x}-\sqrt{x})$;　　(4) $\lim\limits_{x\to 1}\frac{x^3-1}{x-1}$;

(5) $\lim\limits_{x\to 0}\frac{x}{\sqrt[3]{2+x}-\sqrt[3]{2-x}}$;　　(6) $\lim\limits_{\Delta x\to 0}\frac{\sin(x+\Delta x)-\sin x}{\Delta x}$;

(7) $\lim\limits_{\Delta x\to 0}\frac{\cos(x+\Delta x)-\cos x}{\Delta x}$;　　(8) $\lim\limits_{x\to +\infty}\sin(\sqrt{x+1}-\sqrt{x})$.

7. 使用本节给出的两个重要极限求下列极限:

(1) $\lim\limits_{x\to 0}x\cot\frac{x}{2}$;　　(2) $\lim\limits_{x\to 0}\frac{\tan x-\sin x}{x^3}$;

(3) $\lim\limits_{x\to \pi}\frac{\sin x}{(x-\pi)}$;　　(4) $\lim\limits_{x\to 1}(1-x)\tan\frac{\pi x}{2}$;

(5) $\lim\limits_{x\to\infty}\left(1-\frac{2}{x}\right)^{3x}$;　　(6) $\lim\limits_{x\to 0}(1-2x)^{1/x}$;

(7) $\lim\limits_{n\to\infty}3^n\sin\frac{\pi}{3^n}$;　　(8) $\lim\limits_{n\to\infty}\left(1+\frac{2}{5^n}\right)^{5^n}$.

8. 求下列等式中的常数 a,b.

(1) $\lim\limits_{x\to\infty}\left(\frac{x^2+3}{x-2}+ax+b\right)=0$;

(2) $\lim\limits_{x\to 0}f(x)$ 存在,其中

$$f(x)=\begin{cases}\frac{x+a}{2+e^{1/x}}, & x<0,\\ \frac{\sin x\tan\frac{x}{2}}{1-\cos 2x}, & x>0.\end{cases}$$

B

1. 求下列极限：

(1) $\lim\limits_{x\to 0}\dfrac{\sin^2 x}{\sqrt{1+x\sin x}-\sqrt{\cos x}}$；　　(2) $\lim\limits_{x\to\infty}\left(\dfrac{3x-1}{3x+1}\right)^{3x-1}$；

(3) $\lim\limits_{x\to 0^+}(\cos\sqrt{x})^{1/x}$；　　(4) $\lim\limits_{x\to 1}(2-x)^{\sec\frac{\pi x}{2}}$.

2. 设 $f:(a,b)\to\mathbf{R}$ 为一个有界函数. 试证明存在区间 (a,b) 上的数列 $\{x_n\}$，使得 $\lim\limits_{x\to\infty}f(x_n)=\infty$.

3. 用 $\varepsilon-\delta$ 定义来描述在 $x\to x_0$ 时函数 $f(x)$ 的极限不是 A.

4. 求 $\lim\limits_{x\to 0}\left(\dfrac{\pi+e^{\frac{1}{x}}}{1+e^{\frac{4}{x}}}+\arctan\dfrac{1}{x}\right)$.

5. 证明 $\lim\limits_{x\to 0}f(x)=\lim\limits_{x\to 0}f(x^3)$. $\lim\limits_{x\to 0}f(x)=\lim\limits_{x\to 0}f(x^2)$ 是否成立？为什么？

1.4　无穷小与无穷大量

无穷小量常被用来描述一种非常小的对象，它们小到无法对其进行测量. 在日常测量大小、时间、化学反应等过程时，无穷小量是一种小于任何可能的度量值的对象. 在白话文中，形容词“无穷小”通常指的是“非常小”.

19 世纪之前，没有任何数学概念像现在这样正式地定义，但很多概念都已经使用了. 微积分的奠基人，莱布尼茨，牛顿，欧拉，拉格朗日，伯努利家族以及很多其他的人都使用了无穷小，并得到了本质上正确的结果，尽管他们并没有正式的定义可以使用(类似地，当时也没有对实数的正式定义).

1.4.1　无穷小量及其阶

在数学上看，一个无穷小量是一个可以小于任何有限数但又不等于零的量. 尽管在实数系统中，这样的量并不存在，但是很多早期的对微积分的修正都是基于一些含糊不清的关于无穷小量的概念的. 但是现在，我们可以比以前更为精确地给出定义了.

定义 1.4.1　(无穷小量(Infinitesimal quantities)). 若一个函数 $\alpha(x)\to 0$, $x\to x_0$ (或 $x\to\infty$)，则 $\alpha(x)$ 称为当 $x\to x_0$ (or $x\to\infty$)时的**无穷小量**(infinitesimal quantity)，或简称为**无穷小量**.

例如，x^2, $\sin x$, $(1-\cos x)$ 在 $x\to 0$ 时是无穷小量且 $\dfrac{1}{x}$, $\dfrac{\sin x}{x}$在 $x\to\infty$ 时均为无穷

小量.

注 1.4.2 无穷小是一个在自变量趋向于一个实数或无穷时函数趋向于零的一个过程. 不能将其看作任何一个常数.

注 1.4.3 一个函数是否为无穷小量依赖于自变量的变化. 例如,称 $\frac{1}{x}$ 为一个无穷小量是错误的,因为,当 $x \to 0$ 时,$\frac{1}{x}$趋向于 ∞,但如果 $x \to \infty$,$\frac{1}{x}$趋向于 0. 因此,正确的说法是,当 $x \to \infty$ 时,$\frac{1}{x}$为一个无穷小.

无穷小和极限的关系如下.

若 $\lim\limits_{x \to x_0} f(x)=A$,则 $\lim\limits_{x \to x_0}[f(x)-A]=0$,故 $\alpha(x)=f(x)-A$ 在 $x \to x_0$ 为一个无穷小量,且 $f(x)=A+\alpha(x)$;反之,若 $f(x)=A+\alpha(x)$,其中 $\alpha(x)$ 在 $x \to x_0$时为一个无穷小量,则 $\lim\limits_{x \to x_0} f(x)=A$. 于是有下面的定理.

定理 1.4.4 $\lim f(x)=A$ 的充要条件是 $f(x)=A+\alpha(x)$,其中 $\alpha(x)$ 是一个无穷小量①.

根据有利运算规则,容易证明下列结论.

定理 1.4.5 设下列过程中,自变量的变化方式都相同. 则

(1) 有限多个无穷小量的代数和仍为无穷小量;

(2) 有限多个无穷小量的乘积也是无穷小量.

但应指出的是,上面的两个结论在无穷小量的个数无限时并不成立.

定理 1.4.6 设$\alpha(x)$ 在 $x \to x_0$时为一个无穷小量,且 $f(x)$ 在 $\mathring{U}(x_0)$ 内局部有界. 则 $\alpha(x) f(x)$ 在 $x \to x_0$时也称为无穷小量.

证明 该定理的证明可以使用极限的定义. 但在下面的证明中,使用夹逼定理.

函数 f 的局部有界性意味着 $\exists$ 常数 $M>0$,使得 $|f(x)| \leqslant M, \forall x \in \mathring{U}(x_0)$,因此

$$|\alpha(x) f(x)| \leqslant M|\alpha(x)|, \quad x \in \mathring{U}(x_0)$$

或

$$-M|\alpha(x)| \leqslant \alpha(x) f(x) \leqslant M|\alpha(x)|, \quad x \in \mathring{U}(x_0). \tag{1.4.1}$$

由于 $\alpha(x)$ 在 $x \to x_0$时为一个无穷小量,因此 $\lim\limits_{x \to x_0} \alpha(x)=0$,故 $\lim\limits_{x \to x_0}|\alpha(x)|=0$.

对(1.4.1)使用夹逼定理,可以得到

① 若在极限符号下没有任何其他符号,则表示该结论对自变量的任何变化情况都适用.

$$\lim_{x \to x_0} \alpha(x) f(x) = 0,$$

也即，$\alpha(x) f(x)$ 在 $x \to x_0$ 时为一无穷小量.

■

思考 1.4.7 由定理 1.4.5 知，两个无穷小量的乘积仍为一个无穷小量，但两个无穷小量的商呢？它是否仍为一个无穷小量？

答. 答案是否定的. 例如，当 $x \to 0$ 时，x，$\sin x$ 和 x^2 均为无穷小量，但容易证明，当 $x \to 0$ 时，有

$$\frac{x^2}{x} \to 0, \quad \frac{\sin x}{x} \to 1, \quad \frac{x}{x^2} \to \infty.$$

因此，两个无穷小量的商不一定是一个无穷小量.

■

由思考 1.4.7，开始引入无穷小阶(order)的概念.

定义 1.4.8 （无穷小的阶）. 设 $\alpha(x)$ 及 $\beta(x)$ 为 x 按照某种方式变化时的无穷小量，且 $\beta(x) \neq 0$.

(1) 若 $\lim \frac{\alpha(x)}{\beta(x)} = 0$，则 $\alpha(x)$ 称为 $\beta(x)$ 的一个**高阶**(higher order)无穷小量（或 $\beta(x)$ 为 $\alpha(x)$ 的一个**低阶**(lower order)无穷小量），记为 $\alpha(x) = o(\beta(x))$.

特别地，符号 $\alpha(x) = o(1)$ 意味着 $\alpha(x)$ 为一个无穷小量.

(2) 若 $\lim \frac{\alpha(x)}{\beta(x)} = C \neq 0$，则 $\alpha(x)$ 和 $\beta(x)$ 称为**同阶**(same order)无穷小量.

(3) 若 $\lim \frac{\alpha(x)}{\beta(x)} = 1$，则 $\alpha(x)$ 和 $\beta(x)$ 称为等价无穷小量，记为 $\alpha(x) \sim \beta(x)$.

(4) 若 $\lim \frac{\alpha(x)}{[\beta(x)]^k} = C \neq 0$，则 $\alpha(x)$ 称为 $\beta(x)$ 的 k 阶无穷小量.

特别地，取 $\beta(x) = x - x_0$，若 $\lim \frac{\alpha(x)}{[x - x_0]^k} = C \neq 0$，则 $\alpha(x)$ 称为当 $x \to x_0$ 时的 k 阶无穷小量.

例 1.4.9 在 $x \to 0$ 时，比较无穷小的阶.

(1) $\alpha(x) = x^4 + 2x^3$，$\beta(x) = 2x^2$；

(2) $\alpha(x) = \sin x$，$\beta(x) = x$.

解

(1) 由于 $\lim_{x \to 0} \frac{x^4 + 2x^3}{2x^2} = \lim_{x \to 0} \frac{x^2 + 2x}{2} = 0$，则有 $x^4 + 2x^3 = o(2x^2)$.

(2) 由于 $\lim_{x \to 0} \frac{\sin x}{x} = 1$，故有

$$\sin x \sim x. \tag{1.4.2}$$

读者也可以证明

$$\tan x \sim x, \arcsin x \sim x, \arctan x \sim x, 1 - \cos x \sim \frac{x^2}{2}. \tag{1.4.3}$$

■

例 1.4.10 证明当 $x\to 0$ 时，$\sqrt[n]{1+x}-1\sim\frac{x}{n}$，其中 $n\in\mathbf{N}_+$.

证明 该结论等价于证明 $\lim\limits_{x\to 0}\frac{\sqrt[n]{1+x}-1}{x}=\frac{1}{n}$.

利用公式

$$a^n-b^n=(a-b)(a^{n-1}+a^{n-2}b+\cdots+ab^{n-2}+b^{n-1}),$$

将其有理化，可得

$$\lim_{x\to 0}\frac{\sqrt[n]{1+x}-1}{x}=\lim_{x\to 0}\frac{x}{x\left(\sqrt[n]{(1+x)^{n-1}}+\sqrt[n]{(1+x)^{n-2}}+\cdots+1\right)}=\frac{1}{n}.$$

于是

$$\sqrt[n]{1+x}-1\sim\frac{x}{n}. \tag{1.4.4}$$

■

定理 1.4.11 令 $\alpha(x)\sim\bar{\alpha}(x)$，$\beta(x)\sim\bar{\beta}(x)$ 且 limit $\frac{\bar{\alpha}(x)}{\bar{\beta}(x)}$ 存在，则极限 $\frac{\alpha(x)}{\beta(x)}$ 也存在且

$$\lim\frac{\alpha(x)}{\beta(x)}=\lim\frac{\bar{\alpha}(x)}{\bar{\beta}(x)}.$$

证明 由于

$$\frac{\alpha(x)}{\beta(x)}=\frac{\alpha(x)}{\bar{\alpha}(x)}\frac{\bar{\alpha}(x)}{\bar{\beta}(x)}\frac{\bar{\beta}(x)}{\beta(x)},$$

两遍去极限，并利用假设条件即可得到结论.

■

例 1.4.12 求 $\lim\limits_{x\to 0}\frac{\tan 3x}{\sin 5x}$.

解 由于 $\tan 3x\sim 3x$ 且 $\sin 5x\sim 5x$ as $x\to 0$，则由定理 1.4.11，可得

$$\lim_{x\to 0}\frac{\tan 3x}{\sin 5x}=\lim_{x\to 0}\frac{3x}{5x}=\frac{3}{5}.$$

■

例 1.4.13 求 $\lim\limits_{x\to 0}\frac{\tan x-\sin x}{x^3}$.

解

$$\lim_{x\to 0}\frac{\tan x-\sin x}{x^3}=\lim_{x\to 0}\frac{(1-\cos x)\tan x}{x^3}=\lim_{x\to 0}\frac{x\frac{x^2}{2}}{x^3}=\frac{1}{2}.$$

■

需要强调的是，这种替换仅能用于分数的分子或分母中，不能在加减法中使用. 例如，若将例 1.4.13 的商，分子中的 $\tan x$ 和 $\sin x$ 替换为 x 则会得到下面的错误结论：

$$\lim_{x\to 0}\frac{\tan x-\sin x}{x^3}=\lim_{x\to 0}\frac{x-x}{x^3}=0.$$

从定理 1.4.11 的证明中不难看出，为什么只能在分数中使用替换，而这个问题留给读者自己完成.

1.4.2　无穷大量

定义 1.4.14　令 $f:\mathring{U}(x_0)\to\mathbf{R}$. 若 $\forall M>0, \exists\delta(M)>0$，使得 $|f(x)|>M$，满足 $0<|x-x_0|<\delta$，则 $f(x)$ 称为在 $x\to x_0$ 时的**无穷大量**(infinite quantity)，记为

$$\lim_{x\to x_0}f(x)=\infty \text{ 或 } f(x)\to\infty \text{ 或 } x\to x_0\text{①}.$$

在上面的定义中使用 $f(x)>M(f(x)<-M)$ 来替代 $|f(x)|>M$，则 $f(x)$ 称为在 $x\to x_0$ 时是**正(负)无穷大**(positive(negative) infinity).

类似地，可以定义 x 在趋向过程不同时，无穷大量的定义.

$f(x)\to\infty(+\infty)$ 在 $x\to x_0$ 时的几何意义在图 1.4.1 中给出说明.

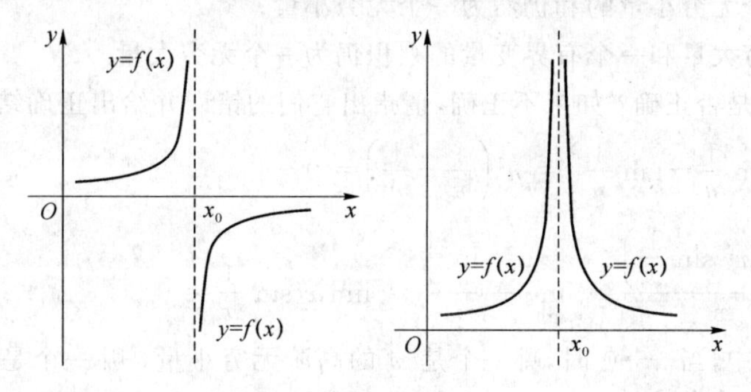

图 1.4.1

容易证明如下的结论.

定理 1.4.15　假设下列函数中自变量的趋向方式相同.

(1) 若 $f(x)$ 为一个无穷小量且在讨论的区间上不为零，则 $\dfrac{1}{f(x)}$ 为一无穷大量；

(2) 若 $f(x)$ 为一无穷大量，则 $\dfrac{1}{f(x)}$ 为一无穷小量；

(3) 有限多个无穷大量的成绩仍未无穷大量；

① 由极限的定义，极限在这种情形时是不存在的. 这个符号仅仅意味着 $f(x)$ 在 $x\to x_0$ 为无穷大量，且为方便起见，也称 $f(x)$ 的极限在 $x\to x_0$ 时是无穷大.

(4) 无穷大量与有界函数的和为一无穷大量.

需要指出的是,两个无穷大量的和不一定是一个无穷大量. 读者可以自己给出一些例子.

习题 1.4

A

1. 给出在 $x\to x_0$ 时 $\alpha(x)$ 为一无穷小量的 $\varepsilon-\delta$ 定义.

2. 给出在 $x\to+\infty$ 时 $f(x)$ 为一正无穷大量的定义.

3. 下列哪一个论述是正确的? 为什么?

(1) 一个无穷小量是一个非常小的数,且无穷大量是一个非常大的数;

(2) 一个无穷小量为零且零为一无穷小量;

(3) 无穷大量是一个无界变量,且无界变量就是一个无穷大量;

(4) 无穷多个无穷小量的和仍然为一个无穷小量;

(5) 一个无穷大量和一个有界变量的乘积仍为一个无穷大量.

4. 下列运算是否正确? 如果不正确,请指出它们的错误并给出正确结果.

(1) $\lim\limits_{n\to\infty} n^3\left(\sin\dfrac{1}{n}-\tan\dfrac{1}{n}\right)=n^3\left(\dfrac{1}{n}-\dfrac{1}{n}\right)=0$;

(2) $\lim\limits_{x\to 0}\dfrac{\sin\left(x^2\sin\dfrac{1}{x}\right)}{x}=\lim\limits_{x\to 0}\dfrac{x^2\sin\dfrac{1}{x}}{x}=\lim\limits_{x\to 0}x\sin\dfrac{1}{x}=0$.

5. 下列函数中,当 $x\to 0$ 时,哪一个是 x 的高阶无穷小量,哪一个是低阶无穷小量,哪一个是 x 的同阶或 x 的等价无穷小量 x? 试求每一个无穷小量的阶.

(1) $x^4+\sin 2x$;

(2) $\sqrt{x(1-x)}$, $x\in(0,1)$;

(3) $\dfrac{2}{\pi}\cos\dfrac{\pi}{2}(1-x)$;

(4) $2x\cos x\sqrt[3]{\tan x}$, $x\in\left(-\dfrac{\pi}{2},\dfrac{\pi}{2}\right)$.

6. 证明下列关系:

(1) $\arcsin x\sim x$, $x\to 0$;

(2) $(\sqrt{1+\tan x}-\sqrt{1+\sin x})\sim\dfrac{1}{4}x^3$, $x\to 0$;

(3) $[(1+x)^n-1]\sim nx$, $x\to 0$;

(4) $(1+\cos\pi x)\sim\dfrac{\pi^2}{2}(x-1)^2$, $x\to 1$.

7. 利用无穷小量的等价变换求下列极限：

(1) $\lim\limits_{x\to 0}\dfrac{\tan^2 x}{1-\cos x}$；　　(2) $\lim\limits_{x\to 0}\dfrac{(\sqrt[3]{1+\tan x}-1)(\sqrt{1+x^2}-1)}{\tan x-\sin x}$；

(3) $\lim\limits_{x\to 0^-}\dfrac{(1-\sqrt{\cos x})\tan x}{(1-\cos x)^{3/2}}$.

B

1. 设 P 为曲线 $y=f(x)$ 上的一个动点. 若点 P 沿着这个曲线从无穷远处向原点移动，其到一个给定直线 L 的距离趋向于 0，则这条直线称为曲线 $y=f(x)$ 的**渐进线**(asymptote). 若直线 L 的斜率为 $k\neq 0$，则 L 称为**斜渐进线**(oblique asymptote).

(1) 证明曲线 $y=f(x)$ 的斜渐近线为直线 $y=kx+b$ 的充要条件是

$$k=\lim_{x\to\infty}\frac{f(x)}{x},\quad b=\lim_{x\to\infty}[f(x)-kx];$$

(2) 求曲线 $y=\dfrac{x^2+1}{x+1}$，$x\neq -1$ 的斜渐近线.

2. 求常数 a,b,c，使得下列表达式成立：

(1) $\lim\limits_{x\to+\infty}(\sqrt{x^2-x+1})-ax+b=0$；

(2) $\lim\limits_{x\to 1}\dfrac{a(x-1)^2+b(x-1)+c-\sqrt{x^2+3}}{(x-1)^2}=0$.

1.5 连续函数

连续函数是拓扑学中的一个核心概念之一，拓扑学在更为深入的内容中被认为是一种一般性的推广. 本节主要探讨输入和输出都是实数的函数.

例如，设 $y=f(x)$ 是一个描述在时刻 x 时温度的函数，则 $f(x)$ 被称为**连续函数**(continuous function). 事实上，在经典物理学中有这样的格言，指出自然界中的一切都是连续的. 反之，若令 $m(x)$ 表示在时刻 x 在银行账户中金钱的数量，则该函数将会在每次存款和取款时发生跳跃，因此函数 $m(x)$ 为间断的.

1.5.1 连续函数和间断点

连续函数

设有一个将实数映射为实数的函数 $f(x)$，其定义域为某区间. 这一函数可以在直角坐标系中用图形给出；粗略地讲，若函数连续，则这个图像是没有“洞”或“跳跃”的一条曲线.

精确地讲,在引入函数在其定义域上连续的定义时,将考虑函数在某给定点上的**连续性**(continuity).

定义 1.5.1 (一个函数在一个点上的连续性). 设 $f:D\to\mathbf{R}$,其中 $D\subseteq\mathbf{R}$ 为 f 的定义域且 $R\subseteq\mathbf{R}$ 为 f 的值域. 令 $x_0\in D$ 为一给定点,称 $f(x)$ 在 x_0 **连续**(continuous)的充要条件是

(1) $f(x_0)$ 有定义;

(2) $\lim\limits_{x\to x_0}f(x)=f(x_0)$.

否则,称 $f(x)$ 在 x_0 **间断**(discontinuous).

为理解这个定义,假设一个连续函数 $y=f(x)$ 在 $U(x_0)$ 内有定义,其中 $U(x_0)$ 为 x_0 的一个邻域. 当自变量 x 向 x_0 移动时,对应的函数值,$f(x)$,应当趋向于 $f(x_0)$. 更为一般地,若记 $\Delta x=x-x_0$ 为**自变量的增量**(increment of the independent variable),且 $\Delta y=f(x)-f(x_0)=f(x_0+\Delta x)-f(x_0)$ 为**函数值增量**(increment of the function value),或简称**函数增量**(increment of the function). 则这个定义说明若 $f(x)$ 在 x_0 连续,将会有

$$\Delta y\to 0\ ,\text{当 }\Delta x\to 0.$$

这个定义也可以描述为如下的 Cauchy 形式.

定义 1.5.2 (函数在一点 x_0 连续的 Cauchy 定义). $\forall\varepsilon>0,\exists\delta>0$,使得 $|f(x)-f(x_0)|<\varepsilon$ 对所有 $|x-x_0|<\delta$ 都成立.

这个定义也称为连续函数的"ε-δ 定义",它最早是由柯西给出的.

注 1.5.3 需要注意的是,与函数在点 x_0 的极限不同,连续性的定义要求函数 $f(x)$ 在点 x_0 有定义.

正如函数极限的定义,也可以引入函数在点 x_0 左连续和右连续的定义.

定义 1.5.4 (函数在一点处的左连续和右连续). 保持定义 1.5.1 中的假设不变,若

$$\lim_{x\to x_0^-}f(x)=f(x_0),$$

则称 $f(x)$ 在 x_0 左连续,且若

$$\lim_{x\to x_0^+}f(x)=f(x_0),$$

则称 $f(x)$ 在 x_0 右连续.

容易证明下面的结论.

定理 1.5.5 设 $y=f(x)$ 定义在 $U(x_0)$ 内,则有

$$\lim_{x\to x_0}f(x)=f(x_0)\Leftrightarrow\lim_{x\to x_0^-}f(x)=f(x_0)\text{ and }\lim_{x\to x_0^+}f(x)=f(x_0).\tag{1.5.1}$$

现在,已经可以引入在定义域内或定义域上的连续函数的定义了.

定义 1.5.6 设 $f:D\to R$,其中 $D\subseteq\mathbf{R}$ 且 $R\subseteq\mathbf{R}$. 若 $f(x)$ 在其定义域 D 中的每一点都连续,则称函数**处处连续**(everywhere continuous),或简称**连续**(continuous).

更为一般地,若函数在其定义域的某子集的每一点都连续,则称函数在其定义域的某子

集上连续. 当称一个函数为连续时,通常指的是对所有的实数或者定义域中的所有点,函数都连续.

当 $f(x)$ 在开区间 (a,b) 内的每一点都连续时,则 $f(x)$ 称为在 (a,b) 区间内连续. 若 $f(x)$在开区间(a,b)上连续,且在 $x=a$ 左连续,在 $x=b$ 右连续,则$f(x)$称为在区间$[a,b]$上连续 . 若 $f(x)$在一个区间 I 内/上连续,则称为在区间 I 内/上连续的连续函数. 若 I 恰为 $f(x)$的定义域,则称函数 $f(x)$为**连续函数**(continuous function). 连续函数的图像为一条连续的曲线.

以后,用符号 $C(I)$ 表示区间 I 内/上所有连续函数的集合,也即

$$C(I)=\{f|f \text{ 在 } I \text{ 内/上连续}\}.$$

例 1.5.7 证明 $x^n,a^x,\sin x\in C(-\infty,+\infty)$,其中 $a>0$ 且 $n\in\mathbf{N}_+$.

证明 x^n的连续性可以利用连续性的定义以及极限的乘积法则得到. 且由连续函数的定义,容易证明 a^x的连续性. 作为一种特殊情形,可知 $e^x\in C(-\infty,+\infty)$.

现在,将证明函数 $\sin x$ 的连续性. 对任意的 $x_0\in(-\infty,+\infty)$,利用三角公式,有

$$\Delta y=\sin(x_0+\Delta x)-\sin x_0=2\cos\left(x_0+\frac{\Delta x}{2}\right)\sin\frac{\Delta x}{2}.$$

注意到

$$\lim_{x\to 0}\frac{\sin x}{x}=1 \text{ 且 } \lim_{x\to 0}\cos x=1,$$

然后利用乘积和复合规则,有

$$\lim_{\Delta x\to 0}\Delta y=2\lim_{\Delta x\to 0}\cos\left(x_0+\frac{\Delta x}{2}\right)\sin\frac{\Delta x}{2}=0.$$

因此 $\sin x$ 在 $x=x_0$ 连续. 由于 x_0 为区间$(-\infty,+\infty)$内的任意一点,故 $\sin x\in C(-\infty,+\infty)$.

■

间断点的分类

有连续性的定义,若一个函数,$f(x)$,在 $x=x_0$ 连续,则其必然满足下列所有三个条件:

(1) $f(x)$ 在 x_0有定义;

(2) $\lim\limits_{x\to x_0}f(x)$ 存在,因此,$\lim\limits_{x\to x_0^-}f(x)$ 且 $\lim\limits_{x\to x_0^+}f(x)$ 都存在并相等;

(3) $\lim\limits_{x\to x_0}f(x)=f(x_0)$.

因此,若上述条件中任何一个不满足,则函数 f 在 x_0间断. 若函数在某点间断,则称该点为函数**间断点**(discontinuous point).

函数的间断点可以分为如下三种类型:

(1) 若在 x_0点处的左右极限都存在,但并不相等,则 x_0称为$f(x)$ 的**跳跃间断点**(jump discontinuous point);

(2) 若在 x_0点处的左右极限都存在且相等,但并不等于 $f(x_0)$,则称 x_0 为 $f(x)$的**可去**

间断点(removable discontinuous point);

(3) 所有其他类型的间断点均称为**本质间断点**(essential discontinuous point).

注 1.5.8 对间断点的分类还有另外一种观点. 注意到在可去间断点和跳跃间断点处,函数的左右极限都存在(无论它们是否相等,或者是否等于函数在间断点处的取值),它们都可以被看作是"容易"确定的类型. 因此,实际使用中,也称可去间断点和跳跃间断点为**第一类间断点**(discontinuous point of the first type),而其他类型的间断点则称为**第二类间断点**(discontinuous points of the second type).

例 1.5.9 讨论下列函数在 $x=0$ 处的连续性.

$$f(x)=\begin{cases}x, & x<0,\\ \dfrac{1}{2}, & x=0,\\ 1-x, & x>0.\end{cases}$$

解 因为

$$\lim_{x\to 0^+}f(x)=0,\text{and }\lim_{x\to 0^+}f(x)=1,$$

$f(x)$ 在点 $x=0$ 间断,且 $x=0$ 为函数 $f(x)$ 的一个跳跃间断点(如图 1.5.1 所示). ■

例 1.5.10 讨论函数 $f(x)=\dfrac{\sin x}{x}$ 在点 $x=0$ 处的连续性.

解 尽管在 $x\to 0$ 时,函数的极限等于 1,但是函数在点 $x=0$ 并无定义. 因此 $x=0$ 为函数$f(x)$的可去间断点,因为如果定义函数在 x_0 处的函数值或者改变函数在 x_0 处的函数值,函数的一类间断点可以被去除(如图 1.5.2 所示).

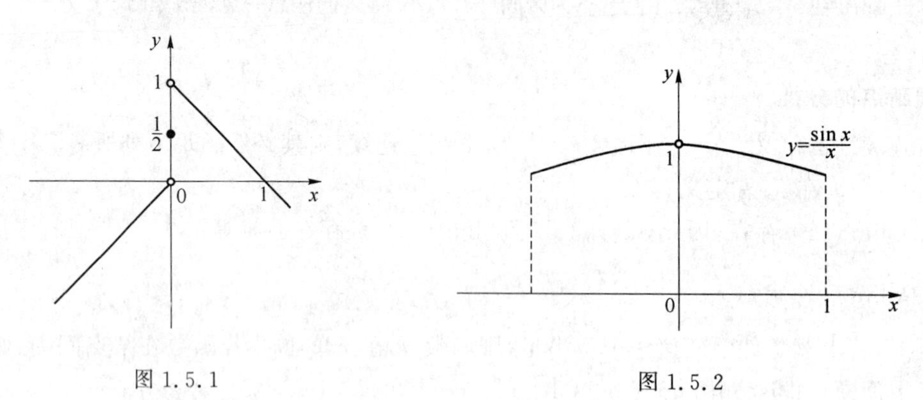

图 1.5.1　　图 1.5.2

例如,若定义函数值 $f(0)=1$,则新函数

$$f(x)=\begin{cases}\dfrac{\sin x}{x}, & x\neq 0,\\ 1, & x=0.\end{cases}$$

在点 $x=0$ 连续.

■

例 1.5.11　讨论下列函数在点 $x=0$ 处的连续性.

$$f(x)=\begin{cases}(1+x)^{\frac{1}{x}}, & x\neq 0,\\ 1, & x=0.\end{cases}$$

解　因为

$$\lim_{x\to 0}f(x)=\lim_{x\to 0}(1+x)^{\frac{1}{x}}=\mathrm{e}$$

且 $f(0)=1$,故 $\lim\limits_{x\to 0}f(x)\neq f(0)$. 因此 $x=0$ 为一个可去间断点. 若重新定义函数在 $x=0$ 处的取值,使得

$$g(x)=\begin{cases}(1+x)^{\frac{1}{x}}, & x\neq 0,\\ \mathrm{e}, & x=0.\end{cases}$$

则这个新定义的函数 g 在 $x=0$ 连续.

■

例 1.5.12　讨论下列两个函数的连续性:

(1) $f(x)=\tan x, x=\dfrac{\pi}{2}$;

(2) $f(x)=\sin\dfrac{1}{x}, x=0$.

解

(1) 由于 $\tan x\to\infty$, $x\to\dfrac{\pi}{2}$,故 $x=\dfrac{\pi}{2}$ 为函数 $f(x)$ 的本性间断点(图 1.5.3).

(2) 由于函数 $f(x)$ 的取值在自变量 x 于 -1 到 1 之间趋向于 0 时是振荡的,因此其极限不存在(图 1.5.4). 故 $x=0$ 也是 $f(x)$ 的一个本质间断点.

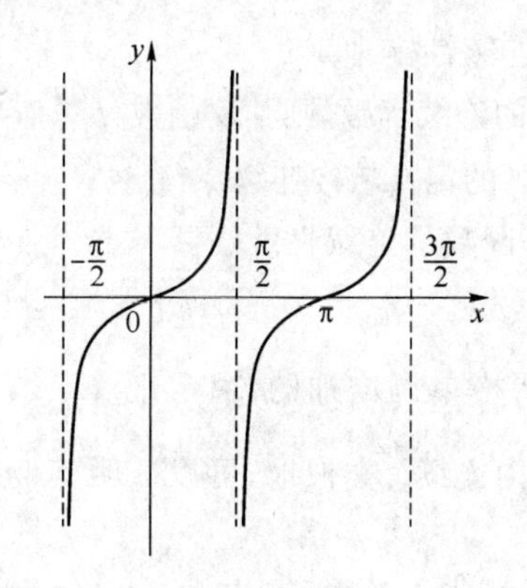

图 1.5.3

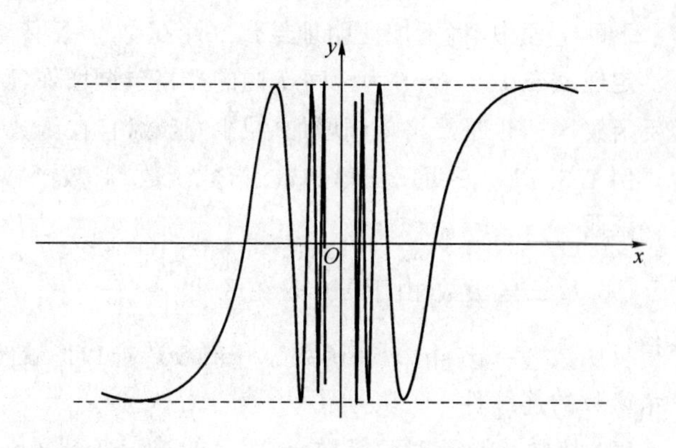

图 1.5.4

1.5.2 连续函数的运算及初等函数的连续性

众所周知,初等函数包括基本初等函数以及将基本初等函数经过有限多次有理运算和复合得到的函数.因此,为研究初等函数的连续性,需讨论每一个初等函数的连续性.回顾以前,易知连续性其实是一种特殊的极限性质,因此连续函数的运算性质可以容易地由极限的运算法则导出.

定理 1.5.13 设函数 f 和 g 在 $x=x_0$ 均连续.则

(1) $f\pm g, fg, \dfrac{f}{g}(g(x_0)\neq 0)$ 在 $x=x_0$ 也连续;

(2) f 在 x_0 局部有界.

定理 1.5.14 设函数 $y=(f\circ g)(x)=f[g(x)]$ 是由函数 $y=f(u)$ 和 $u=g(x), x_0\in D(f\circ g)$ 复合的.若 g 在点 x_0 连续,$u_0=g(x_0)$ 及 f 在点 u_0 连续,则 $f\circ g$ 在点 x_0 连续.

例 1.5.15 证明三角函数的连续性.

证明 函数 $\sin x$ 的连续性已经在例 1.5.7 中给出.

注意到 $\cos x=\sin\left(\dfrac{\pi}{2}-x\right)$,由 $\sin x$ 的连续性以及复合运算规则,可得 $\cos x(-\infty<x<+\infty)$ 的连续性.

进一步,注意到

$$\tan x=\frac{\sin x}{\cos x},$$

则由除法规则,$\tan x$ 在其定义域内也是连续的.又由除法规则,可知 $\sec x, \csc x$ 及 $\cot x$ 都是连续的.

■

下列定理中,将不加证明地给出一个函数 f 反函数的连续性定理.

定理 1.5.16 令 f 为区间 I 内的严格单调增加(减少)的连续函数,则其反函数 f^{-1} 存在且反函数 f^{-1} 也是严格单调增加(减少)函数,且在函数 $f(x)$ 的定义域内连续.

例 1.5.17 证明反三角函数、指数函数、对数函数及幂函数的连续性.

证明

(1) **反三角函数** 由于 $\sin x$ 在区间 $\left[-\dfrac{\pi}{2},\dfrac{\pi}{2}\right]$ 内为严格单调增加的,由定理 1.5.16,可得反函数 $y=\arcsin x$ 在函数 $y=\sin x$,$[-1,1]$ 的值域内连续.类似地,可以证明其他反三角函数的连续性.

(2) **指数函数及对数函数** e^x 及 a^x 的连续性已经在例 1.5.7 中给出.由于 e^x and a^x 在区间 $(-\infty,+\infty)$ 内严格单调增加、连续,且 e^x 及 a^x 的值域为 $(0,+\infty)$.因此,其反函数 $\ln x$

及 $\log_a x$ 在区间 $(0,+\infty)$ 内均连续.

(3) **指数函数** 注意到 $x^{\alpha}=e^{\alpha\ln x}(\alpha\in\mathbf{R},x>0)$ 可被看作由函数 $y=e^u$ 及 $u=\alpha\ln x$ 复合得到的. 因此指数函数 x^{α} 在其定义域 $(0,+\infty)$ 内是连续的.

■

根据例 1.5.7,例 1.5.15 及例 1.5.17 中的结论,可知三角函数、反三角函数、指数函数、对数函数以及幂函数在他们的定义域内都是连续的. 此外,常数函数当然是连续的,因此,所有的基本初等函数都是连续函数. 由定理 1.5.13,定理 1.5.14 及初等函数的定义,可知:

"所有的初等函数在其定义区间内是连续的".

根据连续的定义及复合运算规则,可得

$$\lim_{x\to x_0}f(x)=f(x_0)=f(\lim_{x\to x_0}x),$$

$$\lim_{x\to x_0}f[g(x)]=f[g(x_0)]=f[\lim_{x\to x_0}g(x)].$$

因此,当考虑连续函数的极限时,极限和函数运算的符号可以进行交换.

例 1.5.18 证明下列结论:

(1) $\lim\limits_{x\to 0}\dfrac{\ln(1+x)}{x}=1$;

(2) $\lim\limits_{x\to 0}\dfrac{e^x-1}{x}=1$;

(3) $\lim\limits_{x\to 0}\dfrac{(1+x)^{\alpha}-1}{x}=\alpha$, 其中 $\alpha\in\mathbf{R}$.

证明

(1) 由于 $\dfrac{\ln(1+x)}{x}=\ln(1+x)^{\frac{1}{x}}$,它可以被看作是由函数 $y=\ln u$ 及 $u=(1+x)^{\frac{1}{x}}$ 复合而来. 由函数 $\ln u$ 的连续性以及复合函数极限的运算,可得

$$\lim_{x\to 0}\frac{\ln(1+x)}{x}=\ln(\lim_{x\to 0}(1+x)^{\frac{1}{x}})=\ln e=1.$$

(2) 令 $e^x-1=t$,则 $x=\ln(1+t)$,且 $t\to 0$, $x\to 0$. 由复合函数运算规则及(1),可得

$$\lim_{x\to 0}\frac{e^x-1}{x}=\lim_{t\to 0}\frac{t}{\ln(1+t)}=\lim_{t\to 0}\frac{1}{\frac{\ln(1+t)}{t}}=1.$$

(3) 令 $(1+x)^{\alpha}-1=t$, 则 $\alpha\ln(1+x)=\ln(1+t)$,且 $t\to 0$. 因此

$$\frac{(1+x)^{\alpha}-1}{x}=\frac{t}{\ln(1+t)}\frac{\alpha\ln(1+x)}{x},$$

故

$$\lim_{x\to 0}\frac{(1+x)^{\alpha}-1}{x}=\lim_{t\to 0}\frac{t}{\ln(1+t)}\lim_{x\to 0}\frac{\alpha\ln(1+x)}{x}=\alpha.$$

■

由例 1.5.18,可得如下三个可以用于求某些函数极限的等价无穷小量.

当 $x\to 0$,有

$$\ln(1+x)\sim x,\mathrm{e}^x-1\sim x,(1+x)^\alpha-1\sim\alpha x.$$

例 1.5.19 求 $\lim\limits_{x\to 0}(1+\sin x)^{\frac{1}{x}}$.

解 给定的函数为一个幂一指数函数. 为求得这种类型函数的极限,通常可以通过指数函数与对数函数的复合的方法

$$(1+\sin x)^{\frac{1}{x}}=\mathrm{e}^{\frac{1}{x}\ln(1+\sin x)},$$

然后再取极限. 注意到 $\ln(1+\sin x)\sim\sin x$ as $x\to 0$. 由函数 e^u 的连续性,可得

$$\begin{aligned}\lim_{x\to 0}(1+\sin x)^{\frac{1}{x}}&=\lim_{x\to 0}\mathrm{e}^{\frac{1}{x}\ln(1+\sin x)}=\mathrm{e}^{\lim\limits_{x\to 0}\frac{\ln(1+\sin x)}{x}}\\&=\mathrm{e}^{\lim\limits_{x\to 0}\frac{\sin x}{x}}=\mathrm{e}^1=\mathrm{e}.\end{aligned}$$

■

在对分片定义的函数讨论其连续性时,需首先考虑其在每一个分片子定义域上的连续性,然后考虑在每一个分段点处的连续性.

例 1.5.20 讨论函数的连续性

$$f(x)=\begin{cases}\dfrac{1}{\mathrm{e}^{x-1}}, & x>0,\\ \ln(1+x), & -1<x\leqslant 0.\end{cases}$$

解 由初等函数的连续性,可知 $f(x)$在区间 $(-1,+\infty)$ 内除了点 $x=0$ 及 $x=1$ 外均连续.

当 $x=0$ 时,因为

$$\lim_{x\to 0^-}f(x)=\lim_{x\to 0^-}\ln(1+x)=0,$$

$$\lim_{x\to 0^+}f(x)=\lim_{x\to 0^+}\mathrm{e}^{\frac{1}{x-1}}=\mathrm{e}^{-1},$$

$x=0$ 为一个跳跃间断点.

当 $x=1$ 时,因为

$$\lim_{x\to 1^-}f(x)=\lim_{x\to 1^-}\mathrm{e}^{\frac{1}{x-1}}=0,$$

$$\lim_{x\to 1^+}f(x)=\lim_{x\to 1^+}\mathrm{e}^{\frac{1}{x-1}}=+\infty,$$

$x=1$ 为第二类间断点.

■

1.5.3 闭区间上连续函数的性质

对于闭区间上定义的连续函数,有很多好的性质. 本节将介绍这些性质中的一部分. 由

于它们中的大部分在几何上都是显而易见的，因此将仅仅将他们列出而不再给出证明.

定理 1.5.21　(最大最小值定理). 设 $f\in C[a,b]$，则 f 可以取得其最大值和最小值，即至少存在两个点 $x_1,x_2\in[a,b]$，使得 $f(x_1)=M$，$f(x_2)=m$，且 $m\leqslant f(x)\leqslant M$ 对所有 $x\in[a,b]$ 成立 (图1.5.5).

定理 1.5.22　(介值定理). 设 $f\in C[a,b]$，$f(a)\neq f(b)$. 则对任意给定的介于 $f(a)$ 和 $f(b)$ 的值 μ，至少存在一个数 ξ，使得 $f(\xi)=\mu$(图 1.5.6).

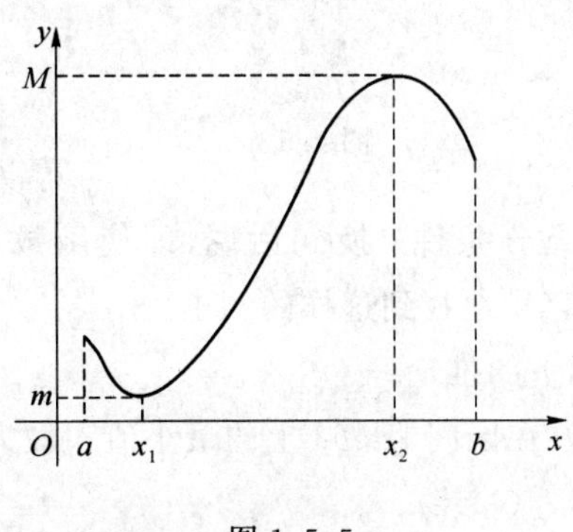

图 1.5.5

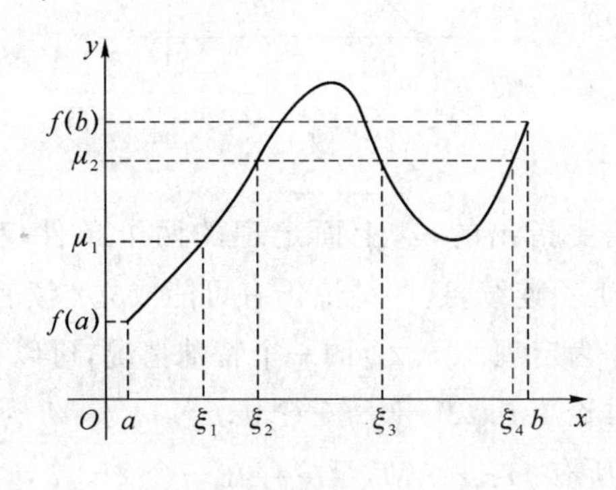

图 1.5.6

需要指出的是，为保证定理 1.5.21 和定理 1.5.22 结论的成立，函数 f 必须在一个闭区间上连续. 即使函数是定义在闭区间 $[a,b]$ 上且在区间 (a,b) 内连续，前述结论也不应定成立. 例如，

$$f(x)=\begin{cases}x, & 0<x<1,\\ \dfrac{1}{2}, & x=0,1.\end{cases}$$

在区间$[0,1]$上没有最大值或最小值，尽管该函数在区间 $(0,1)$ 内连续(图 1.5.7). 另外，函数

$$f(x)=\begin{cases}-1, & x=0,\\ x, & 0<x<1,\\ 2, & x=1.\end{cases}$$

也在区间 $(0,1)$ 内连续. 然而，对给定的值 $\mu_1=-\dfrac{1}{2}$ 及 $\mu_2=\dfrac{3}{2}$，它们均在函数值 $f(0)=-1$ 及 $f(1)=2$ 之间，但不存在 $\xi\in[0,1]$，使得 $f(\xi)=-\dfrac{1}{2}$ 或 $\dfrac{3}{2}$(图 1.5.8).

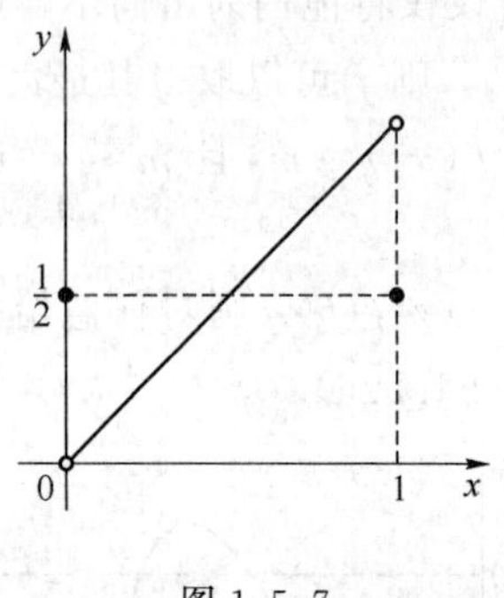

图 1.5.7

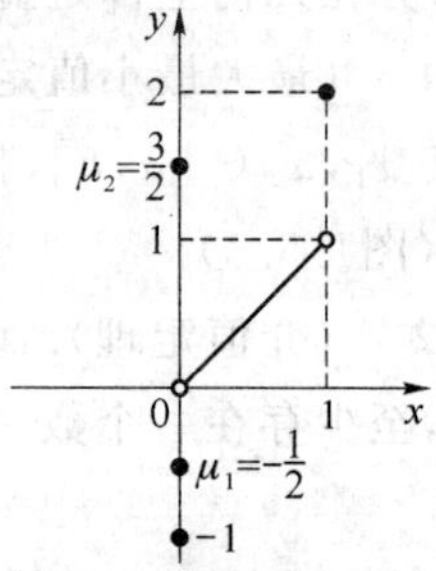

图 1.5.8

需要指出的是,上面定理的两个条件仅仅是充分条件. 换句话说,即使函数在区间$[a,b]$上不连续,这些结论仍有可能成立. 读者可以容易地找到这样的例子.

作为定理 1.5.22 的一个特殊情况,可以得到如下的推论.

推论 1.5.23 设 $f\in C[a,b]$,m 及 M 为函数 f 在区间 $[a,b]$ 上的最小值和最大值,于是,对所有 $m\leqslant\mu\leqslant M$,至少存在一个 $\xi\in[a,b]$,使得 $f(\xi)=\mu$.

推论 1.5.24 (零点存在定理). 设 $f\in C[a,b]$,$f(a)f(b)<0$, 则 f 在区间 (a,b) 内至少存在一个零点,即至少存在一个 $\xi\in(a,b)$ 使得 $f(\xi)=0$.

若 f 在一个闭区间上连续,则推论 1.5.24 可被用于证明一个给定方程 $f(x)=0$ 的根的存在性. 而且,它可以被用于近似求解根的取值.

例 1.5.25 证明方程 $x^3+x^2-4x+1=0$ 的三个根均在区间 $(-3,2)$ 内,并求其中一个根的近似值.

解 方程的根等价于函数 $f(x)=x^3+x^2-4x+1$ 的零点. 函数在区间$[-3,2]$上连续,且容易看到 $f(-3)=-5<0$,$f(0)=1>0$,$f(1)=-1<0$,$f(2)=5>0$. 由零点存在定理,我们知道在三个区间 $(-3,0)$,$(0,1)$,$(1,2)$ 内至少分别存在一个零点.

下面我们使用二分法求在区间 $(0,1)$ 内的根. 将区间 $[0,1]$分为两个部分. 由于在其中点 $x=\dfrac{1}{2}$处,有 $f\left(\dfrac{1}{2}\right)=-\dfrac{5}{8}<0$,其中 $f(0)=1>0$,则根必然在区间 $\left(0,\dfrac{1}{2}\right)$ 内.

进一步,将区间 $\left[0,\dfrac{1}{2}\right]$ 等分为两个部分并计算函数在其中点的函数值,$x=\dfrac{1}{4}$,$f\left(\dfrac{1}{4}\right)=\dfrac{5}{64}>0$. 因此,根必在区间 $\left(\dfrac{1}{4},\dfrac{1}{2}\right)$ 内. 然后继续上述过程,将区间$\left[\dfrac{1}{4},\dfrac{1}{2}\right]$ 再次进行二分. 其中点为 $x=\dfrac{3}{8}$,对应的函数值为 $f\left(\dfrac{3}{8}\right)=\dfrac{227}{512}>0$,因此,其根在区间 $\left(\dfrac{3}{8},\dfrac{1}{2}\right)$ 内. 若选取区间中点 $x=\dfrac{7}{16}$ 作为根的近似值,则其误差不超过$\dfrac{1}{16}\approx0.063$. 若这个精度仍不能满足实际

问题的需要，则可继续将区间 $\left[\frac{3}{8},\frac{1}{2}\right]$ 再次二分，直到满足条件.

■

例 1.5.26　设 $f\in C(a,b)$，$a<x_1<x_2<\cdots<x_n<b$. 证明至少存在一个 $\xi\in(a,b)$，使得

$$f(\xi)=\frac{1}{n}\sum_{i=1}^{n}f(x_i). \tag{1.5.2}$$

证明　由于 $f\in C(a,b)$，故 $f\in C[x_1,x_n]$，由最大值－最小值定理，存在点 $\xi_1,\xi_2\in[x_1,x_n]\subset(a,b)$，使得

$$f(\xi_1)=m, f(\xi_2)=M,$$

其中 m 和 M 分别为函数在区间 $[x_1,x_n]\subset(a,b)$ 内的最小值和最大值. 为证明结论 (1.5.2)，利用介值定理，只需证明表达式(1.5.2)的右端项的取值在 m 和 M 之间即可. 事实上，由于

$$m\leqslant f(x_i)\leqslant M,\quad (i=1,2,\cdots,n),$$

故

$$nm\leqslant\sum_{i=1}^{n}f(x_i)\leqslant nM.$$

因此

$$f(\xi)=\frac{1}{n}\sum_{i}^{n}f(x_i).$$

利用介值定理，存在至少一个点 $\xi\in[x_1,x_n]\subset(a,b)$，使得 (1.5.2) 成立.

■

例 1.5.27　对一个环形线圈，试证总是存在两个关于中心对称的点具有相同的温度.(图 1.5.9).

证明　设环的直径为 R. 选择原点在环的中心的直角坐标系，点 P_1 为环上一点，且直径 P_1P_2 与 x 轴的夹角为 θ (图 1.5.9)，则点 P_1 和 P_2 的坐标分别为 $(R\cos\theta, R\sin\theta)$ 和 $(R\cos(\pi+\theta), R\sin(\pi+\theta))$. 设环上的温度为 $T(R\cos\theta, R\sin\theta)$，它是点 P 的函数. 因此，点 P_1 与 P_2 之间的温度差为

$$f(\theta)=T(R\cos\theta,R\sin\theta)-T(R\cos(\pi+\theta),R\sin(\pi+\theta)).$$

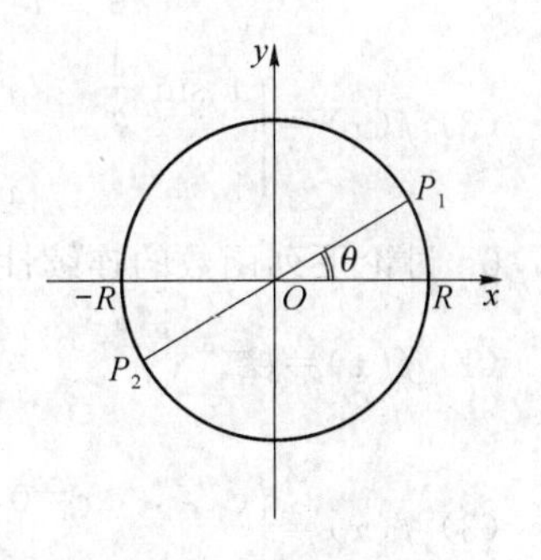

图 1.5.9

容易看到

$$f(0)=T(R,0)-T(-R,0),$$

$$f(\pi)=T(-R,0)-T(R,0).$$

因此,若 $f(0)$ 及 $f(\pi)$ 均为零,则这两个点就是需要的两个点;若 $f(0)\neq f(\pi)$ 则 $f(0)f(\pi)<0$. 因为温度在环上应当为连续变化的,根据零点存在定理,存在至少一个区间 $(0,\pi)$内的 θ_1, 使得 $f(\theta_1)=0$,即

$$T(R\cos\theta_1,R\sin\theta_1)=T(R\cos(\pi+\theta_1),R\sin(\pi+\theta_1)).$$

■

习题 1.5

A

1. 试证若函数 $f(x)$ 在点 $x=x_0$ 连续,则 $f(x)$ 必然在 $x=x_0$ 即左连续又右连续,反之亦然.

2. 试证若函数 f 连续,则 $|f|$ 也连续. 其逆命题是否成立?

3. 设函数 f 满足如下的李普希茨条件: $\exists L>0,\forall x_1,x_2\in(-\infty,+\infty)$, 使得

$$|f(x_1)-f(x_2)|\leqslant L|x_1-x_2|.$$

试证 f 在区间 $(-\infty,+\infty)$ 内是连续的.

4. 设函数 f 在点 $x_0\in I$ 连续,且 $f(x_0)>0$. 证明存在一个点 x_0 的邻域及一个正常数 q,使得在该邻域内 $f(x)\geqslant q>0$.

5. 讨论下列函数的连续性; 若函数存在间断点, 判断其类型:

(1) $f(x)=\dfrac{x-2}{x^2-4}$;　　(2) $f(x)=2^{\frac{1}{x-1}}$;

(3) $f(x)=\begin{cases}x\sin\dfrac{1}{x}, & x<0,\\ 1, & x\geqslant 0;\end{cases}$　　(4) $f(x)=\lim\limits_{n\to\infty}\dfrac{1-x^{2n}}{1+x^{2n}}x$.

6. 讨论下列函数的连续性; 若函数存在间断点, 判断其类型:

(1) $f(x)=e^{x+\frac{1}{x}}$;　　(2) $f(x)=\dfrac{x}{\ln x}$;

(3) $f(x)=\begin{cases}e^{-\frac{1}{x^2}}, & x\neq 0,\\ 1, & x=0;\end{cases}$　　(4) $f(x)=\begin{cases}\dfrac{\tan x}{x}, & x<0,\\ x^2-1, & x\geqslant 0;\end{cases}$

(5) $f(x)=\begin{cases}\sin\dfrac{1}{x^2-1}, & x<0,\\ \dfrac{x^2-1}{\cos\dfrac{\pi}{2}x}, & x\geqslant 0.\end{cases}$

7. 求下列极限：

(1) $\lim\limits_{x\to 1}\dfrac{\arctan x+\dfrac{\pi}{4}x}{\sqrt{x^2+\ln x}}$；

(2) $\lim\limits_{x\to 0}\dfrac{\ln(1+3x)}{\cos 3x\sin 3x}$；

(3) $\lim\limits_{x\to 0^+}\left(\cot x-\dfrac{e^{2x}}{\sin x}\right)$；

(4) $\lim\limits_{x\to 0}(\cos\sqrt{x})^{\cot x}$；

(5) $\lim\limits_{x\to\infty}\left(\sqrt{1+\dfrac{1}{x^2}}-1\right)$.

8. 证明下列函数：

(1) $\lim\limits_{\Delta x\to 0}\dfrac{e^{x_0+\Delta x}-e^{x_0}}{\Delta x}=e^{x_0}$；

(2) $\lim\limits_{\Delta x\to 0}\dfrac{(x_0+\Delta x)^\alpha-x_0^\alpha}{\Delta x}=\alpha x_0^{\alpha-1}\,(\alpha\in\mathbf{R})$.

9. 确定常数 a 和 b，使得下列函数在点 $x=0$ 连续：

(1) $f(x)=\begin{cases}\arctan\dfrac{1}{x}, & x<0,\\ a+\sqrt{x}, & x\geqslant 0;\end{cases}$

(2) $f(x)=\begin{cases}a+x, & x\leqslant 0,\\ \dfrac{\sin x+2e^x-2}{x}, & x>0;\end{cases}$

(3) $f(x)=\begin{cases}\dfrac{\sin ax}{x}, & x>0,\\ 2, & x=0,\\ \dfrac{1}{bx}\ln(1-3x), & x<0.\end{cases}$

10. 证明下列命题：

(1) 方程 $x^5-3x-1=0$ 在区间 $[1,2]$ 内至少存在一个根；

(2) 方程 $\sin x+(x+1)=0$ 在区间 $\left(-\dfrac{\pi}{2},\dfrac{\pi}{2}\right)$ 内至少存在一个根；

(3) 方程 $\dfrac{5}{x-1}+\dfrac{7}{x-2}+\dfrac{9}{x-3}=0$ 在区间 $(1,3)$ 存在两个根.

11. 设 $f\in C[a,b]$. 若在区间 $[a,b]$ 上无零点,则 f 在区间 $[a,b]$ 上符号固定.

12. 设 $f\in C[0,1]$,且 f 的值域为,$R(f)=[0,1]$. 证明 f 存在至少存在一个区间[0,1]上的不动点,即至少存在一个 $t\in[0,1]$,使得 $f(t)=t$.

B

1. 设函数 $f:\mathbf{R}\to\mathbf{R}$ 为可加的,也即,$\forall x_1,x_2\in\mathbf{R}$;$f(x_1+x_2)=f(x_1)+f(x_2)$,且 f 在 $x=0$ 连续. 证明 f 在 $\mathbf{R}$ 内连续.

2. 设 $f\in C(a,b)$,$\lim\limits_{x\to a^+}f(x)$ 且 $\lim\limits_{x\to b^-}f(x)$ 均存在(或是无穷大)且符号为正. 证明存在一个 $\xi\in(a,b)$,使得 $f(\xi)=0$.

3. 利用介值定理,证明方程

$$a_nx^n+a_{n-1}x^{n-1}+\cdots+a_1x+a_0=0$$

至少有一个根,其中 n 为奇数,$a_i(i=1,2,\cdots,n)$ 为实常数且 $a_n\neq0$.

4. 设 $f\in C[a,+\infty)$,且 $\lim\limits_{x\to+\infty}f(x)$存在并为有限值. 证明 f 在区间$[a,+\infty)$内有上界.

第 2 章

导数和微分

这一章我们开始学习微分学，它是反映因变量随着自变量变化而变化的快慢程度的概念，微分学的重点是导数，导数是速度和切线斜率概念的延伸. 在学会如何计算导数之后，我们会将其应用于计算各种变化率和函数近似计算中.

2.1 导数的定义

这一节我们将讨论速度问题和切线问题. 这两个问题都可归结为求极限，如在 2.1.1 中讲的，这种特殊的极限叫做导数. 接下来，在自然科学领域和工程技术领域，导数可用来表示某一变量的变化率.

2.1.1 引例

例 2.1.1 （瞬时速度）. 设物体 P 沿直线运动，t 时刻在直线上的位置是 $s=f(t)$，所以时间 c 时物体 P 在 $f(c)$ 处，时间 $c+h$ 处 P 在 $f(c+h)$ 处，（见图2.1.1）. 因此上述时间内物体 P 的平均速度为

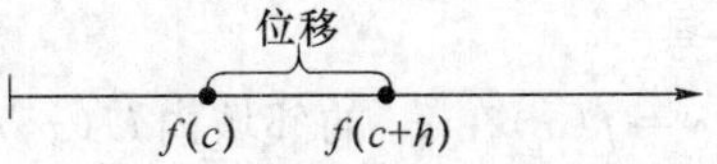

位移

$f(c)$ $f(c+h)$

图 2.1.1 速度问题

$$v_{\text{avg}}=\frac{f(c+h)-f(c)}{h},$$

而 P 在时间 c 处的平均速度为

$$v=\lim_{h\to 0}v_{\text{avg}}=\lim_{h\to 0}\frac{f(c+h)-f(c)}{h}, \qquad (2.1.1)$$

如果这个极限存在且不是 $+\infty$ 或 $-\infty$ 的话.

例 2.1.2 (切线的斜率).如图 2.1.2,所示,曲线 C 方程为 $y=f(x)$,$P_0(x_0,f(x_0))$是曲线 C 上一点,要定义出曲线 C 在 P_0 点的切线,在 P_0 附近选取一点 $P(x_0+\Delta x,f(x_0+\Delta_x))$,$\Delta_x\neq 0$,计算割线 P_0P 的斜率:

$$m_{P_0P}=\frac{f(x_0+\Delta x)-f(x_0)}{\Delta x}$$

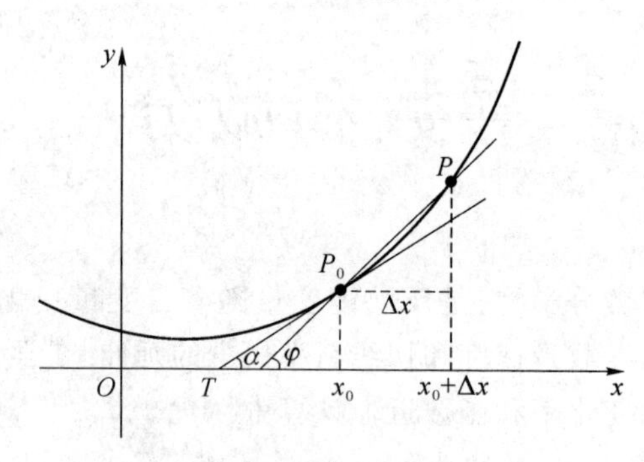

图 2.1.2

当 P 沿曲线 C 趋向 P_0 时,Δx 趋向于 0.如果 mP_0P 存在,设为 m,则 m 是经过 P 点的切线的斜率,即当 P 沿曲线 C 趋近于 P_0 时,割线 P_0P 的极限就是 C 在 P_0 点的切线.

根据极限的定义,我们现在可以给出切线的定义如下:

曲线 $y=f(x)$经过 $P_0(x_0,f(x_0))$的切线是经过点 P_0 且斜率为

$$m=\lim_{\Delta x\to 0}\frac{f(x_0+\Delta x)-f(x_0)}{\Delta x} \tag{2.1.2}$$

的直线,可证此极限存在.

2.1.2 导数定义

从上面讨论的两个问题可以看出,瞬时速度和切线斜率都可归结于一种形式的极限,良好的数学思维告诉我们,撇开这些量的具体意义,抓住其主要概念.由于这种极限广泛存在,我们给它一个特别的名字和符号.

定义 2.1.3 导数设函数 $y=f(x)$在 x_0 的邻域内 $U(x_0)$内有定义,当自变量 x 在 x_0 处取得增量 Δx($x_0+\Delta x$ 仍在该邻域内)时,相应的函数取得增量 $\Delta y=f(x_0+\Delta x)-f(x_0)$;如果 Δy 于 Δx 之比当 $\Delta x\to 0$ 时的极限存在,则称函数 $f(x)$在点 x_0 处可导,并称这个极限为函数 $f(x)$在点 x_0 处的导数,记为 $f'(x_0)$,即

$$f'(x_0)=\lim_{\Delta x\to 0}\frac{f(x_0+\Delta x)-f(x_0)}{\Delta x}. \tag{2.1.3}$$

若 $f'(x)$在函数 $f(x)$的定义域内都存在,则称函数 $f(x)$是可导的.

函数 $y=f(x)$在 $x=x_0$ 的导数也可记为:$y'|_{x=x_0}$ 或者$\left.\frac{\mathrm{d}y}{\mathrm{d}x}\right|_{x=x_0}$.这个时候如果我们记 x

$=x_0+\Delta x, \Delta y=f(x)-f(x_0)$，那么(2.1.3)可写为以下形式：

$$f'(x_0)=\lim_{x\to x_0}\frac{f(x)-f(x_0)}{x-x_0}=\lim_{\Delta x\to 0}\frac{\Delta y}{\Delta x}. \tag{2.1.4}$$

如果极限(2.1.4)不存在，就说 f 在点 x_0 处不可导. 如果极限(2.1.4)是无穷大，f 在点 x_0 不可导，为了方便起见，也往往说函数 f 在点 x_0 处的导数为无穷大，记为 $f'(x_0)=\infty$. 类比单侧极限，我们同样可以定义函数的单侧导数. 如果

$$\lim_{\Delta x\to 0^+}\frac{f(x_0+\Delta x)-f(x_0)}{\Delta x}$$

存在，则称函数 $f(x)$ 在 x_0 点右可导，记为 $f'_+(x_0)$. 同样的道理，如果极限

$$\lim_{\Delta x\to 0^-}\frac{f(x_0+\Delta x)-f(x_0)}{\Delta x}$$

存在，我们则称函数 $f(x)$ 在 x_0 点左可导，记为 $f'_-(x_0)$.

根据导数定义，容易得出下列结论：函数 $f(x)$ 在点 x_0 处可导的充分必要条件是左导数 $f'_-(x_0)$ 和右导数 $f'_+(x_0)$ 都存在且相等，亦即：$f'_-(x_0)=f'_+(x_0)$.

如果函数 $f:I\to\mathbf{R}$ 在区间 I 上可导，那么对应于区间 I 上每一点 x 总存在一个对应的 $f'(x)$. 也就是说，导数 $f'(x)$ 是一个定义在 I 上的新函数，即：$f':I\to\mathbf{R}$，我们称其为 $f(x)$ 的导函数，记为 $f'(x)$，$\frac{\mathrm{d}f}{\mathrm{d}x}$ 或者 $\frac{\mathrm{d}y}{\mathrm{d}x}$.

显然，函数 f 在 x_0 点的导数 $f'(x_0)$ 等于导函数 f' 在 x_0 点的值.

函数 $y=f(x)$ 导数的表达方式有多种，除了 $f'(x)$，还有以下常用表达式：

y'	强调 y	简单明了但是没有指明自变量
$\frac{\mathrm{d}y}{\mathrm{d}x}$	$\mathrm{d}y\mathrm{d}x$	命名各变量，求导用 d
$\frac{\mathrm{d}f}{\mathrm{d}x}$	$\mathrm{d}f\mathrm{d}x$	强调函数名
$\frac{\mathrm{d}}{\mathrm{d}x}f(x)$	$\mathrm{d}\mathrm{d}x$ 在 $f(x)$ 上	强调求导是在 f 上进行的

下面根据导数定义求一些简单函数的导数.

注 2.1.4　根据导数定义计算 $f'(x)$ 步骤如下：

第 1 步：写出 $f(x)$ 和 $f(x+\Delta x)$ 的表达式；

第 2 步：把差商

$$\frac{f(x+\Delta x)-f(x)}{\Delta x}$$

展开并简化之；

第 3 步：求极限

$$f'(x)=\lim_{\Delta x\to 0}\frac{f(x+\Delta x)-f(x)}{\Delta x}$$

计算 $f'(x)$.

例 2.1.5 (证明下列求导公式).

(1) $(c)'=0$(c 是常数);

(2) $(a^x)'=a^x\ln a(a>0,a\neq1)$;

(3) $(e^x)'=e^x$;

(4) $(x^a)'=ax^{a-1}(a\in\mathbf{R})$;

(5) $(\sin x)'=\cos x$;

(6) $(\cos x)'=-\sin x$;

(7) $(\ln x)'=\dfrac{1}{x}(x>0)$;

(8) $(\log_a x)'=\dfrac{1}{x\ln a}(a>0,a\neq 1)$.

证 由于证明方法类似,我们只证明公式(2)和(5),其他留给读者.

(2) 根据导数的定义,我们有

$$(a^x)'=\lim_{\Delta x\to0}\frac{a^{x+\Delta x}-a^x}{\Delta x}=a^x\lim_{\Delta x\to0}\frac{a^{\Delta x}-1}{\Delta x}.$$

令 $a^{\Delta x}-1=t$,那么 $\Delta x=\log_a(1+t)=\dfrac{\ln(1+t)}{\ln a}$,当 $\Delta x\to0$ 时 $t\to0$,所以

$$(a^x)'=a^x\ln a\lim_{t\to0}\frac{t}{\ln(1+t)}=a^x\ln a.$$

(5) 同样的,我们有

$$(\sin x)'=\lim_{\Delta x\to0}\frac{\sin(x+\Delta x)-\sin x}{\Delta x}=\lim_{\Delta x\to0}\frac{2\cos\left(x+\dfrac{\Delta x}{2}\right)\sin\dfrac{\Delta x}{2}}{\Delta x}$$

$$=\lim_{\Delta x\to0}\cos\left(x+\frac{\Delta x}{2}\right)\frac{\sin\dfrac{\Delta x}{2}}{\dfrac{\Delta x}{2}}=\cos x.$$

例 2.1.6 $f(x)=|x|$,求 $f'(0)$.

解 此题中,我们注意到

$$\frac{f(0+h)-f(0)}{h}=\frac{|0+h|-|0|}{h}=\frac{|h|}{h},$$

因此,

$$\lim_{h\to0^+}\frac{f(0+h)-f(0)}{h}=\lim_{h\to0^+}\frac{|h|}{h}=\lim_{h\to0^+}\frac{h}{h}=1,$$

但是

$$\lim_{h\to0^-}\frac{f(0+h)-f(0)}{h}=\lim_{h\to0^-}\frac{|h|}{h}=\lim_{h\to0^-}\frac{-h}{h}=-1,$$

因为左右极限不相等,所以

$$\lim_{h\to0}\frac{f(0+h)-f(0)}{h}$$

不存在,所以 $f'(0)$ 不存在.

■

例 2.1.7　求函数 $f(x)=x^{\frac{1}{3}}$ 在 $x=0$ 的导数

解

$$\lim_{x\to 0}\frac{f(x)-f(0)}{x-0}=\lim_{x\to 0}\frac{x^{\frac{1}{3}}-0}{x-0}=\lim_{x\to 0}x^{-\frac{2}{3}}=+\infty.$$

所以，$f'(0)$不存在.

■

2.1.3　导数的几何意义

由例 2.1.2 的讨论和导数的定义可知：如果函数 f 在点 x_0 可导，那么曲线 $y=f(x)$ 在点 x_0 处的切线存在，并且导数 $f'(x_0)$ 代表曲线 $y=f(x)$ 在点 $(x_0,f(x_0))$ 处的切线的斜率.

如果连续函数 f 在 x_0 点不可导，有三种情况. 第一种情况是：x_0 点处的左右极限都存在但不相等. 如例 2.1.2 所示，左导数 $f'_-(x_0)$（右导数 $f'_+(x_0)$）代表曲线 $y=f(x)$ 在点 $A(x_0,f(x_0))$（见图 2.1.3(a)）左侧（右侧）切线的的斜率. $f'_-(x_0)\neq f'_+(x_0)$ 表示曲线 $y=f(x)$ 在点 $(x_0,f(x_0))$ 有不同的切线.

如果函数 f 在 x_0 点的左右极限都存在并且相等，那么曲线 $y=f(x)$ 的左侧切线和右侧切线在 A 点重合，所以曲线在 A 点的切线是唯一的.

第二种情况是 $f'(x_0)=\infty$（或者 $\pm\infty$），那么曲线 $y=f(x)$ 在 $(x_0,f(x_0))$ 点切线的倾角为 $\frac{\pi}{2}$，所以 $(x_0,f(x_0))$ 点的切线与 y 轴平行. 如例 2.1.8 中，曲线 $f(x)=x^{\frac{1}{3}}$ 在 $x=0$ 点的导数是无穷大，从而在 $(0,0)$ 点的切线与 y 轴平行（见图 2.1.3(b)）.

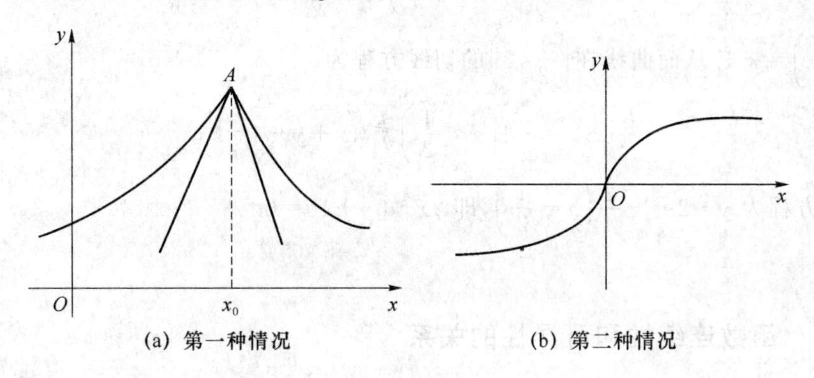

(a) 第一种情况　　(b) 第二种情况

图 2.1.3

第三种情况见例 2.1.11，函数 f 在 $x=0$ 点不可导. 由于 $\left|x\sin\frac{1}{x}\right|\leqslant|x|$，所以曲线 $y=x\sin\frac{1}{x}$ 落在 $y=\pm x$（见图 2.1.4）两条直线之间. 当 $x\to 0$ 时，曲线上对应的点在这两条直线之间震荡趋向于原点，所以，曲线 $y=f(x)$ 在 $(0,0)$ 点的切线不存在.

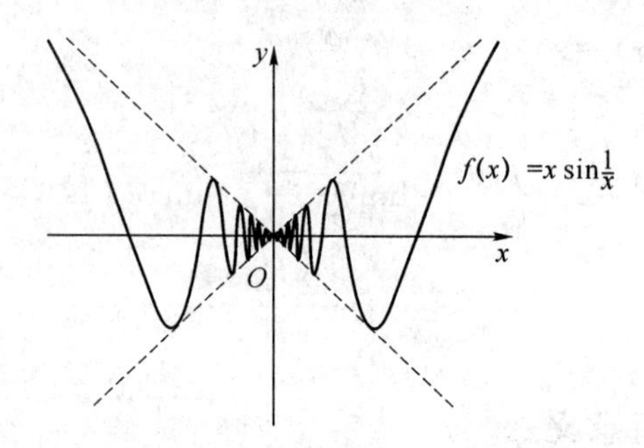

图 2.1.4

从例 2.1.2 中我们知道,如果函数 $y=f(x)$在$(x_0,f(x_0))$可导,则在几何上 $f'(x_0)$表示曲线 $y=f(x)$在点$(x_0,f(x_0))$处切线的斜率.根据导数的几何意义并应用直线的点斜式方程,可知曲线 $y=f(x)$在点$(x_0,f(x_0))$的切线方程为

$$y-y_0=f'(x_0)(x-x_0), \tag{2.1.5}$$

过切点$(x_0,f(x_0))$的法线方程为

$$y-y_0=-\frac{1}{f'(x_0)}(x-x_0). \tag{2.1.6}$$

例 2.1.8 求曲线 $y=\frac{1}{x}$在点$\left(\frac{1}{2},2\right)$处的切线方程和法线方程.

解 根据例 2.1.5 中的公式,我们有

$$f'(x)=\left(\frac{1}{x}\right)'=-\frac{1}{x^2}.$$

所以,$f'\left(\frac{1}{2}\right)=-4$.从而曲线在$\left(\frac{1}{2},2\right)$的切线方程为

$$y-2=-4\left(x-\frac{1}{2}\right)\text{或 }4x+y-4=0,$$

同时,法线方程为 $y-2=-\frac{1}{4}\left(x-\frac{1}{2}\right)$,即 $2x-8y+15=0$.

■

2.1.4 函数连续性和可导性的关系

连续性和可导性是每个函数的期望性质.从例 2.1.11 和例 2.1.8 中我们知道函数 f 在 x_0 点连续不一定在 x_0 点可导.那么反过来,如果函数 f 在 x_0 点可导,它在 x_0 点连续吗?下面的定理阐明了连续性和可导性的关系.

定理 2.1.9 (可导一定连续).如果 f 在点 $x=a$ 可导,则 f 在 $x=a$ 连续.

证 如果 $f'(a)$存在,则有下式成立$\lim\limits_{x\to a}f(x)=f(a)$,或者等价地,$\lim\limits_{h\to a}f(a+h)=f(a)$.

如果 $h\neq 0$，则

$$\begin{aligned}f(a+h)&=f(a)+(f(a+h)-f(a))\\&=f(a)+\frac{f(a+h)-f(a)}{h}h.\end{aligned}$$

令 $h\to 0$，取极限

$$\begin{aligned}\lim_{h\to 0}f(a+h)&=\lim_{h\to 0}f(a)+\lim_{h\to 0}\frac{f(a+h)-f(a)}{h}\lim_{h\to 0}h\\&=f(a)+f'(a)\cdot 0\\&=f(a)+0\\&=f(a).\end{aligned}$$

同理我们可以证明若 f 在 $x=a$ 的一侧(左侧或者右侧)可导，那么 f 在 $x=a$ 的这一侧也连续.

定理 2.1.9 给出了一个函数不可导的原因：如果函数有一个间断点(例如，跳跃间断点)，则这个函数在这个点肯定不可导. 例如，取整函数 $y=[x]$ 在每个整数点 $x=n$ 均不可导.

注 2.1.10　定理 2.1.9 的逆命题不成立，即一个函数在某点连续却不一定可导，例如，函数 $f(x)=|x|$ 在 $x=0$ 连续，因为

$$\lim_{x\to 0}f(x)=\lim_{x\to 0}|x|=0=f(0),$$

但是在例 2.1.11 中我们看到 f 在 $x=0$ 点不可导.

定理 2.1.9 也适用于区间，也就是说，如果 f 在区间 I 上可导，那么 f 在 I 上连续.

例 2.1.11　讨论函数

$$f(x)=\begin{cases}x\sin\dfrac{1}{x}, & x\neq 0,\\ 0, & x=0\end{cases}$$

在 $x=0$ 点的可导性与连续性.

解　由于

$$\lim_{x\to 0}f(x)=\lim_{x\to 0}x\sin\frac{1}{x}=0=f(0),$$

根据连续的定义，此函数在 $x=0$ 点连续. 又因为

$$\frac{f(0+\Delta x)-f(0)}{\Delta x}=\frac{\Delta x\sin\dfrac{1}{\Delta x}-0}{\Delta x}=\sin\frac{1}{\Delta x},$$

且当 $\Delta x\to 0$ 时，$\sin\dfrac{1}{\Delta x}$不存在，所以函数在 $x=0$ 点不可导.

习题 2.1

A

1. 求证$(\cos x)'=-\sin x$.

2. 根据导数定义求下列函数的导数.

(1) $f(x)=\sin 2x$;　　(2) $f(x)=\log_2 x$;

(3) $f(x)=x|x|$,在$x=0$点.

3. 设f在x_0点可导,按照导数定义观察下列极限,指出A表示什么:

(1) $\lim\limits_{\Delta x\to 0}\dfrac{f(x_0-\Delta x)-f(x_0)}{\Delta x}=A$;

(2) $\lim\limits_{x\to 0}\dfrac{f(x)}{x}=A$,$f(0)=0$,且$f'(0)$存在;

(3) $\lim\limits_{h\to 0}\dfrac{f(x_0+h)-f(x_0-h)}{h}=A$.

4. 利用导数公式求下列函数的导数.

(1) $f(x)=\sqrt[3]{x}$;　　(2) $f(x)=\dfrac{1}{x^2}$;　　(3) $f(x)=x^3\sqrt[5]{x}$;

(4) $f(x)=\ln 10$;　　(5) $f(x)=\log_3 x$;　　(6) $f(x)=(0.7)^x$.

5. 求曲线$y=\cos x$在点$\left(\dfrac{\pi}{6},\dfrac{\sqrt{3}}{2}\right)$的切线和法线方程.

6. 曲线$y=x^{3/2}$上哪一点的切线与$y=3x-1$平行.

7. 已知f是偶函数,且$f'(0)$存在,求证$f'(0)=0$.

8. 设φ在$x=a$连续,$f(x)=(x-a)\varphi(x)$. 求证f在$x=a$可导;如果$g(x)=|x-a|\varphi(x)$,那么它在$x=a$点是否可导?

9. 设

$$f(x)=\begin{cases}x^2, & x\geqslant 0,\\ -x, & x<0,\end{cases}$$

计算$f'_+(0)$,$f'_-(0)$. 问$f'(0)$是否存在?

10.

(1) 求曲线$y=x^3-4x+1$在点$(2,1)$的切线方程;

(2) 求出曲线斜率的取值范围;

(3) 求曲线斜率为8的点的切线方程.

11. 证明

$$f(x)=\begin{cases} x^2\sin\dfrac{1}{x}, & x\neq 0, \\ 0, & x=0, \end{cases}$$

在 $x=0$ 是可导的,并求 $f'(0)$.

12. 讨论函数左(右)可导性与左(右)连续性的关系.

13. 求常数 a 和 b,使得函数

$$f(x)=\begin{cases} x^2, & x\leqslant 1, \\ ax+b, & x>1, \end{cases}$$

在 $x=1$ 处连续并且可导

14. 已知某物体做功函数为 $\omega=\omega(t)$,如果做功不是均匀的,怎样计算 t_0 时刻的功率?

15. 证明:双曲线 $xy=1$ 上任意一点处的切线与两坐标轴构成的三角形的面积都等于 2.

16. 已知 f, g 在区间 (a, b) 上均为可导函数,若 $f(x)\leqslant g(x)$,对任意 $x\in(a,b)$ 均成立,那么 $f'(x)\leqslant g'(x)$, $x\in(a, b)$ 成立吗?

17. 已知生产 x 台洗衣机的成本函数为 $c(x)=2\,000+100x-0.1x^2$(美元),

(1) 计算生产前 100 台洗衣机时平均每台的成本;

(2) 计算生产 100 台洗衣机后的边际成本;

(3) 证明生产 100 台洗衣机后的边际成本近似等于生产第 101 台洗衣机的成本.

B

1. 已知函数 f 在 $x=a$ 处可导, $f(a)\neq 0$,计算 $\lim\limits_{n\to\infty}\left[\dfrac{f\left(a+\dfrac{1}{n}\right)}{f(a)}\right]^n$.

2. 已知函数 $f(x)$ 在 $x=0$ 处连续,且 $\lim\limits_{x\to 0}\dfrac{f(x)}{x}$ 存在,求证: $f(x)$ 在 $x=0$ 处可导且 $f'(0)=\lim\limits_{x\to 0}\dfrac{f(x)}{x}$.

3. 设 $n\in\mathbf{N}_+$,讨论

$$f(x)=\begin{cases} x^n\sin\dfrac{1}{x}, & x\neq 0, \\ 0, & x=0. \end{cases}$$

在 $x=0$ 点的连续性与可导性,以及 $f'(x)$ 在 $x=0$ 处的连续性.

4. 已知函数 $f(x)$ 表达式如下:

$$f(x)=\begin{cases} x+b, & x<0, \\ \cos x, & x\geqslant 0, \end{cases}$$

问:是否存在 b,使得 $f(x)$ 在 $x=0$ 连续? 在 $x=0$ 可导?

2.2 函数的求导法则

在本节中,我们将介绍求导数的几个基本法则,借助于这些法则,我们能比较方便地求出常见的初等函数的导数.

2.2.1 函数的和、差、积、商的求导法则

当简单函数通过加、减或者乘以一个常数组成新的函数时,它们的导数能通过以下求导法则计算得到。

定理 2.2.1 设 $u,v:I\to\mathbf{R}$, $x\in I$ 均为可导函数,则它们的和、差、积、商在点 x 也是可导函数,且

(1) $(u\pm v)'(x)=u'(x)\pm v'(x)$;

(2) $(uv)'(x)=u'(x)v(x)+u(x)v'(x)$;

(3) $\left(\dfrac{u}{v}\right)'(x)=\dfrac{u'(x)v(x)-u(x)v'(x)}{v^2(x)}(v(x)\neq 0)$.

特别地,

$$(cu)'(x)=cu'(x)(c\in\mathbf{R}\text{ 是常数}),$$

$$\left(\frac{1}{u}\right)'(x)=-\frac{u'(x)}{u^2(x)}(u(x)\neq 0).$$

证明 (1)令 $f(x)=u(x)+v(x)$,根据导数的定义,

$$\begin{aligned}\frac{\mathrm{d}}{\mathrm{d}x}[u(x)+v(x)]&=\lim_{h\to 0}\frac{[u(x+h)+v(x+h)]-[u(x)+v(x)]}{h}\\&=\lim_{h\to 0}\left[\frac{u(x+h)-u(x)}{h}+\frac{v(x+h)-v(x)}{h}\right]\\&=\lim_{h\to 0}\frac{u(x+h)-u(x)}{h}+\lim_{h\to 0}\frac{v(x+h)-v(x)}{h}\\&=\frac{\mathrm{d}u}{\mathrm{d}x}+\frac{\mathrm{d}v}{\mathrm{d}x}.\end{aligned}$$

(2) 令 $y=u(x)v(x)$,则有

$$\begin{aligned}\Delta y&=u(x+\Delta x)v(x+\Delta x)-u(x)v(x)\\&=u(x+\Delta x)v(x+\Delta x)-u(x)v(x+\Delta x)+u(x)v(x+\Delta x)-u(x)v(x)\\&=v(x+\Delta x)\Delta u+u(x)\Delta v.\end{aligned}$$

根据导数的定义,有

$$(uv)'(x)=\lim_{\Delta x\to 0}\frac{\Delta y}{\Delta x}=\lim_{\Delta x\to 0}\left[v(x+\Delta x)\frac{\Delta u}{\Delta x}\right]+\lim_{\Delta x\to 0}\left[u(x)\frac{\Delta v}{\Delta x}\right].$$

因为 $v(x)$在 x 点可导，所以 $g(x)$在 x 点连续，所以有

$$\lim_{\Delta x\to 0} v(x+\Delta x)=v(x).$$

因此

$$(uv)'(x)=u'(x)v(x)+u(x)v'(x).$$

(3)

$$\frac{\mathrm{d}}{\mathrm{d}x}\left(\frac{u}{v}\right)=\lim_{h\to 0}\frac{\frac{u(x+h)}{v(x+h)}-\frac{u(x)}{v(x)}}{h}$$

$$=\lim_{h\to 0}\frac{v(x)u(x+h)-u(x)v(x+h)}{hv(x+h)v(x)}$$

为了把上式变为包含 u 和 v 导数的形式，我们对上式的分子加一项减一项 $v(x)u(x)$，得到

$$\frac{\mathrm{d}}{\mathrm{d}x}\left(\frac{u}{v}\right)=\lim_{h\to 0}\frac{v(x)u(x+h)-v(x)u(x)+v(x)u(x)-u(x)v(x+h)}{hv(x+h)v(x)}$$

$$=\lim_{h\to 0}\frac{v(x)\frac{u(x+h)-u(x)}{h}-u(x)\frac{v(x+h)-v(x)}{h}}{v(x+h)v(x)}$$

$$=\frac{u'(x)v(x)-u(x)v'(x)}{v^2(x)}(v(x)\neq 0).$$

注 2.2.2　在定理 2.2.1 中，规则(1)和(2)对有限个函数的组合都成立.

由此定理可得，实数域上任何多项式均为可导函数，任意有理函数在其定义域内也是可导的. 更进一步地，利用除法法则和其他公式我们可以计算有理函数的导数，如下面例子所示.

例 2.2.3　$y=2x^3-5x^2+3x-7$. 求 y'.

解

$$\begin{aligned} y' &= (2x^3-5x^2+3x-7)' \\ &= (2x^3)'-(5x^2)'+(3x)'-(7)' \\ &= 2(x^3)'-5(x^2)'+3(x)' \\ &= 2\times 3x^2-5\times 2x+3 \\ &= 6x^2-10x+3. \end{aligned}$$

例 2.2.4　$y=x^2-2^x+3\cos x+\sqrt{x}\ln x$，求 y'.

解　根据法则(1)和(2)，得

$$\begin{aligned}\frac{dy}{dx}&=(x^2)'-(2^x)'+(3\cos x)'+(\sqrt{x}\ln x)'\\&=2x-2^x\ln 2-3\sin x+(\sqrt{x})'\ln x+\sqrt{x}(\ln x)'\\&=2x-2^x\ln 2-3\sin x+\frac{\ln x}{2\sqrt{x}}+\frac{\sqrt{x}}{x}\\&=2x-2^x\ln 2-3\sin x+\frac{\ln x}{2\sqrt{x}}+\frac{1}{\sqrt{x}}.\end{aligned}$$

例 2.2.5 对 $y=\tan x$ 和 $y=\cot x$ 求导.

解 利用除法法则,得

$$\begin{aligned}(\tan x)'&=\left(\frac{\sin x}{\cos x}\right)'\\&=\frac{(\sin x)'\cos x-(\cos x)'\sin x}{\cos^2 x}\\&=\frac{\cos^2 x+\sin^2 x}{\cos^2 x}\\&=\sec^2 x.\end{aligned}$$

亦即

$$(\tan x)'=\sec^2 x.$$

同理可得

$$(\cot x)'=-\csc^2 x.$$

例 2.2.6 对 $y=\sec x$ 和 $y=\csc x$ 求导.

解

$$\begin{aligned}(\sec x)'&=\left(\frac{1}{\cos x}\right)'=\frac{1'\cos x-1(\cos x)'}{\cos^2 x}\\&=\frac{\sin x}{\cos^2 x}\\&=\sec x\tan x.\end{aligned}$$

也就是

$$(\sec x)'=\sec x\tan x.$$

同理可得

$$(\csc x)'=-\csc x\cot x.$$

例 2.2.7 不用商求导法则,对下述函数求导:

$$y=\frac{(x-1)(x^2-2x)}{x^4}.$$

解 分子展开并除以 x^4:

$$y=\frac{(x-1)(x^2-2x)}{x^4}=\frac{x^3-3x^2+2x}{x^4}=x^{-1}-3x^{-2}+2x^{-3}.$$

利用加法和乘法的求导法则，

$$\frac{\mathrm{d}y}{\mathrm{d}x}=-x^{-2}-3(-2)x^{-3}+2(-3)x^{-4}=-\frac{1}{x^2}+\frac{6}{x^3}-\frac{6}{x^4}.$$

例 2.2.8　求曲线 $y=x+\frac{2}{x}$ 在点(1，3)的切线方程.

解　曲线的斜率为

$$\frac{\mathrm{d}y}{\mathrm{d}x}=\frac{\mathrm{d}}{\mathrm{d}x}(x)+2\frac{\mathrm{d}}{\mathrm{d}x}\left(\frac{1}{x}\right)=1+2\left(-\frac{1}{x^2}\right)=1-\frac{2}{x^2}.$$

$x=1$ 点的斜率为

$$\left.\frac{\mathrm{d}y}{\mathrm{d}x}\right|_{x=1}=\left[1-\frac{2}{x^2}\right]_{x=1}=1-2=-1.$$

则经过点(1，3)斜率为 $m=-1$ 的直线方程为

$$y-3=(-1)(x-1)$$

$$y=-x+1+3$$

$$y=-x+4.$$

2.2.2　反函数的求导法则

定理 2.2.9　(反函数求导法则). 设 $x=f(y)$ 在区间 I 上连续且单调，在 I 上可导且 $f'(y)\neq 0$，那么它的反函数 $y=f^{-1}(x)$ 在 x 对应的区间上可导，且有

$$(f^{-1})'(x)=\frac{1}{f'(y)}，或者\frac{\mathrm{d}y}{\mathrm{d}x}=\frac{1}{\frac{\mathrm{d}x}{\mathrm{d}y}}. \tag{2.2.1}$$

证　根据反函数存在定理，f^{-1} 也是连续单调函数，所以 $\Delta y=f^{-1}(x+\Delta x)-f^{-1}(x)\neq 0$ 如果 $\Delta x\neq 0$，并且 $\Delta y\to 0$ 当 $\Delta x\to 0$. 因此，

$$(f^{-1})'(x)=\lim_{\Delta x\to 0}\frac{f^{-1}(x+\Delta x)-f^{-1}(x)}{\Delta x}=\lim_{\Delta y\to 0}\frac{\Delta y}{f(y+\Delta y)-f(y)}$$

$$=\lim_{\Delta y\to 0}\frac{1}{\frac{f(y+\Delta y)-f(y)}{\Delta y}}=\frac{1}{f'(y)}.$$

注 2.2.10　如果在 I 上，$f'(x)\neq 0$，则 f 是 I 上严格单调连续函数，所以定理 2.2.9 条件中 f 是单调连续函数自然成立，这将在第 3 章中得到证明.

例 2.2.11　$y=\arcsin x$，$(-1<x<1)$，求其导数($x=\sin y$ 的反函数).

解　$y=\arcsin x(-1<x<1)$ 是正弦函数 $x=\sin y\left(-\frac{\pi}{2}<y<\frac{\pi}{2}\right)$，且 $(\sin y)'=\cos y\neq 0$，$y\in\left(-\frac{\pi}{2}\ \frac{\pi}{2}\right)$，根据反函数求导法则，得

$$(\arcsin x)'=\frac{1}{(\sin y)'}=\frac{1}{\cos y}$$

$$=\frac{1}{\sqrt{1-\sin^2 y}}$$

$$=\frac{1}{\sqrt{1-x^2}},\quad (-1<x<1)$$

即

$$(\arcsin x)'=\frac{1}{\sqrt{1-x^2}},(-1<x<1).$$

用类似的方法可得

$$(\arccos x)'=-\frac{1}{\sqrt{1-x^2}},(-1<x<1).$$

例 2.2.12 求函数 $y=\arctan x$，$(-\infty<x<+\infty)$的导数.

解 $y=\arctan x(-\infty<x<+\infty)$是函数 $x=\tan y$，$\left(-\frac{\pi}{2}<y<\frac{\pi}{2}\right)$的反函数，且$(\tan y)'=\sec^2 y$，根据反函数求导法则

$$(\arctan x)'=\frac{1}{(\tan y)'}=\frac{1}{\sec^2 y}$$

$$=\frac{1}{\tan^2 y+1}$$

$$=\frac{1}{1+x^2}.$$

即

$$(\arctan x)'=\frac{1}{1+x^2}\quad(-\infty<x<+\infty).$$

同理可得

$$(\operatorname{arccot} x)'=-\frac{1}{1+x^2}\quad(-\infty<x<+\infty).$$

例 2.2.13 $y=\log_a x$，求 y'($x=a^y$ 的反函数，$a>0,a\neq1$)

解 根据定理 2.2.9，得

$$(\log_a(x))'=\frac{1}{(a^y)'}=\frac{1}{a^y\ln a}.$$

又 $a^y=x$，所以

$$(\log_a x)'=\frac{1}{x\ln a}.$$

2.2.3 复合函数求导法则

如果我们要求函数 $F(x)=\sqrt{x^2+1}$ 的导数 $F'(x)$，那么只利用我们之前学的求导方法

就解决不了这个问题.

我们注意到 F 是一个复合函数,我们令 $y=f(u)=\sqrt{u}$,$u=g(x)=x^2+1$,那么 F 可写成 $y=F(x)=f(g(x))$,亦即 $F=f\circ g$. 我们知道 f 和 g 的导数,那么如果能找到一个利用 f 和 g 的导数来求 $F=f\circ g$ 的导数法则就可以了.

通过证明可知,复合函数 $f\circ g$ 的导数是 f 和 g 导数的乘积,这样,我们就得到一个重要的求导法则——链式法则.

定理 2.2.14　(链式法则). 如果 g 在 x 点可导,f 在 $g(x)$ 点可导,那么复合函数 $F=f\circ g=f(g(x))$ 在 x 点可导,且

$$F'(x)=f'(g(x))\cdot g'(x),$$

也就是说,如果 $y=f(u)$,$u=g(x)$ 均为可导函数,那么

$$\frac{\mathrm{d}y}{\mathrm{d}x}=\frac{\mathrm{d}y}{\mathrm{d}u}\cdot\frac{\mathrm{d}u}{\mathrm{d}x}. \tag{2.2.2}$$

证　由于 $y=f(u)$ 在 u 点可导,

$$\lim_{\Delta u\to 0}\frac{\Delta y}{\Delta u}=f'(u),$$

所以

$$\frac{\Delta y}{\Delta u}=f'(u)+\alpha(\Delta u),$$

这里 $\lim\limits_{\Delta u\to 0}\alpha(\Delta u)=0$. 如果 $\Delta u\neq 0$,那么

$$\Delta y=f'(u)\Delta u+\alpha(\Delta u)\Delta u. \tag{2.2.3}$$

如果函数 $y=f(u)$ 与 $u=g(x)$ 组成一个复合函数,(2.2.3)中的 u 就变成 x 的函数 $u=g(x)$,假使那样,即使 $\Delta x\neq 0$,$\Delta u=0$ 也可能成立. 所以 $\alpha(\Delta u)$ 在 $\Delta u=0$ 点无定义. 但是在这种情况下,$\Delta y=f(u+\Delta u)-f(u)=0$,所以如果我们定义 $\alpha(\Delta u)=0$ 当 $\Delta u=0$ 时,那么等式(2.2.3)仍然成立,用 Δx 除两边我们得到

$$\frac{\Delta y}{\Delta x}=f'(u)\frac{\Delta u}{\Delta x}+\alpha(\Delta u)\frac{\Delta u}{\Delta x}.$$

因此

$$\lim_{\Delta x\to 0}\frac{\Delta y}{\Delta x}=f'(u)\lim_{\Delta x\to 0}\frac{\Delta u}{\Delta x}+\lim_{\Delta x\to 0}\left[\alpha(\Delta u)\frac{\Delta u}{\Delta x}\right]. \tag{2.2.4}$$

由于 $u=g(x)$ 在 x 点可导,我们知道 $u=g(x)$ 必然在 x 点连续,所以 $\Delta u\to 0$ 当 $\Delta x\to 0$ 时,并且

$$\lim_{\Delta x\to 0}\alpha(\Delta u)=\lim_{\Delta u\to 0}\alpha(\Delta u)=0.$$

式(2.2.4)变成

$$\frac{\mathrm{d}y}{\mathrm{d}x}=f'(u)g'(x)=\frac{\mathrm{d}y}{\mathrm{d}u}\frac{\mathrm{d}u}{\mathrm{d}x}.$$

■

我们可以这么记忆链式法则:一个复合函数的导数等于外层函数相对于内层函数的导数乘以内层函数的导数.链式求导法则简化了许多函数的求导过程,包括三角函数.虽然利用三角恒等式也可能求出 $y=\sin 2x$ 的导数,但是利用链式法则会更加简便.

例 2.2.15 $y=\sin 2x$.求$\frac{dy}{dx}$.

解 $y=\sin 2x$ 可看作由 $y=\sin u, u=2x$ 复合而成,因此

$$\frac{dy}{dx}=(\cos 2x)\left(\frac{d}{dx}2x\right)=2\cos 2x.$$

例 2.2.16 $F(x)=\sqrt{x^2+1}$.求 $F'(x)$.

解 函数 $F(x)=\sqrt{x^2+1}$ 由 $f(u)=\sqrt{u}$ 和 $u=x^2+1$ 复合而成,$f'(u)=\frac{1}{2}u^{-1/2}=\frac{1}{2\sqrt{u}}$, $u'(x)=2x$.根据链式法则,

$$F'(x)=f'(u)\cdot u'(x)=\frac{1}{2\sqrt{x^2+1}}\cdot 2x=\frac{x}{\sqrt{x^2+1}}.$$

■

例 2.2.17 $y=\ln\cos e^x$.求$\frac{dy}{dx}$.

解 函数 $y=\ln\cos e^x$ 是 $y=\ln u, u=\cos v$ 和 $v=e^x$ 的复合函数,根据链式法则

$$\frac{dy}{dx}=\frac{dy}{du}\cdot\frac{du}{dv}\cdot\frac{dv}{dx}=\frac{1}{u}\cdot(-\sin v)\cdot e^x=-e^x\tan e^x.$$

■

对链式法则比较熟悉后,就不必再写出复合函数的中间变量了,在明确函数的复合关系之后,就可以由外层到内层计算复合函数导数了.

例 2.2.18 $y=e^{\sin^2\frac{1}{x}}$.求$\frac{dy}{dx}$.

解 由链式法则,得

$$\begin{aligned}\frac{dy}{dx}&=\left(e^{\sin^2\frac{1}{x}}\right)'=e^{\sin^2\frac{1}{x}}\cdot\left(\sin^2\frac{1}{x}\right)'\\&=e^{\sin^2\frac{1}{x}}\cdot 2\sin\frac{1}{x}\cdot\left(\sin\frac{1}{x}\right)'\\&=e^{\sin^2\frac{1}{x}}\cdot 2\sin\frac{1}{x}\cdot\cos\frac{1}{x}\cdot\left(\frac{1}{x}\right)'\\&=e^{\sin^2\frac{1}{x}}\cdot\sin\frac{2}{x}\cdot\left(-\frac{1}{x^2}\right)\\&=-\frac{1}{x^2}\sin\frac{2}{x}e^{\sin^2\frac{1}{x}}.\end{aligned}$$

例 2.2.19 $g(t)=\tan(5-\sin 2t)$,求 $g'(t)$

解　由链式法则,得

$$\begin{aligned}g'(t)&=\frac{\mathrm{d}}{\mathrm{d}t}[\tan(5-\sin 2t)]\\&=\sec^2(5-\sin 2t)\cdot\frac{\mathrm{d}}{\mathrm{d}t}(5-\sin 2t)\\&=\sec^2(5-\sin 2t)\cdot\left[0-(\cos 2t)\frac{\mathrm{d}}{\mathrm{d}t}(2t)\right]\\&=\sec^2(5-\sin 2t)\cdot(-\cos 2t)\cdot 2\\&=-2(\cos 2t)\sec^2(5-\sin 2t).\end{aligned}$$

例 2.2.20　求切线范围.

(a) 求曲线 $y=\sin^5 x$ 在点 $x=\pi/3$ 的斜率.

(b) 证明曲线 $y=1/(1-2x)^3$ 所有点的斜率为正值.

解　(a)

$$\frac{\mathrm{d}y}{\mathrm{d}x}=5\sin^4 x\cdot\frac{\mathrm{d}}{\mathrm{d}x}\sin x=5\sin^4 x\cos x.$$

切线斜率为

$$\left.\frac{\mathrm{d}y}{\mathrm{d}x}\right|_{x=\pi/3}=5\left(\frac{\sqrt{3}}{2}\right)^4\left(\frac{1}{2}\right)=\frac{45}{32}.$$

(b)

$$\begin{aligned}\frac{\mathrm{d}y}{\mathrm{d}x}&=\frac{\mathrm{d}}{\mathrm{d}x}(1-2x)^{-3}\\&=-3(1-2x)^{-4}\cdot\frac{\mathrm{d}}{\mathrm{d}x}(1-2x)\\&=-3(1-2x)^{-4}\cdot(-2)\\&=\frac{6}{(1-2x)^4}.\end{aligned}$$

曲线上任意一点 $(x,y)\left(x\neq\frac{1}{2}\right)$的斜率为

$$\frac{\mathrm{d}y}{\mathrm{d}x}=\frac{6}{(1-2x)^4}.$$

■

两个正值的商.

2.2.4　基本初等函数的求导法则

为了便于应用,我们把导数公式和求导法则归纳如下:

1. 常用和基本初等函数的导数公式:

(1) $(c)'=0$;　　(2) $(x^a)'=ax^{a-1}(a\in\mathbf{R})$;

(3) $(a^x)'=a^x\ln a\ (a>0)$；

(4) $(e^x)=e^x$；

(5) $(\log_a x)'=\dfrac{1}{x\ln a}(a>0,a\neq 1)$；

(6) $(\ln x)'=\dfrac{1}{x}$；

(7) $(\sin x)'=\cos x$；

(8) $(\cos x)'=-\sin x$；

(9) $(\tan x)'=\sec^2 x$；

(10) $(\cot x)'=-\csc^2 x$；

(11) $(\sec x)'=\sec x\tan x$；

(12) $(\csc x)'=-\csc x\cot x$；

(13) $(\arcsin x)'=\dfrac{1}{\sqrt{1-x^2}}$；

(14) $(\arccos x)'=-\dfrac{1}{\sqrt{1-x^2}}$；

(15) $(\arctan x)'=\dfrac{1}{1+x^2}$；

(16) $(\operatorname{arccot} x)'=-\dfrac{1}{1+x^2}$.

2. 函数的和、差、积、商的求导法则：

设 $u=u(x),v=v(x)$均为可导函数,则

(1) $(u\pm v)'(x)=u'(x)\pm v'(x)$；

(2) $(Cu)'(x)=Cu'(x)(C\in\mathbf{R}$；

(3) $(uv)'(x)=u'(x)v(x)+u(x)v'(x)$；

(4) $\left(\dfrac{u}{v}\right)'(x)=\dfrac{u'(x)v(x)-u(x)v'(x)}{v^2(x)}\quad(v(x)\neq 0)$.

3. 反函数的求导法则：

设 $x=f(y)$在区间 I 内单调,可导且 $f'(y)\neq 0$,则它的反函数 $y=f^{-1}(x)$在对应的 $I_x=f(I_y)$内也可导,且

$$(f^{-1})'(x)=\frac{1}{f'(y)},\text{或}\frac{\mathrm{d}y}{\mathrm{d}x}=\frac{1}{\dfrac{\mathrm{d}x}{\mathrm{d}y}}\tag{2.2.5}$$

4. 复合函数的求导法则：

设 $y=f(u)$和 $u=g(x)$均为可导函数,则

$$\frac{\mathrm{d}y}{\mathrm{d}x}=\frac{\mathrm{d}y}{\mathrm{d}u}\cdot\frac{\mathrm{d}u}{\mathrm{d}x}.\tag{2.2.6}$$

双曲和反双曲函数也是初等函数,它们的导数能通过以上求导法则的综合运用求得.

例 2.2.21 $y=\sinh x$,求$\dfrac{\mathrm{d}y}{\mathrm{d}x}$.

解 $\dfrac{\mathrm{d}y}{\mathrm{d}x}=(\sinh x)'=\left(\dfrac{e^x-e^{-x}}{2}\right)'=\dfrac{(e^x)'}{2}-\dfrac{1}{2}(e^{-x})'$. 这里 $a=e^{-x}$可看作 $a=e^u$ 的 $v=-x$ 的复合函数。从而

$$\frac{\mathrm{d}u}{\mathrm{d}x}=\frac{\mathrm{d}u}{\mathrm{d}v}\cdot\frac{\mathrm{d}v}{\mathrm{d}x}=e^v\cdot(-1)=-e^{-x}.$$

$$(\sinh x)'=\frac{1}{2}(e^{x}+e^{-x})=\cosh x.$$

同理$(\cosh x)'=\sinh x$,由除法法则，得

$$(\tanh x)'=\left(\frac{\sinh x}{\cosh x}\right)'=\frac{(\sinh x)'\cosh x-\sinh x(\cosh x)'}{\cosh^{2}x}$$

$$=\frac{\cosh^{2}x-\sinh^{2}x}{\cosh^{2}x}=\frac{1}{\cosh^{2}x}.$$

这样我们就得到双曲函数的求导公式：

$$(\sinh x)'=\cosh x,(\cosh x)'=\sinh x,(\tanh x)'=\frac{1}{\cosh^{2}x}.$$

例 2.2.22　$y=\operatorname{arcsinh}x$,求 y'.

解　$y=\operatorname{arcsinh}x$ 是双曲函数 $x=\sinh y$ 的反函数,应用反函数求导法则,得

$$(\operatorname{arcsinh}x)'=\frac{1}{(\sinh y)'}=\frac{1}{\cosh y}$$

$$=\frac{1}{\sqrt{1+\sinh^{2}y}}=\frac{1}{\sqrt{1+x^{2}}},(-\infty<x<+\infty).$$

即

$$(\operatorname{arcsinh}x)'=\frac{1}{\sqrt{1+x^{2}}},(-\infty<x<+\infty).$$

同理可得

$$(\operatorname{arccosh}x)'=\frac{1}{\sqrt{x^{2}-1}},(|x|>1).$$

$$(\operatorname{arctanh}x)'=\frac{1}{1-x^{2}}.$$

习题 2.2

A

1. 求下列函数的导数：

(1) $y=x^{3}+\frac{7}{x^{4}}-\frac{2}{x}+12$；　(2) $y=\frac{\cos x}{x^{2}}$；

(3) $y=2\tan x+\sec x-1$；　(4) $u=v-3\sin v$；

(5) $y=x^{2}\ln x$；　(6) $y=e^{x}(\cos x+x\sin x)$；

(7) $y=x^{2}\ln x\cos x$；　(8) $y=\frac{e^{x}}{x^{2}}+\ln 3$；

(9) $y=\dfrac{\sin x}{1+\tan x}$;

(10) $y=\dfrac{x\cos x-\ln x}{x+1}$;

(11) $y=\dfrac{x\sin x+\cos x}{x\sin x-\cos x}$;

(12) $y=\dfrac{1}{1+\cos x}$.

2. 求证下式成立

(1) $(\cot x)'=-\csc^2 x$;

(2) $(\csc x)'=-\csc x\cot x$.

3. $f(t)=\dfrac{1-\sqrt{t}}{1+\sqrt{t}}$,求 $f'(4)$.

4. $f(x)=\dfrac{3}{5-x}+\dfrac{x^2}{4}$,求 $f'(0)$ 和 $f'(2)$.

5. 求下列函数的导数:

(1) $y=\sin^2 x$;

(2) $y=\cos(4-3x)$;

(3) $y=3e^{2x}+5\cos^2 x$;

(4) $y=(x+1)^2$;

(5) $y=\sqrt{1+x^2}$;

(6) $y=\sqrt{a^2-x^2}$;

(7) $y=\tan(x^2)$;

(8) $y=\ln\cos x$;

(9) $y=(\arcsin x)^2$;

(10) $y=\arctan(e^x)$.

6. 求下列函数的导数:

(1) $y=\ln[\ln(\ln x)]$;

(2) $y=e^{\alpha x}\sin(wx+\beta)(\alpha,\beta,w\in\mathbf{R})$;

(3) $y=\ln(x^3+\sin x)$;

(4) $y=\sqrt{\dfrac{1-x}{1+x}}$;

(5) $y=\sin^n x\cos nx$;

(6) $y=\arctan(1-4x)^2$;

(7) $y=\operatorname{arccot}\sqrt{x^2+1}$;

(8) $y=\ln(\csc x-\cot x)$;

(9) $y=\arcsin\sqrt{\dfrac{1-x}{1+x}}$;

(10) $y=\sqrt[3]{x}\,e^{\sin\frac{1}{x}}$;

(11) $y=\dfrac{\arcsin x}{\arccos x}$;

(12) $y=\dfrac{\sqrt{1+x}-\sqrt{1-x}}{\sqrt{1+x}+\sqrt{1-x}}$.

7. 一个内盛有 100 L 水的圆柱形水箱能在 10 分钟内抽干,根据 Torricelli 定律,t 分钟后水箱内剩余水的体积 V 的表达式为

$$V(t)=100\left(1-\frac{t}{10}\right)^2,0\leqslant t\leqslant 10.$$

求出 5 分钟时水流的速度,并求出从开始放水到水箱内水流尽的平均水流速度.

8. 求证$(\ln|x|)'=\dfrac{x}{1}(x\neq 0)$.

9. $y=f\left(\dfrac{x-2}{x+2}\right),f'(x)=\arctan x$. 求$\left.\dfrac{dy}{dx}\right|_{x=0}$.

10. 已知函数

$$f(x)=\begin{cases}\varphi(x), & x\geqslant x_0,\\ \phi(x), & x<x_0\end{cases}$$

这里函数 $\varphi(x)$ 和 $\phi(x)$ 都是可导的,问结论

$$f'(x)=\begin{cases}\varphi'(x), & x\geqslant x_0\\ \phi'(x), & x<x_0\end{cases}$$

是正确的吗?

11. 求下列分段函数的导数:

(1)

$$f(x)=\begin{cases}1-x, & -\infty<x<1,\\ (1-x)(2-x), & 1\leqslant x\leqslant 2,\\ -(2-x)+1, & 2<x<+\infty;\end{cases}$$

(2)

$$g(x)=\begin{cases}\dfrac{x}{1+\mathrm{e}^{\frac{1}{x}}}, & x\neq 0,\\ 0, & x=0.\end{cases}$$

12. 如果 $f(x)$ 可导,求下列函数的导数

(1) $y=f(x^2)$;

(2) $y=f(\sin^2 x)+f(\cos^2 x)$.

13. 求证:双曲线 $xy=a$ 上任意一点的切线与两坐标轴围成的区域被切点平分.

14. 求下列函数的导数:

(1) $y=\cosh(\sinh x)$;　　(2) $y=\sinh x\mathrm{e}^{\cosh x}$;

(3) $y=\tanh(\ln x)$;　　(4) $y=\sinh^3 x+\cosh^2 x$;

(5) $y=\tanh(1-x^2)$;　　(6) $y=\mathrm{arcsinh}(x^2+1)$;

(7) $y=\mathrm{arccosh}(\mathrm{e}^{2x})$;　　(8) $y=\arctan(\tanh x)$;

(9) $y=\ln\cosh x+\dfrac{1}{2\cosh x}$.

B

1. 设 $f(x)=x^2$,$g(x)=|x|$,而复合函数

$$(f\circ g)(x)=|x|^2=x^2 \text{ 和 } (g\circ f)(x)=|x^2|=x^2$$

均在 $x=0$ 点可导,但是 g 在 $x=0$ 点并不可导,这是否与链式法则矛盾?解释之.

2. 汽缸压力:

设一汽缸中盛有燃气,温度衡为常数 T,压强 P 与体积 V 的关系式为

$$P=\frac{nRT}{V-nb}-\frac{an^2}{V^2}.$$

这里 a，b，n 和 R 均为常数，求 $\mathrm{d}P/\mathrm{d}V$.

3. 最佳订购量：

库存管理中某公式表明周平均订购费，支付费，商品运维费用的关系如下所示：

$$A(q)=\frac{km}{q}+cm+\frac{hq}{2},$$

q 是商品订购数量(如鞋子，收音机，扫帚或者其他物品)；k 是下单费用；c 是每一商品的费用，为常数；m 是每周卖出商品的数量(常数)；h 是每周每件商品持有所需费用(为常数，比如空间，保险，安全等费用). 求 $\mathrm{d}A/\mathrm{d}q$ 和 $\mathrm{d}^2A/\mathrm{d}q^2$.

2.3 高阶导数

我们知道物体 t 时刻的速度 $v(t)$ 是位置函数 $s=s(t)$ 对 t 的导数，即 $v(t)=s'(t)$. 同样地，加速度 $a(t)$ 是速度函数 $v=v(t)$ 对时间 t 的变化率，即 $a(t)=\frac{\mathrm{d}v}{\mathrm{d}t}=(s'(t))'$，这种导数的导数叫做 $s=s(t)$ 的二阶导数，记作 $a(t)=\frac{\mathrm{d}_s^2}{\mathrm{d}t^2}=s''(t)$. 一般地，我们定义函数的高阶导数如下：

定义 2.3.1 (**高阶导数**). 设函数 $f:I\to\mathbf{R}$ 是可导的，如果它的导数 $f':I\to\mathbf{R}$ 在 $x\in I$ 上也是可导的，那么 f 在点 x **二阶可导的**，f' 在点 x 的导数称为 f 在 x 的**二阶导数**，记作 $f''(x)=(f')'(x)$. 如果 f 在 I 上每一点**二阶可导**，那么就说 f 在 I 上二阶可导且 f'' 称为 f 在 I 上的**二阶导数**. 一般地，如果 $n-1$ 阶导数 $f^{(n-1)}:I\to\mathbf{R}$ 在 $x\in\mathbf{R}$ 可导，那么称 f 在 x 点 **n 阶可导**，$f^{(n-1)}$ 在 x 点的导数称为 f 在 x 点的 **n 阶导数**，记作 $f^{(n)}=(f^{(n-1)})'(x)$. 同样地，我们可以定义函数 f 在区间 I 上 **n 阶可导**和 f 在区间 I 上的 **n 阶导数**.

函数 $y=f(x)$ 的 n 阶导数记作 $y^{(n)}$ 或者 $\frac{\mathrm{d}^ny}{\mathrm{d}x^n}$.

$y=f(x)$ 的几种表达方式

导数	f'	y'	通常表达式
一阶	$f'(x)$	y'	$\frac{\mathrm{d}y}{\mathrm{d}x}$
二阶	$f''(x)$	y''	$\frac{\mathrm{d}^2y}{\mathrm{d}x^2}$
三阶	$f'''(x)$	y'''	$\frac{\mathrm{d}^3y}{\mathrm{d}x^3}$
四阶	$f^{(4)}(x)$	$y^{(4)}$	$\frac{\mathrm{d}^4y}{\mathrm{d}x^4}$
⋮	⋮	⋮	⋮
n 阶	$f^{(n)}(x)$	$y^{(n)}$	$\frac{\mathrm{d}^ny}{\mathrm{d}x^n}$

如果 $f^{(n)}$ 在 I 上连续，那么 f 叫做在 I 上 **n 阶连续可导**，或者叫做属于 I 上的 $C^{(n)}$ 类，记作 $f\in C^{(n)}(I)$. 如果 f 是 I 上类 $C^{(n)}$ 的函数，$n\in \mathbf{N}_+$，那么我们说 f 在 I 上**无限可导**，或者一个属于 I 上类 $C^{(\infty)}$ 的函数，记作 $f\in C^{(\infty)}(I)$.

二阶及二阶以上的导数统称为**高阶导数**。通常来说，f' 称作 f 的**一阶导数**，f 本身叫做 f 的零阶导数.

例 2.3.2　$y=\sin 2x$，求 $\dfrac{\mathrm{d}^3y}{\mathrm{d}x^3}$，$\dfrac{\mathrm{d}^4y}{\mathrm{d}x^4}$ 和 $\dfrac{\mathrm{d}^{12}y}{\mathrm{d}x^{12}}$.

解

$$\frac{\mathrm{d}y}{\mathrm{d}x}=2\cos 2x;$$

$$\frac{\mathrm{d}^2y}{\mathrm{d}x^2}=-2^2\sin 2x;$$

$$\frac{\mathrm{d}^3y}{\mathrm{d}x^3}=-2^3\cos 2x;$$

$$\frac{\mathrm{d}^4y}{\mathrm{d}x^4}=2^4\sin 2x;$$

$$\frac{\mathrm{d}^5y}{\mathrm{d}x^5}=2^5\cos 2x;$$

$$\vdots$$

$$\frac{\mathrm{d}^{12}y}{\mathrm{d}x^{12}}=2^{12}\sin 2x.$$

例 2.3.3　常用高阶导数：

(1) $(\mathrm{e}^x)^{(n)}=\mathrm{e}^x$；

(2) $(\sin x)^n=\sin\left(x+n\cdot\dfrac{\pi}{2}\right)$；

(3) $(\cos x)^{(n)}=\cos\left(x+n\cdot\dfrac{\pi}{2}\right)$；

(4) $(x^a)^{(n)}=a(a-1)\cdots(a-n+1)x^{a-n}\quad(a\in\mathbf{R},x>0)$；

(5) $[\ln(1+x)]^{(n)}=(-1)^{n-1}\dfrac{(n-1)!}{(1+x)^n}\quad(x>-1)$.

证　只证明(2)和(5)，其他留给读者自行完成.

(2) 由于

$$(\sin x)'=\cos x=\sin\left(x+\frac{\pi}{2}\right);$$

$$(\sin x)''=\cos\left(x+\frac{\pi}{2}\right)=\sin\left(x+2\cdot\frac{\pi}{2}\right).$$

假设 $(\sin x)^{(k)}=\sin(x+k\cdot\dfrac{\pi}{2})$ 成立，那么

$$(\sin x)^{k+1}=\left[\sin\left(x+k\cdot\frac{\pi}{2}\right)\right]'=\cos\left(x+k\cdot\frac{\pi}{2}\right)$$
$$=\sin\left[x+(k+1)\cdot\frac{\pi}{2}\right].$$

根据数学归纳法我们证明了(2)成立.

(5) 因为

$$[\ln(1+x)]'=\frac{1}{1+x},$$
$$[\ln(1+x)]''=\left(\frac{1}{1+x}\right)'=-\frac{1}{(1+x)^2},$$
$$[\ln(1+x)]^3=\left[-\frac{1}{(1+x)^2}\right]'=(-1)^2\frac{1\cdot 2}{(1+x)^3}.$$

同(2)根据数学归纳法得到

$$[\ln(1+x)]^{(n)}=(-1)^{n-1}\frac{(n-1)!}{(1+x)^n}.$$

例 2.3.4 $y=\sqrt{2x-x^2}$,求证 $y^3y''+1=0$.

证

$$y'=\frac{2-2x}{2\sqrt{2x-x^2}}=\frac{1-x}{\sqrt{2x-x^2}},$$
$$y''=\frac{-\sqrt{2x-x^2}-(1-x)\dfrac{2-2x}{2\sqrt{2x-x^2}}}{2x-x^2}$$
$$=\frac{-2x+x^2-(1-x)^2}{(2x-x^2)\sqrt{2x-x^2}}$$
$$=-\frac{1}{(2x-x^2)^{3/2}}$$
$$=-\frac{1}{y^3}.$$

所以

$$y^3y''+1=0.$$

定理 2.3.5 如果函数 u 和 v 都是 n 阶可导函数,那么 $\lambda u+\mu v$ 和 uv 也是 n 阶可导函数,且:

(1) 线性:$(\alpha u+\beta v)^{(n)}=\alpha u^{(n)}+\beta v^{(n)}$, $\alpha,\beta\in\mathbf{R}$;

(2) 莱布尼茨公式:

$$(uv)^{(n)}=\sum_{k=0}^{n}C_n^k u^{(n-k)}v^{(k)}$$
$$=u^{(n)}v+C_n^1u^{(n-1)}v'+\cdots+C_n^ku^{(n-k)}v^{(k)}+\cdots+uv^{(n)}.$$

例 2.3.6　$f(x)=\dfrac{1}{x(x-1)}$，求 $f^{(n)}(x)$.

解

$$f(x)=\frac{1}{x(x-1)}=\frac{1}{x-1}-\frac{1}{x},$$

$$f^{(n)}(x)=\left(\frac{1}{x-1}-\frac{1}{x}\right)^{(n)}=\left(\frac{1}{x-1}\right)^{(n)}-\left(\frac{1}{x}\right)^{(n)}.$$

由例 2.3.3 公式(4)的方法，得

$$\begin{aligned}f^{(n)}(x)&=(-1)^n\frac{n!}{(x-1)^{n+1}}-(-1)^n\frac{n!}{x^{n+1}}\\&=(-1)^n n!\left[\frac{1}{(x-1)^{n+1}}-\frac{1}{x^{n+1}}\right].\end{aligned}$$

例 2.3.7　$f(x)=x^2\mathrm{e}^{2x}$，求 $f^{(20)}(x)$.

解　令 $u=\mathrm{e}^{2x}$，$v=x^2$，则

$$u^{(k)}=(\mathrm{e}^{2x})^{(k)}=2^k\mathrm{e}^{2x}\quad(k=1,2,\cdots,20),$$

$$v'=2x,v''=2,v^{(k)}=0\quad(k=3,4,\cdots,20).$$

根据莱布尼茨公式，得

$$\begin{aligned}f^{(20)}(x)&=2^{20}\mathrm{e}^{2x}x^2+20\cdot 2^{19}\mathrm{e}^{2x}2x+\frac{20\cdot 19}{2!}\cdot 2^{18}\cdot\mathrm{e}^{2x}\cdot 2\\&=2^{20}\mathrm{e}^{2x}(x^2+20x+95).\end{aligned}$$

习题 2.3

A

1. 设 $y=\mathrm{e}^{at}$（a 为常数），求 $y^{(4)}$.
2. 设 $f(x)=(x+10)^6$，求 $f'''(2)$.
3. 求下列函数的二阶导数：

(1) $y=\dfrac{x}{\sqrt{1-x^2}}$；　　(2) $y=x\ln x$；

(3) $y=\mathrm{e}^{-x^2}$；　　(4) $y=\dfrac{\arcsin x}{\sqrt{1-x^2}}$；

(5) $y=2x\mathrm{e}^{x^2}$；　　(6) $y=a^{3x}$；

(7) $y=x^3\cos x$；　　(8) $y=\ln(x+\sqrt{1+x^2})$；

(9) $y=\mathrm{e}^{-t}\sin t$；　　(10) $y=(1+x^2)\arctan x$.

4. 设 $f''(x)$存在,求下列函数的二阶导数:

(1) $y=f(x^2)$;　　(2) $y=\ln[f(x)]$

5. 求下列函数所指定阶的导数:

(1) $f(x)=e^x\cos x, f^{(4)}(x)$;　　(2) $f(x)=x\sinh x, f^{(100)}(x)$;

(3) $f(x)=x^2\sin 2x, f^{(50)}(x)$;　　(4) $f(x)=\dfrac{1}{x^2-3x+2}, f^{(n)}(x)$.

6. 求下列函数的 n 阶倒数的一般表达式:

(1) $y=xe^x$;　　(2) $y=\sin^2 x$;

(3) $y=x\ln x$;

(4) $y=x^n+a_1x^{n-1}+\cdots+a_{n-1}x+a_n$($a_1,\cdots,a_n$为常数).

7. 求证:

(1) $(a^x)^{(n)}=a^x\cdot(\ln a)^n \quad (a>0)$;　　(2) $(\cos x)^{(n)}=\cos\left(x+n\cdot\dfrac{\pi}{2}\right)$;

(3) $(\ln x)^{(n)}=\dfrac{(-1)^{n-1}\cdot(n-1)!}{x^n}$.

8. $f(x)=2x^3+x^2|x|$,求出使得 $f^{(n)}(0)$ 存在的最高阶的 n.

9. 求证函数 $f(x)=e^x\sin x$ 满足关系式式:

$$y''-2y'+2y=0.$$

10. 设分段函数

$$f(x)=\begin{cases} e^{-\frac{1}{x^2}}, & x\neq 0, \\ 0, & x=0, \end{cases}$$

求证 $f^{(n)}(0)=0$.

B

1. 设 $f(x)$是二阶可导函数 $F(x)=\lim\limits_{t\to\infty}t^2\left[f\left(x+\dfrac{\pi}{t}\right)-f(x)\right]\sin\dfrac{x}{t}$,求 $F'(x)$.

2. 设 $f(x)$是无限阶可导函数,$f'(x)=[f(x)]^2$,求 $f^{(n)}(x)(n>2)$.

3. 设$\varphi(x)$在 $x=a$ 附近是可导函数,但是在 $x=a$ 点二阶导数不存在. 现有 $f(x)=(x-a)^2\varphi(x)$,问:$f''(a)$是否存在? 如果存在,求出 $f''(a)$;如果不存在,附加什么条件给 $\varphi(x)$才能使得 $f''(a)$存在并求出 $f''(a)$.

4. 设 $P_n(x)=a_0+a_1(x-x_0)+a_2(x-x_0)^2+\cdots+a_n(x-x_0)^n$ 是 n 阶多项式,$x_0\in\mathbf{R}$,求证:

$$P_n(x)=P_n(x_0)+P'_n(x_0)(x-x_0)+\frac{P''_n(x_0)}{2}(x-x_0)^2+\cdots+\frac{P_n^{(n)}(x_0)}{n!}(x-x_0)^n.$$

2.4　隐函数和参数函数的求导法则，相对变化率

2.4.1　隐函数的求导法则

前面我们遇到的函数都可以明确表达成一个变量关于另一个变量的函数，例如 $y=\sqrt[3]{x^3+1}$，或者 $y=x\sin x$，更一般地说，$y=f(x)$. 但是有些函数的表达式却不是这样，它是由 x 和 y 的关系来确定函数表达式，例如 $\sin(x+y)=y^2\cos x$ 或者 $x^4+y^4=16$. 把这些方程化解为 y 关于 x 的函数并不是一件简单的事情.

庆幸的是，我们不用通过解方程求出 y 关于 x 的表达式来求 y 的导数. 我们采用**隐函数求导法**. 即方程两边对 x 求导然后根据求导后的方程解出 y'. 为简便起见，这一节中所有函数均为可导函数，在此基础上，我们通过实例来介绍隐函数求导法.

设 $y=f(x)$ 是由方程 $F(x,\ y)=0$ 在区间 I 上确定的隐函数. 如果我们将 $y=f(x)$ 代入方程 $F(x,\ y)=0$ 那么得到 $F(x,\ f(x))\equiv 0$，$x\in I$. 我们把 $F(x,\ f(x))$ 看作一个复合函数并对等价的 $F(x, f(x))\equiv 0$ 方程两侧对 x 求导，根据复合函数求导法则，我们得到 $\frac{\mathrm{d}y}{\mathrm{d}x}$.

注 2.4.1　隐函数求导，分为四步：

第 1 步：方程两侧关于 x 求导，把 y 看作 x 的函数；

第 2 步：把包含 $\mathrm{d}y/\mathrm{d}x$ 的部分放到方程的一边；

第 3 步：提出 $\mathrm{d}y/\mathrm{d}x$ 因子；

第 4 步：解出 $\mathrm{d}y/\mathrm{d}x$.

例 2.4.2　求由方程 $y=1+x\sin y$ 所确定的隐函数的导数 $\frac{\mathrm{d}y}{\mathrm{d}x}$.

解　我们把方程 $y=1+x\sin y$ 两边分别对 x 求导数，注意 $y=y(x)$，得到

$$\frac{\mathrm{d}y}{\mathrm{d}x}=\sin y+x\sin y\,\frac{\mathrm{d}y}{\mathrm{d}x},$$

从而

$$\frac{\mathrm{d}y}{\mathrm{d}x}=\frac{\sin y}{1-x\sin y}.$$

例 2.4.3　求由方程 $\sin(x+y)=y^2\cos x$ 所确定的隐函数的导数 y'.

解　把方程 $y=1+x\sin y$ 两边分别对 x 求导数，注意 $y=y(x)$，得到

$$\cos(x+y)\ (1+y')=y^2(-\sin x)+(\cos x)(2yy'),$$

（注意这里我们在方程左边用到了链式法则，右侧乘法法则和链式法则.）从而得到

$$\cos(x+y)+y^2\sin x=(2y\cos x)y'-\cos(x+y)y',$$

从而

$$y'=\frac{y^2\sin x+\cos(x+y)}{2y\cos x-\cos(x+y)}.$$

例 2.4.4 设 $x^4+y^4=16$,求$\frac{\mathrm{d}^2y}{\mathrm{d}x^2}$.

解 方程两侧对 x 求导,我们得到

$$4x^3+4y^3y'=0,$$

解上述方程,得到

$$y'=-\frac{x^3}{y^3},$$

为了求出 y'',再对这个方程求导,注意 $y=y(x)$,根据除法法则:

$$\begin{aligned}y''&=\frac{\mathrm{d}}{\mathrm{d}x}\left(-\frac{x^3}{y^3}\right)\\&=-\frac{y^3(x^3)'-x^3(y^3)'}{(y^3)^2}\\&=-\frac{y^3 3x^2-x^3(3y^2y')}{y^6}.\end{aligned}$$

代入 y'得到

$$\begin{aligned}y''&=-\frac{3x^2y^3-3x^3y^2\left(-\frac{x^3}{y^3}\right)}{y^6}\\&=-\frac{3(x^2y^4+x^6)}{y^7}\\&=-\frac{3x^2(y^4+x^4)}{y^7}\\&=-\frac{3x^2(16)}{y^7}\\&=-\frac{48x^2}{y^7}.\end{aligned}$$

例 2.4.5 求由方程 $\mathrm{e}^y+xy=\mathrm{e}$ 所确定的隐函数在 $x=0$ 处的导数$\left.\frac{\mathrm{d}y}{\mathrm{d}x}\right|_{x=0}$ 和二阶导数$\left.\frac{\mathrm{d}^2y}{\mathrm{d}x^2}\right|_{x=0}$.

解 方程两边分别对 x 求导,由于方程两边的导数相等,所以

$$\mathrm{e}^y\frac{\mathrm{d}y}{\mathrm{d}x}+y+x\frac{\mathrm{d}y}{\mathrm{d}x}=0. \tag{2.4.1}$$

因为当 $x=0$ 时,$y=1$,将 $x=0,y=1$ 代入方程(2.4.1)我们得到

$$\mathrm{e}\left.\frac{\mathrm{d}y}{\mathrm{d}x}\right|_{x=0}+1=0,$$

从而$\left.\dfrac{\mathrm{d}y}{\mathrm{d}x}\right|_{x=0}=-\dfrac{1}{\mathrm{e}}$.

下面计算二阶导数，方程(2.4.1)两侧再次对 x 求导，注意 $y'=f'(x)$也是 x 的函数，得到

$$\mathrm{e}^y\left(\frac{\mathrm{d}y}{\mathrm{d}x}\right)^2+\mathrm{e}^y\frac{\mathrm{d}^2y}{\mathrm{d}x^2}+2\frac{\mathrm{d}y}{\mathrm{d}x}+x\frac{\mathrm{d}^2y}{\mathrm{d}x^2}=0. \tag{2.4.2}$$

同导数$\left.\dfrac{\mathrm{d}y}{\mathrm{d}x}\right|_{x=0}$一样，将 $x=0$，$y=1$，$\left.\dfrac{\mathrm{d}y}{\mathrm{d}x}\right|_{x=0}=-\dfrac{1}{\mathrm{e}}$代入式 (2.4.2)，得到$\left.\dfrac{\mathrm{d}^2y}{\mathrm{d}x^2}\right|_{x=0}=\dfrac{1}{\mathrm{e}^2}$. ■

2.4.2　由参数方程所确定的函数的求导方法

在研究物体的运动轨迹时，我们常用参数方程表示物体的运动轨迹. 例如如果空气阻力忽略不计，发射体的运动轨迹可表示为

$$\begin{cases}x=v_1t,\\ y=v_2t-\dfrac{1}{2}gt^2,\end{cases} \tag{2.4.3}$$

这里 v_1，v_2 分别是抛射体初速度的水平、垂直分量，g 是重力加速度，t 是飞行时间，x 和 y 分别是飞行中抛射体在垂直平面上的位置的横坐标和纵坐标(见图 2.4.1).

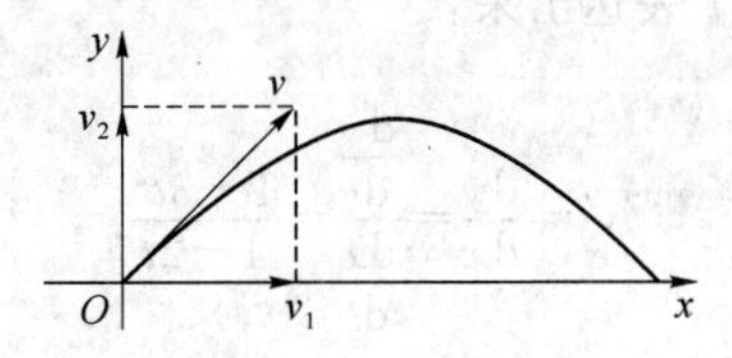

图 2.4.1

根据式(2.4.3)消去 t，得到 y 和 x 的关系式

$$y=\frac{v_2}{v_1}x-\frac{g}{2v_1^2}x^2.$$

这称为由参数方程(2.4.3)确定的函数.

一般地，如果参数方程

$$\begin{cases}x=\varphi(t),\\ y=\psi(t),\end{cases} \tag{2.4.4}$$

确定 y 与 x 的函数关系，则称此函数关系所表达的函数为由参数方程(2.4.4)确定的函数. 如果参数方程比较复杂，消去参数 t 有时会有困难. 这种情况下如何求出 $y=f(x)$的导数呢？下面的法则将会给出答案.

定理 2.4.6　(参数方程的求导法则). 设参数方程(2.4.4)确定函数 $y=f(x)$，

(1) 如果 $\varphi(t)$是一单调连续函数,$\psi(t)$可导,$\psi'(t)\neq 0$,根据链式法则和反函数求导法则:

$$\frac{\mathrm{d}y}{\mathrm{d}x}=\frac{\mathrm{d}y}{\mathrm{d}t}\cdot\frac{\mathrm{d}t}{\mathrm{d}x}=\frac{\mathrm{d}y}{\mathrm{d}t}\cdot\frac{1}{\frac{\mathrm{d}x}{\mathrm{d}t}}=\frac{\psi'(t)}{\varphi'(t)},$$

即

$$\frac{\mathrm{d}y}{\mathrm{d}x}=\frac{\psi'(t)}{\varphi'(t)}. \tag{2.4.5}$$

(2) 如果 $\varphi(t)$和 $\psi(t)$还是二阶可导的,那么从式 2.4.4 又得到函数的二阶导数公式:

$$\begin{aligned}\frac{\mathrm{d}^2y}{\mathrm{d}x^2}&=\frac{\mathrm{d}}{\mathrm{d}x}\left(\frac{\mathrm{d}y}{\mathrm{d}x}\right)=\frac{\mathrm{d}}{\mathrm{d}t}\left[\frac{\psi'(t)}{\varphi'(t)}\right]\cdot\frac{\mathrm{d}t}{\mathrm{d}x}\\&=\frac{\psi''(t)\varphi'(t)-\psi'(t)\varphi''(t)}{\varphi'^2(t)}\cdot\frac{1}{\varphi'(t)},\end{aligned}$$

即

$$\frac{\mathrm{d}^2y}{\mathrm{d}x^2}=\frac{\psi''(t)\varphi'(t)-\psi'(t)\varphi''(t)}{\varphi'^3(t)}. \tag{2.4.6}$$

例 2.4.7 已知 $x=t-t^2, y=t-t^3$ 求$\frac{\mathrm{d}^2y}{\mathrm{d}x^2}$.

解 第 1 步:将 $y'=\frac{\mathrm{d}y}{\mathrm{d}x}$用 t 表达出来:

$$y'=\frac{\mathrm{d}y}{\mathrm{d}x}=\frac{\frac{\mathrm{d}y}{\mathrm{d}t}}{\frac{\mathrm{d}x}{\mathrm{d}t}}=\frac{1-3t^2}{1-2t}.$$

第 2 步:y'对 t 求导:

$$\frac{\mathrm{d}y'}{\mathrm{d}t}=\frac{\mathrm{d}}{\mathrm{d}t}\left(\frac{1-3t^2}{1-2t}\right)=\frac{2-6t+6t^2}{(1-2t)^2}.$$

第 3 步:$\frac{\mathrm{d}y'}{\mathrm{d}t}$除以$\frac{\mathrm{d}x}{\mathrm{d}t}$

$$\frac{\mathrm{d}^2y}{\mathrm{d}x^2}=\frac{\frac{\mathrm{d}y'}{\mathrm{d}t}}{\frac{\mathrm{d}x}{\mathrm{d}t}}=\frac{\frac{2-6t+6t^2}{(1-2t)^2}}{1-2t}=\frac{2-6t+6t^2}{(1-2t)^3}.$$

例 2.4.8 已知$\begin{cases}x=\arctan t\\y=\ln(1+t^2)+t\end{cases}$求$\frac{\mathrm{d}y}{\mathrm{d}x},\frac{\mathrm{d}^2y}{\mathrm{d}x^2}$.

解 解法Ⅰ.因为

$$\dot{x}=\frac{1}{1+x^2},\quad \dot{y}=\frac{2t}{1+t^2}+1,$$

$$\ddot{x}=\frac{-2t}{(1+t^2)^2},\quad \ddot{y}=\frac{2(1-t^2)}{(1+t^2)^2}.$$

根据式(2.4.5)和式(2.4.6)我们得到

$$\frac{\mathrm{d}y}{\mathrm{d}x}=(1+t)^2,$$

$$\frac{\mathrm{d}^2y}{\mathrm{d}x^2}=2(1+t)(1+t^2).$$

解法Ⅱ.从解法Ⅰ得到：

$$\frac{\mathrm{d}y}{\mathrm{d}x}=(1+t)^2.$$

上式两侧分别对 x 求导,注意到 t 是 x 的函数,得到

$$\frac{\mathrm{d}^2y}{\mathrm{d}x^2}=\frac{\mathrm{d}}{\mathrm{d}t}(1+t)^2\frac{\mathrm{d}t}{\mathrm{d}x}=2(1+t)\frac{1}{\dot{x}}=2(1+t)(1+t^2).$$

■

注 2.4.9　比较解法Ⅰ与解法Ⅱ,我们看到解法Ⅰ中的一阶和二阶导数都是根据已得公式计算的,而解法Ⅱ中二阶导数是利用式(2.4.6)的证明方法计算得到的.在很多情况下,解法Ⅱ较简单并且可以用来求更高阶导数.

例 2.4.10　计算由摆线的参数方程

$$\begin{cases}x=a(t-\sin t),\\ y=a(1-\cos t),\quad t\in(-\infty,+\infty)\end{cases}$$

所确定的函数 $y=y(x)$ 的一阶导数$\frac{\mathrm{d}y}{\mathrm{d}x}$和二阶导数$\frac{\mathrm{d}^2y}{\mathrm{d}x^2}$.

解

$$\frac{\mathrm{d}y}{\mathrm{d}x}=\frac{\frac{\mathrm{d}y}{\mathrm{d}t}}{\frac{\mathrm{d}x}{\mathrm{d}t}}=\frac{a\sin t}{a(1-\cos t)}=\frac{\sin t}{1-\cos t}.$$

根据式(2.4.6),有

$$\begin{aligned}\frac{\mathrm{d}^2y}{\mathrm{d}x^2}&=\frac{a(1-\cos t)(a\cos t)-a\sin t(a\sin t)}{a^3(1-\cos t)^3}\\&=-\frac{1}{a(1-\cos t)^2}.\end{aligned}$$

2.4.3　相对变化率

假设 $x=x(t)$,$y=y(t)$,而 x 和 y 间存在某种关系,从而变化率 $\dot{x}(t)$ 和 $\dot{y}(t)$ 间也存在一定关系.研究这两个相互依赖的变化率之间的关系称为**相关变化率问题**.

相关变化率问题步骤如下：

第 1 步:找出 x 和 y 的关系式,也就是 $F(x, y)=0$;

第 2 步:方程 $F(x,y)=0$ 两侧分别对 t 求导,根据链式法则,得到 $\dot{x}(t)$ 和 $\dot{y}(t)$ 的关系表达式;

第 3 步:求出相对变化率.

例 2.4.11 水从一高为 18 cm,底面半径 6 cm 的锥形罐流入一个半径为 5 cm 的立式圆筒形罐(见图 2.4.2).设锥形罐开始时装满水,问当圆筒形罐水深为 12 cm 时里面水面上涨的速度,以及锥形罐内当水速为 1 cm/s 时水的深度.

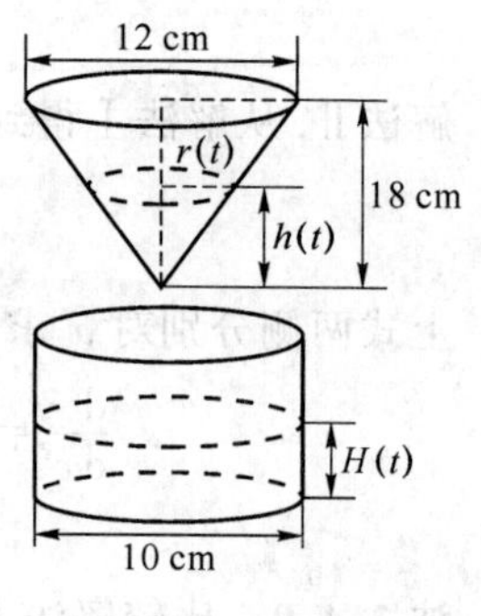

图 2.4.2

解 设锥形罐内时间 t 时刻水深为 $h=h(t)$,t 时刻锥形罐底面半径为 $r(t)$,筒形罐中水深为 $H=H(t)$.

第 1 步:找出变量 h 和 H 的关系式.

锥形罐和筒形罐在时刻 t 时的水的体积与开始锥形罐中水的体积相等.水的密度为1 kg/m³,然后有

$$\frac{\pi}{3}r^2(t)h(t)+5^2\pi H(t)=\frac{6^2\pi\cdot 18}{3}=6^3\pi.$$

因为$\frac{r(t)}{6}=\frac{h(t)}{18}$,所以 $r(t)=\frac{1}{3}h(t)$,将其代入上式,得

$$\frac{\pi}{27}h^3(t)+25\pi H(t)=6^3\pi.$$

第 2 步:根据链式法则对上式两侧分别对 t 求导,得

$$\frac{\pi}{9}h^2(t)\frac{\mathrm{d}h}{\mathrm{d}t}+25\pi\frac{\mathrm{d}H}{\mathrm{d}t}=0,$$

或者

$$h^2(t)\frac{\mathrm{d}h}{\mathrm{d}t}+9\times 25\frac{\mathrm{d}H}{\mathrm{d}t}=0.$$

第 3 步:从第 2 步我们得到

$$\frac{\mathrm{d}H}{\mathrm{d}t}=-\frac{h^2(t)\mathrm{d}h}{9\times 25\mathrm{d}t}.$$

当 $h(t)=12$ cm 时$\frac{\mathrm{d}h}{\mathrm{d}t}=-1$(cm/s)所以

$$\frac{\mathrm{d}H}{\mathrm{d}t}=-\frac{12^2}{9\times 25}\times(-1)=\frac{16}{25}(\mathrm{cm/s}).$$

所以此时水流的速度是$\frac{16}{25}$ cm/s.

■

例 2.4.12 一个热气球从离开观察员 500 m 处离地垂直上升,当观察员视线的仰角变

化$\frac{\pi}{4}$时，此时角度的增加率为 0.14 rad/min，此时气球上升的速度是多少？

解　设 t 时刻气球的高度是 $y=y(t)$，观察员视线的仰角是 $\theta=\theta(t)$（见图 2.4.3）.

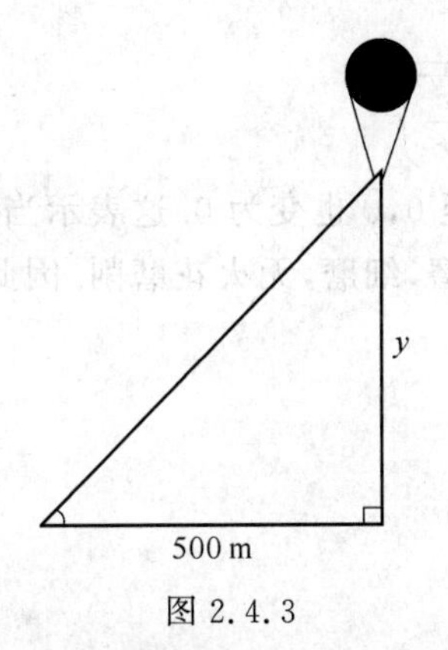

图 2.4.3

第 1 步：找出变量 y 和 θ 之间的关系式. 我们容易得到

$$\tan\theta=\frac{y}{500}，或者\ y=500\tan\theta.$$

第 2 步：方程两侧分别对 t 求导，根据链式法则，得到

$$\frac{\mathrm{d}y}{\mathrm{d}t}=500\sec^2\theta\frac{\mathrm{d}\theta}{\mathrm{d}t}$$

第 3 步：将 $\theta=\frac{\pi}{4}$ 和 $\frac{\mathrm{d}\theta}{\mathrm{d}t}=0.14$ 代入计算$\frac{\mathrm{d}y}{\mathrm{d}t}$：

$$\frac{\mathrm{d}y}{\mathrm{d}t}=500(\sqrt{2})^2\times 0.14=140(\mathrm{m/min}).$$

所以此时气球上升速度为 140 m/min.

例 2.4.13　图 2.4.4 演示了切磨削法，在研磨加工过程中，砂轮围着轴 O_1 转动，工件在流水线 L 上围着自己的中心 A 转动，同时沿着 L 水平向右移动，工件在移动的过程中就被砂轮磨圆了. 工件的中心 A 与点 O 之间的距离 x 随着切磨削工序的进行不断减少，x 是时间 t 的函数，$\frac{\mathrm{d}x}{\mathrm{d}t}$可看作水平速度. 工件中心与砂轮中心 O_1 的距离 y 也在减少，y 是关于时间 t 的函数，$v=\frac{\mathrm{d}y}{\mathrm{d}t}$可看作径向切入率. 求当工件以匀速 v_0 移动时径向切入率的值.

解　第 1 步：找出工件的水平速度和径向切入率的关系式，先找出 x 和 y 的关系式. 由图 2.4.4 中的三角形 ΔAOO_1 易知

$$y^2=x^2+c^2.$$

第 2 步：上式两侧分别对 t 求导，得

$$2y\frac{\mathrm{d}y}{\mathrm{d}t}=2x\frac{\mathrm{d}x}{\mathrm{d}t}.$$

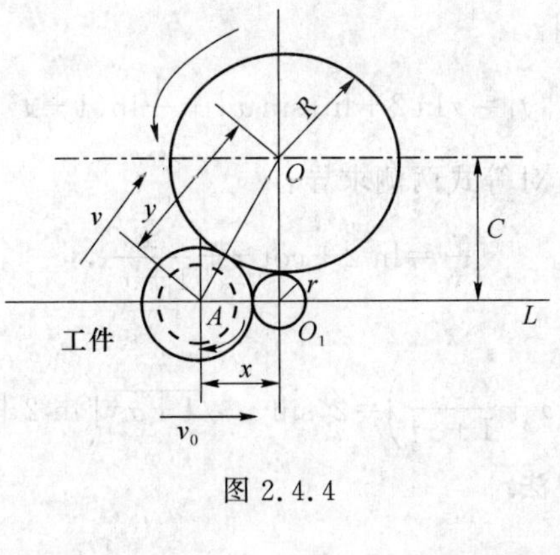

图 2.4.4

第 3 步：找出 v 和 v_0 的关系，由题意知，x 是严格单调递减函数，水平速率为常数 v_0，所以 $\frac{dx}{dt}=-v_0$，所以

$$v=\frac{dy}{dt}=\frac{x}{y}\frac{dx}{dt}=-\frac{x}{\sqrt{x^2+c^2}}v_0=-\frac{v_0}{\sqrt{1+\left(\frac{c}{x}\right)^2}}.$$

从上式可看出，随着 x 变小，径向切入率的绝对值变小，当 x 减至 0，v 也变为 0. 这表示当工件匀速移动时，切磨削法能用来将磨削过程分成三部分进行：粗磨，细磨，无火花磨削. 因此，切磨削工艺是最常用的方法之一.

习题 2.4

A

1. 求由下列方程所确定的隐函数的导数：

(1) $x^3+y^3-3xy=0$，求 $\frac{dy}{dx}$；　　(2) $xy=e^{x+y}$，求 $\frac{dy}{dx}$；

(3) $y=\sin(x+y)$，求 $\frac{d^2y}{dx^2}$；　　(4) $y=1+xe^y$，求 $\left.\frac{d^2y}{dx^2}\right|_{x=0}$.

2. 求曲线 $x^{\frac{2}{3}}+y^{\frac{2}{3}}=a^{\frac{2}{3}}(a>0)$ 在点 $\left(\frac{\sqrt{2}}{4}a,\frac{\sqrt{2}}{4}a\right)$ 的切线方程，并证明此曲线上任一点的切线在两坐标轴之间的部分的长度为常数.

3. 对数求导法.

对下列函数求导：

$$y=2^x\sin x\sqrt{1+x^2}.$$

对等式两侧取对数得到

$$\ln|y|=x\ln 2+\ln|\sin x|+\frac{1}{2}\ln(1+x^2).$$

然后根据隐函数求导发对等式两侧求导：

$$\frac{y'}{y}=\ln 2+\cot x+\frac{x}{1+x^2},$$

所以

$$y'=y\left(\ln 2+\cot x+\frac{x}{1+x^2}\right)=2^x\sin x\sqrt{1+x^2}\left(\ln 2+\cot x+\frac{x}{1+x^2}\right).$$

这种方法叫做**对数求导法**.

用对数求导法求出下列函数的导数：

(1) $y=\dfrac{(3-x)^4\sqrt{x+2}}{(x+1)^5}$；　　(2) $y=\sqrt[5]{\dfrac{x-5}{\sqrt[3]{x^2+2}}}$；

(3) $y=x^{\sin x}$；　　(4) $y=\sqrt{x\sin x\sqrt{1-e^x}}$.

4. 求由下列方程所确定的隐函数的导数：

(1) $\begin{cases}x=at^2\\ y=bt^3\end{cases}$，求$\dfrac{dy}{dx}$；　　(2) $\begin{cases}x=\theta(1-\sin\theta)\\ y=\theta\cos\theta\end{cases}$，求$\dfrac{dy}{dx}$.

5. 求由下列方程所确定的隐函数的二阶导数：

(1) $\begin{cases}x=\dfrac{t^2}{2},\\ y=1-t;\end{cases}$　　(2) $\begin{cases}x=a\cos t,\\ y=b\sin t;\end{cases}$

(3) $\begin{cases}x=3e^{-t},\\ y=2e^t;\end{cases}$　　(4) $\begin{cases}x=f'(t),\\ y=tf'(t)-f(t),\end{cases}$ $f''(t)\neq0$.

6. 求曲线

$$\begin{cases}x=\dfrac{3at}{1+t^2},\\ y=\dfrac{3at^2}{1+t^2}\end{cases}\text{在 } t=2$$

的切线方程和法线方程.

7. $r=r(\theta)$是 Γ 曲线的极坐标方程，求切线的斜率.

8. 落在平静水面上的石头，产生同心波纹，若最外边一圈波半径的增大率总是 6 m/s，问在 $t=2$ s 时扰动水面面积的增大率为多少？

B

1. 已知

$$\begin{cases}x=3t^2+2t+3,\\ e^y\sin t-y+1=0.\end{cases}$$

求$\left.\dfrac{d^2y}{dx^2}\right|_{t=0}$.

2. 求下列参数方程所确定的函数的导数：

(1) $\begin{cases}x=1-t^2,\\ y=t-t^3;\end{cases}$　　(2) $\begin{cases}x=\ln(1+t^2),\\ y=t-\arctan t.\end{cases}$

3. 一架飞机以每小时 640 英里的速度向北方飞行，中午经过一个小镇，第二架飞机以每小时 600 英里的速度向东飞行，比第一架飞机晚 15 分钟经过小镇，如果两架飞机都在相同的高度飞行，求在下午 1:15 时两架飞机的距离.

2.5 函数的微分

我们知道,dy/dx 表示因变量 y 关于自变量 x 的导数.前面学习到的内容把 dy/dx 看做一个整体,而并没有给 dy 和 dx 分别赋予意义.这一节中我们就来赋予 dy 和 dx 以实际含义.这一节中将要给出微分的基本思想是在小区间上的线性近似运算,这是微积分学以及自然科学和工程应用的基本思想.

2.5.1 微分的意义

很多时候,我们需要讨论自变量 x 的增量 Δx 和函数 $y=f(x)$ 对应增量 $\Delta y=f(x_0+\Delta x)-f(x_0)$,并计算增量 Δy 的值.以线性函数 $y=ax+b(a,b$ 均为常数)为例,

$$\Delta y=a(x_0+\Delta x)+b-(ax_0+b)=a\Delta x,$$

所以 Δy 是关于 Δx 的线性函数.但是对于非线性函数,Δy 和 Δx 就不会如此简单了.例如,$y=x^3$,那么

$$\Delta y=(x_0+\Delta x)^3-x_0^3=3x_0^2\Delta x+3x_0(\Delta x)^2+(\Delta x)^3=3x_0^2\Delta x+o(\Delta x),$$

这里 $o(\Delta x)=3x_0(\Delta x)^2+(\Delta x)^3$ 是当 $\Delta x\to 0$ 时 Δx 的高阶无穷小.也就是说,Δy 是一个关于 Δx 的线性函数 $3x_0^2(\Delta x)$ 和一个高阶无穷小 $o(\Delta x)$ 的和.

$$\lim_{\Delta x\to 0}\frac{\Delta y}{\Delta x}=f'(x_0),$$

所以

$$\frac{\Delta y}{\Delta x}=f'(x_0)+\alpha(\Delta x),$$

这里 $\Delta x\neq 0,\lim\limits_{\Delta x\to 0}\alpha(\Delta x)=0$.两边同乘以 Δx,得

$$\Delta y=f'(x_0)\Delta x+\alpha(\Delta x)\Delta x=f'(x_0)\Delta x+o(\Delta x), \tag{2.5.1}$$

$o(\Delta x)=\alpha(\Delta x)\Delta x$ 是 $\Delta x\to 0$ 时 Δx 的高阶无穷小.所以 Δy 包括两部分:线性函数 $f'(x_0)\Delta x$ 和高阶无穷小 $o(\Delta x)$.当 $|\Delta x|$ 充分小且 $f'(x_0)\neq 0$ 时,第二部分相对于第一部分就变得很小.第一部分叫做 Δy 的**线性主部**.如果我们用 Δy 的线性主部近似代替增量,其绝对误差 $|o(\Delta x)|$ 为 Δx 的高阶无穷小.

定义 2.5.1 (微分).设函数 $f:U(x_0)\to\mathbf{R}$,如果存在线性函数 $L(\Delta x)=a\Delta x$ ($a\in\mathbf{R}$ 是与 Δx 无关的常数)使得

$$f(x_0+\Delta x)-f(x_0)=a\Delta x+o(\Delta x), \tag{2.5.2}$$

那么称函数 f 在点 x_0 是可微的,而 $a\Delta x$ 叫做 f **在点 x_0 的微分**,记作 $df(x_0)=a\Delta x$.如果函数形式为 $y=f(x)$,微分也可这样表示:$dy\Big|_{x=x_0}=a\Delta x$.如果 f 在区间 I 上每一点都可微,那

么 f 叫做**在区间 I 上可微**.

由定义 2.5.1 我们可以看出函数 f 在点 x_0 的微分 $a\Delta x$ 就是其增量 Δy 在区间$[x_0, x_0+\Delta x]$(或者$[x_0-\Delta x, x_0]$)上的线性主部. 下面我们讨论函数微分存在的条件和 a 的值.

定理 2.5.2　函数 $f: U(x_0)\to \mathbf{R}$ 在点 x_0 定理可微的充分必要条件是: $\mathrm{d}f(x_0)=f'(x_0)\mathrm{d}x$.

证　充分性可以由式(2.5.1)得到. 必要性证明如下:因为函数 f 在 x_0 点可微,由定义 2.5.1 中式(2.5.2):

$$\frac{f(x_0+\Delta x)-f(x_0)}{\Delta x}=a+\frac{o(\Delta x)}{\Delta x}.$$

令 $\Delta x\to 0$,得到 $f'(x_0)=a$,所以由 f 在点 x_0 可微且 $f'(x_0)=a$,得到 $\mathrm{d}f(x_0)=f'(x_0)\Delta x$. ■

我们定义自变量的微分为它的增量,也就是说 $\mathrm{d}x=\Delta x$. 那么函数 $y=f(x)$ 在点 x_0 的微分也可写为: $\mathrm{d}f(x_0)=f'(x_0)\mathrm{d}x$ 或者 $\mathrm{d}y\Big|_{x=x_0}=f'(x_0)\mathrm{d}x$. $y=f(x)$ 在区间 $x\in I$ 上任一点的微分记为

$$\mathrm{d}y=f'(x)\mathrm{d}x \tag{2.5.3}$$

由定理 2.5.2 函数的可微性与可导性是等价的,在同一个函数计算里可以交替使用这两个术语. 求微分的方法和求导的方法都可称作**微分**. 如果 $\mathrm{d}x\neq 0$,(2.5.3)两边同除以 $\mathrm{d}x$,得到

$$\frac{\mathrm{d}y}{\mathrm{d}x}=f'(x).$$

也就是说,我们可以把函数 $y=f(x)$ 的导数看作函数微分和自变量微分的商.

2.5.2　微分的几何意义

为了对微分有比较直观的了解,我们来说明微分的几何意义. 如图 2.5.1 所示,函数 $y=f(x)$ 的图形是一条曲线,导数 $f'(x_0)$ 表示曲线在点 $P(x_0, f(x_0))$ 的切线的斜率,即 $\tan\alpha$.

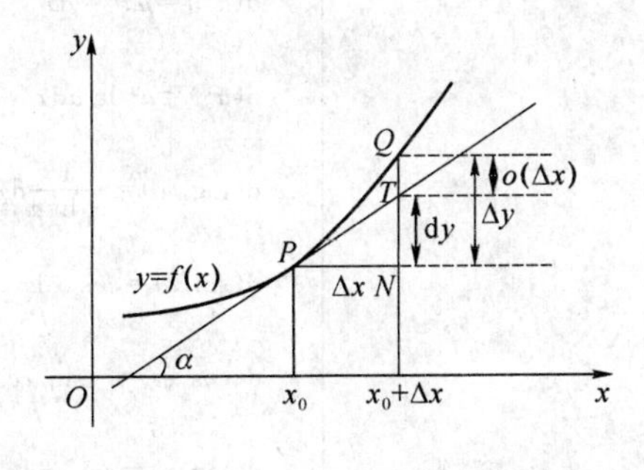

图 2.5.1

所以

$$dy=f'(x_0)dx=\tan\alpha\cdot PN=NT.$$

也就是说函数 $y=f(x)$ 在点 x_0 的微分就是曲线 $y=f(x)$ 的切线上点 P 的纵坐标的相应增量.

由于 $\Delta y=f(x_0+\Delta x)-f(x_0)=NQ$,如果我们用微分 dy 近似代替 Δy,那么误差就等于 TQ. 从图 2.5.1 中可知,当 $|\Delta x|$ 很小时,TQ 比 NT 小得多.

由式(2.5.1)和定理 2.5.2 知,当 $|\Delta x|=|x-x_0|$ 很小时,有

$$f(x)\approx f(x_0)+f'(x_0)(x-x_0). \tag{2.5.4}$$

式(2.5.4)表明:用微分近似代替增量 Δy 等价于用线性函数 $y=f(x_0)+f'(x_0)(x-x_0)$ 在 x_0 的邻域上近似代替函数 $y=f(x)$. 其几何意义为在点 P 的邻域上用切线段 PT 近似代替曲线段 $\widehat{PQ}$. 这称为**局部线性化**,在自然科学和工程应用中是非常重要的概念.

例 2.5.3 求函数 $y=x^3-3x+1$ 的微分.

解 如果我们知道如何求函数导数,就知道如何求微分. 求出函数的导数,再乘以 dx,即

$$dy=(3x^2-3)dx.$$

还需要注意两件事情:一,微分 $dy=f'(x)dx$,两边同除以 dx 就得到

$$f'(x)=\frac{dy}{dx},$$

我们可以把导数看做两个微分的商.

第二点,对应于求导法则,也有微分法则. 我们将在下一小节介绍主要的微分法则.

2.5.3 基本初等函数的求导公式

基本初等函数的微分公式列表发下:

求导法则	微分法则
$(x^\mu)'=\mu x^{\mu-1}$	$d(x^\mu)=\mu x^{\mu-1}dx$
$(a^x)'=a^x\ln a(a>0)$	$d(a^x)=a^x\ln a dx$
$(\log_a x)'=\frac{1}{x\ln a}(a>0,a\neq1)$	$d(\log_a x)=\frac{1}{x\ln a}dx$
$(\sin x)'=\cos x$	$d(\sin x)=\cos x dx$
$(\cos x)'=-\sin x$	$d(\cos x)=-\sin x dx$
$(\tan x)'=\sec^2 x$	$d(\tan x)=\sec^2 x dx$
$(\cot x)'=-\csc^2 x$	$d(\cot x)=-\csc^2 x dx$

续 表

求导法则	微分法则
$(\sec x)'=\sec x\tan x$	$d(\sec x)=\sec x\tan x dx$
$(\csc x)'=-\csc x\cot x$	$d(\csc x)=-\csc x\cot x dx$
$(\arcsin x)'=\frac{1}{\sqrt{1-x^2}}$	$d(\arcsin x)=\frac{1}{\sqrt{1-x^2}}dx$
$(\arccos x)'=-\frac{1}{\sqrt{1-x^2}}$	$d(\arccos x)=-\frac{1}{\sqrt{1-x^2}}dx$
$(\arctan x)'=\frac{1}{1+x^2}$	$d(\arctan x)=\frac{1}{1+x^2}dx$
$(\text{arc cot } x)'=-\frac{1}{1+x^2}$	$d(\text{arc cot } x)=-\frac{1}{1+x^2}dx$

注 2.5.4　(导数和微分的区别). 导数和微分是有区别的，dy/dx 是导数的符号，dy 则代表微分。当要表示导数时不要草率地用 dy 表示，以免造成两个概率混淆。

同样地，函数和、差、积、商的微分法则可由相应的求导法则推得，如下所示：

$$dc=0,\qquad d(cu)=cdu,$$

$$d(u\pm v)=du\pm dv,\qquad d(uv)=vdu+udv,$$

$$d\left(\frac{u}{v}\right)=\frac{vdu-udv}{v^2},\qquad (v\neq 0).$$

表中 u 和 v 都是可微的，c 为常数.

复合函数的微分法则：设有函数 $y=f(u)$，如果 u 是自变量，根据微分定义，得

$$dy=f'(u)du. \tag{2.5.5}$$

如果 u 是关于另一个变量 x 的函数：$u=g(x)$，根据链式法则，复合函数 $y=f[g(x)]$的微分为

$$dy=f'(u)g'(x)dx.$$

又因为 $g'(x)dx=du$，式(2.5.5)也是正确的. 也就是说，无论 u 是自变量还是中间变量，$y=f(u)$的微分形式如(2.5.5)所示保持不变，这一性质称为**微分形式不变性**

这样，求复合函数的微分有两种方法：(1) 根据链式法则先求出函数的导数，再乘以 dx 即可；(2) 利用式(2.5.5)和微分形式不变性得到.

例 2.5.5　求函数 $y=\sin(2x+1)$的微分.

解　令 $u=2x+1$，根据式(2.5.5)得

$$dy=\cos u du=\cos(2x+1)\cdot 2dx=2\cos(2x+1)dx.$$

■

例 2.5.6 求函数 $y=\ln\frac{1}{1+e^{x^2}}$ 的微分.

解

解法Ⅰ. 根据链式法则,有

$$\frac{dy}{dx}=\frac{1}{1+e^{x^2}}\cdot 2xe^{x^2}=\frac{2xe^{x^2}}{1+e^{x^2}}.$$

所以

$$dy=\frac{2xe^{x^2}}{1+e^{x^2}}dx.$$

解法Ⅱ. 根据微分形式不变性,有

$$dy=\frac{1}{1+e^{x^2}}d(1+e^{x^2})=\frac{1}{1+e^{x^2}}e^{x^2}d(x^2)$$

$$=\frac{e^{x^2}}{1+e^{x^2}}\cdot 2xdx=\frac{2xe^{x^2}}{1+e^{x^2}}dx.$$

■

由于函数的导数等于函数的微分和自变量微分的商,所以我们可以根据函数微分形式不变性求复合函数的导数. 如例 2.5.6 解法Ⅱ,根据

$$dy=\frac{2xe^{x^2}}{1+e^{x^2}}dx$$

得到 $\frac{dy}{dx}=\frac{2xe^{x^2}}{1+e^{x^2}}$.

习题 2.5

A

1. 函数在一点可导和可微的关系和区别是什么?

2. 求下列函数的微分:

(1) $y=x\sin 2x$;

(2) $y=\frac{2x-1}{\sqrt{x^2+x+3}}$;

(3) $y=\ln^2(1-x)$;

(4) $y=\arcsin\sqrt[3]{1-x^2}$;

(5) $y=e^{-x}\cos(3-x)$;

(6) $y=\arctan\frac{1-x^2}{1+x^2}$;

(7) $y=\tan^2(1+2x^2)$;

(8) $y=x^{\sin 2x}$.

3. 将适当的函数填入下列括号中，使等式成立：

(1) d(　) $=\alpha x^{\alpha-1}\mathrm{d}x$　($\alpha\in\mathbf{R}$)；　(2) d(　) $=\sin x\mathrm{d}x$；

(3) d(　) $=\mathrm{e}^x\mathrm{d}x$；　(4) d(　) $=\sec^2 3x\mathrm{d}x$；

(5) d(　) $=\dfrac{\mathrm{d}x}{x^2+a^2}$　($a\in\mathbf{R}$)；　(6) d(　) $=\dfrac{3}{3x+1}\mathrm{d}x$；

(7) d(　) $=x\mathrm{e}^{x^2}\mathrm{d}x$.

4. 求出函数 $x=3t^2+2t+3$，$\mathrm{e}^y\sin t-y+1=0$ 的微分.

B

求证：函数 $f:U(x_0)\to\mathbf{R}$ 可微的充分必要条件是存在关于 Δx 的线性函数 $L(\Delta x)=a\Delta x$，使得

$$\lim_{\Delta x\to 0}\frac{|f(x_0+\Delta x)-f(x_0)-L(\Delta x)|}{|\Delta x|}=0.$$

2.6 微分在近似计算中的应用

我们知道曲线在切点处非常接近其切线. 事实上，在可微函数上某一点，曲线更与它在这点的切线相近，这就是函数近似的基础. 由(2.5.4)式得：

$$f(x)\approx f(x_0)+f'(x_0)(x-x_0). \tag{2.6.1}$$

这是下面例题解决方法的基础.

例 2.6.1　求函数 $f(x)=\mathrm{e}^x$ 在点 $x=0$ 的一阶近似表达式(即线性近似表达式).

解　把 $x_0=0$ 代入式(2.5.4)，得到

$$f(x)\approx f(0)+f'(0)x. \tag{2.6.2}$$

又 $f(x)=\mathrm{e}^x$，$f(0)=1$，$f'(0)=\mathrm{e}^x\Big|_{x=0}=1$，所以函数 e^x 的一阶近似表达式为

$$\mathrm{e}^x\approx 1+x.$$

当 $|x|$ 取较小的数值时，根据式(2.6.2)我们可以推得几个其他函数的近似公式：

$$\begin{aligned}&\mathrm{e}^x\approx 1+x,\quad \sin x\approx x,\quad \tan x\approx x,\\&(1+x)^\alpha\approx 1+\alpha x,\ \ln(1+x)\approx x.\end{aligned} \tag{2.6.3}$$

■

例 2.6.2　计算 $\sqrt{1.05}$ 的近似值.

解

$$\sqrt{1.05}=\sqrt{1+0.05},$$

■

根据已知的$(1+x)^{\alpha}\approx 1+\alpha x$,得

$$\sqrt{1.05}\approx 1+\frac{1}{2}(0.05)=1.025.$$

例 2.6.3 求函数$f(x)=\sqrt{x+3}$在点$x=1$的线性表达式并计算$\sqrt{3.98}$和$\sqrt{4.05}$的近似值.

解 函数$f(x)=(x+3)^{1/2}$的导数为

$$f'(x)=\frac{1}{2}(x+3)^{-1/2}=\frac{1}{2\sqrt{x+3}},$$

所以我们可以得到$f(1)=2, f'(1)=\frac{1}{4}$.将这些值代入式(2.6.1),得到线性表达式

$$f(x)\approx f(1)+f'(1)(x-1)=2+\frac{1}{4}(x-1)=\frac{7}{4}+\frac{x}{4}.$$

特别地有$\sqrt{3.98}\approx\frac{7}{4}+\frac{0.98}{4}=1.995$和$\sqrt{4.05}\approx\frac{7}{4}+\frac{1.05}{4}=2.0125$.

■

例 2.6.4 求 sin 44°的近似表达式.

解 因为$44°=\frac{\pi}{4}-\frac{\pi}{180}$恰好在点$\frac{\pi}{4}$的邻域内,令$f(x)=\sin x$,利用式(2.5.4)得到

$$\sin x\approx\sin x_0+\cos x_0(x-x_0).$$

令$x_0=\frac{\pi}{4}, x=\frac{\pi}{4}-\frac{\pi}{180}$,得

$$\sin 44°=\sin\frac{\pi}{4}-\frac{\pi}{180}\approx\sin\frac{\pi}{4}-\cos\frac{\pi}{4}\times\frac{\pi}{180}$$

$$=\frac{\sqrt{2}}{2}\left(1-\frac{\pi}{180}\right)\approx 0.6948.$$

■

习题 2.6

A

1. 计算下列函数值的近似值:

(1) $\cos 29°$; (2) $\tan 136°$;

(3) $\sqrt{25.1}$; (4) $\arcsin 0.5005$;

(5) $\ln 1.21$; (6) $\sqrt{\frac{(2.137)^2-1}{(2.137)^2+1}}$.

2. 当$|x|$较小时，证明下列近似公式：

(1) $\tan x \approx x$（x 是角的弧度值）；

(2) $\ln(1+x) \approx x$；

(3) $\frac{1}{1+x} \approx 1-x$.

3. 有一批半径为 1 cm 的球，为了提高球面的光洁度，要镀上一层铜，厚度定为0.01 cm. 估计一下每只球需要用多少克铜（铜的密度是 8.9 g/cm^3）？

4. 已知钟摆的周期 T 与摆长 l 关系式：$T=2\pi\sqrt{\frac{l}{g}}$，g 表示重力加速度，如果摆长为10 cm 时钟摆时间是准确的，那么当摆长增加 0.01 cm，钟摆每天会慢多少秒？

第3章

微分中值定理与导数的应用

我们已经学习了导数并进行了部分应用，在学习微分法则之后，我们就要开始利用微分解决问题. 本章中，我们将学习导数与函数形状、函数极最值的关系，在实际问题中，经常需要支出最少，面积最大或者找出最好结果诸如此类的极最值问题. 我们先介绍中值定理.

3.1 中值定理

中值定理包括罗尔定理、拉格朗日中值定理、柯西中值定理和泰勒定理. 我们先讲罗尔定理，然后根据罗尔定理推出拉格朗日中值定理和柯西中值定理.

3.1.1 罗尔定理

图 3.1.1 所示是函数 f 的图形，在点 ξ_1 达到极大值，在 ξ_2 达到极小值. 可以发现在曲线的极大值点和极小值点曲线有水平的切线. 我们已经知道，导数就是切线的斜率. 所以有 $f'(\xi_1)=0$，$f'(\xi_2)=0$. 下面的引理证明这对所有的可微函数都成立.

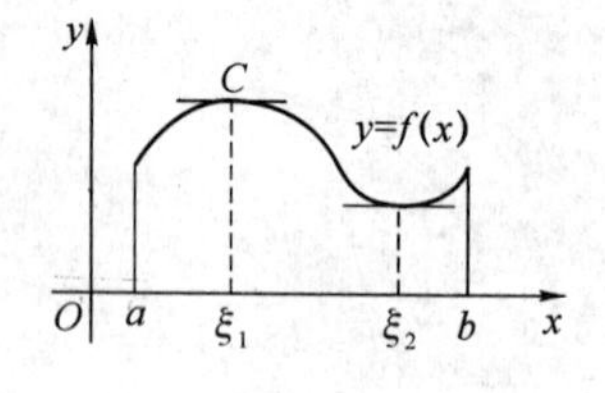

图 3.1.1

引理 3.1.1 （费马引理）. 设函数 $f:U(x_0)\to\mathbf{R}$，$f(x)$ 在点 x_0 处可导，$f(x_0)$ 是函数 $f(x)$ 的极大(小)值点，即 $\forall x\in U(x_0)$，有

$$f(x)\leqslant f(x_0) \qquad (\text{或 } f(x)\geqslant f(x_0)),$$

那么 $f'(x_0)=0$.

证　设 $\forall x\in U(x_0)$，有 $f(x)\leqslant f(x_0)$. 根据函数 $f(x)$ 在 x_0 可导当且仅当 $f(x)$ 在点 x_0 左右导数相等，即 $f'_+(x_0)=f'_-(x_0)$. 根据导数的定义

$$f'_+(x_0)=\lim_{x\to x_0^+}\frac{f(x)-f(x_0)}{x-x_0},\forall x\in(x_0,x_0+\delta)\subset U(x_0)\quad(\delta>0).$$

由于 $f(x)\leqslant f(x_0)$，所以 $\frac{f(x)-f(x_0)}{x-x_0}\leqslant 0$，所以 $f'_+(x_0)\leqslant 0$.

同时 $\forall x\in(x_0-\delta,x_0)\subset U(x_0)$，$\frac{f(x)-f(x_0)}{x-x_0}\geqslant 0$.

所以

$$f'_-(x_0)=\lim_{x\to x_0^-}\frac{f(x)-f(x_0)}{x-x_0}\geqslant 0.$$

因为 $f(x)$ 在点 x_0，可导，$f'_+(x_0)=f'_-(x_0)=f'(x_0)$. 所以

$$f'(x_0)=0.$$

我们证明了极大值情况下的费马定理，对于极小值的情况同理可证.

■

下面我们将介绍罗尔定理. 设 $y=f(x)$，$x\in[a,b]$ 是区间 $[a,b]$ 上平滑连续曲线（见图 3.1.2）. 如果函数在点 $x=a$，$x=b$ 处函数值相等，即 $f(a)=f(b)$，那么至少存在一点 c 使得曲线在点 $P(c,f(c))$ 处的切线平行于 x 轴. 罗尔定理证明了这一结论.

定理 3.1.2　（罗尔定理）. 如果函数 f 满足：

1. f 在闭区间 $[a,b]$ 上连续；
2. f 在开区间 (a,b) 内可导；
3. $f(a)=f(b)$.

那么在 (a,b) 内至少存在一点 c 使得 $f'(c)=0$.

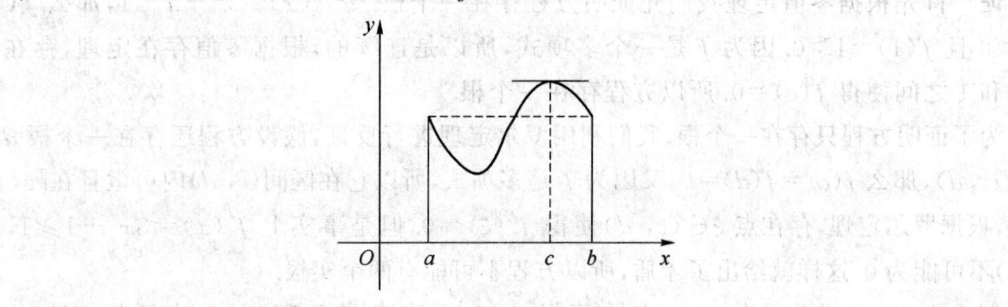

图 3.1.2

证　分为三种情况：

1. $f(x)=k$，k 是常数

那么 $f'(x)=0$，点 c 可是 (a,b) 上任意一点.

2. 存在 $x\in(a,b)$，使得 $f(x)>f(a)$

那么 f 在 $[a,b]$ 内某点达到最大值，又因为 $f(a)=f(b)$，那么必定在开区间 (a,b) 内有一

点 c 使得 f 在点 c 达到最大值,根据条件 2,f 在 c 点可微,所以根据费马引理,有 $f'(c)=0$.

3. 存在 $x\in(a,\ b)$,使得 $f(x)<f(a)$

那么 f 在$[a,\ b]$内某点达到最小值,又因为 $f(a)=f(b)$,存在点 $c\in(a,\ b)$,使得 $f'(c)=0$(费马引理).

注 3.1.3 罗尔定理证明了可微曲线上任两零点间至少存在一条水平切线.如果不能满足罗尔定理条件中的任意一条,则罗尔定理就不可用.例如,如图 3.1.3(a)中所示函数不满足条件(2),图 3.1.3(b)中函数不满足条件(3),所以罗尔定理对这两个函数都不成立.所以,罗尔定理中的三个条件是充分条件.

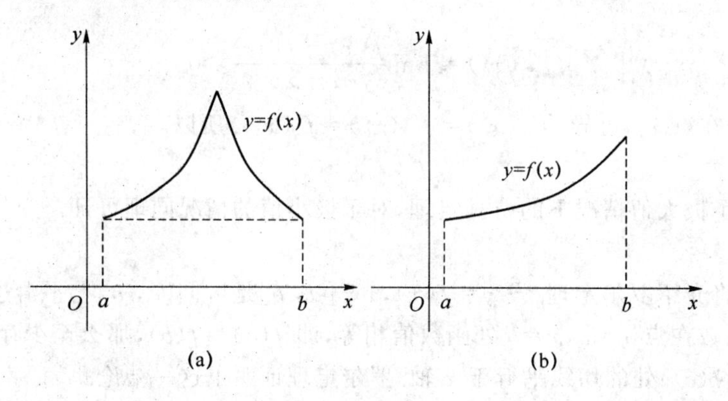

图 3.1.3

作为定理 3.1.2 的特别情况,有下面的推论.

推论 3.1.4 可微函数 f 任两零点之间至少存在导数 f' 的一个零点.

例 3.1.5 求证方程 $x^3+x-1=0$ 在区间$(0,\ 1)$内有且只有一个根.

证 首先根据零值定理我们先证明方程存在一个根.令 $f(x)=x^3+x-1$,那么 $f(0)=-1<0$ 且 $f(1)=1>0$.因为 f 是一个多项式,所以是连续的,根据零值存在定理,存在 c 介于 0 和 1 之间使得 $f(c)=0$.所以方程存在一个根.

为了证明方程只存在一个根,我们利用罗尔定理进行反证,假设方程还存在一个根 d,(不妨设 $c<d$),那么 $f(c)=f(d)=0$,又因为 f 是多项式,所以它在区间$(c,\ d)$内可微且在$[c,\ d]$上连续,根据罗尔定理,存在点 $\xi\in(c,\ d)$使得 $f'(\xi)=0$.但是事实上 $f'(x)=3x^2+1\geqslant 1$,所以 $f'(x)$不可能为 0.这样就给出了矛盾,所以方程不可能有两个实根.

例 3.1.6 设函数 $f:[0,1]\to\mathbf{R}$ 在区间$[0,\ 1]$上连续,在区间$(0,\ 1)$内可微,$f(1)=0$,求证至少存在一点 $c\in(0,\ 1)$,使得

$$f'(c)=-\frac{f(c)}{c}.$$

证 因为 $c\neq 0$,我们只需证

$$cf'(c)+f(c)=0.$$

易看出

$$cf'(c)+f(c)=[xf(x)]'\Big|_{x=c},$$

所以我们构建函数 $F(x)=xf(x)$，$x\in[0,1]$，并对函数 $F(x)$ 应用罗尔定理.

显然 $F(x)$ 在 $[0,1]$ 上连续，在 $(0,1)$ 内可微，根据条件，有

$$F(1)=f(1)=0;\qquad F(0)=0.$$

所以，$F(x)$ 满足罗尔定理的条件，至少存在一点 $c\in(0,1)$ 使得

$$cf'(c)+f(c)=0, \text{或者 } f'(c)=-\frac{f(c)}{c}.$$

■

3.1.2 拉格朗日中值定理

因为罗尔定理中第三个条件 $f(a)=f(b)$ 比较特殊，这使得罗尔定理的应用受到限制. 如果只考虑前两个条件，我们就得到微分学中非常重要的拉格朗日中值定理.

定理 3.1.7 （拉格朗日中值定理）. 如果函数 $f:[a,b]\to\mathbf{R}$ 满足：

(1) f 在区间 $[a,b]$ 上连续；

(2) f 在区间 (a,b) 内可微.

那么至少存在一点 $\xi\in(a,b)$ 使得

$$\frac{f(b)-f(a)}{b-a}=f'(\xi), \tag{3.1.1}$$

或者

$$f(b)-f(a)=f'(\xi)(b-a).$$

在证明之前，先看一下定理的几何意义. 如图 3.1.4 所示，点 $A(a,f(a))$ 和 $B(b,f(b))$ 是可微函数 f 上两点，割线 AB 的斜率为

$$m_{AB}=\frac{f(b)-f(a)}{b-a}. \tag{3.1.2}$$

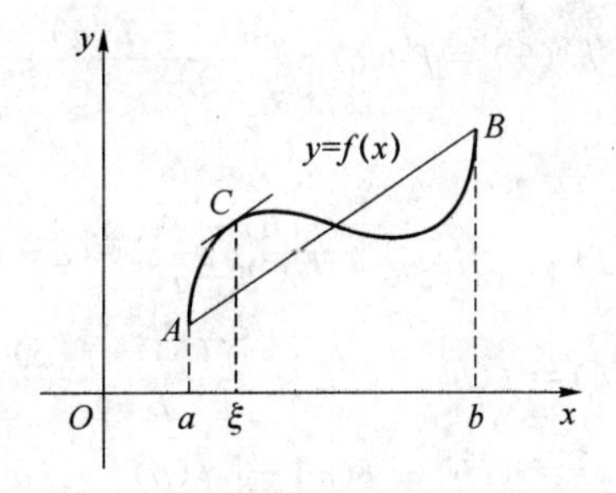

图 3.1.4

这与等式(3.1.1)左侧表达式相同.因为$f'(\xi)$是曲线在点$C(\xi, f(\xi))$处切线的斜率,拉格朗日定理的几何意义是曲线上至少存在一点$C(\xi, f(\xi))$,曲线在C点处的切线平行于弦AB.

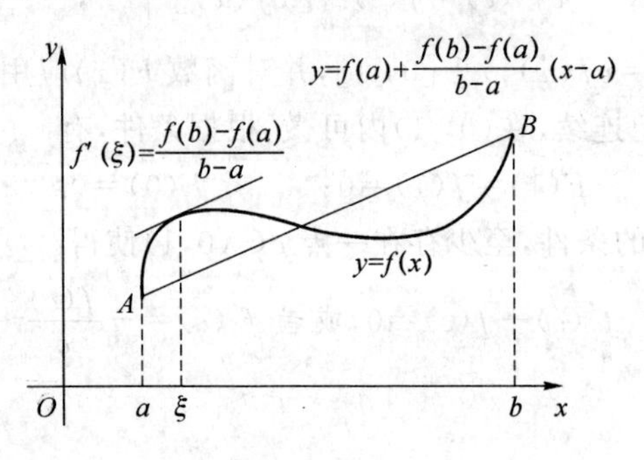

图 3.1.5

证 根据式(3.1.2),得到割线的函数表达式

$$y-f(a)=\frac{f(b)-f(a)}{b-a}(x-a),$$

或者

$$y=f(a)+\frac{f(b)-f(a)}{b-a}(x-a),$$

然后构造函数$h(x)$

$$h(x)=f(x)-f(a)-\frac{f(b)-f(a)}{b-a}(x-a), \tag{3.1.3}$$

并对$h(x)$应用罗尔定理.首先验证辅助函数h满足罗尔定理的三个条件:

1. h在$[a, b]$上连续,因为f是连续函数,多项式$f(a)+\frac{f(b)-f(a)}{b-a}(x-a)$连续;

2. h在(a, b)内可微,因为f是可微的,$f(a)+\frac{f(b)-f(a)}{b-a}(x-a)$可微;事实上我们可直接由式(3.1.3)求得$h'$:

$$h'(x)=f'(x)-\frac{f(b)-f(a)}{b-a};$$

3.

$$h(a)=f(a)-f(a)-\frac{f(b)-f(a)}{b-a}(a-a)=0;$$

$$\begin{aligned}h(b)&=f(b)-f(a)-\frac{f(b)-f(a)}{b-a}(b-a)\\&=f(b)-f(a)-[f(b)-f(a)]\\&=0,\end{aligned}$$

所以$h(a)=h(b)$.

h 满足罗尔定理的条件,所以根据罗尔定理,可知存在 $\xi \in (a, b)$,使得 $h'(\xi)=0$,即

$$0=h'(\xi)=f'(\xi)-\frac{f(b)-f(a)}{b-a},$$

所以

$$f'(\xi)=\frac{f(b)-f(a)}{b-a}.$$

■

(3.1.1)式叫做拉格朗日公式.

注 3.1.8　(1) 拉格朗日公式(3.1.1)两边同乘以 -1,得到

$$f(a)-f(b)=f'(\xi)(a-b).$$

如果 $a=b$,上式依然成立.所以拉格朗日公式

$$f(b)-f(a)=f'(\xi)(b-a)$$

对 $a<b$ 或 $a \geqslant b$ 都成立.

(2) 当 $f(a)=f(b)$ 时,拉格朗日公式退化为

$$f'(\xi)=0.$$

由此看来罗尔定理是拉格朗日中值定理的特殊形式,换言之,拉格朗日中值定理是罗尔定理的推广.

(3) 拉格朗日中值定理还有一些表达形式,因为 $\xi \in (a, b)$,所以

$$0<\frac{\xi-a}{b-a}<1.$$

令 $\theta=\frac{\xi-a}{b-a}$,那么 $0<\theta<1$,$\xi=a+\theta(b-a)$.

这样拉格朗日公式可写为

$$f(b)-f(a)=f[a+\theta(b-a)](b-a), \quad 0<\theta<1. \tag{3.1.4}$$

如果我们令 $a=x$, $b=x+\Delta x$,拉格朗日公式又可写为

$$f(x+\Delta x)-f(x)=f'(x+\theta\Delta x)\Delta x, \quad 0<\theta<1. \tag{3.1.5}$$

式(3.1.5)被称作**有限增量公式**.

(4) 拉格朗日公式证明了函数增量与导数的关系.根据这关系我们可以由函数的导数推出函数的其他性质.

定理 3.1.9　如果在区间 (a, b) 上恒有 $f'(x)=0$,那么 f 在区间 (a, b) 上是一个常数.

证　在区间 (a, b) 上任取两点 x_1、x_2 $(x_1<x_2)$,f 在 (a, b) 内可微,在 $[x_1, x_2]$ 上连续.根据拉格朗日中值定理,存在点 c $(x_1<c<x_2)$,使得

$$f(x_2)-f(x_1)=f'(c)(x_2-x_1),$$

又因为 $f'(x)\equiv 0$ 对所有 x,所以 $f'(c)=0$,所以

$$f(x_2)-f(x_1)=0 \Rightarrow f(x_2)=f(x_1).$$

■

根据 x_1 和 x_2 的任意性,我们得 f 在区间 (a, b) 上是一个常数.

■

推论 3.1.10 如果区间 (a, b) 内任意一点 x,有 $f'(x)=g'(x)$,那么 $f-g$ 在 (a, b) 为常数,即 $f(x)=g(x)+c$,这里 c 是一个常数.

注 3.1.11 在应用定理 3.1.9 时要仔细. 令

$$f(x)=\frac{x}{|x|}=\begin{cases}1, & x>0,\\ -1, & x<0.\end{cases}$$

f 的定义域为 $D=\{x \mid x\neq 0\}$ 且 $f'(x)=0$ 对所有 $x\in D$ 都成立,但显然 f 不是一个常函数. 这与定理 3.1.9 并不矛盾,因为 D 并不是一个区间. 注意到 f 在区间 $(0, +\infty)$ 和 $(-\infty, 0)$ 内均为常数.

例 3.1.12 求证下列不等式成立:

$$\frac{x}{1+x}<\ln(1+x)<x, x>0.$$

证 改写上述不等式为

$$\frac{1}{1+x}<\frac{\ln(1+x)}{x}<1.$$

因为

$$\frac{\ln(1+x)}{x}=\frac{\ln(x+1)-\ln(1+0)}{x-0},$$

做辅助函数 $f(x)=\ln(1+x)$,易验证 $f(x)$ 在区间 $[0,x]$ 上满足拉格朗日定理的条件,所以至少存在一点 $\xi\in(0,x)$,使得

$$f(x)-f(0)=f'(\xi)(x-0).$$

注意到

$$f(0)=\ln 1=0, f'(x)=\frac{1}{1+x},$$

所以

$$\ln(1+x)=\frac{1}{1+\xi}x.$$

因为 $\xi\in(0,x)$,

$$\frac{x}{1+x}<\frac{x}{1+\xi}<x,$$

所以

$$\frac{x}{1+x}<\ln(1+x)<x, x>0.$$

■

例 3.1.13　设函数 $f:[0,1]\to(0,1)$是可微的，$f'(x)\neq 1$，$\forall x\in(0,1)$. 求证 f 在$(0,1)$上有且仅有一个不动点.

证　先证明 f 在$(0,1)$内存在一个不动点. 即存在 $x\in(0,1)$使得 $f(x)=x$. 令 $F(x)=f(x)-x$，$F(x)$的零点就是 $f(x)$的不动点. 因为函数 f 和 x 在区间$[0,1]$上均连续，所以 $F(x)$在$[0,1]$上连续. 根据 $0<f<1$，有 $F(0)=f(0)>0$，$F(1)=f(1)-1<0$. 根据零值存在定理，至少存在一点 $x\in(0,1)$，使得 $F(x)=0$，也就是 $f(x)=x$.

接下来，我们证明 f 在$(0,1)$内至多有一个有一个不动点. 假设存在两点 $x_1,x_2\in(0,1)$，使得 $f(x_1)=x_1$，$f(x_2)=x_2$，我们不妨设 $x_1<x_2$. 在区间$[x_1,x_2]$上对 f 应用拉格朗日中值定理，至少存在一点 $\xi\in(x_1,x_2)\subset(0,1)$使得

$$1=\frac{f(x_2)-f(x_1)}{x_2-x_1}=f'(\xi).$$

这与 $f'(x)\neq 1$，$\forall x\in(0,1)$矛盾. 所以 f 在区间$(0,1)$上只有一个不动点. ■

如图 3.1.5 所示，设$\widehat{AB}$由如下参数方程给出

$$\begin{cases} y=f(t), \\ x=g(t), \quad a\leqslant t\leqslant b, \end{cases}$$

假定点 A 和 B 分别对应于 $t=a$ 和 $t=b$，那么弦$\overline{AB}$的斜率为

$$\frac{f(b)-f(a)}{g(b)-g(a)},$$

曲线在 P 点切线的斜率为$\dfrac{f'(t)}{g'(t)}$，根据几何意义，拉格朗日公式可改写为

$$\frac{f(b)-f(a)}{g(b)-g(a)}=\frac{f'(\xi)}{g'(\xi)}.$$

这就是我们将要介绍的柯西中值定理.

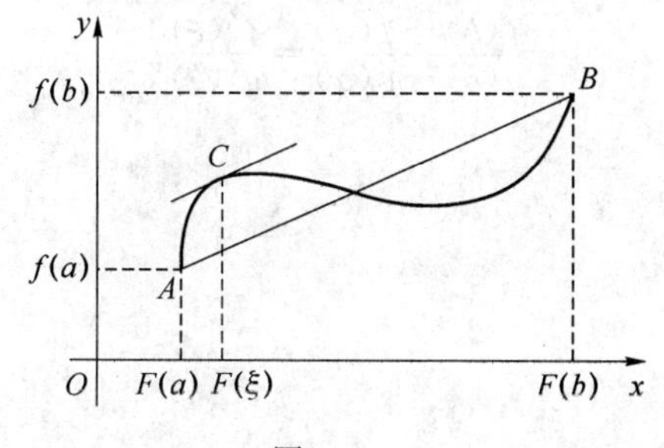

图 3.1.6

3.1.3　柯西中值定理

定理 3.1.14　如果函数 $f,g:[a,b]\to\mathbf{R}$ 满足：

(1) 在闭区间$[a,b]$上连续；

(2) 在开区间(a,b)内可导；

(3) $g'(x)\neq 0,\forall x\in(a,b)$；

那么至少存在一点$\xi\in(a,b)$使得

$$\frac{f(b)-f(a)}{g(b)-g(a)}=\frac{f'(\xi)}{g'(\xi)}. \tag{3.1.6}$$

证 首先注意到$g'(x)\neq 0,\forall x\in(a,b)$表示$g(b)\neq g(a)$.事实上如果$g(b)=g(a)$,则至少存在一点$\xi\in(a,b)$使得$g'(\xi)=0$.所以等式(3.1.6)等价于

$$[f(b)-f(a)]g'(\xi)-[g(b)-g(a)]f'(\xi)=0,$$

或

$$\{[f(b)-f(a)]g(x)-[g(b)-g(a)]f(x)\}'\Big|_{x=\xi}=0.$$

做辅助函数

$$L(x)=[f(b)-f(a)]g(x)-[g(b)-g(a)]f(x).$$

容易验证$L(x)$满足罗尔定理的所有条件,存在一点$\xi\in(a,b)$,使得

$$L'(\xi)=[f(b)-f(a)]g'(\xi)-[g(b)-g(a)]f'(\xi)=0,$$

这就证明了等式(3.1.6). ■

如果取$g(x)=x$,那么柯西中值定理就变成拉格朗日中值定理了.所以,柯西中值定理是拉格朗日中值定理的推广.

柯西中值定理的几何意义也是显而易见的:假设函数由参数方程$x=g(x),y=f(x)$,$x\in[a,b]$确定,那么弦$\overline{AB}$的斜率为$\dfrac{f(b)-f(a)}{g(b)-g(a)}$,如图3.1.6所示,$C$对应参数$x=\xi$,因为曲线在$C$点的切线平行于$\overline{AB}$,用数学表达式即为

$$\frac{f(b)-f(a)}{g(b)-g(a)}=\frac{f'(\xi)}{g'(\xi)}.$$

习题3.1

A

1. 验证下列函数是否满足罗尔定理的条件:如果满足,找出相应的ξ;如果不满足定理条件,ξ是否存在?

(1) $f(x)=\ln\sin x,\left[\dfrac{\pi}{6},\dfrac{5\pi}{6}\right]$;

(2) $f(x)=2-|x|,[-2,2]$;

(3) $f(x)=\begin{cases} x, & -2\leqslant x<0, \\ -x^2+2x+1, & 0\leqslant x\leqslant 3. \end{cases}$

2. 试证明对函数 $y=px^2+qx+r$ 应用拉格朗日中值定理时所求得的点 ξ 总是位于区间的正中间.

3. $f(x)=(x-1)(x-2)(x-3)(x-4)$,求 $f'(x)=0$ 有几个实根,并指出它们所在的区间?

4. 假定 $a_i\in R$,且满足方程 $a_0+\frac{a_1}{2}+\frac{a_2}{3}+\cdots+\frac{a_n}{n+1}=0$,证明方程 $a_0+a_1x+a_2x^2+\cdots+a_nx^n=0$ 在区间(0, 1)至少有一个实数根.

5. 若函数 $y=f(x)$具有二阶导数,且 $f(x_1)=f(x_2)=f(x_3)$,其中 $x_1<x_2<x_3$,证明:存在 $\xi\in(x_1,x_3)$,使得 $f''(\xi)=0$.

6. 证明恒等式:

$$\arcsin x+\arccos x=\frac{\pi}{2}, \forall x\in[-1,1].$$

7. 设 $f:(-1,1)\to\mathbf{R}$ 是可微函数,$f(0)=0$,$|f'(x)|\leqslant 1$,求证 $|f(x)|<1, \forall x\in(-1,1)$.

8. 证明下列不等式:

(1) $|\arctan x-\arctan y|\leqslant|x-y|$;

(2) $\frac{a-b}{a}<\ln\frac{a}{b}<\frac{a-b}{b}(a>b>0)$;

(3) $\mathrm{e}^x>x\mathrm{e}(x>1)$.

9. 证明方程 $x^5+x-1=0$ 只有一个正根.

B

1. 证明不等式:$\frac{1}{9}<\sqrt{66}-8<\frac{1}{8}$.

2. 设 $f,g:[a,b]\to\mathbf{R}$ 在$[a,b]$上连续,在$[a,b]$内可导,证明存在一点 $\xi\in(a,b)$,使得

$$\begin{vmatrix} f(a) & f(b) \\ g(a) & g(b) \end{vmatrix}=(b-a)\begin{vmatrix} f(a) & f'(\xi) \\ g(a) & g'(\xi) \end{vmatrix}.$$

3. 设函数 f 在 $x=0$ 的某邻域内具有 n 阶导数,且 $f(0)=f'(0)=\cdots=f^{(n-1)}(0)=0$,使用柯西值定理证明

$$f(x)=\frac{f^{(n)}(\theta x)}{n!}x^n, \theta\in(0,1).$$

4. 设函数 f 在$[a, b]$上二阶可导,$f(a)=f(b)=0$,$f'_+(a)f'_-(b)>0$,求证 $f''(x)=0$ 在

(a,b)上至少存在一个根.

3.2 洛比达法则

如果我们要研究函数

$$F(x)=\frac{\ln x}{x-1}.$$

的性质,虽然 F 在 $x=1$ 点没有定义,我们还是要了解 F 在 1 附近的函数特性. 特别地,我们要求出下列极限:

$$\lim_{x\to 1}\frac{\ln x}{x-1}. \tag{3.2.1}$$

在计算这类极限时不能应用极限的运算法则,因为分母的极限等于 0. 事实上,虽然 3.2.1 中极限存在,但是由于分子分母都趋于 0,$\frac{0}{0}$又是未定式,所以极限值不易得到.

另一种情况是在研究 F 的水平渐近线时,需要计算其在无穷大时的极限:

$$\lim_{x\to\infty}\frac{\ln x}{x-1}. \tag{3.2.2}$$

因为当 $x\to\infty$时分子分母都变大,所以极限不易确定。分子和分母增大速度之间存在“斗争”;如果分子“赢”了,极限为∞;否则,极限为 0. 或者中间还存在一些“折中”,结果为有限正值.

一般地,如果有极限形式如下:

$$\lim_{x\to x_0}\frac{f(x)}{g(x)},$$

当 $x\to x_0$ 时,$f(x)\to 0(\pm\infty)$且 $g(x)\to 0(\pm\infty)$,那么极限可能存在,也可能不存在,通常把这种$\frac{0}{0}\left(\frac{\infty}{\infty}\right)$的未定式. 如果遇到这种极限,经常要用到洛必达法则.

定理 3.2.1 (洛必达法则). 设 f 和 g 均为可微函数,$g'(x)\neq 0(x\in U(x_0,\delta)$,可能不包括 x_0),设

$$\lim_{x\to x_0}f(x)=0 \qquad 且 \qquad \lim_{x\to x_0}g(x)=0,$$

或

$$\lim_{x\to x_0}f(x)=\pm\infty \qquad 且 \qquad \lim_{x\to x_0}g(x)=\pm\infty,$$

如果极限 $\lim\limits_{x\to x_0}\frac{f'(x)}{g'(x)}$存在(或为无穷大),那么

$$\lim_{x\to x_0}\frac{f(x)}{g(x)}=\lim_{x\to x_0}\frac{f'(x)}{g'(x)}.$$

证　(1) 因为 $\lim\limits_{x\to x_0}f(x)=\lim\limits_{x\to x_0}g(x)=0$,如果 $f(x)$和(或)$g(x)$在 $x=x_0$ 点没有定义,我们定义

$$F(x)=\begin{cases}f(x), & x\in U(x_0,\delta),\\ 0, & x=x_0.\end{cases}\qquad G(x)=\begin{cases}g(x), & x\in U(x_0,\delta),\\ 0, & x=x_0.\end{cases}$$

任取 $x\in U(x_0,\delta)$,那么在以 x_0 和 x 为端点的区间上 $F(x)$和 $G(x)$均满足柯西中值定理的条件,因此有

$$\frac{F(x)}{g(x)}=\frac{F(x)-F(x_0)}{G(x)-G(x_0)}=\frac{F'(\xi)}{G'(\xi)}=\frac{f'(\xi)}{g'(\xi)},$$

ξ 在 x_0 和 x 之间. 令 $x\to x_0$,所以 $\xi\to x_0$,同时我们记 $\lim\limits_{x\to x_0}\dfrac{f'(x_0)}{g'(x_0)}=A$,所以 $\lim\limits_{\xi\to x_0}\dfrac{f'(\xi)}{g'(\xi)}=A$.

因此

$$\lim_{x\to x_0}\frac{f(x)}{g(x)}=\lim_{x\to x_0}\frac{F(x)}{G(x)}=\lim_{\xi\to x_0}\frac{f'(\xi)}{g'(\xi)}=A.$$

■

注 3.2.2　由洛必达法则得,在条件满足的情况下,两函数商的极限等于它们导数的商的极限,在应用洛必达法则之前,验证 f 和 g 是否满足所需条件是十分重要的.

注 3.2.3　洛必达法则对单侧极限和无穷远处极限也是同样适用的,也就是说,"$x\to x_0$"能换成 $x\to x_0^+$,$x\to x_0^-$,$x\to\infty$,或者 $x\to-\infty$.

注 3.2.4　特别地,如果 $f(x_0)=g(x_0)=0$,f' 和 g' 均为连续函数,且 $g'(x_0)\neq 0$,易得洛必达法则成立. 事实上,根据导数的定义,有

$$\lim_{x\to x_0}\frac{f'(x)}{g'(x)}=\frac{f'(x_0)}{g'(x_0)}=\frac{\lim\limits_{x\to x_0}\dfrac{f(x)-f(x_0)}{x-x_0}}{\lim\limits_{x\to x_0}\dfrac{g(x)-g(x_0)}{x-x_0}}=\lim_{x\to x_0}\frac{\dfrac{f(x)-f(x_0)}{x-x_0}}{\dfrac{g(x)-g(x_0)}{x-x_0}}$$

$$=\lim_{x\to x_0}\frac{f(x)-f(x_0)}{g(x)-g(x_0)}=\lim_{x\to x_0}\frac{f(x)}{g(x)}.$$

例 3.2.5　求 $\lim\limits_{x\to 1}\dfrac{\ln x}{x-1}$.

解　因为

$$\lim_{x\to 1}\ln x=0 \qquad \text{且} \qquad \lim_{x\to 1}(x-1)=0,$$

根据洛必达法则得

$$\lim_{x\to 1}\frac{\ln x}{x-1}=\lim_{x\to 1}\frac{\dfrac{\mathrm{d}}{\mathrm{d}x}(\ln x)}{\dfrac{\mathrm{d}}{\mathrm{d}x}(x-1)}=\lim_{x\to 1}\frac{1/x}{1}=\lim_{x\to 1}=\frac{1}{x}=1.$$

■

例 3.2.6 $\lim\limits_{x\to+\infty}\dfrac{e^x}{x^2}$.

解 $\lim\limits_{x\to+\infty} e^x=+\infty$，$\lim\limits_{x\to+\infty} x^2=+\infty$，根据洛必达法则得

$$\lim_{x\to+\infty}\frac{e^x}{x^2}=\lim_{x\to+\infty}\frac{\frac{d}{dx}(e^x)}{\frac{d}{dx}(x^2)}=\lim_{x\to+\infty}\frac{e^x}{2x}.$$

因为当 $x\to+\infty$ 时 $e^x\to+\infty$，$2x\to+\infty$ 右侧极限仍然是未定式，再次应用洛必达法则得

$$\lim_{x\to+\infty}\frac{e^x}{x^2}=\lim_{x\to+\infty}\frac{e^x}{2x}=\lim_{x\to+\infty}\frac{e^x}{2}=+\infty.$$

■

例 3.2.7 求 $\lim\limits_{x\to0}\dfrac{\tan x-x}{x^3}$.

解 当 $x\to0$ 时，$\tan x-x\to0$，$x^3\to0$，根据洛必达法则得

$$\lim_{x\to0}\frac{\tan x-x}{x^3}=\lim_{x\to0}\frac{\sec^2 x-1}{3x^2}.$$

因为右侧极限仍然是 $\dfrac{0}{0}$ 型不定式，我们再次应用洛必达法则得

$$\lim_{x\to0}\frac{\sec^2 x-1}{3x^2}=\lim_{x\to0}\frac{2\sec^2 x\tan x}{6x}.$$

由于 $\lim\limits_{x\to0}\sec^2 x=1$，化简得

$$\lim_{x\to0}\frac{2\sec^2 x\tan x}{6x}=\frac{1}{3}\lim_{x\to0}\sec^2 x\lim_{x\to0}\frac{\tan x}{x}=\frac{1}{3}\lim_{x\to0}\frac{\tan x}{x}.$$

计算最右侧极限，我们可以第三次应用洛必达法则，或者把 $\tan x$ 改写为 $\sin x/\cos x$ 并根据三角函数知识计算，计算过程如下：

$$\begin{aligned}\lim_{x\to0}\frac{\tan x-x}{x^3}&=\lim_{x\to0}\frac{\sec^2 x-1}{3x^2}=\lim_{x\to0}\frac{2\sec^2 x\tan x}{6x}\\&=\frac{1}{3}\lim_{x\to0}\frac{\tan x}{x}=\frac{1}{3}\lim_{x\to0}\frac{\sec^2 x}{1}=\frac{1}{3}.\end{aligned}$$

■

例 3.2.8 求 $\lim\limits_{x\to+\infty}\dfrac{\log_a x}{x^\alpha}$，$\lim\limits_{x\to+\infty}\dfrac{x^\alpha}{a^{\beta x}}$ $(a>1,\alpha,\beta>0)$.

解 这两个极限均为 $\dfrac{\infty}{\infty}$ 型未定式，根据洛必达法则得

$$\lim_{x\to+\infty}\frac{\log_a x}{x^\alpha}=\lim_{x\to+\infty}\frac{\frac{1}{x\ln a}}{\alpha x^{\alpha-1}}=\frac{1}{\alpha\ln a}\lim_{x\to+\infty}x^{-\alpha}=0.$$

令 $n=[\alpha]$，则

$$\lim_{x\to+\infty}\frac{x^\alpha}{a^{\beta x}}=\lim_{x\to+\infty}\frac{\alpha x^{\alpha-1}}{\beta a^{\beta x}\ln a}=\lim_{x\to+\infty}\frac{\alpha(\alpha-1)x^{\alpha-2}}{\beta^2 a^{\beta x}(\ln a)^2}$$

$$=\cdots=\lim_{x\to+\infty}\frac{\alpha(\alpha-1)\cdots(\alpha-n+1)x^{\alpha-n}}{\beta^n a^{\beta x}(\ln a)^n}=0(\alpha=n).$$

当 $\alpha>n$ 时，继续求导

$$=\lim_{x\to+\infty}\frac{\alpha(\alpha-1)\cdots(\alpha-n)x^{\alpha-n-1}}{\beta^{n+1}a^{\beta x}(\ln a)^{n+1}}=0.$$

■

由例 3.2.8 可以看出，$\log_a x$，x^α，$a^{\beta x}$ 均为当 $x\to+\infty$ 时的无穷大，但是它们阶数不同，指数函数 $a^{\beta x}$ 阶数最高，其次是幂函数 x^α，对数函数 $\log_a x$ 阶数最低. 也就是说，当 $x\to+\infty$ 时，$a^{\beta x}$ 增大速度最快，$\log_a x$ 增大速度最慢，从这些函数的图形中发现此规律.

除了 $\frac{0}{0}$ 和 $\frac{\infty}{\infty}$ 型未定式，还有五种未定式形式：$\infty-\infty$，$0\cdot\infty$，1^∞，0^0，∞^0. F 对于 $\infty-\infty$ 和 $0\cdot\infty$ 型未定式，可通过转换为 $\frac{0}{0}$ 或 $\frac{\infty}{\infty}$ 型未定式来计算，对于 1^∞，0^0，∞^0，可先转换为 $0\cdot\infty$ 型未定式.

例如，当 $x-x_0$ 时，$f(x)\to1$，$g(x)\to\infty$，那么 $\lim\limits_{x\to x_0}f(x)^{g(x)}$ 就是 1^∞ 型未定式，根据

$$f(x)^{g(x)}=e^{g(x)\ln f(x)},$$

$$\lim_{x\to x_0}f(x)^{g(x)}=e^{\lim\limits_{x\to x_0}g(x)\ln f(x)}.$$

$\lim\limits_{x\to x_0}\ln f(x)$ 是 $\infty\cdot 0$ 型未定式. 当 $x\to\infty$ 时，可用同样的方法计算.

例 3.2.9　求 $\lim\limits_{x\to(\pi/2)^+}(\sec x-\tan x)$.

解　因为当 $x\to(\pi/2)^+$ 时，$\sec x\to\infty$，$\tan x\to\infty$，极限是 $\infty-\infty$ 型未定式，通分得

$$\lim_{x\to(\pi/2)^+}(\sec x-\tan x)=\lim_{x\to(\pi/2)^+}\left(\frac{1}{\cos x}-\frac{\sin x}{\cos x}\right)$$

$$=\lim_{x\to(\pi/2)^+}\frac{1-\sin x}{\cos x}=\lim_{x\to(\pi/2)^+}\frac{-\cos x}{-\sin x}=0.$$

■

注意到当 $x\to(\pi/2)^+$ 时，$1-\sin x\to0$，$\cos x\to0$. 所以洛必达法则可用.

例 3.2.10　求 $\lim\limits_{x\to0^+}(1+\sin 4x)^{\cot x}$

解　当 $x\to0^+$ 时，$1+\sin 4x\to1$，$\cot x\to\infty$，所以这是 1^∞ 型未定式，令

$$y=(1+\sin 4x)^{\cot x},$$

那么

$$\ln y=\ln[(1+\sin 4x)^{\cot x}]=\cot x\ \ln(1+\sin 4x).$$

根据洛必达法则

$$\lim_{x\to0^+}\ln y=\lim_{x\to0^+}\frac{\ln(1+\sin 4x)}{\tan x}=\lim_{x\to0^+}\frac{\frac{4\cos 4x}{1+\sin 4x}}{\sec^2 x}=4,$$

计算得到 $\ln y$ 的极限值,再根据 $y=e^{\ln y}$,有

$$\lim_{x\to0^+}(1+\sin 4x)^{\cot x}=\lim_{x\to0^+}y=\lim_{x\to0^+}e^{\ln y}=e^4.$$

■

例 3.2.11 求 $\lim\limits_{x\to0^+}(\sin x)^x$.

解 这是未定式 0^0. 由于

$$(\sin x)^x=e^{x\ln\sin x},$$

$\lim\limits_{x\to0^+}x\ln\sin x$ 是 $0\cdot\infty$型未定式,我们得到

$$\lim_{x\to0^+}(\sin x)^x=\lim_{x\to0^+}\frac{\ln\sin x}{\frac{1}{x}}=\lim_{x\to0^+}\frac{\frac{\cos x}{\sin x}}{-\frac{1}{x^2}}=\lim_{x\to0^+}\frac{-x^2}{\sin x}=0.$$

所以

$$\lim_{x\to0^+}(\sin x)^x=e^0=1.$$

■

例 3.2.12 求$\lim\limits_{x\to0}\dfrac{x^2\sin\frac{1}{x}}{\sin x}$.

解 根据洛必达法则,

$$\lim_{x\to0}\frac{x^2\sin\frac{1}{x}}{\sin x}=\lim_{x\to0}\frac{2x\sin\frac{1}{x}-\cos\frac{1}{x}}{\cos x}.$$

由于$\lim\limits_{x\to0}\cos\dfrac{1}{x}$不存在,我们不能根据洛必达法则求出其极限,但这并不说明所求极限不存在,因为定理 3.2.1 中说的是如果 $\lim\dfrac{f'(x)}{g'(x)}=A$ 存在(或为∞),那么 $\lim\dfrac{f(x)}{g(x)}$存在(或为∞). 反之未必成立. 这就是说,当 $\lim\dfrac{f'(x)}{g'(x)}$不存在时,$\lim\dfrac{f(x)}{g(x)}$ 可能存在. 事实上

$$\lim_{x\to0}\frac{x^2\sin\frac{1}{x}}{\sin x}=\lim_{x\to0}\frac{x^2\sin\frac{1}{x}}{x}=\lim_{x\to0}x\sin\frac{1}{x}=0.$$

■

例 3.2.13　求$\lim\limits_{x\to 0}\dfrac{\tan x-x}{x^2\sin x}$.

解　如果直接用洛必达法则，那么计算将更繁琐，这里我们作一个等价无穷小代替，得

$$\lim_{x\to 0}\frac{\tan x-x}{x^2\sin x}=\lim_{x\to 0}\frac{\tan x-x}{x^3}\cdot\frac{x}{\sin x}=\lim_{x\to 0}\frac{\tan x-x}{x^3}$$

$$=\lim_{x\to 0}\frac{\sec^2 x-1}{3x^2}=\lim_{x\to 0}\frac{2\sec^2 x\tan x}{6x}=\frac{1}{3}\lim_{x\to 0}\frac{\tan x}{x}=\frac{1}{3}.$$

■

例 3.2.14　求 n 阶多项式 $P_n(x)=a_0+a_1x+a_2x^2+\cdots+a_nx^n$，使得

$$e^x=P_n(x)+o(x^n).$$

解　根据题意，要求出 $P_n(x)$ 使得

$$e^x-P_n(x)=o(x^n),$$

亦即

$$\lim_{x\to 0}\frac{e^x-P_n(x)}{x^k}=0,k=0,1,2,\cdots,n.$$

令 $k=0$，$\lim\limits_{x\to 0}[e^x-P_n(x)]=0$，得 $a_0=e^0=1$.

令 $k=1$，$\lim\limits_{x\to 0}\dfrac{e^x-P_n(x)}{x}=0$.

因为

$$\lim_{x\to 0}\frac{(e^x)'-P_n'(x)}{x'}=\lim_{x\to 0}[(e^x)'-(a_1+2a_2x+\cdots+na_nx^{n-1})]$$

$$=(e^x)'\Big|_{x=0}-a_1$$

存在，根据洛必达法则，$\lim\limits_{x\to 0}\dfrac{e^x-P_n(x)}{x}$存在且等于$(e^x)'\Big|_{x=0}-a_1$. 又因为$\lim\limits_{x\to 0}\dfrac{e^x-P_n(x)}{x}=0$，所以 $(e^x)'\Big|_{x=0}-a_1=0,a_1=(e^x)'\Big|_{x=0}=1$.

再令 $k=2$，$\lim\limits_{x\to 0}\dfrac{e^x-P_n(x)}{x^2}=0$，根据洛必达法则有

$$\lim_{x\to 0}\frac{e^x-P_n(x)}{x^2}=\lim_{x\to 0}\frac{(e^x)'-P_n'(x)}{2x}=\lim_{x\to 0}\frac{(e^x)''-P_n''(x)}{2!}$$

$$=\lim_{x\to 0}\frac{1}{2!}[(e^x)''-2!\ a_2+\cdots+n(n-1)x^{n-2}]$$

$$=\frac{1}{2!}(e^x)''\Big|_{x=0}-a_2,$$

所以，$\dfrac{1}{2!}(e^x)''\Big|_{x=0}-a_2=0,a_2=\dfrac{1}{2!}$.

用数学归纳法我们可证明

$$a_n=\frac{1}{k!}(\mathrm{e}^x)^{(k)}\bigg|_{x=0}=\frac{1}{k!}(k=3,4,\cdots,n).$$

因此

$$P_n(x)=1+x+\frac{1}{2!}x^2+\cdots+\frac{1}{n!}x^n,$$

$$\mathrm{e}^x=1+x+\frac{1}{2!}x^2+\cdots+\frac{1}{n!}x^n+o(x^n). \tag{3.2.3}$$

如果我们令 $f(x)=\mathrm{e}^x$,那么系数 a_k 可记为

$$a_k=\frac{1}{k!}=\frac{1}{k!}f^{(k)}(0).$$

因此(3.2.3)式可改写为

$$f(x)=f(0)+f'(0)+\frac{f''(0)}{2!}x^2+\cdots+\frac{f^{(n)}(0)}{n!}x^n+o(x^n). \tag{3.2.4}$$

下一节中我们将证明(3.2.4)式是普遍成立的.

■

习题 3.2

A

1. 下式都在计算中应用了洛必达法则,找出其中的错误:

(1) $\lim\limits_{x\to 0}\frac{x^2+1}{x-1}=\lim\limits_{x\to 0}\frac{(x^2+1)'}{(x-1)'}=\lim\limits_{x\to 0}\frac{2x}{1}=0$;

(2) $\lim\limits_{x\to\infty}\frac{\sin x+x}{x}=\lim\limits_{x\to\infty}\frac{(\sin x+x)'}{x'}=\lim\limits_{x\to\infty}\frac{\cos x+1}{1}$,不存在;

(3) 假设 f 在 x_0 点二阶可导

$$\begin{aligned}\lim_{h\to 0}\frac{f(x_0+h)-2f(x_0)+f(x_0-h)}{h^2}&=\lim_{h\to 0}\frac{f'(x_0+h)-f'(x_0-h)}{2h}\\&=\lim_{h\to 0}\frac{f''(x_0+h)+f''(x_0-h)}{2}\\&=f''(x_0).\end{aligned}$$

2. 求下列极限:

(1) $\lim\limits_{x\to 0}\cot x\ln\frac{1+x}{1-x}$;

(2) $\lim\limits_{x\to 0}\frac{\tan x-x}{x^2\sin x}$;

(3) $\lim\limits_{x\to 0}\frac{\ln(1+x)}{x}$;

(4) $\lim\limits_{x\to 0}\frac{\sin 3x}{\tan 5x}$;

(5) $\lim\limits_{x\to 0}\dfrac{e^x-e^{-x}}{\sin x}$；

(6) $\lim\limits_{x\to \frac{\pi}{2}}\dfrac{\ln\sin x}{(\pi-2x)^2}$；

(7) $\lim\limits_{x\to 0}x^2 e^{1/x^2}$；

(8) $\lim\limits_{x\to 1}\left(\dfrac{2}{x^2-1}-\dfrac{1}{x-1}\right)$；

(9) $\lim\limits_{x\to +\infty}\dfrac{\ln\left(1+\dfrac{1}{x}\right)}{\arctan x-\dfrac{\pi}{2}}$；

(10) $\lim\limits_{x\to 0}\left(\cot^2 x-\dfrac{1}{x^2}\right)$；

(11) $\lim\limits_{x\to 0}\dfrac{\ln(1+x^2)}{\sec x-\cos x}$；

(12) $\lim\limits_{x\to \infty}\left(1+\dfrac{a}{x}\right)^x$；

(13) $\lim\limits_{x\to 0^+}x^{\sin x}$；

(14) $\lim\limits_{x\to 0^+}\left(\dfrac{1}{x}\right)^{\tan x}$.

3. 讨论函数 $f(x)=\begin{cases}\left[\dfrac{(1+x)^{1/x}}{e}\right]^{1/x}, & x>0\\ e^{-\frac{1}{2}}, & x\leqslant 0\end{cases}$ 在点 $x=0$ 处的连续性.

4. 求 a,b 使得

$$\lim_{x\to 0}\frac{1+a\cos 2x+b\cos 4x}{x^4}$$

存在并求出极限值.

B

1. 求下列极限：

(1) $\lim\limits_{x\to a}\dfrac{x^m-a^m}{x^n-a^n}(a\neq 0)$；

(2) $\lim\limits_{x\to +0}\left(\dfrac{1}{x}\right)\tan x$；

(3) $\lim\limits_{x\to \pi/4}(\tan x)^{\tan 2x}$；

(4) $\lim\limits_{x\to 0}\left(\dfrac{\sin x}{x}\right)^{\frac{1}{x^2}}$；

(5) $\lim\limits_{x\to 0}\dfrac{e-(1+x)^{1/x}}{x}$；

(6) $\lim\limits_{x\to 0}\left[\dfrac{(1+x)^{1/x}}{e}\right]^{1/x}$.

2. 设函数 f 有连续导数，$f''(0)$存在，且 $f'(0)=0, f(0)=0$，

$$g(x)=\begin{cases}\dfrac{f(x)}{x}, & x\neq 0,\\ a, & x=0.\end{cases}$$

(1) 求 a 使得 $g(x)$处处连续；

(2) 求证 $g(x)$在(1)所得 a 的条件下导数是连续的.

3.3 泰勒定理

用简单的函数来近似表达一些较复杂的函数是数学中的基本而又非常重要的思想.泰勒定理证明了如何用多项式近似表达一个可微函数,在理论研究和近似计算中有很重要的意义.

3.3.1 泰勒定理

在第2章中我们已经知道,如果 f 在 x_0 点可导,那么有如下的近似等式:

$$f(x)\approx f(x_0)+f'(x_0)(x-x_0).$$

这个近似计算非常简便,但精确度不高.它所产生的计算误差是关于 $x-x_0$ 的高阶无穷小,只有在 $|x-x_0|$ 很小时才可用.在用直线(曲线 $y=f(x)$ 在(x_0,$f(x_0)$ 点的切线)近似拟合曲线时这个缺陷也显露出来.容易想到,如果我们用一条合适的曲线来拟合给定曲线 $y=f(x)$,适用范围会变大,精确度也会相应提高.由于多项式简单且易于计算,因此我们考虑用多项式来近似表达曲线.

于是提出如下的问题:设函数 f 在 x_0 点 n 阶可导,试找出一个 $n(n>1)$ 次多项式

$$P_n(x)=c_0+c_1(x-x_0)+c_2(x-x_0)^2+c_3(x-x_0)^3+\cdots+c_n(x-x_0)^n$$

来近似表达 f,要求计算误差是比 $(x-x_0)^n$ 高阶的无穷小,也就是说:

$$f(x)=P_n(x)+o((x-x_0)^n).$$

下面我们来计算 f 中的参数 c_n.首先,我们将 $x=x_0$ 代入上式得到

$$f(x_0)=c_0,$$

然后

$$f'(x)=c_1+2c_2(x-x_0)+3c_3(x-x_0)^2+\cdots+nc_n(x-x_0)^{n-1}+o((x-x_0)^{n-1}),$$

代入 $x=x_0$,我们得到

$$f'(x_0)=c_1,$$

又因为

$$f''(x)=2c_2+2\cdot 3(x-x_0)+\cdots+n(n-1)c_n(x-x_0)^{n-2}+o((x-x_0)^{n-2}),$$

因此

$$f''(x_0)=2c_2,$$

$$f'''(x_0)=2\cdot 3c_3=3!\ c_3,$$

依此类推.

现在可以找出规律:继续对函数求导并把 $x=x_0$ 代入,我们得到

$$f^{(n)}(x_0)=2\cdot 3\cdot 4\cdots nc_n=n!\ c_n,$$

解出 n 阶参数 c_n，

$$c_n=\frac{f^{(n)}(x_0)}{n!}.$$

于是我们有以下定理成立：

定理 3.3.1　(带有佩亚诺余项的泰勒公式). 如果函数 f 在 x_0 点具有 n 阶导数,则

$$\begin{aligned}f(x)&=f(x_0)+\frac{f'(x_0)}{1!}(x-x_0)+\frac{f''(x_0)}{2!}(x-x_0)^2+\cdots\\&\quad+\frac{f^{(n)}(x_0)}{n!}(x-x_0)^n+o((x-x_0)^n)\\&=\sum_{k=0}^{n}\frac{f^{(k)}(x_0)}{k!}(x-x_0)^k+o((x-x_0)^n).\end{aligned}\tag{3.3.1}$$

证. 令

$$P_n(x)=\sum_{k=0}^{n}\frac{f^{(k)}(x_0)}{k!}(x-x_0)^k.\tag{3.3.2}$$

$R_n(x)=f(x)-P_n(x)$叫做余项. 我们只需证明

$$R_n(x)=o((x-x_0)^n)\text{或}\lim_{x\to x_0}\frac{R_n(x)}{(x-x_0)^n}=0.$$

由假设可知,f 在点 x_0 具有 n 阶导数,因此函数 f 在 x_0 的某邻域内 $n-1$ 阶可导,所以 $R_n(x)=f(x)-P_n(x)$在 x_0 的某邻域内 $n-1$ 阶可导,得

$$\begin{aligned}R'_n(x)&=f'(x)-\sum_{k=1}^{n}\frac{f^{(k)}(x_0)}{(k-1)!}(x-x_0)^{k-1},\\R''_n(x)&=f''(x)-\sum_{k=2}^{n}\frac{f^{(k)}(x_0)}{(k-2)!}(x-x_0)^{k-2},\\&\cdots\\R_n^{(n-1)}(x)&=f^{(n-1)}(x)-\sum_{k=n-1}^{n}\frac{f^{(k)}(x_0)}{(k-n+1)!}(x-x_0)^{k-n+1}\\&=f^{(n-1)}(x)-[f^{(n-1)}(x_0)+f^{(n)}(x_0)(x-x_0)].\end{aligned}\tag{3.3.3}$$

注意到$\lim\limits_{x\to x_0}R_n=f(x_0)-P_n(x_0)=0$；$\lim\limits_{x\to x_0}\dfrac{R_n(x)}{(x-x_0)^n}$是$\dfrac{0}{0}$型未定式,根据洛必达法则,经过 $n-1$ 次后,得

$$\lim_{x\to x_0}\frac{R_n(x)}{(x-x_0)^n}=\lim_{x\to x_0}\frac{R'_n(x)}{n(x-x_0)^{n-1}}=\cdots=\lim_{x\to x_0}\frac{R_n^{(n-1)}(x)}{n!\,(x-x_0)},$$

由于 R_n 只在 x_0 点可导,不一定在 x_0 的邻域内可导,所以不能在上式最后的极限运算中再利用洛必达法则. 根据导数的定义和式(3.3.3),得

$$\begin{aligned}\lim_{x\to x_0}\frac{R_n^{(n-1)}(x)}{x-x_0}&=\lim_{x\to x_0}\left[\frac{f^{(n-1)}(x)-f^{(n-1)}(x_0)}{x-x_0}-f^{(n)}(x_0)\right]\\&=f^{(n)}(x_0)-f^{(n)}(x_0)=0,\end{aligned}$$

所以$\lim\limits_{x\to x_0}\dfrac{R_n(x)}{(x-x_0)^n}=0, R_n(x)=o((x-x_0)^n)$. ■

多项式(3.3.2)称为函数 f 在 x_0 点展开的 n 阶泰勒多项式,其系数称为函数 f 在 x_0 点的**泰勒系数**. 公式(3.3.1)称为 f 在 x_0 点展开的**带有佩亚诺余项的 n 阶泰勒公式**,$R_n(x)=o((x-x_0)^n)$称为函数 f 的**佩亚诺余项**,$|R_n(x)|$是以 $P_n(x)$近似表达 $f(x)$时产生的误差. 我们知道这个误差是$(x-x_0)^n$ 的高阶无穷小. 为了更精确计算误差大小,我们需要得到 $R_n(x)$更精确的表达式. 下面的定理将会解决这个问题.

定理 3.3.2 (带有拉格朗日余项的泰勒公式). 设函数 f 在区间 I 内具有 $n+1$ 阶导数,$x_0\in I$,则对任一 $x\in I$,存在点 ξ,使得

$$\begin{aligned}f(x) &= f(x_0)+\frac{f'(x_0)}{1!}(x-x_0)+\frac{f''(x_0)}{2!}(x-x_0)^2+\cdots\\&\quad+\frac{f^{(n)}(x_0)}{n!}(x-x_0)^n+\frac{f^{(n+1)}(\xi)}{(n+1)!}(x-x_0)^{n+1}\\&=\sum_{k=0}^{n}\frac{f^{(k)}(x_0)}{k!}(x-x_0)^k+\frac{f^{(n+1)}(\xi)}{(n+1)!}(x-x_0)^{n+1}.\end{aligned}\tag{3.3.4}$$

余项(误差) $R_n(x)$表达式为

$$R_n(x)=\frac{f^{(n+1)}(\xi)}{(n+1)!}(x-x_0)^{n+1},$$

ξ介于 x 和 x_0 之间.

证 只需证明

$$R_n(x)=f(x)-P_n(x)=\frac{f^{(n+1)}(\xi)}{(n+1)!}(x-x_0)^{n+1},$$

f 在开区间 I 内具有 $n+1$ 阶的导数,且

$$R_n(x_0)=R'n(x_0)=R''(x_0)=\cdots=R_n^{(n)}(x_0)=0.$$

对两个函数 $R_n(x)$及 $g(x)=(x-x_0)^{n+1}$ 在区间(x_0,x)(或(x,x_0))上应用柯西中值定理,得

$$\frac{R_n(x)}{(x-x_0)^{n+1}}=\frac{R_n(x)-R_n(x_0)}{(x-x_0)^{n+1}-0}=\frac{R_n'(\xi_1)}{(n+1)(\xi_1-x_0)n},$$

ξ_1 在 x 与 x_0 之间. 再对两个函数 $R'_n(x)$与$(n+1)(x-x_0)^n$ 在区间(ξ_1,x_0)(或(x_0,ξ_1))上应用柯西中值定理,得

$$\frac{R_n'(\xi_1)}{(n+1)(\xi_1-a)n}=\frac{R_n'(\xi_1)-R_n'(a)}{(n+1)(\xi_1-a)n-0}=\frac{R_n''(\xi_2)}{n(n+1)(\xi_2-a)^{n-1}},$$

ξ_2 介于 x_0 和 ξ_1 之间,照此方法继续做下去,重复 $n+1$ 次,得

$$\frac{R_n(x)}{(x-x_0)^{n+1}}=\frac{R_n^{n+1}(\xi)}{(n+1)!}$$

ξ在 x_0 与 ξ_n 之间,因而也在 x 与 x_0 之间. 注意到 $R_n^{(n+1)}(x)=f^{(n+1)}(x)$,则由上式得

$$R_n(x)=f(x)-P_n(x)=\frac{f^{(n+1)}(\xi)}{(n+1)!}(x-x_0)^{n+1}.$$

■

余项

$$R_n(x)=\frac{f^{(n+1)}(\xi)}{(n+1)!}(x-x_0)^{n+1}$$

称为拉格朗日余项，与拉格朗日公式(3.1.5)一样，拉格朗日余项也可写为以下形式：

$$R_n(x)=\frac{f^{(n+1)}[x_0+\theta(x-x_0)]}{(n+1)!}(x-x_0)^{n+1},\theta\in(0,1).$$

与佩亚诺余项相比，拉格朗日余项给出了更精确的余项表达式. 如果 f 在 $[a, b]$ 上 $n+1$ 阶可导，存在常数 $M>0$，使得当 $\forall x\in[a, b]$ 时，$|f^{(n+1)}(x)|\leqslant M$，则有估计式

$$|R_n(x)|=\frac{|f^{(n+1)}(\xi)|}{(n+1)!}|x-x_0|^{n+1}\leqslant\frac{M}{(n+1)!}(b-a)^{n+1}. \tag{3.3.5}$$

由此可见当 $n\to\infty$ 时误差 $R_n\to 0$，这就意味着在区间 $[a,b]$ 上如果我们用多项式 $P_n(x)$ 近似表达可导函数 f，如果 n 足够大，误差就会很小. 特别地，如果 $x_0=0$，则带有拉格朗日余项的泰勒公式变为

$$\begin{aligned}f(x)&=\sum_{n=0}^{\infty}\frac{f^{(n)}(0)}{n!}x^n\\&=f(0)+f'(0)x+\frac{f''(0)}{2!}x^2+\cdots+\frac{f^{(n)}(0)}{n!}x^n+\frac{f^{(n+1)}(\theta x)}{(n+1)!}x^{n+1}(0<\theta<1).\end{aligned} \tag{3.3.6}$$

即所谓拉格朗日余项的 n 阶麦克劳林公式.

例 3.3.3　写出函数 $f(x)=\sin x$ 的拉格朗日余项的 n 阶麦克劳林公式.

解

$$\begin{aligned}f(x)&=\sin x & f(0)&=0,\\f'(x)&=\cos x & f'(0)&=1,\\f''(x)&=-\sin x & f''(0)&=0,\\f'''(x)&=-\cos x & f'''(0)&=-1,\\f^{(4)}(x)&=\sin x & f^{(4)}(0)&=0,\\&\vdots\end{aligned}$$

根据数学归纳法，得

$$f^{(k)}(x)=\sin\left(x+k\cdot\frac{\pi}{2}\right),k=0,1,2,\cdots,n,$$

因此

$$f^{(k)}(0)=\sin\frac{k\pi}{2}=\begin{cases}0, & k=2m,\\(-1)^{m-1}, & k=2m-1,m=1,2,\cdots\end{cases}$$

代入式(3.3.6),得

$$\sin x = x-\frac{x^3}{3!}+\frac{x^5}{5!}-\frac{x^7}{7!}+\cdots+(-1)^{m-1}\frac{x^{2m-1}}{(2m-1)!} \tag{3.3.7}$$
$$+(-1)^m\frac{\cos\theta x}{(2m+1)!}x^{2m+1}, x\in(-\infty,+\infty), \theta\in(0,1).$$

■

类似地,还可得到 $f(x)=\cos x$ 的带拉格朗日余项的 n 阶麦克劳林公式:

$$\cos x=1-\frac{x^2}{2!}+\frac{x^4}{4!}-\frac{x^6}{6!}+\cdots+(-1)^m\frac{x^{2m}}{(2m)!}+(-1)^{m+1}\frac{\cos\theta x}{(2m+2)!}x^{2m+2},$$
$$x\in(-\infty,+\infty), \theta\in(0,1).$$

例 3.3.4 写出函数 $f(x)=\ln(x+1)$ 的带拉格朗日余项的 n 阶麦克劳林公式.

解

$$f^{(k)}(x)=(-1)^{k-1}\frac{(k-1)!}{(1+x)^k}, k=1,2,\cdots,n,$$
$$f^{(k)}(0)=(-1)^{k-1}(k-1)!,$$

所以

$$\ln(x+1)=x-\frac{x^2}{2}+\frac{x^3}{3}-\frac{x^4}{4}+\cdots+(-1)^{n-1}\frac{x^n}{n}+(-1)^n\frac{x^{n+1}}{(n+1)(1+\theta x)^{n+1}}, x\in(-1,+\infty), \theta\in(0,1).$$

■

例 3.3.5 写出幂函数 $f(x)=(1+x)^\alpha(\alpha\in\mathbf{R})$ 的 n 阶麦克劳林公式.

解

$$f^{(k)}(x)=\alpha(\alpha-1)\cdots(\alpha-k+1)(1+x)^{\alpha-k}, k=0,1,2,\cdots,n,$$
$$f^{(k)}(0)=\alpha(\alpha-1)\cdots(\alpha-k+1).$$

所以

$$(1+x)^\alpha=1+\alpha x+\frac{\alpha(\alpha-1)}{2!}x^2+\cdots+\frac{\alpha(\alpha-1)\cdots(\alpha-n+1)}{n!}x^n$$
$$+\frac{\alpha(\alpha-1)\cdots(\alpha-n)}{(n+1)!}\frac{x^{n+1}}{(1+\theta x)^{n+1-\alpha}}, x\in(-1,+\infty), \theta\in(0,1).$$

■

3.3.2 泰勒定理的应用

近似计算

例 3.3.6 应用泰勒公式,求 e 的近似值,并估计误差.

解 令 $y=f(x)=e^x$,由于 $f^{(k)}(x)=e^x$,$f^{(k)}(0)=1$,根据公式 3.3.4,有

$$e=1+1+\frac{1}{2!}+\cdots+\frac{1}{n!}+\frac{e^\theta}{(n+1)!}, \theta\in(0,1).$$

由 $e^{\theta}<e<3$,所以

$$R_n(1)=\frac{e^{\theta}}{(n+1)!}<\frac{3}{(n+1)!}.$$

从上述不等式知当 $n\to\infty$ 时,$R_n(1)\to 0$,所以 e 的近似表达式如下:

$$e\approx 2+\frac{1}{2!}+\frac{1}{3!}+\cdots+\frac{1}{n!}.$$

当 n 足够大时误差才会任意小,例如,如果我们想把误差控制在 10^{-5} 内,也就是说,

$$R_n(1)<\frac{3}{(n+1)!}<10^{-5},$$

我们取 $n=8$ 就可以了,因为 $R_n(1)<\frac{3}{9!}<10^{-5}$,因此,e 的误差小于 10^{-5} 的近似值为

$$e\approx 2+\frac{1}{2!}+\cdots+\frac{1}{8!}\approx 2.718\,28.$$

■

例 3.3.7　函数 $f(x)=\cos x$ 的二阶泰勒近似表达式为 $P_2(x)=1-\frac{x^2}{2}$. 求当误差小于 0.1 时 x 的取值范围.

解　根据定理 3.3.2 知

$$R_2(x)=f(x)-P_2(x)=\frac{f^{(4)}(\xi)}{4!}x^4,$$

ξ 介于 x 和 0 之间. 因为对所有 ξ, $f^{(4)}(\xi)=\cos\xi$, $|\cos\xi|\leqslant 1$, 近似误差 $\frac{|x^4|}{24}<0.1$, 即 $|x|^4<2.4$, 解得 $-1.24<x<1.24$. ■

例 3.3.8　求方程

$$x^5+\varepsilon x-32=0 \tag{3.3.8}$$

的近似解,ε 是一极小的参数.

解　我们知道,此方程至少存在一个与 ε 有关的实根,记为 $x=f(\varepsilon)$,函数 $x=f(\varepsilon)$ 可视为由方程(3.3.8)确定的隐函数,易证明 $x=f(\varepsilon)$ 是任意阶可导的. 根据麦克劳林公式,令 $n=2$,得到

$$x=f(\varepsilon)\approx f(0)+f'(0)\varepsilon+\frac{f''(0)}{2!}\varepsilon^2. \tag{3.3.9}$$

下面求出式(3.3.9)中的参数,根据方程(3.3.8),令 $\varepsilon=0$,得 $x=2$,即 $f(0)=2$. 下面求 $f'(0)$,对方程(3.3.8)两侧关于 ε 求导,根基隐函数求导法则:

$$5x^4\frac{dx}{d\varepsilon}+\varepsilon\frac{dx}{d\varepsilon}+x=0, \tag{3.3.10}$$

所以

$$f'(0)=\left.\frac{dx}{d\varepsilon}\right|_{\varepsilon=0}=-\left.\frac{x}{\varepsilon+5x^4}\right|_{\varepsilon=0}=-\frac{1}{40}.$$

再次对(3.3.10)两侧求导,得

$$(5x^4+\varepsilon)\frac{\mathrm{d}^2x}{\mathrm{d}\varepsilon^2}+20x^3\left(\frac{\mathrm{d}x}{\mathrm{d}\varepsilon}\right)^2+2\frac{\mathrm{d}x}{\mathrm{d}\varepsilon}=0,$$

所以

$$f''(0)=\frac{\mathrm{d}^2x}{\mathrm{d}\varepsilon^2}\bigg|_{\varepsilon=0}=-\frac{20x^3\left(\frac{\mathrm{d}x}{\mathrm{d}\varepsilon}\right)^2+2\frac{\mathrm{d}x}{\mathrm{d}\varepsilon}}{x^4+\varepsilon}\Bigg|_{\varepsilon=0}=-\frac{1}{1\,600}.$$

因此给定方程的解的二阶近似表达式为

$$x\approx 2-\frac{\varepsilon}{40}-\frac{\varepsilon^2}{3\,200}.$$

■

当然,我们可以用这种方法得到方程的更高阶的近似解.这种求带参数的方程近似解的方法被称作震荡法.

求极限

例 3.3.9 求$\lim\limits_{x\to 0}\dfrac{\sin x-x\cos x}{\sin^3 x}$.

解 根据 $\sin x$ 的带佩亚诺余项的麦克劳林公式,同时 $\sin^3 x\sim x^3$,当 $x\to 0$ 时,我们有

$$\begin{aligned}\lim_{x\to 0}\frac{\sin x-x\cos x}{\sin^3 x}&=\lim_{x\to 0}\frac{\left[x-\frac{x^3}{3!}+o_1(x^3)\right]-\left[x-\frac{x^3}{2!}+o_2(x^3)\right]}{x^3}\\&=\lim_{x\to 0}\frac{\frac{x^3}{3}+o(x^3)}{x^3}\\&=\frac{1}{3}.\end{aligned}$$

■

例 3.3.10 求$\lim\limits_{x\to 0}\dfrac{\cos x-\mathrm{e}^{-x^2/2}}{x^4}$.

解

$$\begin{aligned}\lim_{x\to 0}\frac{\cos x-\mathrm{e}^{-x^2/2}}{x^4}&=\lim_{x\to 0}\frac{\left[1-\frac{x^2}{2!}+\frac{x^4}{4!}+o_1(x^5)\right]-\left[1-\frac{x^2}{2}+\frac{1}{2!}\cdot\frac{x^4}{4}+o_2(x^4)\right]}{x^4}\\&=\lim_{x\to 0}\left[-\frac{1}{12}+\frac{o_1(x^5)}{x^4}-\frac{o_2(x^4)}{x^4}\right]\\&=-\frac{1}{12}.\end{aligned}$$

■

不等式证明

例 3.3.11　设 $f''(x)>0$，当 $x\to 0$ 时，$f(x)$ 是 x 的等价无穷小，求证：$f(x)>x$ 如果 $x\neq 0$.

解　根据假设，$f(x)$ 一阶、二阶导数均存在，令 $x_0=0$，根据麦克劳林公式得

$$f(x)=f(0)+f'(0)x+\frac{f''(\xi)}{2!}x^2,$$

ξ 介于 x 和 0 之间.

同时，由于当 $x\to 0$ 时，$f(x)$ 是 x 的等价无穷小，所以 $f(x)=x+o(x)$. 因此

$$f(0)+f'(0)x+\frac{f''(\xi)}{2!}x^2=x+o(x).$$

比较上式，得

$$f(0)=0, f'(0)=1,$$

所以

$$f(x)=x+\frac{f''(\xi)}{2!}x^2.$$

由 $f''(x)>0$ 得

$$f(x)>x, \text{当 } x\neq 0 \text{ 时}.$$

■

同理可证当 $f''(x)<0$ 时，$f(x)<x(x\neq 0)$.

习题 3.3

A

1. 求函数 $f(x)=\sqrt{x}$ 在 $x_0=4$ 的三阶泰勒展开式.

2. 求下列函数的 n 阶麦克劳林公式：

(1) $f(x)=\ln(1-x)$；　　(2) $f(x)=\dfrac{1}{\sqrt{1-2x}}$.

3. 求下列函数在指定点的带皮亚诺余项的泰勒展开式：

(1) $f(x)=\dfrac{1}{x}, x_0=-1$；　　(2) $f(x)=\mathrm{e}^{-x}, x_0=1$；

(3) $f(x)=\ln x, x_0=1$；　　(4) $f(x)=\cos x, x_0=\dfrac{\pi}{4}$.

4. 验证当 $0<x\leqslant\dfrac{1}{2}$ 时，按公式 $\mathrm{e}^x=1+x+\dfrac{x^2}{2}+\dfrac{x^3}{6}$ 计算 e^x 的近似值时，所产生的误差小

于 0.01,并求$\sqrt{e}$的近似值,使得误差小于 0.01.

5. 应用三阶泰勒公式求下列各数的近似值,并估计误差:

(1) $\sqrt[3]{30}$; (2) $\sin 18°$.

6. 求下列极限

(1) $\lim\limits_{x\to 0}\frac{e^x\sin x-x(1+x)}{x^3}$; (2) $\lim\limits_{x\to\infty}\left[x-x^2\ln\left(1+\frac{1}{x}\right)\right]$;

(3) $\lim\limits_{x\to 0}\frac{1+\frac{x^2}{2}-\sqrt{1+x^2}}{[\cos x-e^{x^2}]\sin x^2}$.

7. 设 $f(0)=0, f'(0)=1, f''(0)=2$,求$\lim\limits_{x\to 0}\frac{f(x)-x}{x^2}$.

B

1. 如果函数 $f:[0,2]\to\mathbf{R}$ 在$[0,2]$上二阶可导,且$|f(x)|\leqslant 1$, $|f''(x)|\leqslant 1$,求证$|f'(x)|\leqslant 2, \forall x\in[0,2]$.

2. 假设函数 $f\in C^{(3)}[0,1]$, $f(0)=1$, $f(1)=2$, $f'\left(\frac{1}{2}\right)=0$. 求证至少存在一点 $\xi\in(0,1)$,使得$|f'''(\xi)|\geqslant 24$.

3.4 函数的单调性与凹凸性

3.4.1 函数的单调性

下面利用 f 的导数来对函数的单调性进行研究,如图 3.4.1 所示,图(a)中,f 切线斜率为正,$f'(x)>0$,图(b)中,切线斜率为负,$f'(x)<0$ 由此可见,当 $f'(x)$为正值时 f 单调增加;当 $f'(x)$为负值时,f 单调减少. 下面我们利用拉格朗日中值定理来进行讨论.

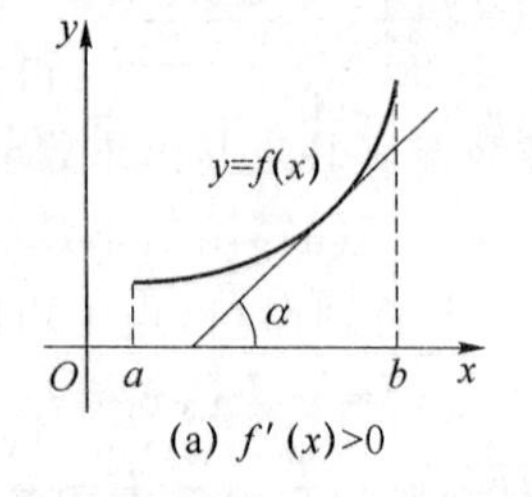

(a) $f'(x)>0$

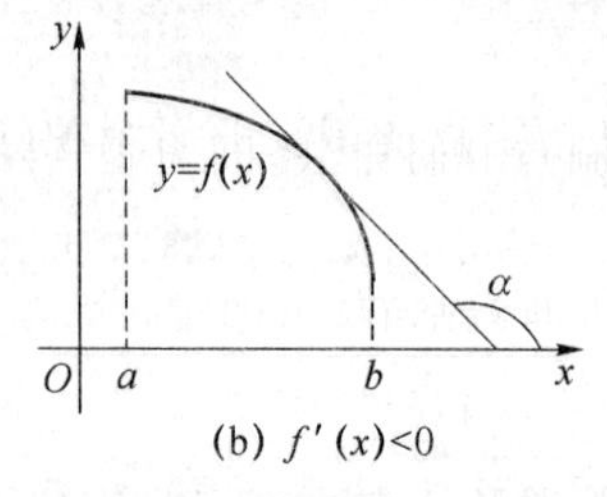

(b) $f'(x)<0$

图 3.4.1

定理 3.4.1　(单调性定理). 如果函数 $f: I \to \mathbf{R}$ 在 I 上连续,在 I 内可导.

(a) 如果对 $x \in I, f'(x) > 0$,那么函数 f 在 I 上单调增加;

(b) 如果对 $x \in I, f'(x) < 0$,那么函数 f 在 I 上单调减少.

证　(a) 设 x_1, x_2 是区间 I 上任意两点,$x_1 < x_2$,我们只需证明 $f(x_1) < f(x_2)$.

因为 $f'(x) > 0$,$f(x)$在$[x_1, x_2]$上连续,在(x_1, x_2)内可导. 所以,根据拉格朗日中值定理,至少存在一点 c(介于 x_1 和 x_2 之间),使得

$$f(x_2) - f(x_1) = f'(c)(x_2 - x_1). \tag{3.4.1}$$

由于 $f'(c) > 0, x_2 - x_1 > 0$,所以 3.4.1 式右侧也为正. 于是,

$$f(x_2) - f(x_1) > 0 \text{ 或者 } f(x_1) < f(x_2),$$

这表明 f 是单调增加的. 同理可证(b).

■

如果把定理 3.4.1 中的区间 I 换成无穷区间,那么结论也成立.

根据定理 3.4.1 在求 f 的单调区间时,那么只要根据方程 $f'(x) = 0$ 的根及函数的不可导的点来划分函数 f 的定义区间,就能保证 $f'(x)$在各个部分区间内保持固定符号,因而函数 f 在每个部分区间上单调.

例 3.4.2　确定函数 $f(x) = 2x^3 - 3x^2 - 12x + 7$ 的单调区间.

解　求函数 f 的导数:

$$f'(x) = 6x^2 - 6x - 12 = 6(x+1)(x-2).$$

得到在区间$(-\infty, -1)$,$(2, +\infty)$内,$f'(x) > 0$;在区间$(-1, 2)$内,$f'(x) < 0$. 根据定理 3.4.1,f 在区间$(-\infty, -1]$和$[2, +\infty)$上单调递增,在$[-1, 2]$上单调递减. 注意到定理中的单调区间均包括端点,即使在端点处 $f'(x) = 0$. 函数的图形如图 3.4.2 所示.

■

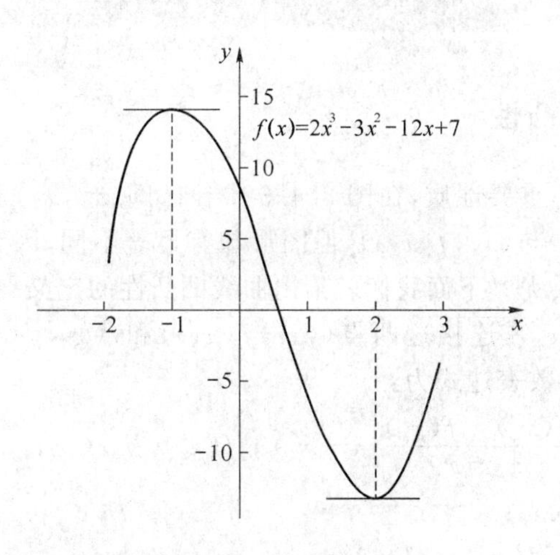

图 3.4.2

例 3.4.3 讨论函数 $g(x)=\dfrac{x}{(1+x^2)}$的单调性.

解

$$g'(x)=\frac{[1+x^2-x(2x)]}{(1+x^2)^2}=\frac{1-x^2}{(1+x^2)^2}=\frac{(1-x)(1+x)}{(1+x^2)^2}.$$

分母恒为正,因此 $g'(x)$与分子$(1-x)(1+x)$同号.解得,在区间$(-\infty,-1)$和$(1,+\infty)$上,$g'(x)<0$,在区间$(-1,1)$上,$g'(x)>0$ 根据定理 3.4.1,$g(x)$在$[-\infty,-1]$和$[1,+\infty]$上单调减少,在$[-1,1]$上单调增加.

■

例 3.4.4 求证 $e^{2x}<\dfrac{1+x}{1-x},0<x<1.$

解 我们只需证

$$(1-x)e^{2x}-(1+x)<0 \quad 如果 \quad 0<x<1.$$

令

$$f(x)=(1-x)e^{2x}-1-x,x\in[0,1),$$

从而

$$f'(x)=(1-2x)e^{2x}-1,x\in[0,1).$$

由于 $f'(x)$在$[0,1)$上的正负不确定,再次对 $f'(x)$求导:

$$f''(x)=-4xe^{2x}<0,\quad x\in(0,1),$$

所以 $f'(x)$在$[0,1)$.上严格单调递减,所以

$$f'(x)<f'(0)=0,\quad x\in(0,1),$$

因此

$$f(x)<f(0)=0,\quad x\in(0,1).$$

■

3.4.2 函数的凹凸性

凹凸性是函数的另一重要性质,在图 3.4.3 中在区间(x_1,x_2)上有两条曲线弧,两条曲线弧都连接点$(x_1,f(x_1))$与$(x_2,f(x_2))$,但图形却有显著不同,因为它们的弯曲方向不同.如何区分函数的这个性质呢?下面我们就给出曲线凹凸性的定义.在图 3.4.3 左侧图形中,对任意两点 $x_1,x_2(x_1<x_2)$,连接这两点$((x_1,f(x_1))$和$((x_2,f(x_2))$间的弦总位于函数$f(x)$的上方,因为弦的函数表达式为:

$$y=\frac{f(x_2)-f(x_1)}{x_2-x_1}(x-x_2)+f(x_2),\forall x\in[x_1,x_2].$$

所以有下列不等式成立:

$$f(x)\leqslant\frac{f(x_2)-f(x_1)}{x_2-x_1}(x-x_2)+f(x_2),\forall x\in[x_1,x_2]. \tag{3.4.2}$$

对任一点 $x\in[x_1,x_2]$，令 $\dfrac{x_2-x}{x_2-x_1}=\lambda$，所以 $0\leqslant\lambda\leqslant1$，所以 x 可写为关于 λ 的表达式：

$$x=\lambda x_1+(1-\lambda)x_2,0\leqslant\lambda\leqslant1.$$

将上式代入式(3.4.2)，得到等价不等式：

$$f(\lambda x_1+(1-\lambda)x_2)\leqslant\lambda f(x_1)+(1-\lambda)f(x_2) \tag{3.4.3}$$

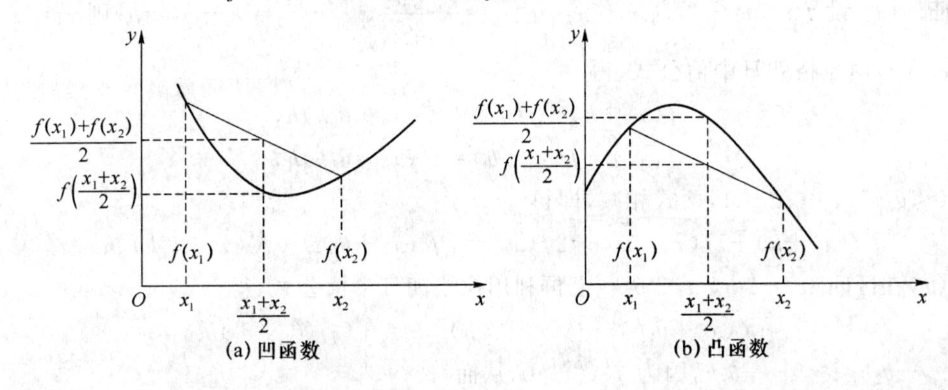

图 3.4.3

由式(3.4.3)我们可以给出凹函数的定义：

定义 3.4.5　(凹函数). 设 $f:I\to\mathbf{R}$，如果 $\forall x_1,x_2\in I$ 且对 $\forall\lambda\in[0,1]$，有不等式(3.4.3)成立，那么称 f 是**I 上的凹函数**；如果对 $\forall\lambda\in(0,1)$，$x_1,x_2\in I$，$x_1\neq x_2$ 有

$$f(\lambda x_1+(1-\lambda)x_2)<\lambda f(x_1)+(1-\lambda)f(x_2), \tag{3.4.4}$$

那么称 f 为**I 上的严格凹函数**.

定义 3.4.6　(凸函数). 设 $f:I\to\mathbf{R}$，如果 $\forall x_1,x_2\in I$ 且对 $\forall\lambda\in[0,1]$，有不等式 $f(\lambda x_1+(1-\lambda)x_2)\geqslant\lambda f(x_1)+(1-\lambda)f(x_2)$ 成立，那么称 f 是 I 上的凸函数；如果对 $\forall x_1,x_2\in I$，$\forall\lambda\in[0,1]$，有

$$f[\lambda x_1+(1-\lambda)x_2]>\lambda f(x_1)+(1-\lambda)f(x_2), \tag{3.4.5}$$

那么称 f 为**I 上的严格凸函数**.

特别地，如果 $\lambda=\dfrac{1}{2}$，不等式(3.4.4)变为

$$f\left(\frac{x_1+x_2}{2}\right)<\frac{f(x_1)+f(x_2)}{2},$$

同时不等式(3.4.5)也变为如下形式：

$$f\left(\frac{x_1+x_2}{2}\right)>\frac{f(x_1)+f(x_2)}{2},$$

有部分参考书是根据这两个不等式对凹凸函数进行定义的.

如果函数 $f(x)$ 在 I 内具有二阶导数，我们来研究二阶导数与凹凸性的关系. 如图 3.4.3(a)所示，曲线切线的斜率递增. 这表示导函数 f' 是递增函数，从而它的导数 f'' 为正；同理，

在图 3.4.3(b)中,切线斜率递减,f'是递减函数从而 f 为负.于是我们给出如下的定理:

定理 3.4.7 设 f 在开区间 I 上二阶可导,那么

(1) 如果 $f''(x)>0(\geqslant 0)$, $\forall x\in I$,则 $f(x)$在 I 内是严格凹(凹)函数;

(2) 如果 $f''(x)<0(\leqslant 0)$, $\forall x\in I$,则 $f(x)$在 I 内是严格凸(凸)函数.

证 (1) 设$\forall x_1,x_2\in I$,且 $x_1<x_2$,记 $x_0=\dfrac{x_1+x_2}{2}$, $x_2-x_0=x_0-x_1=h$,则 $x_1=x_0-h$, $x_2=x_0+h$,由拉格朗日中值公式,得

$$f(x_0+h)-f(x_0)=f'(x_0+\theta_1 h)h,$$
$$f(x_0)-f(x_0-h)=f'(x_0-\theta_2 h)h,$$

其中 $0<\theta_1<1$, $0<\theta_2<1$,两式相减,即得

$$f(x_0+h)+f(x_0-h)-2f(x_0)=[f'(x_0+\theta_1 h)-f'(x_0-\theta_2 h)]h.$$

对 $f'(x)$在区间$[x_0-\theta_2 h,\ x_0+\theta_1 h]$上再利用拉格朗日中值公式,得

$$[f'(x_0+\theta_1 h)-f'(x_0-\theta_2 h)]h=f''(\xi)(\theta_1+\theta_2)h^2,$$

其中 $x_0-\theta_2 h<\xi<x_0+\theta_1 h$,因为 $f''(\xi)>0$,从而

$$f(x_0+h)+f(x_0-h)-2f(x_0)>0,$$

即

$$\frac{f(x_0+h)+f(x_0-h)}{2}>f(x_0),$$

亦即

$$\frac{f(x_1)+f(x_2)}{2}>f\left(\frac{x_1+x_2}{2}\right),$$

所以 $f(x)$是 I 上的凹函数.

■

类似地可证明情形(2).

例 3.4.8 判定下列曲线的凹凸性:

(1) $f(x)=x^\alpha(x>0,\alpha>1)$;

(2) $f(x)=\ln x(x>0)$.

解 (1) 因为

$$f''(x)=\alpha(\alpha-1)x^{\alpha-2}>0,\forall x\in(0,+\infty),$$

■

所以幂函数 $f(x)=x^\alpha$ 在$(0,+\infty)$内为凹函数.

(2) 因为

$$f''(x)=-\frac{1}{x^2}<0,\forall x>0,$$

所以对数函数 $f(x)=\ln x$ 在$(0,+\infty)$内为凸函数.

例 3.4.9　求证$(a+b)^5<16(a^5+b^5)$，$a>0$，$b>0$，$a\neq b$.

证　令 $f(x)=x^5$，由 3.4.8 我们知道它是 $x\in(0,+\infty)$内的凹函数.

从而根据隐函数的定义，$\forall a,b>0$，$a\neq b$，有

$$f\left(\frac{a+b}{2}\right)<\frac{f(a)+f(b)}{2},$$

即

$$\left(\frac{a+b}{2}\right)^5<\frac{a^5+b^5}{2},$$

或

$$(a+b)^5<16(a^5+b^5).$$

■

例 3.4.10　判定函数 $g(x)=x/(1+x^2)$的凹凸性.

解　在例 3.4.3 中我们研究了曲线的单调性，g 在$(\infty,-1]$和$[1,+\infty)$上单调递减，在$[-1,1]$上单调递增. 下面根据二阶导数 g''来讨论凹凸性，$g'(x)=\dfrac{1-x^2}{(1+x^2)^2}$，从而

$$\begin{aligned}g''(x)&=\frac{(1+x^2)^2(-2x)-2(1-x^2)(1+x^2)(2x)}{(1+x^2)^4}\\&=\frac{2x^3-6x}{(1+x^2)^3}\\&=\frac{2x(x^2-3)}{(1+x^2)^3}.\end{aligned}$$

分母恒为正，只需讨论 $x(x^2-3)>0$ 的正负即可. 解得，三个分割点$-\sqrt{3}$，0 和$\sqrt{3}$，这三点把函数定义域分成四部分，计算得：g 在区间$(-\sqrt{3},0)$和$(\sqrt{3},+\infty)$上是凹函数，在$(-\infty,-\sqrt{3})$和$(0.\sqrt{3})$上是凸函数.

■

凸函数有许多特别的性质，在许多定理证明和最优化算法中有重要应用. 例如，下面的结论就是一个例子.

定理 3.4.11　设函数 $f(x)$在区间 I 内连续，且是严格凹函数，那么 $f(x)$至多有一个最小值点；如果 $f(x)$在 I 上有且仅有一个极小值点，那么这个点就是 I 内的最小值点.

从几何图形看这个结论很直观，下面给出具体证明.

证　首先，设存在两个最小值点 x_1,x_2，所以 $f(x_1)=f(x_2)=m\leqslant f(x)$，$\forall x\in I$.

由于 $f(x)$在 I 内是严格凹函数，所以

$$f\left(\frac{x_1+x_2}{2}\right)<\frac{f(x_1)+f(x_2)}{2}=m,$$

由于$\dfrac{x_1+x_2}{2}\in I$，出现矛盾. 其次，设 $x_0\in I$ 是一极小值点，下面求证它是 I 上的最小值点. 设

有 $x_1\in I, x_1\neq x_0$，使得 $f(x_1)<f(x_0)$.

根据凹函数定义，$\forall\lambda\in[0,1]$，有

$$f(x)=f(\lambda x_0+(1-\lambda)x_1)\leqslant\lambda f(x_0)+(1-\lambda)f(x_1)<\lambda f(x_0)+(1-\lambda)f(x_0)=f(x_0).$$

由于 $f(x)$ 在 I 上连续，$0\leqslant\lambda\leqslant1$，所以通过调整 λ 趋近于 1，x 可以任意靠近 x_0，这样，$f(x)<f(x_0)$ 就与 x_0 是极小值矛盾了.

■

在例 3.4.10 中，曲线在点 $\left(-\sqrt{3},-\dfrac{\sqrt{3}}{4}\right)$，(0,0) 和 $\left(\sqrt{3},\dfrac{\sqrt{3}}{4}\right)$ 处改变了凹凸性，这样的点叫做曲线的拐点.

定义 3.4.12 （拐点）. 一般地，设 $y=f(x)$ 在区间 I 上连续，如果曲线在经过点 $P\in I$ 时，曲线的凹凸性改变了，那么就称点 P 为曲线的拐点.

从上面的定理知道，$f''(x)=0$ 处的点以及 $f''(x)$ 不存在的点都有可能是函数的"候选"拐点. 我们这里强调"候选"，就像参加警官选拔的候选者有可能失败一样，例如，$f''(x)=0$ 处的点可能不是拐点，如 $f(x)=x^4$，$f''(0)=0$，但原点不是拐点. 所以，要寻找拐点，只要令 $f''(x)=0$（同时找出 $f''(x)$ 不存在的点）. 然后检查这些点是否为拐点.

例 3.4.13 求函数 $F(x)=x^{1/3}+2$ 的拐点.

解

$$f'(x)=\frac{1}{3x^{2/3}},\quad F''(x)=\frac{-2}{9x^{5/3}}.$$

二阶导数 $F''(x)$ 恒不为零，但是在 $x=0$ 点，二阶导数不存在. 进一步验证得，$x<0$ 时，$F''(x)>0$，$x>0$ 时，$F''(x)<0$，所以 (0, 2) 是拐点.

习题 3.4

A

1. 确定下列函数的单调区间：

(1) $y=2x^3-6x^2-18x-7$；　　(2) $y=\ln(x+\sqrt{1+x^2})$；

(3) $y=(x-1)(x+1)^3$；　　(4) $y=x^n\mathrm{e}-x$.

2. 证明 $\sin x=x$ 有且仅有一个实数根.

3. 判定下列曲线的凹凸性：

(1) $y=4x-x^2$；　　(2) $f(x)=\sinh x$；

(3) $y=x+\dfrac{1}{x}$；　　(4) $y=x\arctan x$.

4. 求下列函数图形的拐点及凹凸区间：

(1) $f(x)=x^3(1-x)$；　　(2) $f(x)=x+\sin x$；

(3) $f(x)=\dfrac{x}{1+x^2}$；　　(4) $f(x)=\ln(1+x^2)$.

5. 利用函数图形的凹凸性,证明下列不等式：

(1) $\dfrac{1}{2}(x^n+y^n)>\left(\dfrac{x+y}{2}\right)^n(x>0,y>0,x\neq y,n>1)$；

(2) $\dfrac{e^x+e^y}{2}>e^{\frac{x+y}{2}}(x\neq y)$；

(3) $x\ln x+y\ln y>(x+y)\ln\left(\dfrac{x+y}{2}\right)$.

6. 设 $0<x_1<x_2<\cdots<x_n<\pi$,证明

$$\sin\left(\frac{x_1+x_2+\cdots+x_n}{n}\right)>\frac{1}{n}(\sin x_1+\sin x_2+\cdots+\sin x_n).$$

7. 问 a,b 为何值时,点(1,3)为曲线 $y=ax^3+bx^2$ 的拐点?

B

1. 证明下列不等式：

(1) $\sin x+\tan x>2x(0<x<\dfrac{\pi}{2})$；

(2) $\dfrac{|a+b|}{\pi+|a+b|}\leqslant\dfrac{|a|}{\pi+|a|}+\dfrac{|b|}{\pi+|b|}(a,b\in\mathbf{R})$；

(3) $1+\dfrac{1}{2}x>\sqrt{1+x}(x>0)$；

(4) $1+x\ln(x+\sqrt{1+x^2})>\sqrt{1+x^2}(x>0)$；

(5) $2^x>x^2(x>4)$.

2. 讨论方程 $\ln x=ax(a>0)$有几个实根?

3. 假设 $0\leqslant x_1<x_2<x_3\leqslant\pi$,证明

$$\frac{\sin x_2-\sin x_1}{x_2-x_1}>\frac{\sin x_3-\sin x_2}{x_3-x_2}.$$

4. 有人说如果 $f'(x_0)>0$,那么存在一邻域 $U(x_0)$使得 $f(x)$在 $U(x_0)$单调递增.这种说法是否正确？如果正确,给出相应证明;如果不正确,请举一反例并给出正确的结论.

5. 如果 $y=f(x)$是三阶可导的,且 $f'(x_0)=f''(x_0)=0,f'''(x_0)\neq 0$,$f$ 在 $x=x_0$ 点是否存在极值？为什么？x_0 是否是 f 的拐点?

6. 求证:(1) 如果 f,g 均为 I 上凸函数,那么 $\alpha f+\beta g$ 也是 I 上凸函数,其中 α,β 均为正常数;

(2) 如果 f,g 均为 I 上非负凸函数,且均在 I 上单调递增(递减),那么 fg 也是 I 上凸函数;

(3) 设 $f:I_1\to I_2,g:I_2\to\mathbf{R}$ 均为凸函数,g 为单调递增函数,那么复合函数 $g\circ f$ 是 I_1 上的凸函数.

3.5 函数的极值与最大值和最小值

3.5.1 函数的极值

如果连续函数 $f(x)$在区间 I 内不单调,如图 3.5.1 所示,x_1 是函数单调区间的分界点,函数值 $f(x_1)$在 x_1 的一个小邻域内,$f(x_1)\leqslant f(x)$,类似地,对于函数值 $f(x_2)$,x_2 是单调递增区间和单调递减区间的分界点,在 x_2 的一个小邻域内,$f(x_2)\geqslant f(x)$. 具有这种性质的点在研究函数性质和应用上有重要意义,值得我们对此作一般性的讨论.

定义 3.5.1 定义设有函数 $f:I\to\mathbf{R},x_0\in I$,如果存在 $\delta>0$ 使得

(a) 如果对于任一 $x\in U(x_0,\delta)$,$f(x)\leqslant f(x_0)$,那么就称 $f(x_0)$是函数 $f(x)$的一个**极大值**;

(b) 如果对于任一 $x\in U(x_0,\delta)$,$f(x)\geqslant f(x_0)$,那么就称 $f(x_0)$是函数 $f(x)$的一个**极小值**.

例如,在图 3.5.1 中,函数 $f(x)$有极大值 $f(x_2)$,$f(x_5)$和极小值 $f(x_1)$,$f(x_4)$,$f(x_6)$在极值点 x_2,x_5 和 x_1,x_4,x_6.

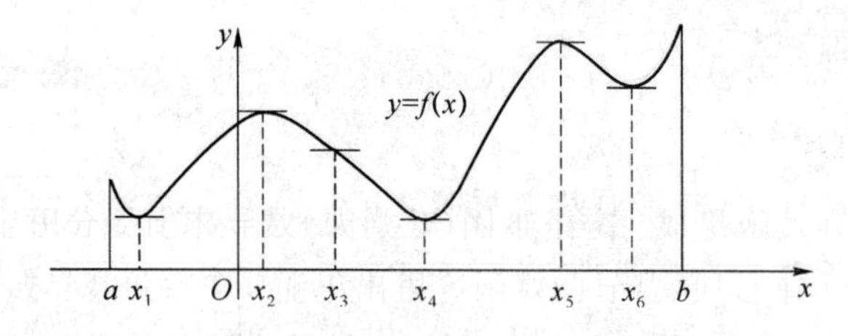

图 3.5.1

注 3.5.2 (1) 函数的极大值和极小值概念是局部性的,与定义域 I 上的最大值是不同的. 在图 3.5.1 中,函数 f 在$[a,b]$的最大值是 $f(b)$,最小值是 $f(x_4)$. 从图 3.5.1 可看出,极小值可能比极大值还大.

(2) 根据定义 3.5.1,如果函数 $f(x)$在 x_0 点达到极大值,那么首先 $f(x)$必须在 x_0 的邻域 x_0,$U(x_0)$内有定义,且 $f(x)\leqslant f(x_0)$($f(x)\geqslant f(x_0)$)$\forall x\in U(x_0)$. 从而图 3.5.1 中 $f(b)$

不是极大值，因为 $f(x)$ 在点 b 右侧没有定义，同理 $f(a)$ 不是极小值.

由费马引理可知，如果函数 f 在 x_0 某一邻域 $U(x_0)$ 内可导，且 $f(x)$ 在 x_0 处取得极值，那么 $f'(x_0)=0$. 点 x_0 称作函数 $f(x)$ 的驻点，如果 $f'(x_0)=0$. 因此，函数的极值点必定是它的驻点，但是反之未必成立. 例如，在图 3.5.1 中，$f'(x_3)=0$，但 x_3 不是函数 $f(x)$ 的极值点.

怎么样判定可导函数在驻点处是否取得极值？下面给出两个判定极值的定理：

定理 3.5.3 （第一充分条件）. 设函数 f 在 x_0 处连续，且在 x_0 的某去心邻域 $\mathring{U}(x_0,\delta)$ 内可导：

(1) 若 $x\in(x_0-\delta,\ x_0)$ 时，$f'(x)>0$，而 $x\in(x_0,x_0+\delta)$ 时，$f'(x)<0$ 时，$f'(x)<0$，那么 f 在 x_0 处取得极大值；

(2) 若 $x\in(x_0-\delta,\ x_0)$ 时，$f'(x)<0$，而 $x\in(x_0,x_0+\delta)$ 时，$f'(x)>0$ 时，$f'(x)>0$，那么 f 在 x_0 处取得极小值；

(3) 如果函数 $f'(x)$ 在 x_0 两侧符号保持不变，则 $f(x_0)$ 不是 f 的极值.

证　(1) 由于 $x\in(x_0-\delta,\ x_0)$ 时，$f'(x)>0$，根据函数单调性判定方法，f 在 $(x_0-\delta,x_0)$ 上单调递增，又由于 $x\in(x_0,x_0+\delta)$ 时，$f'(x)<0$，所以 f 在 $(x_0,x_0+\delta)$ 单调减少. 从而当 $x\in\mathring{U}(x_0,\delta)$ 时总有 $f(x)<f(x_0)$，所以 $f(x_0)$ 是 $f(x)$ 的一个极大值.

类似可证明(2)和(3).　■

例 3.5.4　求函数 $f(x)=\sqrt[3]{6x^2-x^3}$ 的极值.

解　可分为三步：

(1) 求出函数全部驻点与不可导点；

由

$$f'(x)=\frac{4-x}{\sqrt[3]{x}\,\sqrt[3]{(6-x)^2}},$$

显然驻点为 $x=4$，不可导点为 $x=0$ 和 $x=6$.

(2) 根据以上求得的点把定义域分区，做表如下：

x	$(-\infty,0)$	0	$(0,4)$	4	$(4,6)$	6	$(6,+\infty)$
$f'(x)$	$-$	∞	$+$	0	$-$	∞	$-$
$f(x)$	↘	极小	↗	极大	↘	无极值	↘

(3) 确定极值点. 从表中可看出函数的极大值是 $f(4)=2\sqrt[3]{4}$，极小值是 $f(0)=0$.

■

例 3.5.5　求函数 $f(x)=x+2\sin x$，$(0\leqslant x\leqslant 2\pi)$ 的极值.

解　求导得

$$f'(x)=1+2\cos x.$$

令 $f'(x)=0$,得 $\cos x=-\frac{1}{2}$,解得,驻点为$\frac{2\pi}{3},\frac{4\pi}{3}$.

由于 f 处处可导,我们只对驻点$\frac{2\pi}{3},\frac{4\pi}{3}$ 进行分析即可,做表如下:

x	$\left(0,\frac{2\pi}{3}\right)$	$\frac{2\pi}{3}$	$\left(\frac{2\pi}{3},\frac{4\pi}{3}\right)$	$\frac{4\pi}{3}$	$\left(\frac{4\pi}{3},2\pi\right)$
$f'(x)$	+	0	−	0	+
$f(x)$	↗	极大	↘	极小	↗

由于 $f'(x)$在 $2\pi/3$ 点由正变为负,根据第一充分条件,点 $2\pi/3$ 是一个极大值点,极大值为

$$f(2\pi/3)=\frac{2\pi}{3}+2\sin\frac{2\pi}{3}=\frac{2\pi}{3}+\sqrt{3},$$

同样地,$f'(x)$在 $4\pi/3$ 点由负变为正,所以

$$f(4\pi/3)=\frac{4\pi}{3}+2\sin\frac{4\pi}{3}=\frac{4\pi}{3}-\sqrt{3}.$$

是极小值点. ■

当函数 $f(x)$在驻点处的二阶导数存在且不为零时,也可利用下述定理来判定 $f'(x)$在驻点处取得极大值还是极小值.

定理 3.5.6 (第二充分条件).设 f'和 f''在开区间$U(x_0,\delta)$内存在且 $f'(x_0)=0$,那么

(1) 当 $f''(x_0)<0$ 时,$f(x_0)$是 f 的极大值;

(2) 当 $f''(x_0)>0$ 时,$f(x_0)$是 f 的极小值.

证 (1) $f''(x_0)<0$,根据导数定义,

$$f''(x_0)=\lim_{x\to x_0}\frac{f'(x)-f'(x_0)}{x-x_0}=\lim_{x\to x_0}\frac{f'(x)-0}{x-x_0}<0,$$

从而当 $x_0.\ \delta<x<x_0$ 时 $f'(x)>0$,$x_0<x<x_0+\delta$ 时 $f'(x)<0$ 根据第一充分条件,$f(x_0)$是极大值点.

类似可证明情形(2).

■

例 3.5.7 根据第二充分条件求函数 $f(x)=\frac{1}{3}x^3-x^2-3x+4$ 的极值.

解

$$f'(x)=x^2-2x-3=(x+1)(x-3).$$

$$f''(x)=2x-2.$$

驻点为-1,3.因 $f''(-1)=-4$,$f''(3)=4$,根据第二充分条件得,$f(-1)$是极大值,$f(3)$是

极小值.

■

需要注意的是,如果函数在驻点处的二阶导数 $f''(x)$为 0 定理 3.5.6 就不能应用.例如 $f(x)=x^3$,$f(x)=x^4$ 这两个函数,$f'(0)=0$,$f''(0)=0$.第一个函数在 $x=0$ 点没有极值;第二个在 $x=0$ 点有极小值.因此,如果函数在驻点处 $f''(x)=0$,那么还得用一阶导数在驻点左右附近的符号来判定.

在这种情况下,容易想到函数的高阶导数,事实上,根据带佩亚诺余项的泰勒公式,有下列定理:

定理 3.5.8　设函数 f 是 n 阶可导函数,且

$$f'(x_0)=f''(x_0)=\cdots=f^{(n-1)}(x_0)=0, f^{(n)}(x_0)\neq 0.$$

那么

(1) 如果 n 是偶数,x_0 必定是极值点,且如果 $f^{(n)}(x_0)<0$ $f(x_0)$是 $f(x)$的极大值点,如果 $f^{(n)}(x_0)>0$,则是极小值点;

(2) 如果 n 是奇数,那么 x_0 不是极值点.

3.5.2　最大值和最小值问题

在实际生活中,常会遇到这样一类问题:在一定条件下,怎样使用料最省、成本最低、耗时最短、收益最高等问题.这类问题可归结为求某一函数在一定区间上的最大值或最小值问题.在某区间上函数的最大值和最小值分别称为函数在这区间上的**最大值**和**最小值**.下面我们来讨论函数的最大值和最小值问题.设 $f(x)$在$[a, b]$上连续,根据连续函数的性质,可知 $f(x)$在$[a, b]$上的最大值和最小值一定存在.设最大值(最小值)在 x_0 点取得,如果 $x_0\in(a, b)$,那么 $f(x_0)$一定是 $f(x)$的极大值;又 x_0 也可能是区间端点 a 或 b,那么,要求出 $f(x)$在$[a, b]$上的最大值和最小值,我们只需求出 $f(x)$在(a, b)内的驻点和不可导点,计算函数在这些点的函数值并与 $f(a)$,$f(b)$比较大小,我们就可求得 $f(x)$在$[a, b]$上的最大值和最小值.

例 3.5.9　求函数 $f(x)=x^p+(1-x)^p(p>1)$在$[0, 1]$上的最大值和最小值.

解　由

$$f'(x)=px^{p-1}-p(1-x)^{p-1},$$

令 $f'(x)=0$,求得驻点 $x=\dfrac{1}{2}$,又 $f(x)$处处可导,$f\left(\dfrac{1}{2}\right)=2^{1-p}$,$f(0)=1$,$f(1)=1$,所以函数在 $x=0$ 处取得最大值 1,在 $x=\dfrac{1}{2}$处取得最小值 2^{1-p}.

■

由上例可得以下不等式:

$$\frac{1}{2^{p-1}}\leqslant x^p+(1-x)^p\leqslant 1\ (x\in[0,1],p>1).$$

在求函数的最大值(或最小值)时,有可能非常简单.例如,函数 $f(x)$在$[a, b]$上单调递增(递减),那么最大值和最小值必定在端点处 $f(a)$,$f(b)$取得.如果 $f(x)$在$[a, b]$上连续且只有一个驻点 $x_0 \in (a, b)$,并且这个驻点 x_0 是函数 $f(x)$的极大(小)值点,那么 x_0 就是 $f(x)$在$[a, b]$上的最大(小)值点.

在应用问题中,如果函数 f 在闭区间$[a, b]$上连续,在(a, b)内可导,且只有一个驻点 $x_0 \in (a, b)$,那么根据实际意义,x_0 一定是函数 f 在$[a, b]$上的最大(小)值.

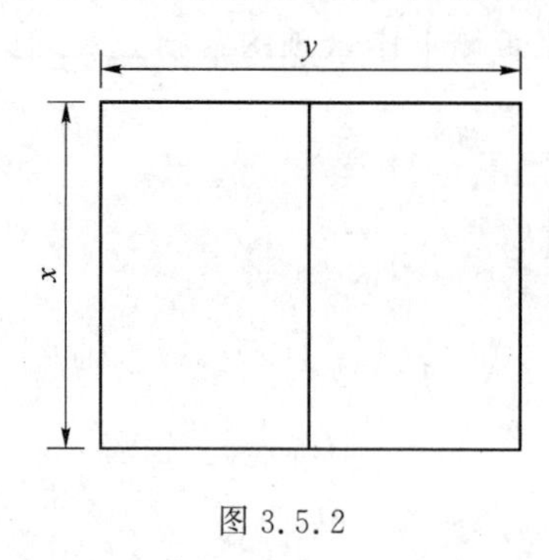

图 3.5.2

例 3.5.10 现有 100 米长的铁丝,如图 3.5.2 所示,要建两个相邻的铁丝网围栏,怎样才能使这两个铁丝网的面积最大?

解 (1) 先确定目标函数:设 x 表示这两个围栏的总宽,长为 y,所以有 $3x+2y=100$,亦即

$$y=50-\frac{3}{2}x.$$

总面积 A 为

$$A=xy=50x-\frac{3}{2}x^2.$$

由于长度为 x 的铁丝有三条,所以 $0\leqslant x\leqslant\frac{100}{3}$,所以问题归结为在区间$\left[0, \frac{100}{3}\right]$上求 A 的最大值.

(2) 求函数 $A(x)$的最大值:

$$\frac{\mathrm{d}A}{\mathrm{d}x}=50-3x.$$

令 $50-3x=0$,解得一个驻点 $x=\frac{50}{3}$,所以有三个临界点:$0, \frac{50}{3}, \frac{100}{3}$.因为当 x 取 0 和$\frac{100}{3}$时 $A=0$,而当 $x=\frac{50}{3}$时,$A\approx 416.67$,所以当 $x=\frac{50}{3}\approx 16.67$ 米,$y=50-\frac{3}{2}\left(\frac{50}{3}\right)=25$ 时面积最大.

这个答案是否合理?当然.因为 x 方向要围三次,而 y 方向只需围两次,所以 y 方向的当然要比 x 方向的要长.

例 3.5.11 小岛 A 距海边 b_1 千米,城市 B 距海边 b_2 千米,A,B 之间距离为 a 千米(如图 3.5.3 所示).现要在 A 和 B 之间建一条铁路,如果船速为 V_1 千米每小时,火车车速为 V_2 千米每小时($V_2>V_1$),求一建火车站的地点 P,使得从 A 到 B 用时最短.

解 (1) 构建目标函数:令 $MP=x$,那么从 A 到 P 坐船需要

$$T_1=\frac{1}{V_1}\sqrt{b_1^2+x^2},$$

从 P 到 B 乘火车需要

$$T_2=\frac{1}{V_2}\sqrt{b_2^2+(a-x)^2}.$$

所以目标函数为

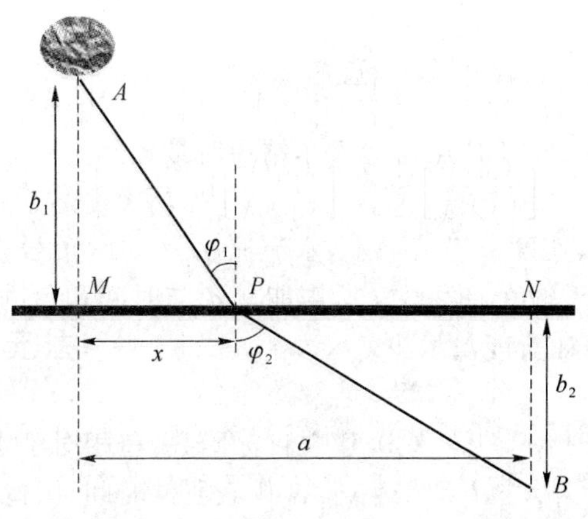

图 3.5.3

$$T(x)=\frac{1}{V_1}\sqrt{b_1^2+x^2}+\frac{1}{V_2}\sqrt{b_2^2+(a-x)^2}\ (0\leqslant x\leqslant a). \tag{3.5.1}$$

(2) 求函数 $T(x)$的最小值：

$$\frac{\mathrm{d}T}{\mathrm{d}x}=\frac{1}{V_1}\frac{x}{\sqrt{b_1^2+x^2}}-\frac{1}{V_2}\frac{a-x}{\sqrt{b_2^2+(a-x)^2}}, \tag{3.5.2}$$

$$\frac{\mathrm{d}^2 T}{\mathrm{d}x^2}=\frac{1}{V_1}\frac{b_1^2}{(b_1^2+x^2)^{3/2}}+\frac{1}{V_2}\frac{b_2^2}{[b_2^2+(a-x)^2]^{3/2}}.$$

由

$$\left.\frac{\mathrm{d}T}{\mathrm{d}x}\right|_{x=0}=-\frac{a}{V^2\sqrt{b_2^2+a^2}}<0,\left.\frac{\mathrm{d}T}{\mathrm{d}x}\right|_{x=a}=\frac{a}{V_1\sqrt{b_1^2+a^2}}>0,$$

根据零值存在定理有

$$\frac{\mathrm{d}T}{\mathrm{d}x}=0. \tag{3.5.3}$$

在$(0,a)$内至少存在一个根.又因为$\frac{\mathrm{d}^2 T}{\mathrm{d}x^2}>0$，$\frac{\mathrm{d}T}{\mathrm{d}x}$在$[0,a]$上单调递增，所以(3.5.3)式在$[0,a]$上仅有一个根.这表示当 $x\in(0,a)$时 $T(x)$只有一个驻点，根据定理 3.5.6，它就是 $T(x)$的最小值点.

由于很难从式(3.5.2)直接解出$\frac{\mathrm{d}T}{\mathrm{d}x}=0$，我们引进两个辅助角：$\varphi_1$ 和 φ_2.从图 3.5.3 可看出

$$\sin\varphi_1=\frac{x}{\sqrt{b_1^2+x^2}},\sin\varphi_2=\frac{a-x}{\sqrt{b_2^2+(a-x)^2}},$$

代入式(3.5.2)解(3.5.3)，得

$$\frac{1}{V_1}\sin\varphi_1-\frac{1}{V_2}\sin\varphi_2=0,$$

也即，

$$\frac{\sin\varphi_1}{\sin\varphi_2}=\frac{V_1}{V_2}. \tag{3.5.4}$$

因此在等式(3.5.4)所示的 P 点建造火车站用时最短.

■

例 3.5.12 一条鱼以速度 v 逆流而上，水流速度为 $-v_c$（负号表示水流方向与鱼的方向相反，如图 3.5.4 所示）. 已知鱼游距离 d 所需能量 d 与时间和鱼的速度的立方成比例，求速度 v 使得鱼游完这段距离耗费能量最少.

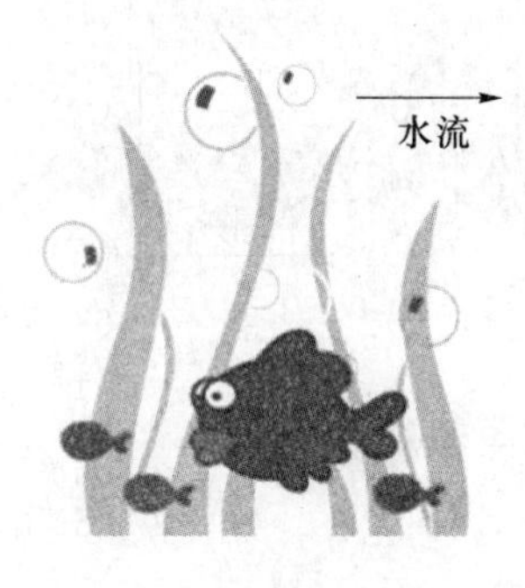

图 3.5.4

解

(1) 建立目标函数：鱼相对于水流的速度为 $v-v_c$，所以 $d=(v-v_c)t$，t 代表所需时间，因此 $t=d/(v-v_c)$，对于定值 v，鱼游完距离 d 所需能量为

$$E(v)=k\frac{d}{v-v_c}v^3=kdS\frac{v^3}{v-v_c}.$$

函数 E 的定义域为 $(v_c,+\infty)$.

(2) 求出函数 $E(v)$ 的最小值点：令 $E'(v)=0$，

$$E'(v)=kd\frac{(v-v_c)3v^2-v^3}{(v-v_c)^2}=\frac{kdv^2}{(v-v_c)^2}(2v-3v_c)=0.$$

解得区间 $(v_0,+\infty)$ 唯一驻点 $v=\frac{3}{2}v_c$，因为是开区间，所以无需考虑端点. 因为其他部分恒正，所以 $E'(v)$ 的正负只与 $2v-3v_c$ 有关：当 $v<\frac{3}{2}v_c$ 时，那么 $2v-3v_c<0$，所以 E 在 $\frac{3}{2}v_c$ 左侧递减，当 $v>\frac{3}{2}v_c$ 时，那么 $2v-3v_c>0$，所以 E 在 $\frac{3}{2}v_c$ 右侧递增. 根据第一充分条件，$v=\frac{3}{2}v_c$ 是极小值点，又因为这是区间 $(v_0,+\infty)$ 唯一的驻点，所以必定是最小值点. 因此，当鱼以一倍半水速游时所耗能量最少.

习题 3.5

A

1. 求下列函数的极值：

(1) $y=2x^3-6x^2-18x+7$；　　(2) $y=x-\ln(1+x)$；

(3) $y=x+\sqrt{1-x}$；　　(4) $y=\frac{3x^2+4x+4}{x^2+x+1}$；

(5) $y=e^x\cos x$；　　(6) $y=3-2(x+1)^{1/3}$.

2. 试问 a 为何值时，函数

$$f(x)=a\sin x+\frac{1}{3}\sin^3 x$$

在 $x=\frac{\pi}{3}$ 处取得极值？它是极大值还是极小值？求出此极值.

3. 求下列函数的极值与凹凸区间：

(1) $f(x)=x-\ln(1+x^2)$；

(2) $f(x)=x^{2/3}-\sqrt[3]{x^2-1}$；

(3) $f(x)=\frac{(x+1)^{3/2}}{x-1}$；

(4) $f(x)=\begin{cases}x^3, & x\geqslant 0,\\ \cos x-1, & -\pi\leqslant x<0,\\ -(x+2+\pi), & x<-\pi.\end{cases}$

4. 试证明：如果函数 $y=ax^3+bx^2+cx+d$ 满足条件 $b^2-3ac<0$，那么这函数没有极值.

5. 求证下列不等式：

(1) $|3x-x^3|\leqslant 2, x\in[-2,2]$；

(2) $x^x\geqslant e^{-\frac{1}{e}}, x\in(0,+\infty)$；

(3) $e^x\leqslant\frac{1}{1-x}, x\in(-\infty,1)$.

6. 求下列函数的最大值和最小值：

(1) $f(x)=\frac{x-1}{x+1}, x\in[0,4]$；

(2) $f(x)=\sin^3 x\cos^3 x, x\in\left[\frac{\pi}{6},\frac{3\pi}{4}\right]$；

(3) $f(x)=x+\sqrt{1-x}, x\in[-5,1]$；

(4) $f(x)=\max\{x^2,(1-x)^2\}, x\in[0,1]$.

7. A 和 B 想共用一个变压器，从 A 和 B 到电线的距离分别为 1 km，1.5 km，A 和 B 之间的水平距离为 3 km，如图 3.5.5 所示. 求变压器安装在什么位置才能使得电线最短？

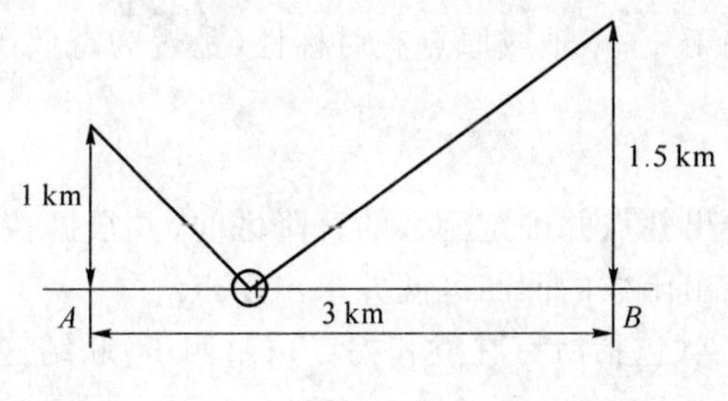

图 3.5.5

8. 曲线 $y=4-x^2$ 与直线 $y=2x+1$ 相交于点 A 和 B，点 C 是 $\widehat{AB}$ 上一点，试确定 C 的位置使得 ΔABC 面积最大.

9. 对某物体长度进行 n 次测量得到 n 次测量值：$a_1, a_2, \cdots, a_n$，证明：如果在下列函数中用算术平均值近似物体的长度 x：

$$f(x)=(x-a_1)^2+(x-a_2)^2+\cdots+(x-a_n)^2,$$

那么此函数就达到最小值.

10. 设一条船的燃料费用与船速的立方成比例，当船速为 10 千米/小时时，燃料费用为 80 元/小时，其他各项费用为 480 元/小时. 如果船航行 20 千米，那么船速为多少时费用最少？在这种情况下，总费用为多少？

B

1. 设常数 $k>0$，试确定函数 $f(x)=\ln x-\frac{x}{e}+k$ 在 $(0, +\infty)$ 的零点个数.

2. 设 $f(x)=(x-x_0)^n g(x)$，$n\in N_+$，$g(x)$ 在 x_0 点连续，且 $g(x_0)\neq 0$，问 x_0 是否为 $f(x)$ 的极值点？

3. 银行的存款总量与其付给存款人的利率的平方成比例，现假设银行每年将总存款的 90% 以 20% 的利率贷款给客户. 问：为使得银行收益最大，如何确定银行付给存款人的利率？

3.6 函数图形的描绘

这一节中我们要通过画出函数足够的点来描绘函数的图形，并掌握函数的性质. 微积分学为我们提供了分析函数图的有力工具，尤其是它能确定函数性质改变的关键点. 我们需要确定函数的极大值点，极小值点，拐点；也需要确定函数在哪个区间上上升，在哪个区间上下降，在哪个区间上为凹，在哪个区间上为凸. 我们这一节就对这些问题进行总结.

描述函数图形没有捷径，但是，描述函数图形的一般途径如下：

第一步：确定函数特性(非导数分析)：

(1) 确定函数的定义域和值域；

(2) 判断函数是否关于 x，y 轴或原点有对称性(是否为奇偶函数)；

(3) 求出截距.

第二步：导数分析：

(1) 根据一阶导数求出驻点并确定函数的升降区间，并根据驻点确定估计极值点；

(2) 根据二阶导数求出函数的凹凸区间并求出拐点.

第三步：描绘出以上点(包括所有驻点和拐点)；第四步：联结这些点，画出函数图形.

多项式函数

一阶或二阶的多项式函数可以很容易画出来，50 阶的就不可能手绘出来. 如果阶数不高，如三阶或六阶，我们就可考虑利用微积分知识描绘函数图形.

例 3.6.1　画出函数 $f(x)=\dfrac{3x^5-20x^3}{32}$ 的图形.

解　由 $f(-x)=-f(x)$，f 是奇函数，所以函数图形关于原点对称，确定 $f(x)=0$，计算得 x 轴截距为 0 和 $\pm\sqrt{20/3}\approx\pm 2.6$.

对 f 求导，得

$$f'(x)=\frac{15x^4-60x^2}{32}=\frac{15x^2(x-2)(x+2)}{32}.$$

所以，驻点为 -2，0，和 2，同时，在 $(-\infty,-2)$ 和 $(2,+\infty)$ 内 $f'(x)>0$，在 $(-2,0)$ 和 $(0,2)$ 内 $f'(x)<0$，这样我们就确定了 f 的升降区间，且有极大值 $f(-2)=2$ 和极小值 $f(2)=-2$. 更进一步地，

$$f''=\frac{60x^3-120x}{32}=\frac{15x(x-\sqrt{2})(x+\sqrt{2})}{8}.$$

根据 f'' 的符号，知道 f 在 $(-\sqrt{2},0)$ 和 $(\sqrt{2},+\infty)$ 上是凹的，在 $(-\infty,-\sqrt{2})$ 和 $(0,\sqrt{2})$ 内是凸的，并有拐点：$(-\sqrt{2},7\sqrt{2}/8)\approx(-1.4,1.2)$，$(0,0)$ 和 $(\sqrt{2},-7\sqrt{2}/8)\approx(1.4,-1.2)$. 综合以上所有结论，我们画出函数图形如图 3.6.1 所示.

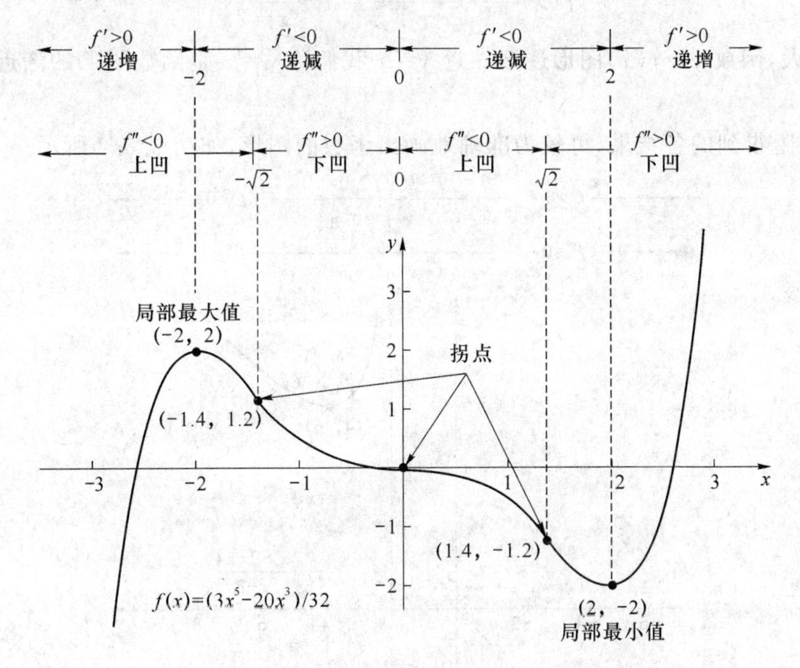

图 3.6.1

有理函数

有理函数的图形描绘比多项式函数更为复杂，特别地，我们要注意使得分母等于 0 的点.

例 3.6.2 画出函数 $f(x)=\dfrac{x^2-2x+4}{x-2}$的图形.

解 此函数非奇函数也非偶函数,所以不用考虑对称性.又因为 $x^2-2x+4=0$ 无实根,所以在 x 轴上截距为 0,y 轴截距为 -2,且

$$\lim_{x\to 2^-}\frac{x^2-2x+4}{x-2}=-\infty \text{和} \lim_{x\to 2^+}\frac{x^2-2x+4}{x-2}=+\infty.$$

对函数连续两次求导:

$$f'(x)=\frac{x(x-4)}{(x-2)^2} \text{和} f''(x)=\frac{8}{(x-2)^3}.$$

驻点为 $x=0$ 和 $x=4$.

因此,在$(-\infty,0)\cup(4,+\infty)$内 $f'(x)>0$,在$(0,2)\cup(2,4)$内 $f'(x)<0$,在 $x=2$ 点,$f'(x)$不存在.同时,在$(2,+\infty)$内 $f''(x)>0$,在$(-\infty,2)$内 $f''(x)<0$,因为 $f''(x)$不可能为 0,所以没有拐点.另一方面,$f(0)=-2$ 和 $f(4)=6$ 分别是极小值和极大值.

下面考虑$|x|$很大时 $f(x)$的性质.

$$f(x)=\frac{x^2-2x+4}{x-2}=x+\frac{4}{x-2},$$

随着$|x|$增大,函数 $y=f(x)$图形逐渐靠近 $y=x$ 我们称 $y=x$ 是函数图 f 的**渐近线**.

■

综合以上得到的各结果,可较为准确地画出函数的图形,如图 3.6.2 所示.

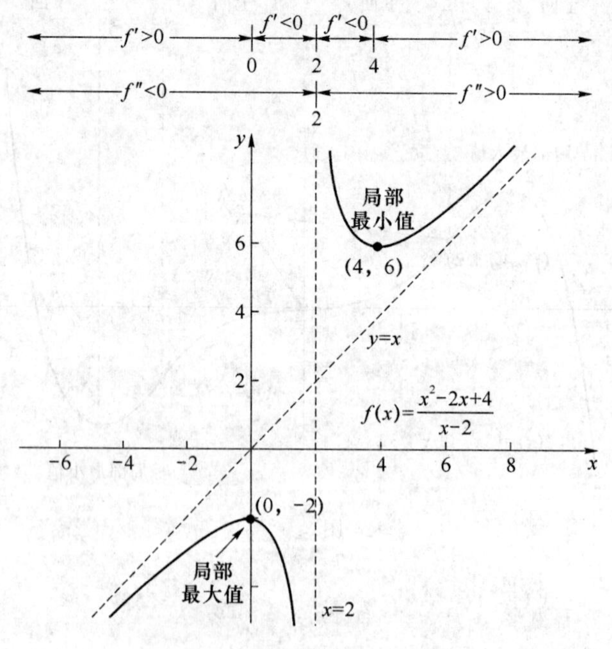

图 3.6.2

习题 3.6

A

1. 描绘下列函数的图形：

(1) $y=\frac{1}{5}(x^4-6x^2+8x+7)$；　　(2) $y=\frac{x}{1+x^2}$；

(3) $y=e^{-(x-1)^2}$；　　(4) $y=x^2+\frac{1}{x}$；

(5) $y=\frac{\cos x}{\cos 2x}$.

第 4 章

不定积分

通常,数学中的一种运算都伴随着它的逆运算. 例如,加法和减法互为逆运算,乘法和除法互为逆运算等. 在第 3 章中,我们考虑了给定函数的导数运算. 导数运算也有逆运算,这就是本章要讨论的不定积分. 我们学习不定积分,一来是为有具体应用背景的定积分服务,二来是为一些后续课程作准备.

4.1 不定积分的概念和性质

在第 3 章中,我们考虑了以下问题:给定一个函数 $F(x)$,找出它的导数,使得函数 $f(x)=F'(x)$. 在本章,我们将考虑它的逆问题:给定一个函数 $f(x)$,找到一个函数 $F(x)$,使得函数 $F(x)$的导数等于 $f(x)$.

4.1.1 原函数与不定积分

定义 4.1.1 设函数 $f(x)$ 定义在区间 I 上。若存在函数 $F(x)$,对任意的 x 属于 I 都有

$$F'(x)=f(x),$$

那么函数 $F(x)$就称为函数 $f(x)$在区间 I 上的**原函数**. f 在区间 I 上的所有原函数的集合称为 f 在区间 I 上关于 x 的**不定积分**,表示为

$$\int f(x)\mathrm{d}x,$$

其中 $f(x)$ 称为被积函数,$f(x)\mathrm{d}x$ 积分表达式或积分元素,x 称为积分变量,$\int$ 称为积分符号.

例如:

$(x^2)'=2x$, $x\in R$, 即函数 x^2 是函数 $2x$ 的在区间区间 R 上的原函数.

$(\arcsin x)'=\dfrac{1}{\sqrt{1-x^2}}$，$x\in(-1,1)$，即函数$\dfrac{1}{\sqrt{1-x^2}}$是函数 $\arcsin x$ 的在区间区间 $I=(-1,1)$上的原函数.

$(\sin x)'=\cos x$，$x\in R$，即函数 $\sin x$ 是函数 $\cos x$ 的在区间区间 R 上的原函数.

$(\sin x+C)'=\cos x$，$x\in R$,其中 C 为任意常数. 可知，即函数 $\sin x+C$ 也是函数 $\cos x$ 在区间 R 上的原函数.

由此可见,一个函数存在原函数,那么它必有无穷多个原函数，不定积分是函数的集合. 若函数 $f(x)$存在原函数 $F(x)$，则这个原函数$F(x)$加上任意常数 C,即 $F(x)+C$ 也是函数 $f(x)$的原函数.

关于原函数有一个重要的理论问题:原函数的存在问题，即对于每一个函数 $f(x)$,是否都存在原函数(或不定积分)？答案是否定的. 这里不予证明,只给出结论:**如果函数 $f(x)$ 在区间 I 上连续 ,那么函数 $f(x)$ 在区间 I 上存在原函数(或不定积分)**. 对于有原函数存在的情形，我们还要考虑原函数的结构问题：若函数 $f(x)$存在原函数 $F(x)$，则这个原函数 $F(x)$加上任意常数 C,即 $F(x)+C$ 也是函数 $f(x)$的原函数. 那么函数 $f(x)$的无限多个原函数是否仅限于 $F(x)+C$ 的形式？答案是:除了 $F(x)+C$ 的形式外不存在 $f(x)$的原函数. 根据中值定理的推论,我们可以证明如下定理.

定理 4.1.2　若函数 $F(x)$是 $f(x)$ 在区间 I 上 的一个原函数,则 $f(x)$ 的无限多个函数仅限于 $F(x)+C$ 的形式. 这些原函数用不定积分来表示如下：

$$\int f(x)\mathrm{d}x = F(x)+C, \tag{4.1.1}$$

其中 C 是任意常数,称为**积分常数**.

例如，

$$\int 2x\mathrm{d}x = x^2+C,\text{因为}(x^2)' = 2x.$$

式 (4.1.1)表明“关于 x 的函数 f 的不定积分是 $F(x)+C$,”指出一个函数的不定积分既不是一个数,也不是一个函数,而是一个函数族. 函数 $f(x)$的无限多个原函数彼此仅相差一个常数. 如果要求函数 $f(x)$的所有的原函数，只需要求出该函数的一个原函数，然后再加上任意常数 C 即可.

该定理的几何意义是，函数 $f(x)$的原函数在它任意一点$(x, F(x))$的切线的斜率等于已知函数 $f(x)$. 将该曲线 $y=F(x)$ 沿着 y 轴平移而得到的所有曲线 $y=F(x)+C$ 都是函数 $f(x)$的原函数曲线，即任意两个原函数之间仅仅相差一个函数.

4.1.2　不定积分的性质

求已知函数的不定积分的运算称为积分运算. 积分运算是微分运算的逆运算. 关于不

定积分有下列运算法则：

性质 4.1.3

$$\left[\int f(x)\mathrm{d}x\right]' = f(x), \quad 即 \quad \mathrm{d}\int f(x)\mathrm{d}x = f(x)\mathrm{d}x,$$

即不定积分的导数(或微分)等于被积函数(或被积表达式).

$$\int f'(x)\mathrm{d}x = f(x) + C, \quad 即 \quad \int \mathrm{d}f(x) = f(x) + C.$$

即函数 $f(x)$的导函数(或微分)的不定积分等于函数族 $f(x)+C$.

性质 4.1.4 (线性性质). 两个或两个以上函数的线性组合的不定积分等于它们的积分的线性组合. 具体的,设 f,g 在区间 I 上原函数存在, k 为常数, 则

(1) $\int kf(x)\mathrm{d}x = k\int f(x)\mathrm{d}x$;

(2) $\int [f(x) \pm g(x)]\mathrm{d}x = \int f(x)\mathrm{d}x \pm \int g(x)\mathrm{d}x$.

对上述等式两边同时求微分,很容易证明不定积分的线性性质. 这个法则可推广到 n 个(有限)函数的情形, 即 n 个函数的线性组合的不定积分等于它们的积分的线性组合.

由于积分运算是微分运算的逆运算,所以可以从微分公式得到下列不定积分的公式表:

基本积分表 I

$\int k\mathrm{d}x = kx + C$ (k 是常数)	
$\int x^\mu \mathrm{d}x = \frac{x^{\mu+1}}{\mu+1} + C\ (\mu \neq -1)$	$\int \frac{\mathrm{d}x}{x} = \ln\mid x\mid + C$
$\int \frac{\mathrm{d}x}{1+x^2} = \arctan x + C$	$\int \frac{\mathrm{d}x}{\sqrt{1-x^2}} = \arcsin x + C$
$\int \mathrm{e}^x\mathrm{d}x = \mathrm{e}^x + C$	$\int a^x\mathrm{d}x = \frac{a^x}{\ln a} + C\ (a > 0, a \neq 1)$
$\int \cos x\mathrm{d}x = \sin x + C$	$\int \sin x\ \mathrm{d}x = -\cos x + C$
$\int \sec^2 x\mathrm{d}x = \tan x + C$	$\int \csc^2 x\mathrm{d}x = -\cot x + C$
$\int \sec x\tan x\mathrm{d}x = \sec x + C$	$\int \csc x\cot x\mathrm{d}x = -\csc x + C$
$\int \sin\mathrm{h}\ x\mathrm{d}x = \cosh x + C$	$\int \cosh\ \mathrm{d}x = \sinh x + C$

求函数的不定积分最后都要归结为上述不定积分表所列的初等函数的不定积分. 因此,读者应牢记上述不定积分表所列的公式. 再本章后续章节中还将介绍正切函数,余切函

数,正割函数,余割函数和对数函数的不定积分公式,同样,读者也需要牢记并会用.

运用不定积分基本公式和不定积分的运算法则能够求一些简单函数的不定积分.

例 4.1.4　求下列不定积分:

(1) $\int \frac{(\sqrt{x}-1)^2}{x}\mathrm{d}x$;　　(2) $\int \frac{1+2x^2}{x^2(1+x^2)}\mathrm{d}x$;

(3) $\int \tan^2 x\mathrm{d}x$;　　(4) $\int \frac{\mathrm{d}x}{\sin^2 x\cos^2 x}$.

解

(1) $\int \frac{(\sqrt{x}-1)^2}{x}\mathrm{d}x = \int \frac{x-2\sqrt{x}+1}{x}\mathrm{d}x = \int \mathrm{d}x - \int 2x^{-\frac{1}{2}}\mathrm{d}x + \int \frac{1}{x}\mathrm{d}x = x-4\sqrt{x}+\ln|x|+C$,

其中 C 集合了三个积分常数的任意常数.

(2) $\int \frac{1+2x^2}{x^2(1+x^2)}\mathrm{d}x = \int \frac{(1+x^2)+x^2}{x^2(1+x^2)}\mathrm{d}x = \int \frac{1}{x^2}\mathrm{d}x + \int \frac{1}{1+x^2}\mathrm{d}x = -\frac{1}{x}+\arctan x+C$.

(3) $\int \tan^2 x\mathrm{d}x = \int (\sec^2 x-1)\mathrm{d}x = \int \sec^2 x\mathrm{d}x - \int \mathrm{d}x = \tan x - x + C$.

(4)
$$\begin{aligned}\int \frac{\mathrm{d}x}{\sin^2 x\cos^2 x} &= \int \frac{\sin^2 x+\cos^2 x}{\sin^2 x\cos^2 x}\mathrm{d}x = \int \frac{1}{\sin^2 x}\mathrm{d}x + \int \frac{1}{\cos^2 x}\mathrm{d}x \\ &= \int \sec^2 x\mathrm{d}x + \int \csc^2 x\mathrm{d}x = \tan x - \cot x + C.\end{aligned}$$

习题 4.1

1. 下面的不定积分计算是否正确?请说明原因.

(1) $\int \frac{x}{\sqrt{x^2+1}}\mathrm{d}x = \frac{1}{\sqrt{x^2+1}}+C$;　　(2) $\int \mathrm{e}^x \sin x\mathrm{d}x = \frac{\mathrm{e}^x}{2}(\sin x-\cos x)+C$;

(3) $\int x\cos x\mathrm{d}x = x\sin x+\cos x+C$;　　(4) $\int \frac{1}{(x+1)^2}\mathrm{d}x = \frac{1}{x+1}+C$;

(5) $\int x\sin x\mathrm{d}x = \frac{x^2}{2}\sin x+C$;　　(6) $\int x\sin x\mathrm{d}x = -x\cos x+C$;

(7) $\int \frac{x}{x^2+1}\mathrm{d}x = \sqrt{x^2+1}+C$;　　(8) $\int \frac{1}{\sqrt{(x^2+a^2)^3}}\mathrm{d}x = \frac{x}{a^2\sqrt{x^2+a^2}}+C$.

2. 求下列不定积分,并用微分检验结果.

(1) $6x^5$;　(2) $-\sin 5x$;　(3) e^{-2x};　(4) $x^7-\mathrm{e}^{4x}+\cos x+8$;

(5) $\sec^2 5x$;　(6) $\frac{1}{3x+1}$;　(7) $3x+1$;　(8) $x\mathrm{e}^{x^2}+3\mathrm{e}^x$.

3. 证明 $\sin^2 x$，$-\cos^2 x$ 和$-\frac{1}{2}\cos 2x$ 是同一个函数的原函数，并说明该函数为什么有不同形式的原函数?

4. 求下列不定积分：

(1) $\int(3t^2+t-5)\mathrm{d}t$；　　(2) $\int\left(7-\frac{5}{\sqrt{x}}+\frac{3}{x^3}\right)\mathrm{d}x$；

(3) $\int(\sqrt{x}+\sqrt[3]{x})\mathrm{d}x$；　　(4) $\int(x^2+1)^2\mathrm{d}x$；

(5) $\int(\sin x-3\cos x)\mathrm{d}x$；　　(6) $\int(10^x+2\mathrm{e}^x)\mathrm{d}x$；

(7) $\int\frac{2+\cos^2 t}{\cos^2 t}\mathrm{d}t$；　　(8) $\int\frac{3\cos 2x}{2\sin^2 x\cos^2 x}\mathrm{d}x$；

(9) $\int\frac{3x^4+3x^2+1}{x^2+1}\mathrm{d}x$；　　(10) $\int\left(\frac{3}{1+x^2}-\frac{2}{\sqrt{1-x^2}}\right)\mathrm{d}x$；

(11) $\int\frac{2\times 3^x-5\times 2^x}{3^x}\mathrm{d}x$；　　(12) $\int\sec x(\sec x-\tan x)\mathrm{d}x$；

(13) $\int\frac{1}{1+\cos 2y}\mathrm{d}y$；　　(14) $\int\left(1-\frac{1}{x^2}\right)\sqrt{x\sqrt{x}}\,\mathrm{d}x$.

5. 若过点 $A(1,0)$一条平面曲线上任一点(x,y)的切线斜率为 $2x-2$，求该曲线方程.

6. 设 $\int f(t)\mathrm{d}t=F(t)+C$，证明

$$\int f(ax+b)\mathrm{d}x=\frac{1}{a}F(ax+b)+C.$$

4.2 换元积分法

一般说来，求不定积分要比求导数(或微分)困难很多. 如果函数存在导数，根据导数的运算法则和导数公式或导数的定义，能求出很多函数的导数. 但是求不定积分则不然，利用基本积分表只能计算一些简单的不定积分，而对于更广泛函数的不定积分，要对不同的函数形式采取不同的方法. 可以说，求不定积分有很大的灵活性. 积分运算是微分运算的逆运算，我们就从微分运算的特殊方法入手推导积分计算的有效方法，期望能够将不定积分的被积函数化简，直到能够应用不定积分表中的公式求出它的不定积分.

本节将要介绍的换元积分法是将复合函数求导的链式法则反过来，利用中间变量代换，从而得到用于求复合函数不定积分的一种方法. 该方法是求不定积分的一种最常用的重要方法，求不定积分再应用其它方法的同时，也常常要伴随应用换元积分法. 换元积分法

分为两类:第一类换元积分法合第二类换元积分法.

4.2.1　第一类换元法

设函数 $F(u)$是 函数 $f(u)$的一个原函数,即 $F'(u)=f(u)$，若 $u=\varphi(x)$可导. 由复合函数求导的链式法则,有

$$\{F[\varphi(x)]\}'=f[\varphi(x)]\varphi'(x),$$

由不定积分的定义可知：

$$\int f[\varphi(x)]\varphi'(x)\mathrm{d}x = F[\varphi(x)]+C.$$

显然

$$\int f(u)\mathrm{d}u\bigg|_{u=\varphi(x)} = [F(u)+C]\bigg|_{u=\varphi(x)} = F[\varphi(x)]+C,$$

比较上述两式，$\int f[\varphi(x)]\varphi'(x)\mathrm{d}x$ 和 $\int f(u)\mathrm{d}u$ 表示同一函数族，所以

$$\int f[\varphi(x)]\varphi'(x)\mathrm{d}x = \int f(u)\mathrm{d}u\bigg|_{u=\varphi(x)}.$$

于是得到下述定理.

定理 4.2.1　(第一类换元法). 设函数 f 为连续函数，函数 φ 有连续的导函数，且 φ 的值域包含在 f 的定义域中 ,则

$$\int f[\varphi(x)]\varphi'(x)\mathrm{d}x = \int f(u)\mathrm{d}u\bigg|_{u=\varphi(x)}. \tag{4.2.1}$$

具体说来,如果不定积分 $\int g(x)\mathrm{d}x$ 直接积分不容易，我们可以试着将被积函数 $g(x)$分成两部分,使得

$$g(x)\equiv f[\varphi(x)]\varphi'(x).$$

则可以做变量代换 $\varphi(x)=u$,有

$$\int g(x)\mathrm{d}x = \int f[\varphi(x)]\varphi'(x)\mathrm{d}x = \int f[\varphi(x)]\mathrm{d}\varphi(x) = \int f(u)\mathrm{d}u\bigg|_{u=\varphi(x)}.$$

若 $\int f(u)\mathrm{d}u$ 容易求出,即得求得原不定积分. 简单说来,第一换元积分法是将被积表达式“凑”成微分的形式,亦称“凑微分法”.

例 4.2.2　求下列不定积分：

(1) $\int \sin x\cos x\mathrm{d}x$；　　(2) $\int (2x-1)^4\mathrm{d}x$；

(3) $\int \dfrac{\mathrm{d}x}{\mathrm{e}^x+1}$；　　(4) $\int \dfrac{\mathrm{d}x}{a^2+x^2}(a>0)$；

(5) $\int \frac{dx}{\sqrt{a^2-x^2}}(a>0)$； (6) $\int \frac{dx}{a^2-x^2}(a>0)$.

解 (1) 将 $\cos x$ 与 dx 放在一起可凑出微分 $d\sin x$. 因此

$$\int \sin x \cos x dx = \int \sin x d \sin x.$$

令 $\sin x = u$，因为 $\int u du = \frac{u^2}{2} + C$. 所以

$$\int \sin x \cos x dx = \int \sin x d \sin x = \int u du \Big|_{u=\sin x} = \left(\frac{u^2}{2}+C\right)\Big|_{u=\sin x} = \frac{\sin^2 x}{2} + C.$$

(2) 被积函数$(2x-1)^4$ 为$u=(2x-1)$的复合函数. 因而,本题可以"凑"微分 $d(2x-1)$,即利用

$$d(2x-1)=2dx,$$

可以得到

$$\int (2x-1)^4 dx = \frac{1}{2}\int (2x-1)^4 d(2x-1) = \frac{1}{2}\int u^4 du$$

$$= \frac{1}{2} \times \frac{1}{5}u^5 + C = \frac{1}{10}(2x-1)^5 + C.$$

注：在方法熟练之后,可以省略"设"变量的步骤，新变量 u 不一定要写出来,可使书写简化.

(3)

$$\int \frac{1}{e^x+1}dx = \int \frac{e^x}{e^x(e^x+1)}dx = \int \frac{1}{e^x(e^x+1)}d(e^x)$$

$$= \int \left(\frac{1}{e^x} - \frac{1}{e^x+1}\right)d(e^x) = \int \frac{1}{e^x}d(e^x) - \int \frac{1}{e^x+1}d(e^x)$$

$$= \ln e^x - \ln(e^x+1) + C = \ln\left(\frac{e^x}{e^x+1}\right) + C.$$

(4)

$$\int \frac{dx}{a^2+x^2} = \frac{1}{a}\int \frac{1}{1+\left(\frac{x}{a}\right)^2}\frac{1}{a}dx = \frac{1}{a}\int \frac{1}{1+\left(\frac{x}{a}\right)^2}d\left(\frac{x}{a}\right)$$

$$= \frac{1}{a}\arctan\frac{x}{a} + C.$$

(5)

$$\int \frac{dx}{\sqrt{a^2-x^2}} = \int \frac{1}{\sqrt{1-\left(\frac{x}{a}\right)^2}}d\frac{x}{a} = \arcsin\frac{x}{a} + C.$$

(6)

$$\int \frac{dx}{a^2-x^2} = \frac{1}{2a}\int \left(\frac{1}{a-x} + \frac{1}{a+x}\right)dx$$

$$= \frac{1}{2a}\left[-\int \frac{1}{a-x}\mathrm{d}(a-x) + \int \frac{1}{a+x}\mathrm{d}(a+x)\right]$$

$$= \frac{1}{2a}[-\ln|a-x| + \ln|a+x|] + C$$

$$= \frac{1}{2a}\ln\left|\frac{a+x}{a-x}\right| + C.$$

■

本例的(4),(5)和(6)的结论应作为补充积分基本公式熟记,在以后的积分运算中可以直接使用.

例 4.2.3　求下列不定积分:

(1) $\int \tan x\mathrm{d}x$;　　(2) $\int \cot x\mathrm{d}x$;

(3) $\int \sec x\mathrm{d}x$;　　(4) $\int \csc x\mathrm{d}x$;

(5) $\int \sin^3 x\mathrm{d}x$;　　(6) $\int \sin 5x\cos 3x\mathrm{d}x$.

解　(1) $\int \tan x\mathrm{d}x = \int \frac{\sin x}{\cos x}\mathrm{d}x = -\int \frac{\mathrm{d}\cos x}{\cos x} = -\ln|\cos x| + C = \ln|\sec x| + C.$

(2) 同(1)的计算方法可得

$$\int \cot x\mathrm{d}x = -\ln|\csc x| + C.$$

(3) 解法一

$$\int \sec x\mathrm{d}x = \int \frac{\sec x(\sec x + \tan x)}{\sec x + \tan x}\mathrm{d}x = \int \frac{1}{\sec x + \tan x}\mathrm{d}(\tan x + \sec x)$$

$$= \ln|\sec x + \tan x| + C.$$

解法二

$$\int \sec x\mathrm{d}x = \int \frac{1}{\cos x}\mathrm{d}x = \int \frac{\cos x}{\cos^2 x}\mathrm{d}x$$

$$= \int \frac{\mathrm{d}\sin x}{1-\sin^2 x}\text{(例 4.2.2(6))}$$

$$= \frac{1}{2}\ln\left|\frac{1+\sin x}{1-\sin x}\right| + C.$$

(4) 同(3)的计算方法可得

$$\int \csc x\mathrm{d}x = -\ln|\csc x + \cot x| + C.$$

或者

$$\int \csc x\mathrm{d}x = -\frac{1}{2}\ln\left|\frac{1+\cos x}{1-\cos x}\right| + C.$$

(5)

$$\int \sin^3 x \mathrm{d}x = \int (1-\cos^2 x)\sin x \mathrm{d}x = -\int (1-\cos^2 x)\mathrm{d}\cos x$$

$$= -\cos x + \frac{1}{3}\cos^3 x + C.$$

(6)

$$\int \sin 5x \cos 3x \,\mathrm{d}x = \frac{1}{2}\int (\sin 8x + \sin 2x)\mathrm{d}x = \frac{1}{2}\left[\frac{1}{8}\int \sin 8x \mathrm{d}(8x) + \frac{1}{2}\int \sin 2x \mathrm{d}(2x)\right]$$

$$= -\frac{1}{16}(\cos 8x + 4\cos 2x) + C.$$

例 4.2.4 求下列不定积分:

(1) $\int \frac{\mathrm{d}x}{x(1+2\ln x)}$;　　(2) $\int \frac{1+\ln x}{(x\ln x)^2}\mathrm{d}x$;

(3) $\int \frac{\sqrt{\arctan x}}{1+x^2}\mathrm{d}x$;　　(4) $\int \frac{\arccos\sqrt{x}}{\sqrt{x(1-x)}}\mathrm{d}x$;

(5) $\int \sqrt{\frac{x}{1-x\sqrt{x}}}\mathrm{d}x$;　　(6) $\int \left\{\frac{f(x)}{f'(x)} - \frac{f^2(x)f''(x)}{[f'(x)]^3}\right\}\mathrm{d}x$.

解

(1) $$\int \frac{\mathrm{d}x}{x(1+2\ln x)} = \frac{1}{2}\int \frac{\mathrm{d}(2\ln x)}{(1+2\ln x)} = \frac{1}{2}\int \frac{\mathrm{d}(1+2\ln x)}{(1+2\ln x)}$$

$$= \frac{1}{2}\ln|1+2\ln x| + C.$$

(2) $$\int \frac{1+\ln x}{(x\ln x)^2}\mathrm{d}x = \int \frac{\mathrm{d}(x\ln x)}{(x\ln x)^2} = -\frac{1}{x\ln x} + C.$$

(3) $$\int \frac{\sqrt{\arctan x}}{1+x^2}\mathrm{d}x = \int \sqrt{\arctan x}\,\mathrm{d}\arctan x = \frac{2}{3}(\arctan x)^{\frac{3}{2}} + C.$$

(4) $$\int \frac{\arccos\sqrt{x}}{\sqrt{x(1-x)}}\mathrm{d}x = 2\int \frac{\arccos\sqrt{x}}{\sqrt{1-x}}\mathrm{d}\sqrt{x} = -2\int \arccos\sqrt{x}\,\mathrm{d}\arccos\sqrt{x}$$

$$= -(\arccos\sqrt{x})^2 + C.$$

(5) 因为 $\mathrm{d}(1-x\sqrt{x}) = -\frac{3}{2}\sqrt{x}\mathrm{d}x$，所以

$$\int \sqrt{\frac{x}{1-x\sqrt{x}}}\mathrm{d}x = \int (1-x\sqrt{x})^{-\frac{1}{2}}\sqrt{x}\mathrm{d}x = -\frac{2}{3}\int (1-x\sqrt{x})^{-\frac{1}{2}}\mathrm{d}(1-x\sqrt{x})$$

$$= -\frac{4}{3}\sqrt{1-x\sqrt{x}} + C.$$

(6)

$$\int\left\{\frac{f(x)}{f'(x)}-\frac{f^2(x)f''(x)}{[f'(x)]^3}\right\}dx=\int\frac{f(x)}{f'(x)}\left\{1-\frac{f(x)f''(x)}{[f'(x)]^2}\right\}dx=\int\frac{f(x)}{f'(x)}\left\{\frac{[f'(x)]^2-f(x)f''(x)}{[f'(x)]^2}\right\}dx$$

$$=\int\frac{f(x)}{f'(x)}d\left[\frac{f(x)}{f'(x)}\right]=\frac{1}{2}\left[\frac{f(x)}{f'(x)}\right]^2+C.$$

■

4.2.2　第二类换元法

不定积分的第一类换元法是通过变量代换将式(4.2.1)左端的积分化为右端的积分来计算的. 然而，如果式(4.2.1)右端的不定积分不容易计算，我们可能将右端不定积分通过变量替换化为左端积分来计算. 这就是第二类换元积分法.

假设 $\int f(x)dx$ 不容易积分，可将过程反过来：通过变量代换 $x=\varphi(t)$ 化为式(4.2.1)左端的形式，然后计算 $\int f[\varphi(t)]\varphi'(t)dt$. 这就是不定积分的第二类换元法. 第二类换元法是另一种形式的变量代换，换元公式可以表示为

$$\int f(x)dx=\left\{\int f[\varphi(t)]\varphi'(t)dt\right\}\Big|_{t=\varphi^{-1}(x)}.$$

这个公式的成立是需要一定条件的. 首先，等式右端的不定积分要存在，其次，右端积分计算出来后，变量 t 要通过 $x=\varphi(t)$ 的反函数 $t=\varphi^{-1}(x)$ 变换回去. 为了保证这两点，我们假设函数 $x=\varphi(t)$ 在 t 的某一区间满足于单调可导的条件. 即有如下定理：

定理 4.2.5　(**第二类换元法**). 设 f 是连续函数，φ 具有连续的导数，且 φ' 在区间 I 上不改变符号，则

$$\int f(x)dx=\left\{\int f[\varphi(t)]\varphi'(t)dt\right\}\Big|_{t=\varphi^{-1}(x)},\tag{4.2.2}$$

其中 φ^{-1} 是 φ 的反函数.

证明　由于 φ' 在区间 I 上不改变符号，所以 φ 的反函数存在，且 $\frac{dt}{dx}=\frac{1}{\varphi'(t)}$.

对(4.2.2)式两端分别求微分得

$$\frac{d}{dx}\int f(x)dx-f(x),$$

$$\frac{d}{dx}\int f[\varphi(t)]\varphi'(t)dt=\frac{d}{dt}\int f[\varphi(t)]\varphi'(t)dt\,\frac{dt}{dx}$$

$$=f[\varphi(t)]\varphi'(t)\frac{1}{\varphi'(t)}=f[\varphi(t)]=f(x).$$

由不定积分的定义知，式(4.2.2)成立.

■

第二换元法指出，求等式(4.2.2)等号左端的不定积分时，设 $x=\varphi(t)$，则化为求不定积分$\int f[\varphi(t)]\varphi'(t)\mathrm{d}t$. 若 $f[\varphi(t)]\varphi'(t)$的一个原函数很容易求出，该变量替换就实现了不定积分的化繁为简.使用公式(4.2.2)的关键在于选择合适的变换 $x=\varphi(t)$来简化所求积分. 例如，如果被积函数中含有根式并且不能直接积分，那么首先要选择合适的变换消去根式.

例 4.2.6 求下列积分：

(1) $\int \sqrt{a^2-x^2}\,\mathrm{d}x(a>0)$；　　(2) $\int \frac{\mathrm{d}x}{\sqrt{x^2-a^2}}(a>0)$；

(3) $\int \frac{\mathrm{d}x}{\sqrt{x^2+a^2}}(a>0)$；　　(4) $\int \frac{\mathrm{d}x}{\sqrt{x}+\sqrt[3]{x}}$；

(5) $\int \frac{\mathrm{d}x}{\mathrm{e}^{\frac{x}{2}}+\mathrm{e}^x}$；　　(6) $\int \frac{\mathrm{d}x}{x\sqrt{x^2-1}}$.

解

(1) 令 $x=a\sin t\left(-\frac{\pi}{2}\leqslant t\leqslant\frac{\pi}{2}\right)$，则 $\mathrm{d}x=a\cos t\mathrm{d}t$，于是

$$\begin{aligned}\int \sqrt{a^2-x^2}\,\mathrm{d}x &= \int a\cos t\cdot a\cos t\mathrm{d}t = a^2\int\cos^2 t\mathrm{d}t\\ &= a^2\int\frac{1+\cos 2t}{2}\mathrm{d}t = a^2\left(\frac{t}{2}+\frac{\sin 2t}{4}\right)+C\\ &= a^2\left(\frac{t}{2}+\frac{2\sin t\cos t}{4}\right)+C.\end{aligned}$$

为了使 $\sin t$ 和 $\cos t$ 变换回 x 的函数，最好利用直角三角形(图 4.2.1(a)). 因为 $x=a\sin t$,在左边的三角形中(图4.2.1(a))，边 $AC=a$，$BC=x$,于是 $AB=\sqrt{a^2-x^2}$. 则，

$$t=\arcsin\frac{x}{a},\sin t=\frac{x}{a}\text{ 且 }\cos t=\frac{\sqrt{a^2-x^2}}{a}.$$

$$\int\sqrt{a^2-x^2}\,\mathrm{d}x=a^2\left(\frac{\arcsin\frac{x}{a}}{2}+\frac{2\times\frac{x}{a}\frac{\sqrt{a^2-x^2}}{a}}{4}\right)+C=\frac{a^2}{2}\arcsin\frac{x}{a}+\frac{x\sqrt{a^2-x^2}}{2}+C.$$

(2) 令 $x=a\sec t\left(0<t<\frac{\pi}{2}\right)$，则 $\mathrm{d}x=a\sec t\tan t\mathrm{d}t$，于是

$$\int\frac{\mathrm{d}x}{\sqrt{x^2-a^2}}=\int\sec t\mathrm{d}t=\ln|\sec t+\tan t|+C_1.$$

因为 $\sec t=\frac{x}{a}$，由图 4.2.1 (b)知 $BC=\sqrt{x^2-a^2}$，因此

$$\tan t=\frac{\sqrt{x^2-a^2}}{a}.$$

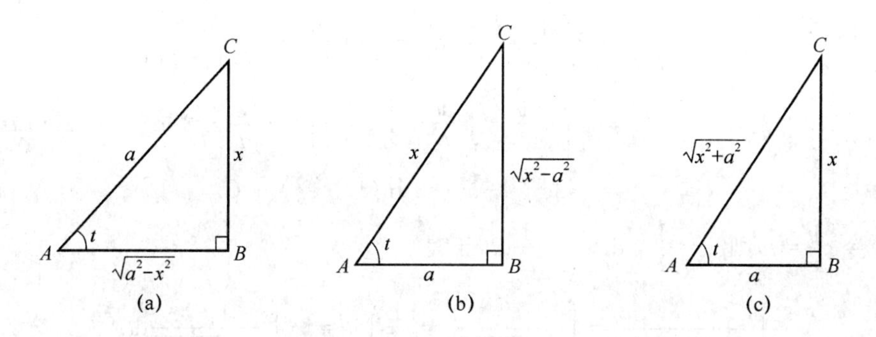

图 4.2.1

$$\begin{aligned}\int \frac{\mathrm{d}x}{\sqrt{x^2-a^2}} &= \ln\left|\frac{x}{a}+\frac{\sqrt{x^2-a^2}}{a}\right|+C_1\\ &= \ln\left|x+\sqrt{x^2-a^2}\right|-\ln a+C_1\\ &= \ln\left|x+\sqrt{x^2-a^2}\right|+C,\end{aligned}$$

其中 $C=C_1-\ln a$ 仍是一任意常数.

(3) 令 $x=a\tan t\left(-\frac{\pi}{2}<t<\frac{\pi}{2}\right)$，则 $\mathrm{d}x=a\sec^2 t\mathrm{d}t$，于是

$$\int \frac{\mathrm{d}x}{\sqrt{a^2+x^2}} = \int \sec t\mathrm{d}t = \ln\mid \sec t+\tan t\mid+C_1.$$

由图 4.2.1 (c)知

$$\tan t=\frac{x}{a},\quad \sec t=\frac{\sqrt{x^2+a^2}}{a},$$

于是

$$\int \frac{\mathrm{d}x}{\sqrt{a^2+x^2}} = \ln\left|\frac{x}{a}+\frac{\sqrt{x^2+a^2}}{a}\right|+C_1 = \ln(x+\sqrt{x^2+a^2})+C,$$

其中 $C=C_1-\ln a$.

(4) 令 $\sqrt[6]{x}=t$，则 $x=t^6, \mathrm{d}x=6t^5\ \mathrm{d}t$，于是

$$\begin{aligned}\int \frac{\mathrm{d}x}{\sqrt{x}+\sqrt[3]{x}} &= \int \frac{6t^5}{t^3+t^2}\mathrm{d}t = 6\int \frac{t^3}{1+t}\mathrm{d}t = 6\int \frac{t^3+1-1}{1+t}\mathrm{d}t\\ &= 6\int\left(t^2-t+1-\frac{1}{1+t}\right)\mathrm{d}t = 2t^3-3t^2+6t-6\ln\mid 1+t\mid+C\\ &= 2\sqrt{x}-3\sqrt[3]{x}+6\sqrt[6]{x}-6\ln\mid 1+\sqrt[6]{x}\mid+C.\end{aligned}$$

(5) 令 $\mathrm{e}^{\frac{x}{2}}=t$，则 $x=2\ln t$，$\mathrm{d}x=\frac{2}{t}\mathrm{d}t$，于是

$$\int \frac{dx}{e^{\frac{x}{2}}+e^x} = 2\int \frac{dt}{t(t+t^2)} = 2\int \frac{1+t-t}{(1+t)t^2}dt = 2\left[\int \frac{dt}{t^2} - \int \frac{dt}{t(1+t)}\right]$$

$$= 2\left[\int \frac{dt}{t^2} - \int \frac{dt}{t} + \int \frac{dt}{1+t}\right] = -\frac{2}{t} - 2\ln|t| + 2\ln|t+1| + C$$

$$= -2e^{-\frac{x}{2}} - x + 2\ln(1+e^{\frac{x}{2}}) + C.$$

(6) 令 $\frac{1}{x}=t$,则 $x=\frac{1}{t}$, $dx=-\frac{1}{t^2}dt$,于是

$$\int \frac{dx}{x\sqrt{x^2-1}} = \int t\frac{\sqrt{t^2}}{\sqrt{1-t^2}}\left(-\frac{1}{t^2}\right)dt = -\int \frac{|t|}{t\sqrt{1-t^2}}dt.$$

当 $x>1$ 时,有

$$\int \frac{dx}{x\sqrt{x^2-1}} = -\int \frac{t}{t\sqrt{1-t^2}}dt = -\int \frac{dt}{\sqrt{1-t^2}} = -\arcsin t + C = -\arcsin \frac{1}{x} + C.$$

当 $x<-1$,有

$$\int \frac{dx}{x\sqrt{x^2-1}} = \int \frac{t}{t\sqrt{1-t^2}}dt = \int \frac{dt}{\sqrt{1-t^2}} = \arcsin t + C = \arcsin \frac{1}{x} + C.$$

■

总结上例使用过的变量代换的规律,在不定积分的计算中,可通过以下变量代换消去积分表达式中的根式:

(1) $\sqrt{a^2-x^2}$,令 $x=a\sin t$(即 $x=a\cos t$);

(2) $\sqrt{x^2+a^2}$,令 $x=a\tan t$(即 $x=a\sinh t$);

(3) $\sqrt{x^2-a^2}$,令 $x=a\sec t$(即 $x=a\cosh t$);

(4) $\sqrt[n]{ax+b}$,令 $\sqrt[n]{ax+b}=t$;

(5) $\sqrt{ax^2+bx+c}$,先完全平方,然后用三角代换.

例 4.2.7 求积分 $\int \frac{dx}{x\sqrt{3x^2-2x+1}}$.

解 首先,用 $x=\frac{1}{t}$ 消去 x. 令 $x=\frac{1}{t}$,$dx=-\frac{1}{t^2}dt$, 于是

$$\int \frac{dx}{x\sqrt{3x^2-2x+1}} = \int \frac{-\frac{1}{t^2}dt}{\frac{1}{t}\sqrt{\frac{3}{t^2}-\frac{2}{t}+1}} = -\int \frac{dt}{\sqrt{3-2t+t^2}}$$

$$= -\int \frac{dt}{\sqrt{2+(t-1)^2}} \text{(令 } t-1=\sqrt{2}\tan u\text{)}$$

$$= -\int \frac{\sqrt{2}\sec^2 u du}{\sqrt{2}\sec u} = -\int \sec u du$$

$$
\begin{aligned}
&= -\ln|\sec u + \tan u| + C_1 \\
&= -\ln\left|\frac{\sqrt{1+(t-1)^2}}{\sqrt{2}} + \frac{t-1}{\sqrt{2}}\right| + C_1 \\
&= -\ln\left|\frac{\sqrt{1+\left(\frac{1}{x}-1\right)^2}}{\sqrt{2}} + \frac{\frac{1}{x}-1}{\sqrt{2}}\right| + C_1 \text{（图 4.2.2）} \\
&= -\ln\left|\frac{\sqrt{2x^2-2x+1}-x+1}{\sqrt{2}\,x}\right| + C_1.
\end{aligned}
$$

■

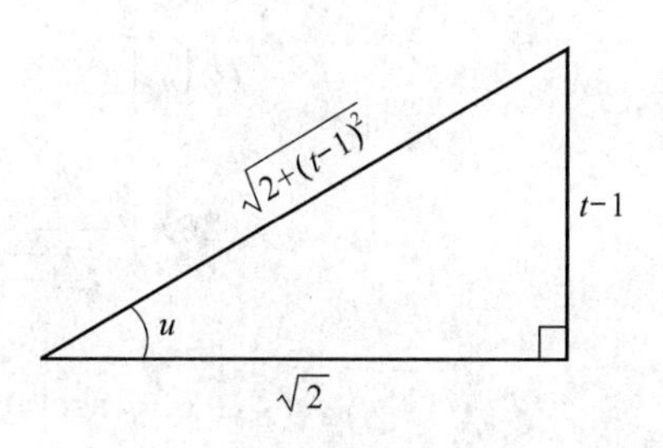

图 4.2.2

习题 4.2

A

1. 利用第一类换元法计算下列不定积分：

(1) $\int \sin(\omega t + \varphi)\mathrm{d}t$（$\omega, \varphi$ 是常数）；

(2) $\int (1-3x)^8 \mathrm{d}x$；

(3) $\int \frac{1}{a-bt}\mathrm{d}t$（$a$，$b$ 是常数）；

(4) $\int \frac{\mathrm{d}x}{x(1+x^4)}$；

(5) $\int \frac{\mathrm{d}x}{\sqrt{1-9x^2}}$；

(6) $\int \frac{\mathrm{d}x}{\sqrt{x(4-x)}}$；

(7) $\int x^2(3+2x^3)^{\frac{1}{6}}\,\mathrm{d}x$；

(8) $\int \frac{\mathrm{d}x}{(2-x)\sqrt{(1-x)}}$；

(9) $\int \frac{3x^3+x}{1+x^4}\mathrm{d}x$；

(10) $\int \frac{\mathrm{e}^{2x}}{1+\mathrm{e}^{2x}}\mathrm{d}x$；

(11) $\int \frac{\mathrm{d}x}{\sqrt{x}\sqrt{1+\sqrt{x}}}$；

(12) $\int \frac{\sqrt{1+\sqrt{x}}}{\sqrt{x}}\mathrm{d}x$；

(13) $\int \frac{\sin \ln|x|}{x}\mathrm{d}x$;

(14) $\int \frac{\ln \ln x}{x\ln x}\mathrm{d}x\,(x>\mathrm{e})$;

(15) $\int \frac{\tan x}{\sqrt{\cos x}}\mathrm{d}x$;

(16) $\int \sin^2 x\cos^2 x\mathrm{d}x$;

(17) $\int \cos^4 x\mathrm{d}x$;

(18) $\int \frac{\mathrm{d}x}{\cos^4 x}$;

(19) $\int \csc^3 x\cot x\mathrm{d}x$;

(20) $\int \frac{\sin 2x}{1+\sin^4 x}\mathrm{d}x$;

(21) $\int \frac{\mathrm{d}x}{1+\sin^2 x}$;

(22) $\int \frac{2^x 3^x}{9^x-4^x}\mathrm{d}x$;

(23) $\int \frac{\mathrm{d}x}{\sqrt{1+\mathrm{e}^{-2x}}}$;

(24) $\int \mathrm{e}^{\sin x}\cos x\mathrm{d}x$;

(25) $\int \frac{\sqrt{\arctan x}}{1+x^2}\mathrm{d}x$;

(26) $\int \frac{\mathrm{d}x}{\sqrt{4-x^2}\arccos\frac{x}{2}}$;

(27) $\int \frac{x}{\sqrt{1+x^2}}\mathrm{e}^{-\sqrt{1+x^2}}\mathrm{d}x$;

(28) $\int \frac{\arctan\frac{1}{x}}{1+x^2}\mathrm{d}x$.

2. 利用第二类换元法计算下列不定积分:

(1) $\int x\sqrt{3x-2}\,\mathrm{d}x$;

(2) $\int \frac{\mathrm{d}x}{1+\sqrt{1+x}}$;

(3) $\int \frac{x^2}{\sqrt{a^2-x^2}}\mathrm{d}x\,(a>0)$;

(4) $\int \frac{\mathrm{d}x}{(1-x^2)^{\frac{3}{2}}}$;

(5) $\int \frac{\mathrm{d}x}{2x+\sqrt{1-x^2}}$;

(6) $\int \frac{\mathrm{d}x}{x^2\sqrt{x^2-9}}$;

(7) $\int \frac{\mathrm{d}x}{x\sqrt{x^2-1}}$;

(8) $\int \frac{x^3\mathrm{d}x}{(1+x^2)^{\frac{3}{2}}}$;

(9) $\int \frac{\sqrt{x^2+2x}}{x^2}\mathrm{d}x$;

(10) $\int \frac{\mathrm{d}x}{x(x^6+4)}$;

(11) $\int \frac{\mathrm{d}x}{(x+1)\sqrt{x^2+2x+3}}$;

(12) $\int \frac{\sqrt{1+\ln x}}{x\ln x}\mathrm{d}x$;

(13) $\int \frac{\mathrm{e}^{2x}}{\sqrt{3\mathrm{e}^x-2}}\mathrm{d}x$;

(14) $\int \frac{\mathrm{d}x}{1+\mathrm{e}^{\frac{x}{6}}}$;

(15) $\int \frac{x^5}{\sqrt{1+x^2}}\mathrm{d}x$;

(16) $\int \frac{\mathrm{d}x}{(x-a)\sqrt{(x-a)(x-b)}}$.

3. 求下列不定积分:

(1) $\int \frac{dx}{x^4+3x^2}$；

(2) $\int \frac{1}{t^4+10t^2+9}dt$；

(3) $\int \frac{x^2}{(x-1)^{100}}dx$；

(4) $\int \frac{1-t^7}{t(1+t^7)}dt$；

(5) $\int \frac{dx}{1+\cos x}$；

(6) $\int \frac{\cos x-\sin x}{\cos x+\sin x}dx$；

(7) $\int \frac{\ln \tan x}{\sin x\cos x}dx$；

(8) $\int \frac{dx}{\sin x+\tan x}$；

(9) $\int \frac{\cos 2x}{1+\sin x\cos x}dx$；

(10) $\int \frac{dx}{x\ln x}$；

(11) $\int \frac{dx}{2x+\sqrt{1+x^2}}$；

(12) $\int \frac{dx}{\sqrt{2x-1}-\sqrt[4]{2x-1}}$.

B

1. 求 $\int \frac{x}{(x+2)\sqrt{(x^2+4x-12)}}dx$.

2. 求 $\int \frac{(x+1)}{x(1+xe^x)}dx$.

3. 求 $\int e^{e^x\cos x}(\cos x-\sin x)e^x dx$.

4. 求 $\int \frac{dx}{1+e^{\frac{x}{2}}+e^{\frac{x}{3}}+e^{\frac{x}{6}}}$.

5. 求 $\int \frac{dx}{\sqrt{1+e^x}+\sqrt{1-e^x}}$.

6. 求 $\int \frac{\sin(2n+1)x}{\sin x}dx$,$(n\geqslant 0)$.

7. 设 $f'(x^2)=\frac{1}{x}(x>0)$. 求 $f(x)$.

8. 设 $f'(\sin^2 x)=\cos^2 x+\tan^2 x(0<x<1)$. 求 $f(x)$.

4.3　分部积分法

除了换元积分法，分部积分法也是求不定积分经常使用的极为重要的方法. 它与微分中乘积的求导法则相对应,能够将不定积分的被积函数化简,直到能应用不定积分表中的公式求出不定积分.

设函数 $u=u(x)$ 与函数 $v=v(x)$ 都有连续的导数，由两函数乘积的求导公式可知

$$(uv)' = u'v + uv'.$$

移项得

$$uv' = (uv)' - u'v.$$

上式两边同时做积分运算，得

$$\int uv'\mathrm{d}x = \int (uv)'\mathrm{d}x - \int vu'\mathrm{d}x,$$

即

$$\int u\mathrm{d}v = uv - \int v\mathrm{d}u. \tag{4.3.1}$$

这里，把式(4.3.1)的右端第一项的积分常数放到了第二项 $\int v\mathrm{d}u$ 里. 式(4.3.1)称为分部积分公式. 有时不定积分 $\int u(x)\mathrm{d}v(x)$ 不能直接应用不定积分公式求出，而 $\int v(x)\mathrm{d}u(x)$ 可应用不定积分公式，或者后一不定积分比前一不定积分要容易求出时，可利用公式(4.3.1)把计算 $\int u\mathrm{d}v$ 转化为计算 $\int v\mathrm{d}u$. 一般说来，分部积分法可以解决以下五类问题：

1 $\int x^k \mathrm{e}^{\alpha x}\mathrm{d}x$ ，被积函数是一个幂函数 $x^k(k\in \mathbf{N}_+)$ 和一个指数函数 $\mathrm{e}^{\alpha x}(\alpha\in\mathbf{R})$ 的乘积.

2 $\int x^k\sin\beta x\mathrm{d}x$ 即 $\int x^k\cos\beta x\mathrm{d}x$ ，被积函数是一个幂函数 $x^k(k\in\mathbf{N}_+)$ 和一个正弦函数 $\sin\beta x$ 或者余弦函数 $\cos\beta x$ 的乘积.

3 $\int x^\alpha\ln^m x\mathrm{d}x$ ，被积函数是一个幂函数 $x^\alpha(\alpha\in\mathbf{R})$ 和一个对数函数 $\ln^m x(m\in\mathbf{N}_+)$ 的乘积.

4 $\int x^k\arcsin x\mathrm{d}x$ ，$\int x^k\arccos x\mathrm{d}x$，$\int x^k\arctan x\mathrm{d}x$ 即 $\int x^k\cot x\mathrm{d}x$ ，被积函数是一个幂函数 $x^k(k\in\mathbf{N}_+)$ 和一关于 x 的反三角函数 x 的乘积.

5 $\int \mathrm{e}^x\sin x\mathrm{d}x$ 即 $\int\mathrm{e}^x\cos x\mathrm{d}x$ ，被积函数是一个指数函数和一个三角函数的乘积 .

下面详细介绍运用分部积分法来求解这五类不定积分.

例 4.3.1 求下列不定积分：

(1) $\int x\mathrm{e}^x\mathrm{d}x$； (2) $\int x^2\mathrm{e}^x\mathrm{d}x$；

(3) $\int x\sin x\mathrm{d}x$； (4) $\int (x^2+2x)\cos x\mathrm{d}x$；

(5) $\int x\ln x\mathrm{d}x$；　　(6) $\int \ln x\mathrm{d}x$；

(7) $\int x\arctan x\mathrm{d}x$；　　(8) $\int \arctan x\mathrm{d}x$；

(9) $\int \mathrm{e}^x\sin x\mathrm{d}x$；　　(10) $\int \mathrm{e}^x\cos x\mathrm{d}x$.

解　(1) 运用分部积分公式(4.3.1)，首先要将被积表达式分成两部分 u 和 $\mathrm{d}v$ 的乘积. 当然，将 $x\mathrm{e}^x\mathrm{d}x$ 分成 u 和 $\mathrm{d}v$ 的乘积有多种不同的分法. 但是正确运用公式要求我们选取这样一种分法，使得 $v\mathrm{d}u$ 比 $u\mathrm{d}v$ 简单，甚至 $\int v\mathrm{d}u$ 就是不定积分公式表中的某个公式.

这里将函数 x 视为 u，把 e^x 和 $\mathrm{d}x$ 结合为 $\mathrm{d}\mathrm{e}^x$，由式(4.3.1)，有

$$\begin{aligned}\int x\mathrm{e}^x\mathrm{d}x &= \int x\mathrm{d}\mathrm{e}^x = x\mathrm{e}^x - \int \mathrm{e}^x\mathrm{d}x \\ &= x\mathrm{e}^x - \mathrm{e}^x + C = \mathrm{e}^x(x-1) + C.\end{aligned}$$

如果将函数 e^x 视为 u，把 x 和 $\mathrm{d}x$ 结合在一起视为 $\mathrm{d}v$，则

$$\begin{aligned}\int x\mathrm{e}^x\mathrm{d}x &= \frac{1}{2}\int \mathrm{e}^x\mathrm{d}x^2 = \frac{1}{2}\left(\mathrm{e}^x x^2 - \int x^2\mathrm{d}\mathrm{e}^x\right) \\ &= \frac{1}{2}\left(x^2\mathrm{e}^x - \int x^2\mathrm{e}^x\mathrm{d}x\right).\end{aligned}$$

上等式右端的不定积分比原来的不定积分更复杂. 由此可见，恰当选取 u 和 v 是应用式(4.3.1)的关键.

(2) 将函数 x^2 视为 u，把 e^x 和 $\mathrm{d}x$ 凑在一起得微分 $\mathrm{d}\mathrm{e}^x$，由式(4.3.1)，有

$$\int x^2\mathrm{e}^x\mathrm{d}x = \int x^2\mathrm{d}\mathrm{e}^x = x^2\mathrm{e}^x - \int \mathrm{e}^x\mathrm{d}x^2 = x^2\mathrm{e}^x - 2\int x\mathrm{e}^x\mathrm{d}x.$$

尽管计算还没有结束，但是被积函数中的多项式次数降低了. 再使用一次式(4.3.1)，有

$$\int x^2\mathrm{e}^x\mathrm{d}x = x^2\mathrm{e}^x - 2\mathrm{e}^x(x-1) + C.$$

(3) 将函数 x 视为 u，把函数 $\sin x$ 和 $\mathrm{d}x$ 凑在一起得微分 $\mathrm{d}(-\cos x)$，由式(4.3.1)，有

$$\int x\sin x\mathrm{d}x = \int x\mathrm{d}(-\cos x) = -x\cos x + \int \cos x\mathrm{d}x = \sin x - x\cos x + C.$$

(4) 将函数 x^2+2x 视为 u，把函数 $\cos x$ 和 $\mathrm{d}x$ 凑在一起得微分 $\mathrm{d}(\sin x)$，有

$$\begin{aligned}\int (x^2+2x)\cos x\mathrm{d}x &= \int (x^2+2x)\mathrm{d}\sin x \\ &= (x^2+2x)\sin x - \int \sin x\mathrm{d}(x^2+2x) \\ &= (x^2+2x)\sin x - \int (2x+2)\sin x\mathrm{d}x.\end{aligned}$$

尽管计算还没有结束,但是被积函数中的多项式次数降低了. 将 $\sin x$ 和 $\mathrm{d}x$ 凑在一起得微分 $\mathrm{d}(-\cos x)$, 并再使用一次式(4.3.1),有

$$\int(2x+2)\sin x\mathrm{d}x=-\int(2x+2)\mathrm{d}\cos x=-\left[(2x+2)\cos x-\int\cos x\mathrm{d}(2x+2)\right]$$
$$=-(2x+2)\cos x+2\int\cos x\mathrm{d}x$$
$$=-(2x+2)\cos x+2\sin x+C.$$

因此

$$\int(x^2+2x)\cos x\mathrm{d}x=(x^2+2x)\sin x+(2x+2)\cos x-2\sin x+C$$
$$=(x^2+2x-2)\sin x+2(x+1)\cos x+C.$$

(5) 如果将 x 看作 u, 并将 $\ln x\mathrm{d}x$ 看作 $\mathrm{d}v$, 很难求得函数 v. 因此,将 x 和 $\mathrm{d}x$ 一起视为 $\frac{1}{2}\mathrm{d}x^2$, 有

$$\int x\ln x\mathrm{d}x=\frac{1}{2}\int\ln x\mathrm{d}x^2=\frac{1}{2}\left(x^2\ln x-\int x^2\mathrm{d}\ln x\right)$$
$$=\frac{1}{2}\left(x^2\ln x-\int x\mathrm{d}x\right)=\frac{1}{2}\left(x^2\ln x-\frac{1}{2}x^2\right)+C.$$

(6) 将函数 $\ln x$ 看作 u, 并将 $\mathrm{d}x$ 看作 $\mathrm{d}v$, 有

$$\int\ln x\mathrm{d}x=x\ln x-\int x\mathrm{d}(\ln x)=x\ln x-\int\mathrm{d}x=x\ln x-x+C.$$

(7) 将 x 和 $\mathrm{d}x$ 一起视为 $\mathrm{d}v$, 则 $x\,\mathrm{d}x=\frac{1}{2}\mathrm{d}x^2$, 由分部积分公式有

$$\int x\arctan x\mathrm{d}x=\int\frac{1}{2}\arctan x\mathrm{d}x^2$$
$$=\frac{1}{2}\left[x^2\arctan x-\int x^2\frac{1}{1+x^2}\mathrm{d}x\right]$$
$$=\frac{1}{2}\left[x^2\arctan x-\int\left(1-\frac{1}{1+x^2}\right)\mathrm{d}x\right]$$
$$=\frac{1}{2}(x^2\arctan x-x+\arctan x)+C$$
$$=\frac{1}{2}[(x^2+1)\arctan x-x]+C.$$

类似地,可以运用分部积分法计算下列积分:

$$\int x\arcsin x\mathrm{d}x,\int x\arccos x\mathrm{d}x\cdots\cdots$$

(8) 将函数 $\arctan x$ 视为 u，并将 $\mathrm{d}x$ 视为 $\mathrm{d}v$，有

$$\int \arctan x\mathrm{d}x = x\arctan x - \int x\mathrm{d}(\arctan x) = x\arctan x - \int \frac{x}{1+x^2}\mathrm{d}x$$

$$= x\arctan x - \frac{1}{2}\int \frac{1}{1+x^2}\mathrm{d}(1+x^2) = x\arctan x - \frac{1}{2}\ln(1+x^2) + C.$$

类似地，可以运用分部积分法计算下列积分：

$$\int \arcsin x\mathrm{d}x, \int \arccos x\mathrm{d}x \cdots\cdots$$

(9) 首先，将 e^x 和 $\mathrm{d}x$ 凑在一起得到 de^x，即 $u=\sin x$，$\mathrm{d}v=\mathrm{d}(\mathrm{e}^x)$，则

$$\int \mathrm{e}^x\sin x\mathrm{d}x = \int \sin x\mathrm{de}^x = \mathrm{e}^x\sin x - \int \mathrm{e}^x\cos x\mathrm{d}x = \mathrm{e}^x\sin x - \int \cos x\mathrm{de}^x$$

$$= \mathrm{e}^x\sin x - \left(\mathrm{e}^x\cos x + \int \mathrm{e}^x\sin x\mathrm{d}x\right).$$

移项得

$$\int \mathrm{e}^x\sin x\mathrm{d}x = \frac{1}{2}\mathrm{e}^x(\sin x - \cos x) + C.$$

其次，若令 $u=\mathrm{e}^x$，$\mathrm{d}v=\mathrm{d}(-\cos x)$ 则，

$$\int \mathrm{e}^x\sin x\mathrm{d}x = -\int \mathrm{e}^x\mathrm{d}\cos x = -\mathrm{e}^x\cos x + \int \mathrm{e}^x\cos x\mathrm{d}x = -\mathrm{e}^x\cos x + \int \mathrm{e}^x\mathrm{d}\sin x$$

$$= -\mathrm{e}^x\cos x + \left(\mathrm{e}^x\sin x - \int \mathrm{e}^x\sin x\mathrm{d}x\right).$$

移项得

$$\int \mathrm{e}^x\sin x\mathrm{d}x = \frac{1}{2}\mathrm{e}^x(\sin x - \cos x) + C.$$

(10) 同(9)的计算过程，可以得到

$$\int \mathrm{e}^x\cos x\mathrm{d}x = \frac{1}{2}\mathrm{e}^x(\sin x + \cos x) + C.$$

■

注解　从上述例题中可以看出，分部积分法适用于所有这五类问题. 对于前两类问题，应将幂函数 x^k 看作 $u(x)$ 并将其他的函数与 $\mathrm{d}x$ 结合看作 $\mathrm{d}v(x)$；对于第三四类问题，应将幂函数 x^k 和 $\mathrm{d}x$ 结合为 $\mathrm{d}v(x)$ 并将其他函数看作 $u(x)$；对于最后一类问题，可将两个函数中任一函数看作 $u(x)$.

注解　下表列出了一些有用的结论.

基本积分公式表 II

$\int \tan x\mathrm{d}x = \ln\|\sec x\| + C$	$\int \cot x\mathrm{d}x = -\ln\|\csc x\| + C$
$\int \sec x\mathrm{d}x = \ln\|\sec x + \tan x\| + C$	$\int \csc x\mathrm{d}x = -\ln\|\csc x + \cot x\| + C$
$\int \arcsin x\mathrm{d}x = x\arcsin x + \sqrt{1-x^2} + C$	$\int \arccos x\mathrm{d}x = x\arccos x - \sqrt{1-x^2} + C$
$\int \arctan x\mathrm{d}x = x\arctan x - \frac{1}{2}\ln(1+x^2) + C$	$\int \ln x\mathrm{d}x = x\ln x - x + C$
$\int \frac{\mathrm{d}x}{a^2+x^2} = \frac{1}{a}\arctan\frac{x}{a} + C$	$\int \frac{\mathrm{d}x}{a^2-x^2} = \frac{1}{2a}\ln\left\|\frac{x-a}{x+a}\right\| + C(a>0)$
$\int \frac{\mathrm{d}x}{\sqrt{a^2-x^2}} = \arcsin\frac{x}{a} + C(a>0)$	$\int \frac{\mathrm{d}x}{\sqrt{x^2-a^2}} = \ln\left\|x+\sqrt{x^2-a^2}\right\| + C(a>0)$
$\int \frac{\mathrm{d}x}{\sqrt{a^2+x^2}} = \ln(x+\sqrt{x^2+a^2}) + C(a>0)$	

有时,我们需要灵活地将被积函数分解为几部分，并将其中几部分与 $\mathrm{d}x$ 成功合并为 $\mathrm{d}v(x)$，也常常将分部积分法和换元积分法结合起来运用. 有时，应用分部积分法求不定积分后,可能再次出现原不定积分，或会推导得出一个递推公式.

例 4.3.2 计算下列不定积分：

(1) $\int \frac{x\arcsin x}{\sqrt{1-x^2}}\mathrm{d}x$；　　(2) $\int \frac{x}{1+\cos x}\mathrm{d}x$；

(3) $\int \sec^3 x\mathrm{d}x$；　　(4) $\int \frac{x^2\mathrm{d}x}{(x^2+a^2)^2}(a>0)$；

(5) $\int \frac{x\mathrm{e}^x}{\sqrt{1+\mathrm{e}^x}}\mathrm{d}x$；　　(6) $I_n = \int \frac{\mathrm{d}x}{(x^2+a^2)^n}$，$(n\in\mathbf{N}_+, a>0)$.

解 (1)

$$\begin{aligned}\int \frac{x\arcsin x}{\sqrt{1-x^2}}\mathrm{d}x &= -\frac{1}{2}\int \frac{\arcsin x}{\sqrt{1-x^2}}\mathrm{d}(1-x^2) = -\int \arcsin x\mathrm{d}\sqrt{1-x^2} \\ &= -\left(\sqrt{1-x^2}\arcsin x - \int \sqrt{1-x^2}\,\mathrm{d}\arcsin x\right) \\ &= -\sqrt{1-x^2}\arcsin x + \int \sqrt{1-x^2}\,\frac{1}{\sqrt{1-x^2}}\mathrm{d}x\end{aligned}$$

$$=-\sqrt{1-x^2}\arcsin x+x+C.$$

(2)

$$\int\frac{x}{1+\cos x}dx=\int\frac{x}{2\cos^2\frac{x}{2}}dx=\int\frac{x}{\cos^2\frac{x}{2}}d\left(\frac{x}{2}\right)$$

$$=\int xd\tan\frac{x}{2}=x\tan\frac{x}{2}-\int\tan\frac{x}{2}dx$$

$$=x\tan\frac{x}{2}-2\ln\left|\sec\frac{x}{2}\right|+C.$$

(3)

$$\int\sec^3 xdx=\int\sec xd\tan x=\sec x\tan x-\int\tan x\,d\sec x$$

$$=\sec x\tan x-\int\tan^2 x\sec xdx$$

$$=\sec x\tan x-\int(\sec^2 x-1)\sec xdx$$

$$=\sec x\tan x-\int\sec^3 xdx+\int\sec xdx.$$

移项得

$$\int\sec^3 xdx=\frac{1}{2}\left(\sec x\tan x+\int\sec xdx\right)$$

$$=\frac{1}{2}(\sec x\tan x+\ln|\sec x+\tan x|)+C.$$

(4)

$$\int\frac{x^2dx}{(x^2+a^2)^2}=\frac{1}{2}\int\frac{xdx^2}{(x^2+a^2)^2}=-\frac{1}{2}\int xd\left(\frac{1}{x^2+a^2}\right)$$

$$=-\frac{1}{2}\frac{x}{x^2+a^2}+\frac{1}{2}\int\frac{dx}{x^2+a^2}$$

$$=-\frac{1}{2}\frac{x}{x^2+a^2}+\frac{1}{2a}\arctan\frac{x}{a}+C.$$

(5)

$$\int\frac{xe^x}{\sqrt{1+e^x}}dx=\int\frac{x}{\sqrt{1+e^x}}de^x=\int\frac{x}{\sqrt{1+e^x}}d(1+e^x)$$

$$=2\int xd\sqrt{1+e^x}=2\left[x\sqrt{1+e^x}-\int\sqrt{1+e^x}dx\right].$$

$\int\sqrt{1+e^x}dx$ 也不容易计算，可利用换元积分法消去积分表达式中的根式

$$\sqrt{1+e^x}=t,\ x=\ln(t^2-1),dx=\frac{2t}{t^2-1}.$$

则

$$\int\sqrt{1+e^x}dx=\int t\frac{2t}{t^2-1}dt=2\int\left(1+\frac{1}{t^2-1}\right)dt=2\left(t-\frac{1}{2}\ln\left|\frac{1+t}{1-t}\right|\right)+C$$

$$= 2\sqrt{1+e^x}\ln\frac{\sqrt{1+e^x}+1}{\sqrt{1+e^x}-1}+C.$$

因此

$$\int\frac{xe^x}{\sqrt{1+e^x}}dx = 2(x-2)\sqrt{1+e^x}+2\ln\frac{\sqrt{1+e^x}+1}{\sqrt{1+e^x}-1}+C.$$

(6)

$$\begin{aligned} I_n &= \int\frac{dx}{(x^2+a^2)^n} = \frac{x}{(x^2+a^2)^n}+\int\frac{2nx^2}{(x^2+a^2)^{n+1}}dx \\ &= \frac{x}{(x^2+a^2)^n}+2n\int\frac{x^2+a^2-a^2}{(x^2+a^2)^{n+1}}dx \\ &= \frac{x}{(x^2+a^2)^n}+2n\int\frac{dx}{(x^2+a^2)^n}+2na^2\int\frac{dx}{(x^2+a^2)^{n+1}} \\ &= \frac{x}{(x^2+a^2)^n}+2nI_n+2na^2I_{n+1}. \end{aligned}$$

移项,得递推公式如下:

$$I_{n+1} = \frac{1}{2na^2}\left[\frac{x}{(x^2+a^2)^n}+(2n-1)I_n\right].$$

■

习题 4.3

A

1. 计算下列不定积分:

(1) $\int t^2\cos^2\frac{t}{2}dt$;

(2) $\int x(\cos 3x+\sin 2x)dt$;

(3) $\int xe^{-x}dx$;

(4) $\int(x^3+x)6^x dx$;

(5) $\int x^2\arctan x dx$;

(6) $\int x\arctan\frac{x}{a}dx$($a$ 是常数);

(7) $\int x^2\ln x dx$;

(8) $\int e^{2x}\cos 3x dx$;

(9) $\int\cos\ln x dx$;

(10) $\int\frac{\ln^3 x}{x^2}dx$.

2. 计算下列不定积分:

(1) $\int \frac{xe^x}{(1+e^x)^2}dx$；　　(2) $\int \sqrt{x}\sin\sqrt{x}\,dx$；

(3) $\int \frac{\ln\sin x}{\sin^2 x}dx$；　　(4) $\int \arctan\sqrt{x}\,dx$；

(5) $\int \frac{\ln x - 1}{(\ln x)^2}dx$；　　(6) $\int \frac{x+\sin x}{1+\cos x}dx$；

(7) $\int \frac{e^x(1+\sin x)}{1+\cos x}dx$；　　(8) $\int \frac{xe^{\arctan x}}{(1+x^2)^2}dx$；

(9) $\int \frac{(1+x^2)\arcsin x}{x^2\sqrt{1-x^2}}dx$；　　(10) $\int \frac{\cos^4 x}{\sin^3 x}dx$；

(11) $\int \frac{\ln(x+\sqrt{1+x^2})}{(1+x^2)^{\frac{3}{2}}}dx$；　　(12) $\int x\arctan\frac{a^2+x^2}{a^2}dx$.

3. 证明下列递推公式（$n=2,3,\cdots$）；

(1) 如果 $I_n = \int \tan^n x\,dx$，则 $I_n = \frac{1}{n-1}\tan^{n-1}x - I_{n-2}$；

(2) 如果 $I_n = \int \sin^n x\,dx$，则 $I_n = -\frac{1}{n}\sin^{n-1}x\cos x + \frac{n-1}{n}I_{n-2}$；

(3) 如果 $I_n = \int \frac{dx}{\sin^n x}$，则 $I_n = \frac{1}{n-1}\frac{\cos x}{\sin^{n-1}x} + \frac{n-2}{n-1}I_{n-2}$；

(4) 如果 $I_n = \int (\arcsin x)^n dx$，则

$$I_n = x(\arcsin x)^n + n\sqrt{1-x^2}(\arcsin x)^{n-1} - n(n-1)I_{n-2}.$$

4. 计算 $\int x\left(\frac{\sin x}{x}\right)'' dx$.

B

1. 计算 $\int [\ln f(x) + \ln f'(x)][f'^2(x) + f(x)f'^1(x)]dx$.

2. 计算 $\int \frac{xe^x}{(1+x)^2}dx$.

3. 计算 $\int \frac{dx}{\sin 2x + 2\sin x}$.

4. 计算 $\int e^{2x}(\tan x + 1)^2 dx$.

5. 如果 $f(\ln x) = \frac{\ln(1+x)}{x}$. 计算 $\int f(x)dx$.

4.4 有理函数的不定积分

4.4.1 有理函数的预备知识

有理函数都可以表示为有理分式的形式,也就是说,有理函数的一般形式为

$$\frac{P(x)}{Q(x)}=\frac{a_0x^n+a_1x^{n-1}+\cdots+a_{n-1}x+a_n}{b_0x^m+b_1x^{m-1}+\cdots+b_{m-1}x+b_m}. \tag{4.4.1}$$

其中 $m, n\in \mathbf{Z}, m>0, n>0$, 系数 $a_0, a_1, \cdots, a_n$ 且 $b_0, b_1, \cdots, b_m$ 都是实数.

不失一般性, 可假定分子多项式和分母多项式之间没有公因式. 当有理函数的分子多项式的次数小于分母多项式的次数,即 $n<m$ 时, 则称这种有理函数为有理真分式,否则当 $n\geqslant m$ 时,称这种有理函数为有理假分式.

如果分式为有理假分式, 利用多项式的除法,总可以将一个假分式化为一个多项式 $M(x)$ 和一个有理真分式$\frac{N(x)}{Q(x)}$之和的形式,即

$$\frac{P(x)}{Q(x)}=M(x)+\frac{N(x)}{Q(x)}.$$

其中 $N(x)$的次数低于 $Q(x)$ 的次数. 例如,

$$\frac{x^3+2x+1}{x^2+1}=x+\frac{x+1}{x^2+1}.$$

因为多项式的不定积分容易求得,所以求有理函数的不定积分的关键在于如何求出有理真分式的不定积分.

根据代数学的基本知识, 有理真分式有四种基本的形式:

定义 4.4.1 有理真分式的如下基本形式

Ⅰ. $\frac{A}{x-a}$

Ⅱ. $\frac{A}{(x-a)^k}$, 其中 $k\geqslant 2$

Ⅲ. $\frac{Ax+B}{x^2+px+q}$,其中分母多项式只有复根,即 $p^2-4q<0$

Ⅳ. $\frac{Ax+B}{(x^2+px+q)^k}$, 其中 $k\geqslant 2$ 且其中分母多项式只有复根

上述四种形式称为分项分式.

根据《高等代数》的分项分式定理,每一个有理真分式总可以表示为若干个分项分式的和.

即，如果分母多项式有如下的因式分解

$$Q(x)=b_0(x-a)^{\alpha}\cdots(x-b)^{\beta}(x^2+px+q)^{\mu}\cdots(x^2+rx+s)^{\lambda},$$

则有理真分式 $\dfrac{F(x)}{Q(x)}$ 可以分解成如下形式：

$$\begin{aligned}\frac{F(x)}{Q(x)}=&\frac{A_1}{(x-a)^{\alpha}}+\frac{A_2}{(x-a)^{\alpha-1}}+\cdots+\frac{A_{\alpha}}{x-a}+\cdots\\&+\frac{B_1}{(x-a)^{\beta}}+\frac{B_2}{(x-b)^{\beta-1}}+\cdots+\frac{B_{\beta}}{x-b}+\cdots\\&+\frac{M_1x+N_1}{(x^2+px+q)^{\mu}}+\frac{M_2x+N_2}{(x^2+px+q)^{\mu-1}}+\cdots+\frac{M_{\mu}x+N_{\mu}}{x^2+px+q}+\cdots\\&+\frac{R_1x+S_1}{(x^2+rx+s)^{\lambda}}+\frac{R_2x+S_2}{(x^2+rx+s)^{\lambda-1}}+\cdots+\frac{R_{\lambda}x+S_{\lambda}}{x^2+rx+s},\end{aligned}\tag{4.4.2}$$

其中 $A_i,\cdots,B_i,M_i,N_i,\cdots,R_i$ 及 S_i 等都是常数.

求常数 $A_i,\cdots,B_i,M_i,N_i,\cdots,R_i,S_i$ 的方法如下：方程(4.4.2)是恒等的，可将等号右端通分，等式左右两边的分母都是 $Q(x)$，而分子化为等同的多项式，得

$$\frac{F(x)}{Q(x)}=\frac{R(x)}{Q(x)}\text{ 或者 }F(x)=R(x).$$

方程(4.4.2)成立等价于多项式使 $F(x)$ 于 $R(x)$ 同次幂得的系数分别相等，由此得到关于未知系数 $A_i,\cdots,B_i,M_i,N_i,\cdots,R_i,S_i$ 的一个方程组，求解该方程组即可. 这种求解系数的方法叫做“待定系数法”.

例 4.4.2 将有理真分式 $\dfrac{x+3}{x^2-5x+6}$ 表示为分项分式的和的形式.

解 有理真分式 $\dfrac{x+3}{x^2-5x+6}=\dfrac{x+3}{(x-3)(x-2)}$ 可以化为

$$\frac{x+3}{(x-3)(x-2)}=\frac{A}{x-3}+\frac{B}{x-2},$$

其中 A,B 为待定系数.

两边去分母后，有

$$x+3=A(x-2)+B(x-3),$$

即

$$x+3=(A+B)x+(-2A-3B).$$

使 x^1，x^0(常数项)的系数分别相等，得到如下方程组：

$$\begin{cases}A+B=1,\\-2A-3B=3.\end{cases}$$

解此方程组，得

$$A=6,\ B=-5.$$

由此，分解的结果为

$$\frac{x+3}{x^2-5x+6}=\frac{6}{x-3}+\frac{-5}{x-2}.$$

■

为了确定系数也可以采用以下方法：因为两端消去分母后，等式左右两端的多项式是恒等式，对于 x 的任意值，它们都是相等的. 所以可以指定 x 的一些特殊值，由此得到待定系数的方程组.

例 4.4.3 将有理真分式 $\frac{1}{x^4-2x^3+2x^2-2x+1}$ 表示为分项分式的和的形式.

解 真分式 $\frac{1}{x^4-2x^3+2x^2-2x+1}=\frac{1}{(x^2+1)(x-1)^2}$ 可以化为

$$\frac{1}{(x^2+1)(x-1)^2}=\frac{A}{(x-1)^2}+\frac{B}{x-1}+\frac{Cx+D}{x^2+1},$$

其中 A，B，C，D 为待定系数.

两边去分母后，有

$$1=A(x^2+1)+B(x^2+1)(x-1)+(Cx+D)(x-1)^2, \tag{4.4.3}$$

即

$$1=(B+C)x^3+(A-B-2C+D)x^2+(B+C-2D)x+(A-B+D).$$

使 x^3，x^2，x^1，x^0（常数项）的系数分别相等，得到如下方程组：

$$\begin{cases}B+C=0,\\A-B-2C+D=0,\\B+C-2D=0,\\A-B+D=1.\end{cases}$$

解此方程组，得

$$A=\frac{1}{2},\ B=-\frac{1}{2},\ C=\frac{1}{2},\ D=0.$$

在式(4.4.3)中，也可以带入一些 x 的特殊值，从而求出待定的系数. 例如，令 $x=1$，得 $1=2A$，即 $A=\frac{1}{2}$. 将 $A=\frac{1}{2}$ 带入(4.4.3)，化简方程为

$$-\frac{1}{2}(x+1)=B(x^2+1)+(Cx+D)(x-1). \tag{4.4.4}$$

令 $x=1$，有 $-1=2B$ 即 $B=-\frac{1}{2}$. 再令 $x=0$，有 $-\frac{1}{2}-\left(-\frac{1}{2}\right)=-D$ 即 $D=0$. 最后另 $x=-1$，有 $0=-1+2C$ 即 $C=\frac{1}{2}$.

最终我们分解的结果为

$$\frac{1}{x^4-2x^3+2x^2-2x+1}=\frac{1}{2(x-1)^2}-\frac{1}{2(x-1)}+\frac{x}{2(x^2+1)}.$$

■

4.4.2　有理函数的不定积分

根据分项分式定理，每一个有理真分式都可以表示为分项分式的和. 故求真分式的积分，首先要考虑分项分式的积分. 前三类分项分式 Ⅰ，Ⅱ 及Ⅲ的积分并没有太大的难度，因此，略去推导过程，给出这三类分项分式不定积分的结果如下：

Ⅰ. $\displaystyle\int \frac{A}{x-a}\mathrm{d}x = A\ln|x-a|+C.$

Ⅱ. $\displaystyle\int \frac{A}{(x-a)^k}\mathrm{d}x = A\int(x-a)^{-k}\mathrm{d}x = \frac{A}{(1-k)(x-a)^{k-1}}+C.$

Ⅲ. $$\begin{aligned}\int \frac{Ax+B}{x^2+px+q}\mathrm{d}x &= \int \frac{\frac{A}{2}(2x+p)+\left(B-\frac{Ap}{2}\right)}{x^2+px+q}\mathrm{d}x \\ &= \frac{A}{2}\int \frac{2x+p}{x^2+px+q}\mathrm{d}x+\left(B-\frac{Ap}{2}\right)\int \frac{\mathrm{d}x}{x^2+px+q} \\ &= \frac{A}{2}\ln|x^2+px+q|+\left(B-\frac{Ap}{2}\right)\int \frac{\mathrm{d}x}{\left(x+\frac{p}{2}\right)^2+\left(q-\frac{p^2}{4}\right)} \\ &= \frac{A}{2}\ln|x^2+px+q|+\frac{2B-Ap}{\sqrt{4q-p^2}}\arctan\frac{2x+p}{\sqrt{4q-p^2}}+C.\end{aligned}$$

第Ⅳ类分项分式的不定积分的计算过程较为复杂. 下面讨论该不定积分的计算，考虑：

Ⅳ. $\dfrac{Ax+B}{(x^2+px+q)^k}$，

进行变换：

$$\begin{aligned}\int \frac{Ax+B}{(x^2+px+q)^k}\mathrm{d}x &= \int \frac{\frac{A}{2}(2x+p)+\left(B-\frac{Ap}{2}\right)}{(x^2+px+q)^k}\mathrm{d}x \\ &= \frac{A}{2}\int \frac{2x+p}{(x^2+px+q)^k}\mathrm{d}x+\left(B-\frac{Ap}{2}\right)\int \frac{\mathrm{d}x}{(x^2+px+q)^k}. \quad (4.4.5)\end{aligned}$$

采用换元积分法求解等式(4.4.5)右边的第一个不定积分，令 $x^2+px+q=t$，$(2x+p)\mathrm{d}x=\mathrm{d}t$，变量替换可得

$$\begin{aligned}\int \frac{2x+p}{(x^2+px+q)^k}\mathrm{d}x &= \int \frac{\mathrm{d}t}{t^k} = \frac{t^{1-k}}{1-k}+C \\ &= \frac{1}{(1-k)(x^2+px+q)^{k-1}}+C.\end{aligned}$$

用 I_k 来表示等式(4.4.5)右边的第二个不定积分，令

$$x+\frac{p}{2}=t,\quad \mathrm{d}x=\mathrm{d}t,\quad q-\frac{p^2}{4}=m^2.$$

则有

$$I_k=\int\frac{\mathrm{d}x}{(x^2+px+q)^k}=\int\frac{\mathrm{d}x}{\left[\left(x+\frac{p}{2}\right)^2+\left(q-\frac{p^2}{4}\right)\right]^k}=\int\frac{\mathrm{d}t}{(t^2+m^2)^k},$$

然后做如下变换：

$$I_k=\int\frac{\mathrm{d}t}{(t^2+m^2)^k}=\frac{1}{m^2}\int\frac{(t^2+m^2)-t^2}{(t^2+m^2)^k}\mathrm{d}t=\frac{1}{m^2}I_{k-1}-\frac{1}{m^2}\int\frac{t^2}{(t^2+m^2)^k}\mathrm{d}t. \tag{4.4.6}$$

下面计算式(4.4.6)的最后一项不定积分：

$$\begin{aligned}\int\frac{t^2}{(t^2+m^2)^k}\mathrm{d}t&=\frac{1}{2}\int t\,\frac{\mathrm{d}(t^2+m^2)}{(t^2+m^2)^k}=-\frac{1}{2(k-1)}\int t\mathrm{d}\left[\frac{1}{(t^2+m^2)^{k-1}}\right]\\&=-\frac{1}{2(k-1)}\left[t\,\frac{1}{(t^2+m^2)^{k-1}}-\int\frac{\mathrm{d}t}{(t^2+m^2)^{k-1}}\right]\\&=-\frac{1}{2(k-1)}\left[t\,\frac{1}{(t^2+m^2)^{k-1}}-I_{k-1}\right].\end{aligned}$$

将此表达式带入式(4.4.6)，有

$$\begin{aligned}I_k&=\frac{1}{m^2}I_{k-1}+\frac{1}{m^2}\,\frac{1}{2(k-1)}\left[t\,\frac{1}{(t^2+m^2)^{k-1}}-I_{k-1}\right]\\&=\frac{t}{2m^2(k-1)(t^2+m^2)^{k-1}}-\frac{2k-3}{2m^2(k-1)}I_{k-1}.\end{aligned}$$

继续使用这种方法，可得到熟悉的积分

$$I_1=\int\frac{\mathrm{d}t}{t^2+m^2}=\frac{1}{m}\arctan\frac{t}{m}+C.$$

因此,对于给定的 A, B, p, q,将所有的 t 和 m 值代回，最终就得到第Ⅳ类分项分式的不定积分的表达式.

例 4.4.4 求下列不定积分：

(1) $\displaystyle\int\frac{\mathrm{d}x}{x^2+x-2}$；　　(2) $\displaystyle\int\frac{x+3}{x^2-5x+6}\mathrm{d}x$；

(3) $\displaystyle\int\frac{\mathrm{d}x}{x^4-2x^3+2x^2-2x+1}$；　　(4) $\displaystyle\int\frac{x-2}{x^2+2x+3}\mathrm{d}x$；

(5) $\displaystyle\int\frac{x^3}{x+3}\mathrm{d}x$；　　(6) $\displaystyle\int\frac{x^5+x^4-8}{x^3-x}\mathrm{d}x$.

解　(1) 因为

$$\frac{1}{x^2+x-2}=\frac{1}{(x+2)(x-1)}=\frac{1}{3}\left(\frac{1}{x-1}-\frac{1}{x+2}\right),$$

有

$$\int\frac{dx}{x^2+x-2}=\frac{1}{3}\left(\int\frac{dx}{x-1}-\int\frac{dx}{x+2}\right)$$
$$=\frac{1}{3}[\ln|x-1|-\ln|x+2|]+C$$
$$=\frac{1}{3}\ln\left|\frac{x-1}{x+2}\right|+C.$$

(2)
$$\int\frac{x+3}{x^2-5x+6}dx=\int\frac{6}{x-3}dx+\int\frac{-5}{x-2}dx$$
$$=6\ln|x-3|-5\ln|x-2|+C.$$

(3)
$$\int\frac{dx}{x^4-2x^3+2x^2-2x+1}=\int\left[\frac{1}{2(x-1)^2}-\frac{1}{2(x-1)}+\frac{x}{2(x^2+1)}\right]dx$$
$$=\frac{1}{2}\int\frac{dx}{(x-1)^2}-\frac{1}{2}\int\frac{dx}{x-1}+\frac{1}{2}\int\frac{xdx}{(x^2+1)}$$
$$=-\frac{1}{2(x-1)}-\frac{1}{2}\ln|x-1|+\frac{1}{4}\ln|x^2+1|+C.$$

(4) 因为
$$x-2=\frac{1}{2}(2x+2)-3,$$
有
$$\int\frac{x-2}{x^2+2x+3}dx=\int\frac{\frac{1}{2}(2x+2)-3}{x^2+2x+3}dx=\frac{1}{2}\int\frac{2x+2}{x^2+2x+3}dx-3\int\frac{dx}{x^2+2x+3}$$
$$=\frac{1}{2}\int\frac{d(x^2+2x+3)}{x^2+2x+3}-3\int\frac{d(x+1)}{(x+1)^2+(\sqrt{2})^2}$$
$$=\frac{1}{2}\ln(x^2+2x+3)-\frac{3}{\sqrt{2}}\arctan\frac{x+1}{\sqrt{2}}+C.$$

(5)
$$\int\frac{x^3}{x+3}dx=\int\frac{(x^2-3x+9)(x+3)-27}{x+3}dx=\int(x^2-3x+9)dx-27\int\frac{dx}{x+3}$$
$$=\frac{1}{3}x^3-\frac{3}{2}x^2+9x-27\ln|x+3|+C.$$

(6)
$$\int\frac{x^5+x^4-8}{x^3-x}dx=\int\frac{(x^2+x+1)(x^3-x)+x^2+x-8}{x^3-x}dx$$
$$=\int(x^2+x+1)dx+\int\frac{x^2+x-8}{x(x-1)(x+1)}dx.$$

因为
$$\frac{x^2+x-8}{x(x-1)(x+1)}=\frac{8}{x}-\frac{3}{x-1}-\frac{4}{x+1},$$
有

$$\int \frac{x^5+x^4-8}{x^3-x}dx=\frac{1}{3}x^3+\frac{1}{2}x^2+x+8\ln|x|-3\ln|x-1|-4\ln|x+1|+C.$$

■

由此可见，所有的有理函数都可以分解为多项式和一个真分式的和，并且每一部分的积分都可以用初等函数来表示，即有理函数的不定积分总能“积”出来，即每一个有理函数的原函数都是初等函数.

4.4.3 不能表示为初等函数的不定积分

我们已经指出，任一区间上连续函数在此区间有原函数. 然而，“存在原函数”和“原函数能用初等函数表示出来”有不同的含义. 虽然某些函数的存在，但是它的原函数不一定能用初等函数来表示，例如

$$\int e^{x^2}dx,\int \frac{\sin x}{x}dx,\int \frac{dx}{\sqrt{1+x^4}},\int \frac{dx}{\ln x} \text{ 等}$$

都存在，而这些不定积分的被积函数的原函数是非初等函数. 我们也说，这些不定积分“积不出来”. 读者也许会问：一些积分可以用初等函数来表示，那哪些积分不能？这是一个难题. 我们仅能回答：所有的有理函数和有理三角函数的不定积分都可以用初等函数来表示.

习题 4.4

求下列不定积分：

(1) $\int \frac{2x+3}{x^2+3x-10}dx$；

(2) $\int \frac{1}{(x^2+1)^2}dx$；

(3) $\int \frac{x^3+1}{x^3-5x^2+6x}dx$；

(4) $\int \frac{(x^2+1)}{(x+1)^2(x-1)}dx$；

(5) $\int \frac{1}{x^4-2x^2+1}dx$；

(6) $\int \frac{x^6}{x^4+2x^2+1}dx$；

(7) $\int \frac{1}{1+x^4}dx$；

(8) $\int \frac{1}{(x^2+1)(x^2+x+1)}dx$；

(9) $\int \frac{x^5}{(x+1)^2(x-1)}dx$；

(10) $\int \frac{1}{x^5-x^4+x^3-x^2+x-1}dx$.

第 5 章
定积分

定积分是微积分学中的一个基本概念，并且定积分在数学、物理、力学和其他学科中都是十分有力的研究工具. 从历史上来说，定积分是由计算平面上以封闭曲线为边界的图形面积而产生的. 为计算这类图形的面积，最后归结为计算具有特定结构的和式的极限. 在实践中，人们逐步认识到，这种“具有特定结构的和式的极限”不仅是计算封闭曲线围成区域面积的计算工具，也是计算许多时间问题，如电弧长度、容量、做功、速率、路径长度、运动惯性的计算等的数学工具. 由此，特定结构的和式的极限——定积分就成为了微积分学的重要组成部分.

5.1 定积分的概念和性质

5.1.1 实例

在初等几何学中，我们学习了计算由直线和圆弧所围成的平面图形的面积. 考虑由任一形式的封闭曲线所围成的平面图形面积的计算问题，只有用极限的方法来解决.

一条封闭曲线围成的平面区域，常常可以用相互垂直的两组平行直线将它分成若干个部分，有的是矩形，有的是曲边三角形，有的是曲边梯形. 矩形的面积的计算方法是已知的，而曲边三角形是曲边梯形的特殊情况，所以只要会计算曲边梯形的面积，我们就会计算任意封闭曲线围成区域的面积. 下面，我们讨论曲边梯形面积的计算.

例 5.1.1 （曲边梯形的面积）. 设 $y=f(x)$ 在闭区间 $[a, b]$ 上是非负的连续函数. 计算由曲线 $y=f(x)$ 与直线 $x=a$ 与 $x=b$，及横坐标轴 $y=0$ 所围成的平面图形的面积（图 5.1.1）.

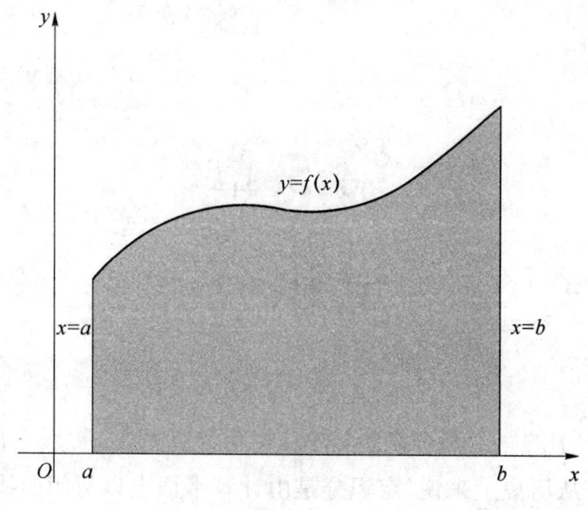

图 5.1.1

我们知道矩形的面积可按照公式

$$矩形面积=高\times底$$

来计算.而曲边梯形的高 $y=f(x)$是随底边的位置不同而变化的，故它的面积不能用上述公式直接来定义和计算. 由于 $y=f(x)$是在区间$[a, b]$上连续变化的,在底边很小的变化区间上它的变化也很小，近似于不变，在一小段区间上的很小的曲边梯形的面积可以用矩形面积来近似. 因此,我们可以将区间$[a, b]$划分成许多小区间,在每个小区间上用其中一点处的高来近似代替这一个区间中变化的高度,从而用一个窄矩形的面积来近似窄曲边梯形的面积. 将所有的窄矩形的面积加起来就得到了要求的曲边梯形的面积的一个近似. 利用极限的方法,我们把区间$[a, b]$无限细分下去,重复这个近似求和的过程. 在每个小区间长度都趋于零时,所有窄矩形的面积之和的极限就是曲边梯形的面积. 这个过程可表述如下：

解 若 $f(x)$是常数 ,设为 H ,则该图形简化为一个矩形,其面积可以利用如下等式得到

$$A=H(b-a).$$

若 $f(x)$在区间$[a, b]$不恒为常数，为了计算图 5.1.2 中的图形面积 A，我们进行下列步骤.

(1)“分”. 在区间$[a, b]$内任意插入 $n-1$ 个点,记作 $x_1, x_2, \cdots, x_{n-1}$，将区间$[a, b]$分为 n 个子区间，使得

$$a=x_0<x_1<x_2<\cdots<x_{k-1}<x_k<\cdots<x_{n-1}<x_n=b.$$

称之为区间$[a, b]$的一个分法. 为了使符号一致,这里令 $a=x_0$，$b=x_n$. 该分法将区间$[a, b]$分成 n 个小区间：

$$[x_0, x_1],[x_1, x_2],\cdots,[x_{k-1}, x_k],\cdots,[x_{n-1}, x_n].$$

第 k 个子区间$[x_{k-1}, x_k]$的长度为

$$\Delta x_k=x_k-x_{k-1},k=1,2,\cdots,n.$$

如果过每一个分点 x_k 画一条垂线，那么曲边梯形被划为 n 个窄曲边梯形（图 5.1.2）.

(2)“匀”. 在每一个子区间 $[x_{k-1},x_k]$ 上任取一点 记作 ξ_k. 将第 k 个子梯形的面积记作 ΔA_k，则它的近似值为(图 5.1.3)

$$\Delta A_k \approx f(\xi_k)\Delta x_k, k=1,2,\cdots,n.$$

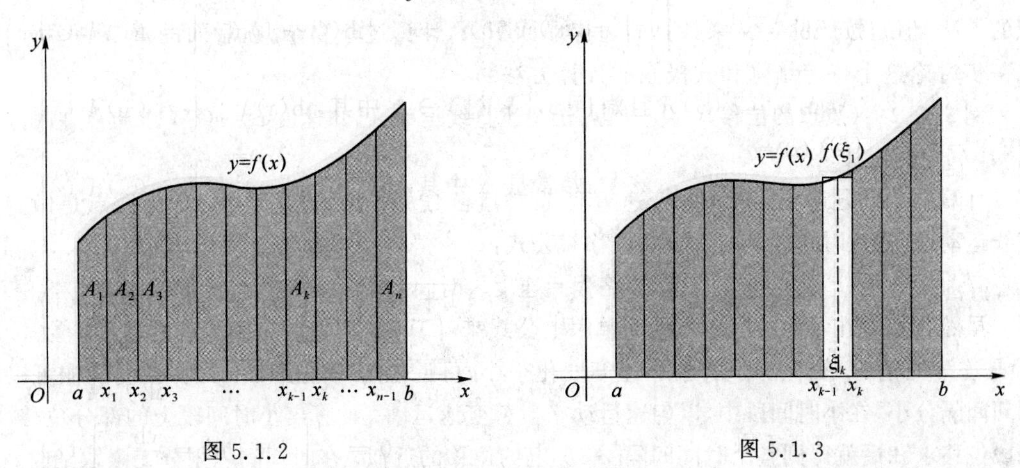

图 5.1.2　　　　图 5.1.3

(3)“和”. 将所有子梯形面积的近似值相加，得到总的曲面梯形面积的近似值为(图 5.1.4)

$$A = \sum_{k=1}^{n} \Delta A_k \approx \sum_{k=1}^{n} f(\xi_k)\Delta x_k.$$

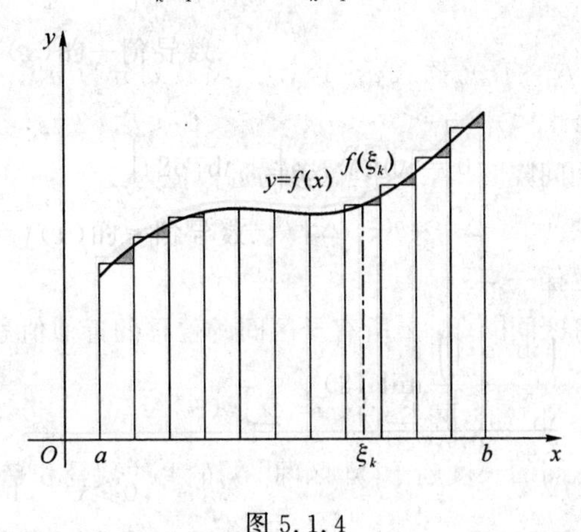

图 5.1.4

这个和式决定于划分和 ξ 的值，称为区间 $[a,b]$ 上 f 的黎曼和.

(4)“精”. 当区间 $[a, b]$ 上的划分越来越细，我们看到黎曼和与 A 的值越来越接近. 定理5.1.4 表明如果最大子区间的长度趋于 0，黎曼和有一个极限. 因此

$$A=\lim_{d\to 0}\sum_{k=1}^{n}f(\xi_k)\Delta x_k,$$

其中 $d=\max\limits_{1\leqslant k\leqslant n}\{\Delta x_k\}$.

由此可见,曲边梯形面积 A 是一个特定结构和式的极限. 这个定义给出了计算曲边梯形面积的方法,但是按照此定义来计算曲边梯形面积 A,计算过于复杂. 在后面的章节中,我们将进一步讨论这个特定结构和式极限的计算方法.

例 5.1.2 (质点的位移). 设一质点作变速直线运动,已知速度 $v=v(t)$,求质点在时间间隔$[a, b]$上的位移 s.

计算这个问题遇到的困难是变速运动,即速度函数 $v=v(t)$不是常数. 如果质点是做匀速直线运动,计算从时刻 a 到时刻 b 的位移有公式:

路程=速度×时间.

虽然我们现在考虑的问题不能简单用上公式来计算,但是质点变速运动的速度函数 $v=v(t)$是连续变化的,在很短的时间内,速度变化很小,可近似于匀速运动. 那么,我们同样可以把时间间隔分小,在小时间段中,以匀速运动来代替变速运动,计算出小时间段上的部分位移,将每段位移求和后就得到整个时间间隔$[a, b]$上的位移的近似. 在时间间隔划分无限取细时,部分和位移的极限就是变速运动位移的精确值. 具体计算过程如下:

对于匀速直线运动 $v=\nu$,位移与速度的关系可以如下表示

$$s=\nu(b-a).$$

现在速度是一个时间的函数 $v(t)$,即位移在时间间隔$[a,b]$上关于 t 是不均匀的,和例 5.1.1 类似,需要进行下列步骤.

(1)"分". 在区间$[a, b]$内任意插入 $n-1$ 个点,将其划分为 n 个子区间,使得

$$a=t_0<t_1<t_2<\cdots<t_{k-1}<t_k<\cdots<t_{n-1}<t_n=b.$$

(2)"匀". 质点在时间间隔$[t_{k-1}, t_k]$ 上位移的近似值为

$$\Delta s_k\approx v(\xi_k)\Delta t_k, k=1,2,\cdots,n,$$

其中 ξ_k 为区间$[t_{k-1}, t_k]$上任一点.

(3)"和"(黎曼和). 将区间$[a, b]$上所有子区间的位移的近似值累加:

$$s=\sum_{k=1}^{n}\Delta s_k\approx\sum_{k=1}^{n}v(\xi_k)\Delta t_k.$$

(4)"精". 当最大子区间的长度趋于 0,区间$[a, b]$上的黎曼和趋于质点的位移. 因此

$$s=\lim_{d\to 0}\sum_{k=1}^{n}v(\xi_k)\Delta t_k,$$

其中 $d=\max\limits_{1\leqslant k\leqslant n}\{\Delta t_k\}$.

■

从上述两个例子可以看到:虽然两个问题的实际意义完全不同,一个是几何学中的面积问

题，一个是物理学中的路程问题，但是从抽象的数量关系来看，它们都决定于一个函数及其自变量变化的区间，计算这些量的方法涉及到函数在区间上特定结构和式的极限．这就是下面要讨论的定积分．

5.1.2　定积分的定义

定义 5.1.3　(定积分)．设函数 $f(x)$ 在区间$[a, b]$上有界，在区间$[a, b]$内任意插入 $n-1$ 个分点 $x_1, x_2, \cdots, x_{n-1}$，将区间$[a, b]$分为 n 个子区间，使得

$$a=x_0<x_1<x_2<\cdots<x_{n-1}<x_n=b.$$

在子区间$[x_{k-1}, x_k]$上任取一点 ξ_k．取 f 在区间$[a, b]$上的**黎曼和**

$$\sum_{k=1}^{n} f(\xi_k)\Delta x_k,$$

若无论区间$[a, b]$怎样分法，也无论在小区间$[x_{k-1}, x_k]$上的 ξ_k 如何选取，只要当 $d\to 0$，其中

$$d=\max_{1\leqslant k\leqslant n}\{\Delta x_k\},$$

黎曼和的极限都存在，则称函数 $f(x)$在区间 $[a,b]$上可积，并称此极限为 函数 $f(x)$在区间$[a, b]$上的定积分，表示为

$$\int_a^b f(x)\mathrm{d}x=\lim_{d\to 0}\sum_{k=1}^{n} f(\xi_k)\Delta x_k,$$

读作"f 从 a 到 b 的积分"．其中，$f(x)$被称为被积函数，$f(x)\mathrm{d}x$ 被称为做被积表达式，x 被称为积分变量，$[a,b]$被称为积分区间，a 和 b 分别被称为积分下限和积分上限，$\int$被称为积分号．

若当 $d\to 0$ 时，黎曼和 $\sum\limits_{k=1}^{n} f(\xi_k)\Delta x_k$ 的极限都不存在，则称函数 $f(x)$ 在区间 $[a,b]$上不可积，

根据定积分的定义，前面讨论的两个实际问题都是定积分，可以分别表述如下：

由曲线 $y=f(x)$与直线 $x=a$ 与 $x=b$，及横坐标轴 $y=0$ 所围成的平面图形的面积 A 等于函数 $f(x)$在区间$[a,b]$上的定积分．即

$$A=\int_a^b f(x)\mathrm{d}x.$$

质点以变速度 $v=v(t)$作直线运动，质点在时间间隔$[a, b]$上的位移 s 等于函数 $v(t)$在区间$[a, b]$上的定积分，即

$$s=\int_a^b v(t)\mathrm{d}t.$$

注　定积分的值取决于被积函数和积分区间，而与我们选择的自变量字母无关．若用字母 t 或者 u 代替 x，简单地记为

$$\int_a^b f(x)\mathrm{d}x=\int_a^b f(t)\mathrm{d}t=\int_a^b f(u)\mathrm{d}u.$$

由于从 a 到 b 的积分与所选字母无关,故称积分的变量为哑元.

由于每一个子区间的划分和子区间的 ξ_k 都是任意的,黎曼和可能出现不同的极限值.然而并非如此,当 $d \to 0$ 且 f 在区间$[a, b]$上连续时,黎曼和总有相同的极限. 实际上,我们可以不作证明给出定积分存在的充分条件:

定理 5.1.4 (可积的充分条件). 若函数 f 在$[a, b]$上连续或只有有限个第一类间断点,则 f 在$[a, b]$上可积.

定积分的几何意义

由例 5.1.1 知,当 $f(x) \geqslant 0$ 时,定积分 $\int_a^b f(x)\mathrm{d}x$ 表示由曲线 $y=f(x)$ 和三条直线 $x=a, x=b, y=0$ 围成的曲边梯形的面积 A ,即

$$\int_a^b f(x)\mathrm{d}x = A.$$

当 $f(x) \leqslant 0, x \in [a,b]$,则由曲线 $y=f(x)$ 和三条直线 $x=a, x=b, y=0$ 围成的曲边梯形位于 x 轴的下方(图 5.1.5).

易得 $f(\xi_k)\Delta x_k \approx -\Delta A_k$,因此

$$\int_a^b f(x)\mathrm{d}x = \lim_{d \to 0}\sum_{k=1}^{n} f(\xi_k)\Delta x_k = -A.$$

若函数 $f(x)$在区间 $[a, b]$上变号,即函数 $f(x)$表示图形的某些部分在 x 轴上方,有些在 x 轴下方. 则函数 $f(x)$ 在区间$[a, b]$上的积分不是曲边梯形的总面积,而是各部分面积的代数和(位于 x 轴的下方的区域面积仍取负值).

例 5.1.5 利用定积分的定义计算 $\int_0^1 x^2\mathrm{d}x$.

解 由于函数 x^2 是连续函数,它在区间$[0, 1]$上是可积的. 为了便于计算 $\int_0^1 x^2\mathrm{d}x$,可以选择一个特殊的划分来构建黎曼和.

将区间$[0, 1]$ 分成 n 等份(图 5.1.6),分点为

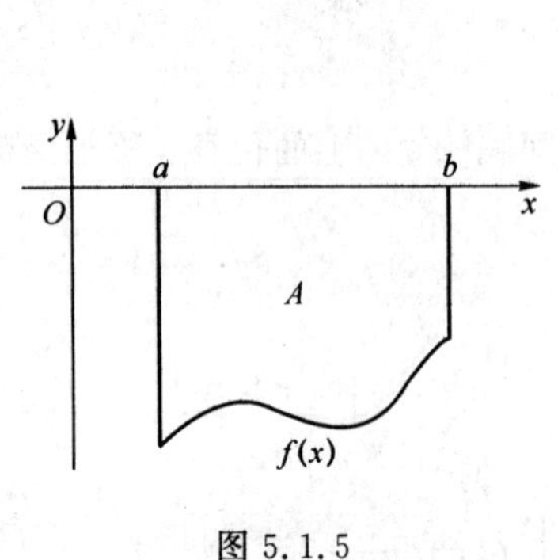

图 5.1.5

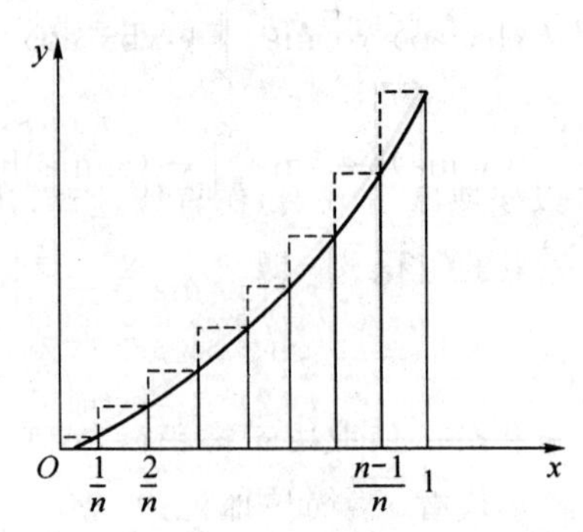

图 5.1.6

$$x_0=0,x_1=\frac{1}{n},x_2=\frac{2}{n},\cdots,x_{n-1}=\frac{n-1}{n},x_n=1,$$

且每个子区间的长度为

$$\Delta x_k=\frac{1}{n},k=1,2,\cdots,n.$$

每个子区间上的 ξ_k 取第 k 个子区间的右端点，即

$$\xi_k=x_k,k=1,2,\cdots,n.$$

于是，对应的黎曼和为

$$\sum_{k=1}^{n}\left(\frac{k}{n}\right)^2\frac{1}{n}=\frac{1}{n^3}\sum_{k=1}^{n}k^2=\frac{1}{n^3}(1^2+2^2+3^2+\cdots+n^2)=\frac{1}{n^3}\frac{n(n+1)(2n+1)}{6}.$$

当 $d\to 0$ 时，$n\to\infty$，取上式右端的极限，由定积分的定义可以得到所要计算的积分为

$$\int_0^1 x^2\mathrm{d}x=\lim_{n\to\infty}\sum_{k=1}^{n}\left(\frac{k}{n}\right)^2\frac{1}{n}=\frac{1}{6}\lim_{n\to\infty}\frac{n(n+1)(2n+1)}{n^3}=\frac{1}{3}.$$

■

5.1.3　定积分的性质

为以后使用方便，对任意被积函数 f 我们做如下规定：

(1) 当 $a>b$ 时，

$$\int_a^b f(x)\mathrm{d}x=-\int_b^a f(x)\mathrm{d}x;$$

(2) 当 $a=b$ 时，

$$\int_a^a f(x)\mathrm{d}x=0.$$

由于积分的定义是德国数学家黎曼给出的，因此定积分也称为**黎曼积分**. 我们用 $R[a,b]$ 表示所有函数在区间 $[a,b]$ 上积分的集合．今后，函数 $f\in R[a,b]$ 意味着函数 f 在区间 $[a,b]$ 上可积.

性质 1　(线性性质). 设 $f,g\in R[a,b]$，k 为常数，则 $kf,f\pm g\in R[a,b]$ 并且

$$\int_a^b kf(x)\mathrm{d}x=k\int_a^b f(x)\mathrm{d}x, \tag{5.1.1}$$

$$\int_a^b[f(x)\pm g(x)]\mathrm{d}x=\int_a^b f(x)\mathrm{d}x\pm\int_a^b g(x)\mathrm{d}x. \tag{5.1.2}$$

这个性质不难由积分的定义直接证明，这里证明过程留给读者自己完成.

性质 2　(区间的可加性).. 设 f 在包含有点 a,b,c 的区间上可积，无论则 a,b,c 是什么顺序，都有

$$\int_a^b f(x)\mathrm{d}x=\int_a^c f(x)\mathrm{d}x+\int_c^b f(x)\mathrm{d}x. \tag{5.1.3}$$

证明　(1) 假设 $a<c<b$. 划分区间 $[a,b]$ 时，可将 c 始终作为一个分点. 则

$$\sum_{[a,b]} f(\xi_k)\Delta x_k = \sum_{[a,c]} f(\xi_k)\Delta x_k + \sum_{[c,b]} f(\xi_k)\Delta x_k.$$

令 $d \to 0$,得

$$\int_a^b f(x)\mathrm{d}x = \int_a^c f(x)\mathrm{d}x + \int_c^b f(x)\mathrm{d}x.$$

(2) 若 c 在区间 $[a, b]$ 外,不妨设 $a<b<c$,则由(1)的结论有

$$\int_a^c f(x)\mathrm{d}x = \int_a^b f(x)\mathrm{d}x + \int_b^c f(x)\mathrm{d}x,$$

即

$$\int_a^b f(x)\mathrm{d}x = \int_a^c f(x)\mathrm{d}x - \int_b^c f(x)\mathrm{d}x.$$

由于

$$-\int_b^c f(x)\mathrm{d}x = \int_c^b f(x)\mathrm{d}x,$$

因此我们也可以得到 (5.1.3)的表达式.

■

由性质 2 可知,如果 f 在区间 $[a, b]$ 上符号发生变化(图 5.1.7),那么积分 $\int_a^b f(x)\mathrm{d}x$ 的几何意义为这些区域面积 A_i 的代数和,即

$$\int_a^b f(x)\mathrm{d}x = A_1 - A_2 + A_3.$$

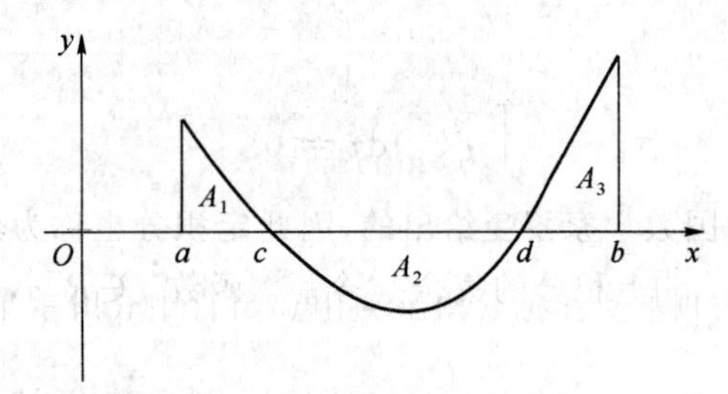

图 5.1.7

例 5.1.6 利用定积分的几何意义求下列定积分:

(1) $\int_0^1 \sqrt{1-x^2}\,\mathrm{d}x$; (2) $\int_0^3 (x-1)\mathrm{d}x$.

解 (1) 由于 $f(x)=\sqrt{1-x^2}\geqslant 0$,可推出积分表示的区域从 0 到 1,并且在 曲线 $y=\sqrt{1-x^2}$ 下方. 从 $y^2=1-x^2$,得 $x^2+y^2=1$,这里 f 表示一个半径为 1 的四分之一圆,如图 5.1.8(a). 因此

$$\int_0^1 \sqrt{1-x^2}\,\mathrm{d}x = \frac{1}{4}\pi(1)^2 = \frac{\pi}{4}.$$

(2) $y=x-1$ 表示斜率为 1 的直线,如图 5.1.8(b). 把积分分为两个区域,分别计算其积分:

$$\int_0^3 (x-1)\mathrm{d}x = A_1 - A_2 = \frac{1}{2}\times 4 - \frac{1}{2} = \frac{3}{2}.$$

■

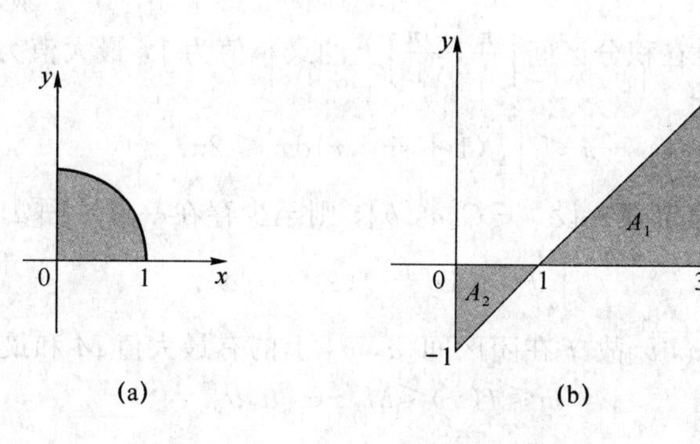

图 5.1.8

性质 3　设 $f\in R[a, b]$,改变 f 在区间 $[a, b]$上有限个点的函数值,$\int_a^b f(x)\mathrm{d}x$ 的可积性和积分值都不会发生变化.

性质 4　(积分不等式). 设 $a<b$, $f,g\in R[a, b]$.

(1)若 $f(x)\leqslant g(x), x\in[a,b]$,则

$$\int_a^b f(x)\mathrm{d}x \leqslant \int_a^b g(x)\mathrm{d}x;$$

特别的,若在$[a,b]$上 $f(x)\geqslant 0$,则

$$\int_a^b f(x)\mathrm{d}x \geqslant 0.$$

(2) $\left|\int_a^b f(x)\mathrm{d}x\right| \leqslant \int_a^b |f(x)|\mathrm{d}x.$

(3) 若 $m\leqslant f(x)\leqslant M, x\in[a,b]$,则

$$m(b-a) \leqslant \int_a^b f(x)\mathrm{d}x \leqslant M(b-a).$$

性质 4 的证明留给读者完成. 性质 4 中的第 3 条说明,由被积函数在积分区间上的最大值和最小值,可以估计积分的大致范围.

例 5.1.7　估计下列定积分的值:

(1) $\int_{\frac{1}{2}}^1 x^4\mathrm{d}x$;　　　　(2) $\int_{\frac{\pi}{4}}^{\frac{5\pi}{4}} (1+\sin^2 x)\mathrm{d}x$.

解　(1) 函数 x^4 在积分区间 $\left[\frac{1}{2}, 1\right]$ 上是单调增加的,且有最小值$\frac{1}{16}$ 和最大值 1. 由性质 4 得

$$\frac{1}{16}\left(1-\frac{1}{2}\right)\leqslant\int_{\frac{1}{2}}^{1}x^4\mathrm{d}x\leqslant\left(1-\frac{1}{2}\right).$$

即

$$\frac{1}{32}\leqslant\int_{\frac{1}{2}}^{1}x^4\mathrm{d}x\leqslant\frac{1}{2}.$$

(2) 函数 $1+\sin^2 x$ 在积分区间 $\left[\frac{\pi}{4},\frac{5\pi}{4}\right]$ 上的最小值为 1，最大值为 2. 由性质 4 得

$$\pi\leqslant\int_{\frac{\pi}{4}}^{\frac{5\pi}{4}}(1+\sin^2 x)\mathrm{d}x\leqslant 2\pi.$$

性质 5　(积分中值定理). 设 $f\in C[a,b]$，则至少存在一点 $\xi\in[a,b]$,使得

$$\int_a^b f(x)\mathrm{d}x=f(\xi)(b-a). \tag{5.1.4}$$

证明　由于 $f\in C[a,b]$ 故 f 在闭区间 $[a,b]$ 上的有最大值 M 和最小值 m，有

$$m\leqslant f(x)\leqslant M, x\in[a,b].$$

由性质 4 得

$$m(b-a)\leqslant\int_a^b f(x)\mathrm{d}x\leqslant M(b-a).$$

不失一般性,假设 $a<b$,则

$$m\leqslant\frac{\int_a^b f(x)\mathrm{d}x}{b-a}\leqslant M.$$

因此，$\dfrac{\int_a^b f(x)\mathrm{d}x}{b-a}$ 是一个介于 $f(x)$ 最小值和最大值之间的数. 根据连续函数的介值定理，至少存在一点 $\xi\in[a,b]$,使得

$$f(\xi)=\frac{\int_a^b f(x)\mathrm{d}x}{b-a},$$

即

$$\int_a^b f(x)\mathrm{d}x=f(\xi)(b-a).$$

■

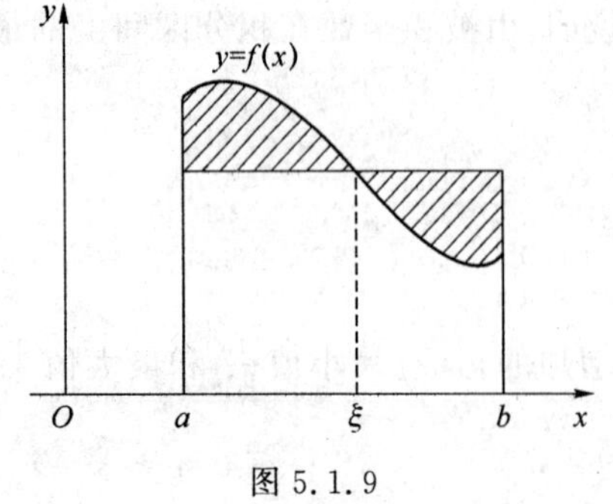

图 5.1.9

公式(5.1.4)叫做积分中值公式，积分中值定理的几何意义如图 5.1.9 所示：在区间 $[a,b]$ 上至少存在一点 ξ，使得以区间 $[a,b]$ 为底边，以曲线 $y=f(x)$ 为顶的曲边梯形的面积等于同一底边而高为 $f(\xi)$ 的矩形的面积.

定义 5.1.7　(函数在区间上的平均值). 设

$f \in C[a,b]$，则称 $\dfrac{\int_a^b f(x)\mathrm{d}x}{b-a}$ 为 f 在区间$[a,b]$上的**中值**或**平均值**，它是有限个数的算术平均值概念对连续函数的推广.

事实上，n 个数 $y_1, y_2, \cdots, y_n$ 的算术平均值为

$$\overline{y} = \frac{y_1 + y_2 + \cdots + y_n}{n} = \frac{1}{n}\sum_{k=1}^{n} y_k.$$

在很多实际问题中，需要求出一个函数 $y=f(x)$ 在某一区间$[a, b]$的平均值. 例如，求一周内的平均气温，交流电的平均电流等，在区间$[a, b]$上有无穷多个函数值，如何求出它们的平均值呢？

设 $f \in C[a, b]$，将$[a, b]$划分为 n 个等长的子区间，分点如下

$$a=x_0<x_1<x_2<\cdots<x_n=b.$$

每个子区间的长度为 $\Delta x_k=\dfrac{b-a}{n}$. 取 ξ_k 为各子区间的右端点 x_k，$k=1, 2, \cdots, n$. 则对应的 n 个函数值 $y_1=f(x_1)$，$y_2=f(x_2), \cdots, y_n=f(x_n)$的算术平均值为

$$\overline{y}_n = \frac{1}{n}\sum_{k=1}^{n} y_k = \frac{1}{n}\sum_{k=1}^{n} f(x_k) = \frac{1}{b-a}\sum_{k=1}^{n} f(x_k)\,\frac{b-a}{n} = \frac{1}{b-a}\sum_{k=1}^{n} f(x_k)\Delta x_k.$$

显然，当 n 增大时，$\overline{y}_n$就表示函数 f 在区间$[a, b]$上更多个点处的函数值的平均值. 令 $n\to\infty$，$\overline{y}_n$ 的极限就被定义为函数 f 在区间 $[a, b]$上的平均值，即

$$\overline{y} = \lim_{n\to\infty}\overline{y}_n = \frac{1}{b-a}\lim_{n\to\infty}\sum_{k=1}^{n} f(x_k)\Delta x_k = \frac{1}{b-a}\int_a^b f(x)\mathrm{d}x \qquad (5.1.5)$$

因此，连续函数 f 在区间$[a, b]$上的平均值等于函数 f 在区间$[a, b]$上的积分中值.

例 5.1.8　设 $f(x)$ 在区间$[a, b]$上可微，且 $\lim\limits_{x\to+\infty} f(x)=1$. 求

$$\lim_{x\to+\infty}\int_x^{x+2} t\,\sin\frac{3}{t}f(t)\mathrm{d}t.$$

解　根据积分中值定理，至少存在一点 $\xi\in[x,x+2]$ 使得

$$\int_x^{x+2} t\,\sin\frac{3}{t}f(t)\mathrm{d}t = \xi\sin\frac{3}{\xi}f(\xi)[(x+2)-x].$$

因此，

$$\lim_{x\to+\infty}\int_x^{x+2} t\,\sin\frac{3}{t}f(t)\mathrm{d}t = \lim_{\xi\to+\infty} 2\xi\sin\frac{3}{\xi}f(\xi) = 6\lim_{\xi\to+\infty}\frac{\xi}{3}\sin\frac{3}{\xi} = 6.$$

■

例 5.1.9　求正弦交流电流 $i(t)=I_m\sin\omega t$ 在半个周期(从 $t=0$ 到 $t=\dfrac{\pi}{\omega}$)内的平均值.

解　根据 (5.1.5)式，平均值为

$$\overline{I}=\frac{1}{\frac{\pi}{\omega}-0}\int_0^{\frac{\pi}{\omega}}i(t)\,\mathrm{d}t=\frac{\omega I_m}{\pi}\int_0^{\frac{\pi}{\omega}}\sin\omega t\,\mathrm{d}t.$$

为了求 $\overline{I}$ 的具体数值,必须计算 $\int_0^{\frac{\pi}{\omega}}\sin\omega t\mathrm{d}t$. 但是,利用定义来求此积分是比较复杂的. 因此,寻求简单方便的积分方法势在必行. 在下一节中我们将解决这一问题.

■

习题 5.1

1. 利用定积分的定义求下列积分:

(1) $\int_a^b x\,\mathrm{d}x(a<b)$;　　(2) $\int_0^1 \mathrm{e}^x\,\mathrm{d}x$.

2. 用给定区间上用定积分表述下列极限:

(1) $\lim\limits_{n\to\infty}\sum\limits_{i=1}^n x_i\sin x_i\Delta x$, $x\in[0,\pi]$;　　(2) $\lim\limits_{n\to\infty}\sum\limits_{i=1}^n \frac{\mathrm{e}^{t_i}}{1+t_i}\Delta t$, $t\in[1,5]$.

3. 有一直的金属丝位于 x 轴上从 $x=0$ 到 $x=a$ 处. 其上各点 x 处的密度与 x 成正比,比例系数为 k. 求该金属丝的质量.

4. 设函数 $f\in R[a,b]$, 若改变被积函数在区间$[a,b]$上的有限个函数值, $\int_a^b f(x)\mathrm{d}x$ 的值是否发生变化? 为什么?

5. 利用定积分的几何意义证明:

(1) $\int_0^1 2x\mathrm{d}x=1$;　　(2) $\int_{-\pi}^{\pi}\sin x\mathrm{d}x=0$;

(3) $\int_0^2(x+1)\mathrm{d}x=4$;　　(4) $\int_{-\frac{\pi}{2}}^{\frac{\pi}{2}}\cos x\mathrm{d}x=2\int_0^{\frac{\pi}{2}}\cos x\mathrm{d}x$.

6. 设 $f\in R[-a,a]$. 利用定积分的几何意义证明:

$$\int_{-a}^{a}f(x)\mathrm{d}x=\begin{cases}0, & f\text{ 是奇数;}\\ 2\int_0^a f(x)\mathrm{d}x, & f\text{ 是偶数.}\end{cases}$$

7. 利用定积分的性质计算下列定积分:

(1) $\int_1^4(x^2+1)\mathrm{d}x$;　　(2) $\int_{-\frac{\pi}{4}}^{\frac{\pi}{4}}(1+\cos^2 x)\mathrm{d}x$;

(3) $\int_0^1 \mathrm{e}^{-x^2}\mathrm{d}x$;　　(4) $\int_{\frac{1}{\sqrt{3}}}^{\sqrt{3}}x\arctan x\mathrm{d}x$.

8. 设 $f,g\in C[a,b]$,证明:

(1) 若 $f(x)\geqslant 0$ 并且 $\exists x_0\in[a,b]$，使得 $f(x_0)\neq 0$，则

$$\int_a^b f(x)\mathrm{d}x > 0;$$

(2) 若 $f(x)\geqslant 0$ ，$x\in[a,b]$ 并且 $\int_a^b f(x)\mathrm{d}x=0$ ，则 $f(x)\equiv 0, x\in[a,b]$；

(3) 若 $f(x)\geqslant g(x)$ 且 $\exists x_0\in[a,b]$，使得 $f(x_0)\neq g(x_0)$，则

$$\int_a^b f(x)\mathrm{d}x > \int_a^b g(x)\mathrm{d}x.$$

9. 利用定积分的性质以及习题 8 的结论，比较下列定积分的大小：

(1) $\int_0^1 \mathrm{e}^x\mathrm{d}x$ 和 $\int_0^1 \mathrm{e}^{x^2}\mathrm{d}x$；　　(2) $\int_0^1 x^2\mathrm{d}x$ 和 $\int_0^1 x^3\mathrm{d}x$；

(3) $\int_1^2 \ln x\mathrm{d}x$ 和 $\int_1^2 (\ln x)^2\mathrm{d}x$；　　(4) $\int_0^1 \ln(1+x)\mathrm{d}x$ 和 $\int_0^1 \frac{\arctan x}{1+x}\mathrm{d}x$.

10. 设两函数 f,g 在任意有限区间可积，判断下列结论是否正确，并说明理由.

(1) 若 $\int_a^b f(x)\mathrm{d}x=\int_a^b g(x)\mathrm{d}x$ ，则 $f(x)\equiv g(x), x\in[a,b]$；

(2) 若对任意区间 $[a,b]$ ，都有

$$\int_a^b f(x)\mathrm{d}x=\int_a^b g(x)\mathrm{d}x,$$

则 $f(x)\equiv g(x)$；

(3) 若 f ，g 在任意区间 $[a,b]$ 上都是连续的，且都有

$$\int_a^b f(x)\mathrm{d}x=\int_a^b g(x)\mathrm{d}x,$$

则 $f(x)\equiv g(x)$.

11. 证明下列不等式：

(1) $1<\int_0^1 \mathrm{e}^{x^2}\mathrm{d}x<\mathrm{e}$；　　(2) $96<\int_{-8}^8 \sqrt{100-x^2}\,\mathrm{d}x<160$.

5.2　微积分基本定理

定积分的定义已经给出了计算定积分的方法，即分割，求黎曼和，再取极限. 通过例5.1.5我们看到，通过求黎曼和的极限来计算定积分是很不容易的. 即便被积函数非常简单，直接求解也包含了许多繁琐的过程 . 如果被积函数是其他的复杂函数，其困难就更大了. 因此，需要找到一种实际有效的方法来计算定积分. 牛顿和莱布尼茨给出了一种方法，并揭示了微分和积分的深层关系.

变速直线运动的位移函数与速度函数的联系

如果已知一质点做变速直线运动的速度 $v=v(t)$. 选取合适的坐标轴，使得原点位于质

点初始时刻 $t=0$ 时刻的位置,方向取质点的速度方向. 设 $s=s(t)$ 表示质点的位移函数,则从时刻 $t=a$ 到时刻 $t=b$ 质点的位移可表示为 Δs,既可以用 $v(t)$ 从 a 到 b 的定积分来表达,也可以用两个时刻 $t=b$ 和 $t=a$ 的位移函数 $s(t)$ 的差来表示,即,

$$\Delta s=\int_a^b v(t)\,\mathrm{d}t=s(b)-s(a). \tag{5.2.1}$$

我们知道,位移函数 $s(t)$ 是 $v(t)$ 的一个原函数,即 $s'(t)=v(t)$. 因此,式(5.2.1)揭示了一个事实:$\int_a^b v(t)\,\mathrm{d}t$ 等于被积函数 $v(t)$ 的任一原函数从 a 到 b 的增量. 我们将证明,上述结论适用于任意连续函数.

微积分基本定理

设 $f\in R[a,b]$. 在定积分

$$\int_a^b f(x)\,\mathrm{d}x$$

中,固定积分下限 a 并积分上限 b 在 $[a,b]$ 上变化,那么这个积分变为一个积分上限的函数. 为了和国际惯例保持一致,我们将 x 表示积分上限,为了避免混淆,改用 t 表示积分变量(这里改变符号不影响积分值). 因此,得如下积分

$$\int_a^x f(t)\,\mathrm{d}t, a\leqslant x\leqslant b,$$

称为 **变上限积分**,用 $\Phi(x)$ 表示.

定理 5.2.1 (微积分第一基本定理). 设 f 在区间 $[a,b]$ 连续,函数 $\Phi(x)=\int_a^x f(t)\,\mathrm{d}t$ 在 $[a,b]$ 可微,即

$$\Phi'(x)=\frac{\mathrm{d}}{\mathrm{d}x}\int_a^x f(t)\,\mathrm{d}t=f(x). \tag{5.2.2}$$

证明 由导数的定义,有

$$\Phi'(x)=\lim_{\Delta x\to 0}\frac{\Phi(x+\Delta x)-\Phi(x)}{\Delta x}.$$

注意到

$$\begin{aligned}\Delta\Phi=\Phi(x+\Delta x)-\Phi(x)&=\int_a^{x+\Delta x} f(t)\,\mathrm{d}t-\int_a^x f(t)\,\mathrm{d}t\\&=\int_a^{x+\Delta x} f(t)\,\mathrm{d}t+\int_x^a f(t)\,\mathrm{d}t=\int_x^{x+\Delta x} f(t)\,\mathrm{d}t.\end{aligned}$$

根据积分中值定理,在 x 和 $x+\Delta x$ 之间至少存在一个 ξ,使得

$$\Delta\Phi=f(\xi)\Delta x,$$

即

$$\frac{\Delta\Phi}{\Delta x}=f(\xi).$$

当 $\Delta x \to 0$ 时，$\xi \to x$ 并由 $f \in C[a,b]$，有

$$\Phi'(x)=\lim_{\Delta x\to 0}\frac{\Delta \Phi}{\Delta x}=\lim_{\Delta x\to 0}f(\xi)=f(x).$$

■

这一结论很漂亮，且功效强大，有深度，并令人惊奇. 式(5.2.2)也是数学上最重要的方程之一. 它表明任何连续函数都有原函数，即 $\Phi(x)=\int_a^x f(t)\mathrm{d}t$. 并且它揭示了积分和微分的过程是互逆的.

推论 5.2.2　若 f 在区间$[a, b]$上连续，则函数 $\int_x^b f(t)\mathrm{d}t$ **(变下限积分)**在$[a, b]$可微且

$$\frac{\mathrm{d}}{\mathrm{d}x}\int_x^b f(t)\mathrm{d}t=-f(x). \tag{5.2.3}$$

证明

$$\frac{\mathrm{d}}{\mathrm{d}x}\int_x^b f(t)\mathrm{d}t=-\frac{\mathrm{d}}{\mathrm{d}x}\int_b^x f(t)\mathrm{d}t=-f(x).$$

■

例 5.2.3　求下列函数的原函数($x\geqslant 1$)：

(1) $\Phi(x)=\int_1^x\frac{\sin t}{t}\mathrm{d}t$；　　(2) $\Phi(x)=\int_x^1\frac{\sin t}{t}\mathrm{d}t$；

(3) $\Phi(x)=\int_1^{x^2}\frac{\sin t}{t}\mathrm{d}t$；　　(4) $\Phi(x)=\int_{x^2}^{\mathrm{e}^{2x}}\ln x\mathrm{d}x$.

解　(1) $\Phi'(x)=\frac{\mathrm{d}}{\mathrm{d}x}\int_1^x\frac{\sin t}{t}\mathrm{d}t=\frac{\sin x}{x}$.

(2) $\Phi'(x)=\frac{\mathrm{d}}{\mathrm{d}x}\int_x^1\frac{\sin t}{t}\mathrm{d}t=\frac{\mathrm{d}}{\mathrm{d}x}\left(-\int_1^x\frac{\sin t}{t}\mathrm{d}t\right)=-\frac{\sin x}{x}$.

(3) 将$\int_1^{x^2}\frac{\sin t}{t}\mathrm{d}t$ 看作一复合函数. 则

$$\Phi'(x)=\frac{\mathrm{d}}{\mathrm{d}(x^2)}\int_1^{x^2}\frac{\sin t}{t}\mathrm{d}t\cdot\frac{\mathrm{d}(x^2)}{\mathrm{d}x}=\frac{\sin x^2}{x^2}2x=2\frac{\sin x^2}{x}.$$

(4) 取任意常数 $c>0$，不失一般性，选取 1，将积分分成两部分. 则

$$\begin{aligned}\Phi'(x)&=\frac{\mathrm{d}}{\mathrm{d}x}\left(\int_{x^2}^{\mathrm{e}^{2x}}\ln x\mathrm{d}x\right)=\frac{\mathrm{d}}{\mathrm{d}x}\left(\int_{x^2}^{1}\ln x\mathrm{d}x+\int_{1}^{\mathrm{e}^{2x}}\ln x\mathrm{d}x\right)\\&=-\ln x^2\cdot 2x+\ln\mathrm{e}^{2x}\cdot 2\mathrm{e}^{2x}=4x(\mathrm{e}^{2x}-\ln x).\end{aligned}$$

■

定理 5.2.4　(微积分第二基本定理). 若 f 在区间$[a, b]$上连续，且 F 是 f 在$[a, b]$上的一个原函数，则

$$\int_a^b f(x)\mathrm{d}x=F(b)-F(a)=F(x)\Big|_a^b. \tag{5.2.4}$$

这一定理也称为牛顿-莱布尼茨公式或积分求值定理.

证明 由于 $F(x)$ 与 $\Phi(x)$ 只相差一个常数,因此对于某一个 C,有

$$\Phi(x)=F(x)+C, \forall x\in[a,b].$$

将 $\Phi(a)=0$ 上述方程得 $C=-F(a)$. 因此,

$$\Phi(x)=F(x)-F(a), \forall x\in[a,b].$$

特别地,取 $x=b$ 即得牛顿-莱布尼茨公式.

■

例 5.2.5 求下列定积分的值:

(1) $\int_1^2 \frac{1}{x^2}\mathrm{d}x$;　　(2) $\int_0^{\frac{\pi}{2}} \sin x\mathrm{d}x$.

解 (1) 因为 $\left(-\frac{1}{x}\right)'=\frac{1}{x^2}$,所以 $-\frac{1}{x}$ 是 $\frac{1}{x^2}$ 的一个原函数. 根据牛顿-莱布尼茨公式,有

$$\int_1^2 \frac{1}{x^2}\mathrm{d}x=-\frac{1}{x}\bigg|_1^2=\frac{1}{2}.$$

对比例 5.1.5 可以发现,应用牛顿-莱布尼茨公式大大简化了定积分的计算过程.

(2) 因为 $(-\cos x)'=\sin x$,所以

$$\int_0^{\frac{\pi}{2}} \sin x\mathrm{d}x=-\cos x\bigg|_0^{\frac{\pi}{2}}=0-(-1)=1.$$

■

例 5.2.6 求 $\int_0^{\pi} \sqrt{1-\sin 2x}\,\mathrm{d}x$.

解

$$\begin{aligned}\int_0^{\pi} \sqrt{1-\sin 2x}\,\mathrm{d}x&=\int_0^{\pi} \sqrt{\sin^2 x-2\sin x\cos x+\cos^2 x}\,\mathrm{d}x=\int_0^{\pi} |\sin x-\cos x|\,\mathrm{d}x\\&=\int_0^{\frac{\pi}{4}}(\cos x-\sin x)\mathrm{d}x+\int_{\frac{\pi}{4}}^{\pi}(\sin x-\cos x)\mathrm{d}x\\&=(\sin x+\cos x)\bigg|_0^{\frac{\pi}{4}}+(-\sin x-\cos x)\bigg|_{\frac{\pi}{4}}^{\pi}\\&=2\sqrt{2}.\end{aligned}$$

例 5.2.7 设 $f(x)$ 在区间 $[0,+\infty)$ 上连续且 $f(x)>0$. 令

$$F(x)=\frac{\int_0^x tf(t)\mathrm{d}t}{\int_0^x f(t)\mathrm{d}t}.$$

证明函数 $F(x)$ 单调递增.

证明 因为

$$\frac{\mathrm{d}}{\mathrm{d}x}\int_0^x tf(t)\mathrm{d}t = xf(x) \text{ 且} \frac{\mathrm{d}}{\mathrm{d}x}\int_0^x f(t)\mathrm{d}t = f(x),$$

有

$$F'(x) = \frac{\mathrm{d}}{\mathrm{d}x}\left[\frac{\int_0^x tf(t)\mathrm{d}t}{\int_0^x f(t)\mathrm{d}t}\right] = \frac{xf(x)\int_0^x f(t)\mathrm{d}t - f(x)\int_0^x tf(t)\mathrm{d}t}{\left[\int_0^x f(t)\mathrm{d}t\right]^2}$$

$$= \frac{f(x)\int_0^x (x-t)f(t)\mathrm{d}t}{\left(\int_0^x f(t)\mathrm{d}t\right)^2}.$$

显然，当 $0<t<x$ 时，$f(t)>0$ 且 $(x-t)f(t)>0$. 因此，

$$\int_0^x f(t)\mathrm{d}t > 0 \text{ 且} \int_0^x (x-t)f(t)\mathrm{d}t > 0.$$

则 $F'(x)>0(x>0)$. 即证明函数 $F(x)$ 在 $[0,+\infty)$ 上单调递增. ■

例 5.2.8　求

$$\lim_{x\to 0}\frac{\int_{\cos x}^1 \mathrm{e}^{-t^2}\mathrm{d}t}{x^2}.$$

解　当 $x\to 0$ 时，极限的形式是 $\frac{0}{0}$. 因为

$$\int_{\cos x}^1 \mathrm{e}^{-t^2}\mathrm{d}t = -\int_1^{\cos x}\mathrm{e}^{-t^2}\mathrm{d}t,$$

有

$$\frac{\mathrm{d}}{\mathrm{d}x}\int_{\cos x}^1 \mathrm{e}^{-t^2}\mathrm{d}t = -\frac{\mathrm{d}}{\mathrm{d}x}\int_1^{\cos x}\mathrm{e}^{-t^2}\mathrm{d}t = -\frac{\mathrm{d}}{\mathrm{d}u}\int_1^u \mathrm{e}^{-t^2}\mathrm{d}t\bigg|_{u=\cos x}\frac{\mathrm{d}}{\mathrm{d}x}\cos x$$

$$= -\mathrm{e}^{-\cos^2 x}(-\sin x) = \mathrm{e}^{-\cos^2 x}\sin x.$$

应用 L'Hospital 法则，有

$$\lim_{x\to 0}\frac{\int_{\cos x}^1 \mathrm{e}^{-t^2}\mathrm{d}t}{x^2} = \lim_{x\to 0}\frac{\mathrm{e}^{-\cos^2 x}\sin x}{2x} = \frac{1}{2\mathrm{e}}.$$

■

例 5.2.9　求

$$\lim_{n\to\infty}\left(\frac{1}{n+1}+\frac{1}{n+2}+\cdots+\frac{1}{2n}\right).$$

解　因为

$$\frac{1}{n+1}+\frac{1}{n+2}+\cdots+\frac{1}{2n} = \sum_{i=1}^n \frac{1}{n+i} = \sum_{i=1}^n \frac{1}{1+\frac{i}{n}}\frac{1}{n},$$

有

$$\lim_{n\to\infty}\left(\frac{1}{n+1}+\frac{1}{n+2}+\cdots+\frac{1}{2n}\right)=\lim_{n\to\infty}\sum_{i=1}^{n}\frac{1}{1+\frac{i}{n}}\frac{1}{n}.$$

在[0, 1]中插入以下分点

$$0<\frac{1}{n}<\frac{2}{n}<\cdots<\frac{n}{n}=1$$

将区间分成 n 个子区间并选取 $\xi_i=\frac{i}{n}$, $i=1,2,\cdots,n$，当 $n\to\infty$ 时，$\frac{1}{n}\to 0$. 这一极限可以看作 $f(x)=\frac{1}{1+x}$ 在 [0,1] 上的定积分. 因此

$$\lim_{n\to\infty}\left(\frac{1}{n+1}+\frac{1}{n+2}+\cdots+\frac{1}{2n}\right)=\int_0^1\frac{1}{1+x}\mathrm{d}x=\ln(1+x)\Big|_0^1=\ln 2.$$

■

习题 5.2

A

1. 指出下列表达式

$$\int_a^b f(x)\mathrm{d}x,\int_a^b f(t)\mathrm{d}t,\int_a^x f(t)\mathrm{d}t,\int f(t)\mathrm{d}tf(x)$$

的区别与联系，试通过区间[0,1]上的函数 $f(x)=x$ 说明之.

2. 利用牛顿-莱布尼茨公式求下列定积分：

(1) $\int_0^1 2x^3\mathrm{d}x$；　　(2) $\int_0^a (3x^2-x+1)\mathrm{d}x$；

(3) $\int_0^{\sqrt{3}a}\frac{1}{a^2+x^2}\mathrm{d}x$；　　(4) $\int_0^1\frac{1}{\sqrt{4-x^2}}\mathrm{d}x$；

(5) $\int_0^{\frac{\pi}{4}}\tan^2\theta\mathrm{d}\theta$；　　(6) $\int_0^{2\pi}|\sin x|\mathrm{d}x$；

(7) $\int_{-2}^3\max\{|x|,x^2\}\mathrm{d}x$；　　(8) $\int_{-1}^1|x|\mathrm{d}x$；

(9) $\int_{-1}^1 f(x)\mathrm{d}x$，其中 $f(x)=\begin{cases}x+3, & x\leqslant 0,\\ \frac{1}{3}x^2, & x>0.\end{cases}$

3. 求下列各函数的导数：

(1) $F(x)=\int_0^x(\arctan t+t)\mathrm{d}t$；　　(2) $F(x)=\int_x^b\frac{\mathrm{d}t}{1+t^4}$，其中 b 是常数；

(3) $F(x)=\int_0^{\sqrt{x}}\mathrm{e}^{t^2}\mathrm{d}t$；　　(4) $F(x)=\int_{\cos^2x}^2\frac{t}{1+2t^2}\mathrm{d}t$；

(5) $F(x)=\int_{\sqrt{x}}^{\sqrt[3]{x}}\ln(1+t^6)\mathrm{d}t$；　　(6) $F(x)=\int_1^x\left(\int_1^{y^2}\frac{\sqrt{1+t^4}}{t}\mathrm{d}t\right)\mathrm{d}y$；

(7) $F(x)=\int_a^{\varphi(x)}f(t)\mathrm{d}t$，其中 $f\in C[a,b]$，φ 可微且 $R(\varphi)\subseteq[a,b]$；

(8) $F(x)=\int_{x^2}^{\sin^2x}(x+t)\varphi(t)\mathrm{d}t$，其中 φ 是常数.

4. 判断正误，并简述原因.

(1) $\frac{\mathrm{d}}{\mathrm{d}x}\left(\int_0^{x^3}\sqrt{2t+1}\,\mathrm{d}t\right)=\sqrt{2x^3+1}$；

(2) $\int_0^{x^3}\left(\frac{\mathrm{d}}{\mathrm{d}t}\sqrt{2t+1}\right)\mathrm{d}t=\sqrt{8x^3+1}$；

(3) $\int_{-1}^1\frac{\mathrm{d}x}{x}=\ln|x|\Big|_{-1}^1=0$；

(4) $\int_0^{2\pi}\sqrt{1-\sin^2x}\,\mathrm{d}x=\int_0^{2\pi}\cos x\mathrm{d}x=\sin x\Big|_0^{2\pi}=0$.

5. 求由参数方程

$$x=\int_0^t\sin^2u\mathrm{d}u,\quad y=\int_0^{t^2}\cos\sqrt{u}\,\mathrm{d}u$$

所确定的函数 $y=f(x)$ 的一阶导数.

6. 求由方程

$$\int_0^y 2\mathrm{e}^{t^2}\mathrm{d}t+\int_0^{x^2+2x}t\mathrm{e}^t\mathrm{d}t=0$$

所确定的隐函数 $y=f(x)$ 的一阶导数.

7. 求下列极限：

(1) $\lim\limits_{x\to0}\frac{\int_0^x\cos t^2\mathrm{d}t}{x}$；　　(2) $\lim\limits_{x\to0}\frac{\left(\int_0^x\mathrm{e}^{t^2}\mathrm{d}t\right)^2}{\int_0^x t\mathrm{e}^{2t^2}\mathrm{d}t}$.

8. 设 $f(x)=\begin{cases}x^2+1, & x\leqslant0,\\ \cos x, & x>0.\end{cases}$

(1) 求 $F(x)=\int_0^x f(t)\mathrm{d}t$；

(2) 讨论 $F(x)$ 的连续性和可微性.

9. 求函数

$$y=\int_0^x \sqrt{t}(t-1)(t+1)^2\mathrm{d}t$$

的定义域,单调区间和极值点.

10. 求函数

$$F(x)=\int_{-a}^{a}|x-t|f(t)\mathrm{d}t, x\in[-a,a]$$

的单调区间和极值点.其中 $f(t)>0$ 在区间$[-a, a]$上时连续的偶函数.

B

1. 设

$$F(x)=\int_a^x f(t)\mathrm{d}t,$$

证明若 $f(x)\in R[a,b]$,则 $F(x)\in C[a,b]$.

2. 求下列极限:

(1) $\lim\limits_{n\to\infty}\left(\dfrac{1}{\sqrt{n^2+1}}+\dfrac{1}{\sqrt{n^2+2^2}}+\cdots+\dfrac{1}{\sqrt{n^2+n^2}}\right)$;

(2) $\lim\limits_{n\to\infty}\left(\dfrac{1}{\sqrt{4n^2-1}}+\dfrac{1}{\sqrt{4n^2-2^2}}+\cdots+\dfrac{1}{\sqrt{3n^2}}\right)$;

(3) $\lim\limits_{n\to\infty}\dfrac{1}{n}\left(\sin\dfrac{\pi}{n}+\sin\dfrac{2\pi}{n}+\cdots+\sin\dfrac{n-1}{n}\pi\right)$;

(4) $\lim\limits_{n\to\infty}\dfrac{1^p+2^p+\cdots+n^p}{n^{p+1}}$ (p 是常数,$p>0$).

3. 确定 a 和 b 的值,使得

$$\lim_{x\to 0}\frac{\displaystyle\int_0^x\frac{t^2}{\sqrt{a+t}}\mathrm{d}t}{bx-\sin x}=1.$$

4. 若 f 在 $x=1$ 的某个邻域可微,且 $f(1)=0$,$\lim\limits_{x\to 1}f'(x)=1$. 求

$$\lim_{x\to 1}\frac{\displaystyle\int_1^x\left[t\int_t^1 f(y)\mathrm{d}y\right]\mathrm{d}t}{(1-x)^3}.$$

5. 设 $f:[a,b]\to\mathbf{R}$ 在$[a,b]$上连续,在(a,b) 可导且 $f'(x)\leqslant 0$. 设

$$F(x)=\frac{1}{x-a}\int_a^x f(t)\mathrm{d}t.$$

证明 $F'(x)\leqslant 0, \forall x\in(a,b)$.

6. 若 $f,g\in C[a,b]$. 证明至少存在一点 $\xi\in(a,b)$,使得

$$f(\xi)\int_\xi^b g(x)\mathrm{d}x=g(\xi)\int_a^\xi f(x)\mathrm{d}x.$$

5.3　定积分中的换元法与分部积分法

利用牛顿-莱布尼茨公式求定积分,首先求被积函数的原函数,然后再按照公式进行计算.在一般的情况下,把这两步截然分开是比较麻烦的.在第 4 章中,我们讨论了用换元积分法和分部积分法来求一些函数的原函数.因此,在一定条件下,我们也可用换元积分法和分部积分法直接计算定积分.

5.3.1　定积分中的换元法

定积分的换元法包含两种,且都十分有效.一种是先利用换元法求相应的不定积分,然后根据牛顿-莱布尼茨公式利用求得的原函数计算定积分的值.下面我们将学习另一种方法,直接对定积分用换元计算.

定理 5.3.1　(定积分中的换元法). 设 f 在区间 $[a,\ b]$上连续,并且函数 $x=\varphi(t)$满足:

1. $\varphi(\alpha)=a$ 且 $\varphi(\beta)=b$;
2. $\varphi(t)$在区间$[\alpha,\beta]$ 或$[\beta,\alpha]$上连续可导,并且它的值域包含于$[a,b]$.

则

$$\int_a^b f(x)\mathrm{d}x=\int_\alpha^\beta f[\varphi(t)]\varphi'(t)\mathrm{d}t. \tag{5.3.1}$$

证明　设 F 是 f 的一个原函数,则

$$\int_a^b f(x)\mathrm{d}x=F(b)-F(a).$$

因为$\dfrac{\mathrm{d}}{\mathrm{d}t}F[\varphi(t)]=f[\varphi(t)]\varphi'(t)$,所以

$$\int_\alpha^\beta f[\varphi(t)]\varphi'(t)\mathrm{d}t=F[\varphi(t)]\Big|_\alpha^\beta=F[\varphi(\beta)]-F[\varphi(\alpha)]=F(b)-F(a).$$

因此,式(5.3.1)成立.

■

例 5.3.2　求$\int_0^1\sqrt{1-x^2}\,\mathrm{d}x$.

解　令 $x=\sin t$,$\mathrm{d}x=\cos t\mathrm{d}t$. 则当 $x=0$ 时 $t=0$;当 $x=1$ 时 $t=\dfrac{\pi}{2}$. 故根据式(5.3.1),有

$$\int_0^1\sqrt{1-x^2}\,\mathrm{d}x=\int_0^{\frac{\pi}{2}}\cos^2 t\mathrm{d}t=\frac{1}{2}\left(t+\frac{1}{2}\sin 2t\right)\Big|_0^{\frac{\pi}{2}}=\frac{\pi}{4}.$$

■

例 5.3.3 求$\int_{-1}^{1} 3t^2 \sqrt{t^3+1}\,dt$.

解 令$x=t^3+1, dx=3t^2 dt$. 则当$t=-1$时$x=0$;当$t=1$时$x=2$,故根据式(5.3.1),有

$$\int_{-1}^{1} 3t^2 \sqrt{t^3+1}\,dt=\int_0^2 \sqrt{x}\,dx=\frac{2}{3}x^{\frac{3}{2}}\Big|_0^2=\frac{4\sqrt{2}}{3}.$$

■

例 5.3.4 求$\int_0^{\frac{\pi}{2}} \cos^5 x\sin x\,dx$.

解 令$u=\cos x$, $du=-\sin x\,dx$. 则当$x=0$时$u=1$,当$x=\frac{\pi}{2}$时$u=0$,故根据式(5.3.1),有

$$\int_0^{\frac{\pi}{2}} \cos^5 x \sin x\,dx=-\int_1^0 u^5 du=\int_0^1 u^5 du=\frac{u^6}{6}\Big|_0^1=\frac{1}{6};$$

或

$$\int_0^{\frac{\pi}{2}} \cos^5 x \sin x\,dx=-\int_0^{\frac{\pi}{2}} \cos^5 x\,d(\cos x)=-\frac{\cos^6 x}{6}\Big|_0^{\frac{\pi}{2}}=-\left(0-\frac{1}{6}\right)=\frac{1}{6}.$$

■

例 5.3.5 求$\int_0^{\pi} \sqrt{\sin^3 x-\sin^5 x}\,dx$.

解 因为

$$\sqrt{\sin^3 x-\sin^5 x}=\sqrt{\sin^3 x(1-\sin^2 x)}=\sin^{\frac{3}{2}} x|\cos x|,$$

有

$$\begin{aligned}\int_0^{\pi} \sqrt{\sin^3 x-\sin^5 x}\,dx&=\int_0^{\pi} \sin^{\frac{3}{2}} x\,|\cos x|\,dx\\&=\int_0^{\frac{\pi}{2}} \sin^{\frac{3}{2}} x\cos x\,dx-\int_{\frac{\pi}{2}}^{\pi} \sin^{\frac{3}{2}} x\cos x\,dx\\&=\int_0^{\frac{\pi}{2}} \sin^{\frac{3}{2}} x\,d(\sin x)-\int_{\frac{\pi}{2}}^{\pi} \sin^{\frac{3}{2}} x\,d(\sin x)\\&=\frac{2}{5}\sin^{\frac{5}{2}} x\Big|_0^{\frac{\pi}{2}}-\frac{2}{5}\sin^{\frac{5}{2}} x\Big|_{\frac{\pi}{2}}^{\pi}\\&=\frac{2}{5}-\left(-\frac{2}{5}\right)=\frac{4}{5}.\end{aligned}$$

■

例 5.3.6 求$\int_0^4 \frac{x+2}{\sqrt{2x+1}}\,dx$.

解　令 $\sqrt{2x+1}=t$. 则 $x=\frac{t^2-1}{2}$, $\mathrm{d}x=t\mathrm{d}t$. 当 $x=0$ 时 $t=1$, 当 $x=4$ 时 $t=3$,故根据式(5.3.1),有

$$\int_0^4 \frac{x+2}{\sqrt{2x+1}}\mathrm{d}x=\int_1^3 \frac{\frac{t^2-1}{2}+2}{t}t\,\mathrm{d}t=\frac{1}{2}\int_1^3 (t^2+3)\mathrm{d}t=\frac{1}{2}\left(\frac{t^3}{3}+3t\right)\Big|_1^3=\frac{22}{3}.$$

■

例 5.3.7　设 函数 $f\in C[-a,a]$. 证明以下结论:

(1) 若 $f(x)$ 为奇函数,则 $\int_{-a}^{a} f(x)\mathrm{d}x=0$;

(2) 若 $f(x)$ 为偶函数,则 $\int_{-a}^{a} f(x)\mathrm{d}x=2\int_0^a f(x)\mathrm{d}x$.

证明

$$\int_{-a}^{a} f(x)\mathrm{d}x=\int_{-a}^{0} f(x)\mathrm{d}x+\int_0^a f(x)\mathrm{d}x.$$

等式右端的第一项积分用 $-t$ 替换 x,有

$$\int_{-a}^{0} f(x)\mathrm{d}x=-\int_a^0 f(-t)\mathrm{d}t=\int_0^a f(-t)\mathrm{d}t=\int_0^a f(-x)\mathrm{d}x.$$

因此

$$\int_{-a}^{a} f(x)\mathrm{d}x=\int_0^a f(-x)\mathrm{d}x+\int_0^a f(x)\mathrm{d}x=\int_0^a [f(-x)+f(x)]\mathrm{d}x.$$

(1) 若 $f(x)$ 为奇函数,则 $f(x)+f(-x)=0$. 有

$$\int_{-a}^{a} f(x)\mathrm{d}x=0.$$

(2) 若 $f(x)$ 为偶函数,则 $f(x)+f(-x)=2f(x)$. 有

$$\int_{-a}^{a} f(x)\mathrm{d}x=2\int_0^a f(x)\mathrm{d}x.$$

■

例 5.3.8　证明 $\int_0^{\frac{\pi}{2}} \sin^n x\,\mathrm{d}x=\int_0^{\frac{\pi}{2}} \cos^n x\,\mathrm{d}x$,其中 n 为正整数.

证明　令 $x=\frac{\pi}{2}-t$,则

$$\int_0^{\frac{\pi}{2}} \sin^n x\,\mathrm{d}x=\int_{\frac{\pi}{2}}^{0} \sin^n\left(\frac{\pi}{2}-t\right)\mathrm{d}\left(\frac{\pi}{2}-t\right)$$

$$=-\int_{\frac{\pi}{2}}^{0} \cos^n t\,\mathrm{d}t=\int_0^{\frac{\pi}{2}} \cos^n t\,\mathrm{d}t=\int_0^{\frac{\pi}{2}} \cos^n x\,\mathrm{d}x.$$

最后一步是因为积分值与积分变量的选取无关.

■

例 5.3.9　设 $f(x)$ 在区间 $[0,1]$上连续. 证明

(1) $\int_0^{\frac{\pi}{2}} f(\sin x)\mathrm{d}x = \int_0^{\frac{\pi}{2}} f(\cos x)\mathrm{d}x$;

(2) $\int_0^{\pi} xf(\sin x)\mathrm{d}x = \frac{\pi}{2}\int_0^{\pi} f(\sin x)\mathrm{d}x$,并利用这一结果计算 $\int_0^{\pi} \frac{x\sin x}{1+\cos^2 x}\mathrm{d}x$.

证明 (1) 令 $x=\frac{\pi}{2}-t$,则

$$\int_0^{\frac{\pi}{2}} f(\sin x)\mathrm{d}x = \int_{\frac{\pi}{2}}^{0} f\left[\sin\left(\frac{\pi}{2}-t\right)\right]\mathrm{d}\left(\frac{\pi}{2}-t\right) = -\int_{\frac{\pi}{2}}^{0} f\left[\sin\left(\frac{\pi}{2}-t\right)\right]\mathrm{d}t$$

$$= \int_0^{\frac{\pi}{2}} f(\cos t)\mathrm{d}t = \int_0^{\frac{\pi}{2}} f(\cos x)\mathrm{d}x.$$

(2) 令 $x=\pi-t$,则

$$\int_0^{\pi} xf(\sin x)\mathrm{d}x = -\int_{\pi}^{0} (\pi-t)f[\sin(\pi-t)]\mathrm{d}t$$

$$= \pi\int_0^{\pi} f(\sin t)\mathrm{d}t - \int_0^{\pi} tf(\sin t)\mathrm{d}t$$

$$= \pi\int_0^{\pi} f(\sin x)\mathrm{d}x - \int_0^{\pi} xf(\sin x)\mathrm{d}x.$$

移项得

$$\int_0^{\pi} xf(\sin x)\mathrm{d}x = \frac{\pi}{2}\int_0^{\pi} f(\sin x)\mathrm{d}x.$$

由上式得

$$\int_0^{\pi} \frac{x\sin x}{1+\cos^2 x}\mathrm{d}x = \frac{\pi}{2}\int_0^{\pi} \frac{\sin x}{1+\cos^2 x}\mathrm{d}x = -\frac{\pi}{2}\int_0^{\pi} \frac{\mathrm{d}\cos x}{1+\cos^2 x}$$

$$= -\frac{\pi}{2}\arctan\cos x\Big|_0^{\pi} = \frac{\pi^2}{4}.$$

■

例 5.3.8 和 5.3.9 展示了定积分中直接应用换元积分法的优越性.

5.3.2 定积分中的分部积分法

设函数 u, v 在区间 $[a, b]$ 上有连续的导数. 由不定积分中的分部积分法，可以得到

$$\int_a^b u\mathrm{d}v = uv\Big|_a^b - \int_a^b v\mathrm{d}u. \tag{5.3.2}$$

式(5.3.2)被称为定积分的分部积分公式.

例 5.3.10 求 $\int_0^{\frac{1}{2}} \arcsin x\mathrm{d}x$.

解 取 $u=\arcsin x$, $v=x$,根据式(5.3.2),有

$$\int_0^{\frac{1}{2}} \arcsin x\mathrm{d}x = x\arcsin x\Big|_0^{\frac{1}{2}} - \int_0^{\frac{1}{2}} \frac{x}{\sqrt{1-x^2}}\mathrm{d}x = \frac{\pi}{12} + \frac{\sqrt{3}}{2} - 1.$$

■

例 5.3.11　求 $\int_0^4 e^{\sqrt{x}}dx$.

解　令 $\sqrt{x}=t$,则 $x=t^2$, $dx=2tdt$. 因此

$$\int_0^4 e^{\sqrt{x}}dx=\int_0^2 e^t\, 2tdt=2\int_0^2 tde^t=2\left(te^t\Big|_0^2-\int_0^2 e^t dt\right)=2(e^2+1).$$

■

例 5.3.12　求 $\int_0^3 \arcsin\sqrt{\dfrac{x}{1+x}}dx$.

解　令 $\arcsin\sqrt{\dfrac{x}{1+x}}=t$. 则, $\sin^2 t=\dfrac{x}{1+x}\Rightarrow x=\tan^2 t$. 因此

$$\begin{aligned}\int_0^3 \arcsin\sqrt{\frac{x}{1+x}}dx&=\int_0^{\frac{\pi}{3}} td(\tan^2 t)=[t\tan^2 t]\Big|_0^{\frac{\pi}{3}}-\int_0^{\frac{\pi}{3}}\tan^2 tdt\\&=\frac{\pi}{3}\times 3-\int_0^{\frac{\pi}{3}}(\sec^2 t-1)dt=\pi-[\tan t-t]\Big|_0^{\frac{\pi}{3}}\\&=\pi-\sqrt{3}+\frac{\pi}{3}=\frac{4}{3}\pi-\sqrt{3}.\end{aligned}$$

■

例 5.3.13　计算下列积分：

(1) $I_n=\int_0^{\frac{\pi}{2}}\sin^n x dx$, $(n\in \mathbf{N}_+)$；

(2) $\int_0^{\frac{\pi}{2}}\sin^4 x\cos^2 x dx$；

(3) $\int_0^a x^4\sqrt{a^2-x^2}dx(a>0)$.

解　(1) 利用式(5.3.2)，得

$$\begin{aligned}I_n&=\int_0^{\frac{\pi}{2}}\sin^n x dx=-\int_0^{\frac{\pi}{2}}\sin^{n-1}xd\cos x\\&=-\sin^{n-1}x\cos x\Big|_0^{\frac{\pi}{2}}+(n-1)\int_0^{\frac{\pi}{2}}\cos^2 x\sin^{n-2}xdx\\&=(n-1)\int_0^{\frac{\pi}{2}}\sin^{n-2}xdx-(n-1)\int_0^{\frac{\pi}{2}}\sin^n xdx\\&=(n-1)I_{n-2}-(n-1)I_n.\end{aligned}$$

移项得

$$I_n=\frac{n-1}{n}I_{n-2}(n=2,3,\cdots).$$

由此递推公式,可得

$$I_n = \frac{n-1}{n}I_{n-2} = \frac{n-1}{n}\frac{n-3}{n-2}I_{n-4}$$

$$= \cdots = \frac{n-1}{n}\frac{n-3}{n-2}\cdots\frac{2}{3}I_1,\ n\text{ 为奇数};$$

$$I_n = \frac{n-1}{n}I_{n-2} = \frac{n-1}{n}\frac{n-3}{n-2}I_{n-4}$$

$$= \cdots = \frac{n-1}{n-3}\frac{n-3}{n-2}\cdots\frac{1}{2}I_0,\ n\text{ 为偶数}.$$

因为

$$I_1 = \int_0^{\frac{\pi}{2}} \sin x\mathrm{d}x = 1, I_0 = \int_0^{\frac{\pi}{2}} \mathrm{d}x = \frac{\pi}{2}.$$

故

$$I_n = \begin{cases} \frac{n-1}{n}\frac{n-3}{n-2}\cdots\frac{4}{5}\times\frac{2}{3}, & n\text{ 为奇数}; \\ \frac{n-1}{n}\frac{n-3}{n-2}\cdots\frac{3}{4}\times\frac{1}{2}\times\frac{\pi}{2}, & n\text{ 为偶数}. \end{cases}$$

利用这一公式计算某些定积分是十分方便的.

(2)
$$\int_0^{\frac{\pi}{2}} \sin^4 x\cos^2 x\mathrm{d}x = \int_0^{\frac{\pi}{2}} \sin^4 x(1-\sin^2 x)\mathrm{d}x$$

$$= \int_0^{\frac{\pi}{2}} \sin^4 x\mathrm{d}x - \int_0^{\frac{\pi}{2}} \sin^6 x\mathrm{d}x$$

$$= \frac{3}{4}\times\frac{1}{2}\times\frac{\pi}{2} - \frac{5}{6}\times\frac{3}{4}\times\frac{1}{2}\times\frac{\pi}{2} = \frac{\pi}{32}.$$

(3) 令 $x=a\sin t$，则

$$\int_0^a x^4\sqrt{a^2-x^2}\,\mathrm{d}x = a^6\int_0^{\frac{\pi}{2}} \sin^4 t\cos^2 t\mathrm{d}t = \frac{\pi}{32}a^6.$$

习题 5.3

A

1. 求下列定积分的值：

(1) $\int_{-2}^1 \frac{\mathrm{d}x}{(11+8x)^3}$；

(2) $\int_0^{2\pi} \sin\varphi\cos^3\varphi\mathrm{d}\varphi$；

(3) $\int_0^{\pi}(1-\sin^3\theta)\mathrm{d}\theta$；

(4) $\int_{-\sqrt{2}}^{\sqrt{2}} \sqrt{8-2y^2}\,\mathrm{d}y$；

(5) $\int_0^{\frac{\pi}{2}} \sin x \sqrt{\cos x}\, dx$；

(6) $\int_0^1 \frac{dx}{e^x + e^{-x}}$；

(7) $\int_1^e \frac{2 + 3\ln x}{x} dx$；

(8) $\int_1^{e^2} \frac{1}{x\sqrt{1 + \ln x}} dx$；

(9) $\int_0^{\pi} \sqrt{1 + \cos 2x}\, dx$；

(10) $\int_{-\frac{\pi}{2}}^{\frac{\pi}{2}} \sqrt{\cos x - \cos^3 x}\, dx$；

(11) $\int_1^2 \frac{\sqrt{x^2 - 1}}{x^2} dx$；

(12) $\int_{\frac{1}{\sqrt{2}}}^1 \frac{\sqrt{1 - x^2}}{x^2} dx$；

(13) $\int_0^4 \frac{dx}{1 + \sqrt{x}}$；

(14) $\int_0^{\frac{\pi}{4}} \ln(1 + \tan x) dx$；

(15) $\int_0^{\pi} \frac{x \sin x}{2 - \sin^2 x} dx$；

(16) $\int_0^{\frac{\pi}{2}} \frac{\cos^3 x}{\sin x + \cos x} dx$.

2. 证明下列积分公式(m, $n \in \mathbf{N}$)：

(1) $\int_{-\pi}^{\pi} \sin mx \sin nx\, dx = \begin{cases} 0, & m \neq n, \\ \pi, & m = n. \end{cases}$

(2) $\int_{-\pi}^{\pi} \cos mx \cos nx\, dx = \begin{cases} 0, & m \neq n, \\ \pi, & m = n. \end{cases}$

(3) $\int_{-\pi}^{\pi} \sin mx \cos nx\, dx = 0$.

3. 求下列定积分的值：

(1) $\int_{-\pi}^{\pi} x^4 \sin x\, dx$；

(2) $\int_{-\frac{1}{2}}^{\frac{1}{2}} \frac{(\arcsin x)^2}{\sqrt{1 - x^2}} dx$；

(3) $\int_0^{2\pi} |x - \pi| \sin^3 x\, dx$；

(4) $\int_{-\frac{3}{4}\pi}^{\frac{3}{4}\pi} (1 + \arctan x)\sqrt{1 + \cos 2x}\, dx$.

4. 求 $\int_{-1}^1 |x| \left(3x^2 + \frac{\sin^3 x}{1 + \cos x}\right) dx$.

5. 设 $f(x)$是连续周期函数,周期为 T. 证明

$$\int_a^{a+T} f(x) dx = \int_0^T f(x) dx \text{ (}a\text{ is 是常数)}.$$

6. 求下列定积分的值：

(1) $\int_0^1 x e^{-x} dx$；

(2) $\int_1^e x \ln x\, dx$；

(3) $\int_0^1 e^{\sqrt{x}} dx$；

(4) $\int_0^{e-1} \ln(1 + x) dx$；

(5) $\int_0^1 x \arctan x\, dx$；

(6) $\int_0^{\frac{\pi}{2}} e^{2x} \cos 2x\, dx$；

(7) $\int_{\frac{\pi}{4}}^{\frac{\pi}{3}} \frac{x}{\sin^2 x} dx$；

(8) $\int_1^2 \frac{\ln x}{\sqrt{x}} dx$；

(9) $\int_{1}^{e}\sin(\ln x)\mathrm{d}x$；　(10) $\int_{\frac{1}{e}}^{e}|\ln x|\mathrm{d}x$；

(11) $\int_{0}^{3}\arcsin\sqrt{\frac{x}{1+x}}\mathrm{d}x$；　(12) $\int_{0}^{1}\cos\sqrt{x}\mathrm{d}x$；

(13) $\int_{0}^{\pi}(x\sin x)^{2}\mathrm{d}x$；　(14) $\int_{0}^{\pi}x^{2}\cos x\mathrm{d}x$；

(15) $\int_{0}^{1}(1-x^{2})^{\frac{m}{2}}\mathrm{d}x(m\in\mathbf{N})$；　(16) $I_{m}=\int_{0}^{\pi}x\sin^{m}x\mathrm{d}x(m\in\mathbf{N})$.

7. 证明下列等式：

(1) $\int_{0}^{\pi}\sin^{n}x\mathrm{d}x=2\int_{0}^{\frac{\pi}{2}}\sin^{n}x\mathrm{d}x\ (n\in\mathbf{N})$；

(2) $\int_{x}^{1}\frac{\mathrm{d}x}{1+x^{2}}=\int_{1}^{\frac{1}{x}}\frac{\mathrm{d}x}{1+x^{2}}(x>0)$；

(3) $\int_{0}^{1}x^{m}(1-x)^{n}\mathrm{d}x=\int_{0}^{1}x^{n}(1-x)^{m}\mathrm{d}x$；

(4) $\int_{a}^{b}f(x)\mathrm{d}x=\int_{a}^{b}f(a+b-x)\mathrm{d}x$，$f(x)$ 在区间$[a,b]$上连续；

(5) $\int_{a}^{b}f(x)\mathrm{d}x=(b-a)\int_{0}^{1}f[a+(b-a)x]\mathrm{d}x$，$f(x)$ 在区间$[a,b]$上连续；

(6) $\int_{0}^{a}2x^{3}f(x^{2})\mathrm{d}x=\int_{0}^{a^{2}}xf(x)\mathrm{d}x$，$f$ 在区间[0，a]上连续.

B

1. 证明$\int_{0}^{\frac{\pi}{2}}\sin^{m}x\cos^{m}x\mathrm{d}x=\frac{1}{2^{m}}\int_{0}^{\frac{\pi}{2}}\cos^{m}x\mathrm{d}x\quad(m\in\mathbf{N}_{+})$.

2. 求$\int_{0}^{n\pi}\sqrt{1-\sin 2x}\mathrm{d}x(n\in\mathbf{N}_{+})$.

3. 求$\int_{0}^{10\pi}\frac{\sin^{3}x+\cos^{3}x}{2\sin^{2}x+\cos^{4}x}\mathrm{d}x$.

4. 求$\int_{0}^{x}|t(t-1)|\mathrm{d}t$.

5. 求$\int_{0}^{n\pi}x|\sin x|\mathrm{d}x(n\in\mathbf{N}_{+})$.

6. 求$\int_{\frac{\pi}{3}}^{\frac{2\pi}{3}}(\mathrm{e}^{\cos x}-\mathrm{e}^{-\cos x})\mathrm{d}x$.

7. 求$\int_{\frac{1}{2}}^{2}\left(1+x-\frac{1}{x}\right)\mathrm{e}^{x+\frac{1}{x}}\mathrm{d}x$.

8. 设$f(x)=\mathrm{e}^{-x^{2}}$. 求$\int_{0}^{1}f'(x)f''(x)\mathrm{d}x$.

9. 证明$\int_0^{\frac{\pi}{2}}\frac{f(\sin x)}{f(\sin x)+f(\cos x)}\mathrm{d}x=\frac{\pi}{4}$，其中 f 在闭区间$\left[0,\frac{\pi}{2}\right]$上连续且 $f(\sin x)+f(\cos x)\neq 0$.

5.4　反常积分

直到现在，我们一直要求定积分满足以下两个条件：

(1) 区间$[a,b]$是有限的；

(2) 被积函数 f 在$[a,b]$上有界.

然而实际中，常常遇到不满足其中一个条件，或不满足两个条件的情况，这时它们已经不属于前面说的定积分了. 因此，将定积分作推广，讨论具有无穷区间或无界被积函数的积分问题，就是本节要学习的反常积分.

5.4.1　无穷区间上的积分

为了介绍无穷区间上积分的定义，我们先考虑以下实例.

例 5.4.1　在一个由带电量为 Q 的点电荷产生的电场中，求距点 Q 为 a 处的点 A 处的点位.

解　根据物理学的知识，点 A 处的电位 V_A 等于点 A 处的单位正电荷移至无穷远处的电场力所做的功.

建立一坐标系，不妨设 Q 位于坐标原点，A 在 x 轴上(图 5.4.1).

你可能认为这个功是无穷的，然而我们发现它其实是一个有限值. 下面是我们如何得到这个有限值的详细过程. 首先求单位正电荷从 A 处到 B 处(与 Q 的距离为 b)电场力所做的功 $W(b)$. 由于与 Q 距离为 x 的任意一点 x 的电场强度为 $k\frac{Q}{x^2}$. 则当单位正电荷从 x 移动到 $x+\mathrm{d}x$ 处时，电场所做的功为

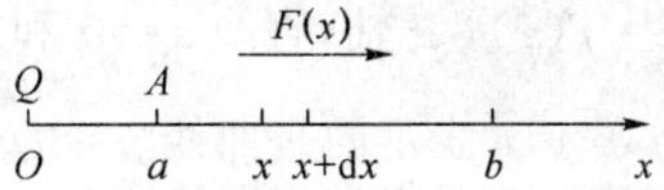

图 5.4.1

$$\mathrm{d}W=k\frac{Q}{x^2}\mathrm{d}x.$$

于是，单位电荷从 A 处到 B 处电场力所做的功 $W(b)$为

$$W(b)=\int_a^b k\frac{Q}{x^2}\mathrm{d}x=kQ\left(\frac{1}{a}-\frac{1}{b}\right).$$

当 b 趋于无穷，$W(b)$的极限存在，且这一极限即所要求得电位.

$$V_A=\lim_{b\to+\infty}W(b)=\lim_{b\to+\infty}\int_a^b k\frac{Q}{x^2}\mathrm{d}x=\frac{kQ}{a}.\tag{5.4.1}$$

式(5.4.1)中积分在区间$[a,b]$的极限可以看做函数 $f(x)=k\frac{Q}{x^2}$ 在无穷区间$[a,+\infty)$上的

积分，记作

$$\int_a^{+\infty} k\,\frac{Q}{x^2}\mathrm{d}x.$$

定义 5.4.2 （无穷积分）. 设函数 f 定义在$[a,\ +\infty)$上. 若对所有的 $b>a$，f 在$[a,\ b]$上黎曼可积 . 若极限

$$\lim_{b\to+\infty}\int_a^b f(x)\mathrm{d}x,$$

存在，则称此极限为 f 在**无穷区间$[a,\ +\infty)$上的积分**简称**无穷积分** f ，记作

$$\int_a^{+\infty} f(x)\mathrm{d}x = \lim_{b\to+\infty}\int_a^b f(x)\mathrm{d}x.$$

这种情况下，称 $\int_a^{+\infty} f(x)\mathrm{d}x$ **存在**或 **积分收敛**. 若极限不存在，则称 $\int_a^{+\infty} f(x)\mathrm{d}x$ **不存在**或 **积分发散**.

类似地，我们定义无穷积分

$$\int_{-\infty}^b f(x)\mathrm{d}x = \lim_{a\to-\infty}\int_a^b f(x)\mathrm{d}x \tag{5.4.2}$$

及

$$\int_{-\infty}^{+\infty} f(x)\mathrm{d}x = \lim_{a\to-\infty}\int_a^c f(x)\mathrm{d}x + \lim_{b\to+\infty}\int_c^b f(x)\mathrm{d}x, \tag{5.4.3}$$

其中 c 是任意实数且 a 与 b 各自独立的分别趋于无穷.

无穷积分的几何意义

若 $f(x)\geqslant 0, x\in[a,\ +\infty)$，很容易看出无穷积分的几何意义. 因为 $\int_a^b f(x)\mathrm{d}x$ 表示由曲线 $y=f(x)$，x 轴，直线 $x=a$ 和 $x=b$ 所围区域的面积（图 5.4.2)，因此可以认为无穷积分 $\int_a^{+\infty} f(x)\mathrm{d}x$ 表示的是曲线 $y=f(x)$，x 轴和直线 $x=a$ 所围无界区域的面积.

例 5.4.3 求由曲线 $y=\frac{1}{x^2}$，直线 $x=1$ 和 x 轴所围区域的面积 A(图 5.4.3).

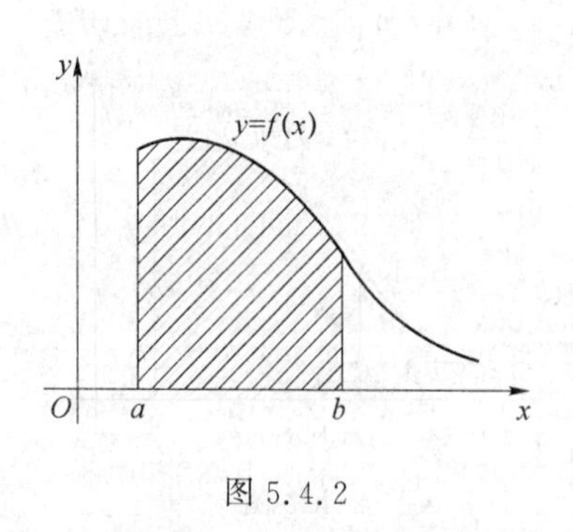

图 5.4.2

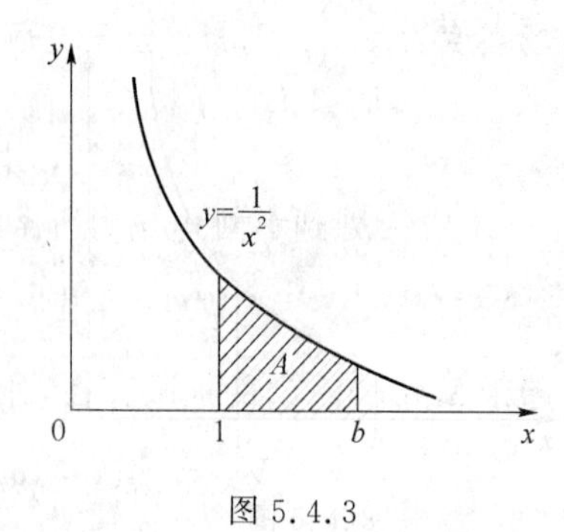

图 5.4.3

解 由图易得

$$A=\int_1^{+\infty}\frac{1}{x^2}\mathrm{d}x=\lim_{b\to+\infty}\int_1^b\frac{1}{x^2}\mathrm{d}x=\lim_{b\to+\infty}\left(-\frac{1}{x}\right)\Bigg|_1^b$$
$$=\lim_{b\to+\infty}\left(1-\frac{1}{b}\right)=1.$$

例 5.4.4 讨论由曲线 $y=\dfrac{1}{x}$，直线 $x=1$ 和 x 轴所围区域的面积 A（图 5.4.4）.

解

$$\int_1^{+\infty}\frac{1}{x}\mathrm{d}x=\lim_{b\to+\infty}\int_1^b\frac{1}{x}\mathrm{d}x=\lim_{b\to+\infty}(\ln b-\ln 1)=+\infty.$$

此时，极限是无穷的，即无穷积分不存在，因此面积不存在.

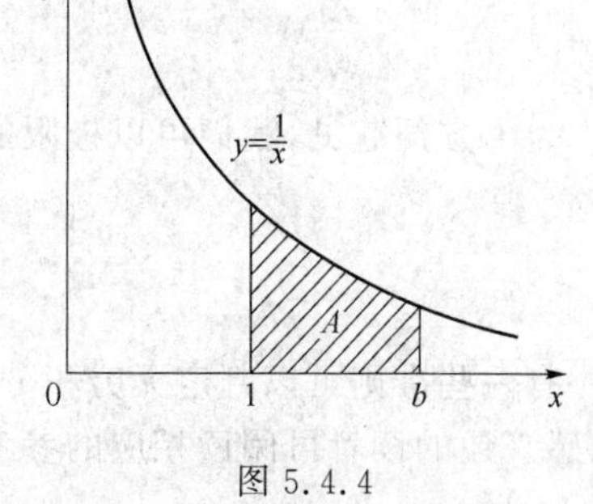

图 5.4.4

例 5.4.5 证明积分 $\int_1^{+\infty}\dfrac{1}{x^p}\mathrm{d}x\,(p>0)$，当 $p>1$ 时收敛；当 $p\leqslant 1$ 时发散.

证明 当 $p\neq 1$ 时，有

$$\int_1^b\frac{1}{x^p}\mathrm{d}x=\frac{1}{1-p}x^{-p+1}\Bigg|_1^b=\frac{1}{1-p}(b^{-p+1}-1),$$

因此

$$\lim_{b\to+\infty}\int_1^b\frac{1}{x^p}\mathrm{d}x=\lim_{b\to+\infty}\frac{1}{1-p}(b^{-p+1}-1).$$

这里易得当 $p<1$ 时，上述极限趋于无穷，故积分发散；当 $p>1$ 时，极限为 $\dfrac{1}{p-1}$，积分收敛且

$$\int_1^{+\infty}\frac{1}{x^p}\mathrm{d}x=\frac{1}{p-1}\quad(p>1);$$

当 $p=1$ 时，因为

$$\int_1^b\frac{1}{x}\mathrm{d}x=\ln b,$$

$\int_1^{+\infty}\dfrac{1}{x}\mathrm{d}x$ 发散. 证毕.

这一无穷积分通常称为***p*-积分**.

例 5.4.6 求 $\int_0^{+\infty}t\mathrm{e}^{-pt}\mathrm{d}t$，（$p>0$ 为常数）.

解 因为

$$\int_0^b t\mathrm{e}^{-pt}\mathrm{d}t=\left(\frac{t}{p}\mathrm{e}^{-pt}+\frac{1}{p^2}\mathrm{e}^{-pt}\right)\Bigg|_b^0=-\frac{1}{p}b\mathrm{e}^{-pb}-\frac{1}{p^2}\mathrm{e}^{-pb}+\frac{1}{p^2},$$

$$\int_0^{+\infty}t\mathrm{e}^{-pt}\mathrm{d}t=\lim_{b\to+\infty}\int_0^b t\mathrm{e}^{-pt}\mathrm{d}t=\lim_{b\to+\infty}\left(-\frac{1}{p}b\mathrm{e}^{-pb}-\frac{1}{p^2}\mathrm{e}^{-pb}+\frac{1}{p^2}\right)=\frac{1}{p^2}.$$

例 5.4.7 求 $\int_{-\infty}^{+\infty}\frac{\mathrm{d}x}{1+x^2}$.

解 取 $c=0$,则

$$\begin{aligned}\int_{-\infty}^{+\infty}\frac{\mathrm{d}x}{1+x^2}&=\lim_{a\to-\infty}\int_a^0\frac{\mathrm{d}x}{1+x^2}+\lim_{b\to+\infty}\int_0^b\frac{\mathrm{d}x}{1+x^2}\\&=\lim_{a\to-\infty}\arctan x\Big|_a^0+\lim_{b\to+\infty}\arctan x\Big|_0^b\\&=-\left(-\frac{\pi}{2}\right)+\frac{\pi}{2}=\pi.\end{aligned}$$

为了方便起见,我们可以极限的步骤,直接使用无限符号,例如

$$\int_1^{+\infty}\frac{1}{x^2}\mathrm{d}x=\left(-\frac{1}{x}\right)\Big|_1^{+\infty}=1.$$

■

有一些准则可以判定无穷积分是否收敛,且收敛的无穷积分有与对应定积分类似的性质.感兴趣的读者可阅读相应的参考文献.

5.4.2 具有无穷间断点的反常积分

现在我们把定积分推广到被积函数为无界函数,即被积函数在积分极限处的无穷间断点处或在积分极限之间的点处有垂直渐近线的情形. 首先考虑如下的问题.

求区域 A 的面积,它位于区间 $y=\frac{1}{\sqrt{x}}$ 从 $x=0$ 到 $x=1$和 x 轴之间(图 5.4.5). 与定积分的求解过程类似,这一面积可用如下方法求解,即

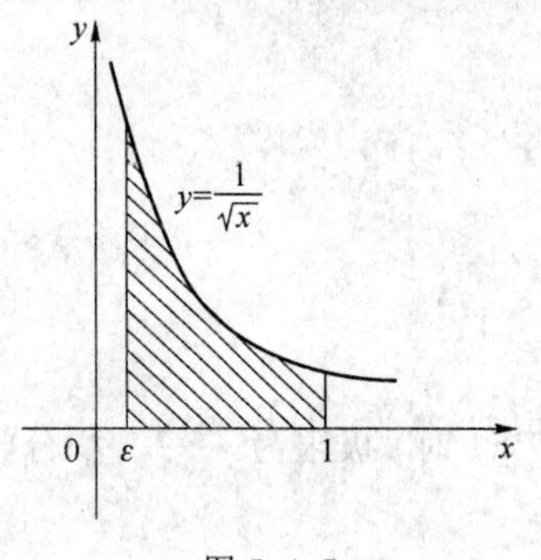

图 5.4.5

$$A=\int_0^1\frac{1}{\sqrt{x}}\mathrm{d}x=\lim_{\xi\to0^+}\int_\xi^1\frac{1}{\sqrt{x}}\mathrm{d}x=\lim_{\xi\to0^+}2\sqrt{x}\Big|_\xi^1=\lim_{\xi\to0^+}(2-2\sqrt{\xi})=2.$$

类似地,我们可以得到无界函数反常积分的定义.

定义 5.4.8 (无界函数的积分). 被积函数在积分区间内某一点无界(此时称为 f 的奇点)的积分也是**反常积分**.

1. 若 $f(x)$ 在 $(a,b]$上连续,则定义

$$\int_a^b f(x)\mathrm{d}x=\lim_{\xi\to0^+}\int_{a+\xi}^b f(x)\mathrm{d}x.$$

2. 若 $f(x)$ 在$[a,b)$ 上连续,则定义

$$\int_a^b f(x)\mathrm{d}x=\lim_{\xi\to0^+}\int_a^{b-\xi} f(x)\mathrm{d}x.$$

3. 若 $f(x)$ 在$[a,c)\cup(c,b]$上连续,则定义

$$\int_a^b f(x)\mathrm{d}x = \lim_{\xi\to 0^+}\int_a^{c-\xi} f(x)\mathrm{d}x + \lim_{\eta\to 0^+}\int_{c+\eta}^b f(x)\mathrm{d}x.$$

在 1 和 2 中,若极限存在,则称积分收敛且称此极限为反常积分的值.若极限不存在,则称积分发散.在 3 中,若两个极限都存在,则称积分收敛,否则称积分发散.

例 5.4.9　求积分$\int_0^a \frac{\mathrm{d}x}{\sqrt{a^2-x^2}}(a>0)$.

解　因为 a 是被积函数的奇点,此积分为无界积分. 根据定义有

$$\int_0^a \frac{\mathrm{d}x}{\sqrt{a^2-x^2}} = \lim_{\xi\to 0^+}\int_0^{a-\xi}\frac{\mathrm{d}x}{\sqrt{a^2-x^2}} = \lim_{\xi\to 0^+}\arcsin\frac{x}{a}\Big|_0^{a-\xi} = \frac{\pi}{2}.$$

■

例 5.4.10　讨论积分$\int_a^b \frac{\mathrm{d}x}{(x-a)^p}(a<b,\ p>0)$的敛散性.

解　因为 a 是被积函数的奇点,此积分为无界积分.当 $p=1$, 对于任意 $\xi>0$,

$$\int_{a+\xi}^b \frac{\mathrm{d}x}{x-a} = \ln(x-a)\Big|_{a+\xi}^b = \ln(b-a)-\ln\xi.$$

由于 $\lim\limits_{\xi\to 0^+}\ln\xi$ 极限不存在,故当 $p=1$ 时,$\int_a^b \frac{\mathrm{d}x}{(x-a)^p}$.

当 $p\neq 1$,

$$\begin{aligned}\lim_{\xi\to 0^+}\int_{a+\xi}^b \frac{\mathrm{d}x}{(x-a)^p} &= \lim_{\xi\to 0^+}\frac{(x-a)^{1-p}}{1-p}\Big|_{a+\xi}^b \\ &= \lim_{\xi\to 0^+}\left[\frac{(b-a)^{1-p}}{1-p}-\frac{\xi^{1-p}}{1-p}\right] \\ &= \begin{cases}\frac{(b-a)^{1-p}}{1-p}, & p<1,\\ +\infty, & p>1.\end{cases}\end{aligned}$$

因此,当 $p<1$,$\int_a^b \frac{\mathrm{d}x}{(x-a)^p}$ 收敛;当 $p\geqslant 1$ 积分发散.

类似的,无界积分$\int_a^b \frac{\mathrm{d}x}{(x-a)^p}(a<b,\ p>0)$当 $p<1$ 时收敛,当 $p\geqslant 1$ 发散. 通常也把这两种积分叫做无界函数的 ***p* 积分**.

■

例 5.4.11　求$\int_0^2 \frac{\mathrm{d}x}{\sqrt{x(2-x)}}$.

解

$$\begin{aligned}\int_0^2 \frac{\mathrm{d}x}{\sqrt{x(2-x)}} &= \int_0^1 \frac{\mathrm{d}x}{\sqrt{x(2-x)}} + \int_1^2 \frac{\mathrm{d}x}{\sqrt{x(2-x)}} \\ &= \lim_{\varepsilon_1\to 0^+}\int_{\varepsilon_1}^1 \frac{\mathrm{d}x}{\sqrt{x(2-x)}}\end{aligned}$$

$$
\begin{aligned}
&+\lim_{\varepsilon_2\to 2^-}\int_1^{\varepsilon_2}\frac{\mathrm{d}x}{\sqrt{x(2-x)}}\\
&=\lim_{\varepsilon_1\to 0^+}\int_{\varepsilon_1}^1\frac{\mathrm{d}(x-1)}{\sqrt{1-(x-1)^2}}+\lim_{\varepsilon_2\to 2^-}\int_1^{\varepsilon_2}\frac{\mathrm{d}(x-1)}{\sqrt{1-(x-1)^2}}\\
&=\lim_{\varepsilon_1\to 0^+}\arcsin(x-1)\Big|_{\varepsilon_1}^1+\lim_{\varepsilon_2\to 2^-}\arcsin(x-1)\Big|_1^{\varepsilon_2}\\
&=2\arcsin 1=\pi.
\end{aligned}
$$

*** Γ 函数**

现在介绍反常积分中的一个特殊的函数,即

$$\Gamma(\alpha)=\int_0^{+\infty}x^{\alpha-1}\mathrm{e}^{-x}\mathrm{d}x,\ \alpha\in(0,+\infty).$$

Γ 函数在工程技术有重要的应用. 我们先证明对与任一 $\alpha>0$,反常积分存在. 首先它既是无穷积分,当 $0<\alpha<1$ 时也是无界积分. 将它改写为如下形式

$$\int_0^{+\infty}x^{\alpha-1}\mathrm{e}^{-x}\mathrm{d}x=\int_0^1x^{\alpha-1}\mathrm{e}^{-x}\mathrm{d}x+\int_1^{+\infty}x^{\alpha-1}\mathrm{e}^{-x}\mathrm{d}x.$$

当 $\alpha\geqslant 1$ 时,等式右边第一项 $\int_0^1x^{\alpha-1}\mathrm{e}^{-x}\mathrm{d}x$ 是被积函数连续的定积分,因此这一积分只需考虑 $0<\alpha<1$. 此时,它是一个无界积分. 定义

$$F(\varepsilon)=\int_{0+\varepsilon}^1x^{\alpha-1}\mathrm{e}^{-x}\mathrm{d}x.$$

因为 ε 单调趋于 0^+, $F(\varepsilon)$ 单调递增 . 因此,要证 当 $\varepsilon\to 0^+$ 时, $F(\varepsilon)$有极限,只需证 $F(\varepsilon)$ 在 $\varepsilon=0$ 的邻域有界. 极限

$$\lim_{x\to 0^+}\frac{x^{\alpha-1}\mathrm{e}^{-x}}{x^{\alpha-1}}=1$$

表明 $\exists\delta>0$, 使得 $0<x<\delta$,有

$$\frac{x^{\alpha-1}\mathrm{e}^{-x}}{x^{\alpha-1}}<2\quad 或\quad x^{\alpha-1}\mathrm{e}^{-x}<2x^{\alpha-1}.$$

故对于任一 $\varepsilon\in[0,\delta]$,可得

$$\int_\varepsilon^\delta x^{\alpha-1}\mathrm{e}^{-x}\mathrm{d}x<2\int_\varepsilon^\delta x^{\alpha-1}\mathrm{d}x=2\,\frac{1}{\alpha}x^\alpha\Big|_\varepsilon^\delta=\frac{2}{\alpha}(\delta^\alpha-\varepsilon^\alpha)<\frac{2}{\alpha}\delta^\alpha.$$

因此

$$F(\varepsilon)=\int_\varepsilon^\delta x^{\alpha-1}\mathrm{e}^{-x}\mathrm{d}x+\int_1^\delta x^{\alpha-1}\mathrm{e}^{-x}\mathrm{d}x\leqslant\frac{2}{\alpha}\delta^\alpha+\int_1^\delta x^{\alpha-1}\mathrm{e}^{-x}\mathrm{d}x,$$

它是区间$(0,\delta)$的上界. 根据单调有界定理,无界积分 $\int_0^1x^{\alpha-1}\mathrm{e}^{-x}\mathrm{d}x$ 当 $0<\alpha<1$ 时收敛.

类似的,可证明无界积分 $\int_1^{+\infty}x^{\alpha-1}\mathrm{e}^{-x}\mathrm{d}x$ 的敛散性.

应用分部积分法,可得 Γ 函数满足如下递推关系:

$$\Gamma(\alpha+1)=\alpha\Gamma(\alpha) \tag{5.4.4}$$

事实上

$$\Gamma(\alpha+1)=\int_0^{+\infty} x^{\alpha}\mathrm{e}^{-x}\mathrm{d}x=-x^{\alpha}\mathrm{e}^{-x}\Big|_0^{+\infty}+\alpha\int_0^{+\infty} x^{\alpha-1}\mathrm{e}^{-x}\mathrm{d}x$$
$$=\alpha\int_0^{+\infty} x^{\alpha-1}\mathrm{e}^{-x}\mathrm{d}x=\alpha\Gamma(\alpha).$$

将 $\alpha=n\in\mathbf{N}_+$ 带入递推关系式(5.4.4)并连续化简 n 次，得

$$\Gamma(n+1)=n\Gamma(n)=\cdots=n!\ \Gamma(1).$$

因为

$$\Gamma(1)=\int_0^{+\infty}\mathrm{e}^{-x}\mathrm{d}x=-\mathrm{e}^{-x}\Big|_0^{+\infty}=1.$$

故

$$\Gamma(n+1)=\int_0^{+\infty}x^n\mathrm{e}^{-x}\mathrm{d}x=n!.$$

习题 5.4

A

1. 利用无穷积分的定义判定下列无穷积分的敛散性，如果收敛，并计算它的值.

(1) $\displaystyle\int_0^{+\infty}\sin x\mathrm{d}x$；　(2) $\displaystyle\int_1^{+\infty}\frac{\mathrm{d}x}{\sqrt{x}}$；

(3) $\displaystyle\int_2^{+\infty}\frac{\mathrm{d}x}{(2+x)\sqrt{x}}$；　(4) $\displaystyle\int_5^{+\infty}\frac{\mathrm{d}x}{x(x+5)}$；

(5) $\displaystyle\int_0^{+\infty}\mathrm{e}^{-\sqrt{x}}\mathrm{d}x$；　(6) $\displaystyle\int_1^{+\infty}\frac{\arctan x}{x^2}\mathrm{d}x$；

(7) $\displaystyle\int_{-\infty}^{+\infty}\frac{\mathrm{d}x}{x^2-2x+2}$；　(8) $\displaystyle\int_{-\infty}^{+\infty}\frac{x}{\sqrt{1+x^2}}\mathrm{d}x$；

(9) $\displaystyle\int_{-\infty}^{+\infty}\frac{x^2}{x^4+x^2+1}\mathrm{d}x$；　(10) $\displaystyle\int_{-\infty}^{+\infty}\frac{x}{1+x^2}\mathrm{d}x$.

2. 判断正误？并简述原因.

(1) $\displaystyle\int_1^{+\infty}\frac{1}{x(1+x)}\mathrm{d}x=\int_1^{+\infty}\left(\frac{1}{x}-\frac{1}{x+1}\right)\mathrm{d}x=\lim_{b\to+\infty}\ln\frac{x}{1+x}\Big|_1^b=\ln 2$；

(2) $\displaystyle\int_1^{+\infty}\frac{1}{x(1+x)}\mathrm{d}x=\int_1^{+\infty}\left(\frac{1}{x}-\frac{1}{x+1}\right)\mathrm{d}x=\lim_{b\to+\infty}\ln x\Big|_1^b-\lim_{b\to+\infty}\ln(1+x)\Big|_1^b$.

由于极限都不存在，故积分发散.

(3) $\int_{-\infty}^{+\infty}\frac{2x}{1+x^2}\mathrm{d}x=\lim\limits_{a\to+\infty}\int_{-a}^{a}\frac{2x}{1+x^2}\mathrm{d}x=\lim\limits_{a\to+\infty}\ln(1+x^2)\Big|_{-a}^{a}$

$=\lim\limits_{a\to+\infty}\{\ln(1+a^2)-\ln[1+(-a)^2]\}=0$;

(4) $\int_{-\infty}^{+\infty}\frac{2x}{1+x^2}\mathrm{d}x=\int_{-\infty}^{0}\frac{2x}{1+x^2}\mathrm{d}x+\int_{0}^{+\infty}\frac{2x}{1+x^2}\mathrm{d}x$

$=\lim\limits_{a\to-\infty}\ln(1+x^2)\Big|_{a}^{0}+\lim\limits_{b\to+\infty}\ln(1+x^2)\Big|_{0}^{b}$.

由于极限都不存在,故积分发散.

(5) $\int_{0}^{+\infty}\frac{1}{(x-2)^2}\mathrm{d}x=\lim\limits_{b\to+\infty}\Big|_{0}^{b}\frac{1}{(x-2)^2}\mathrm{d}x=\lim\limits_{b\to+\infty}\left(-\frac{1}{x-2}\right)\Big|_{0}^{b}=-2$;

(6) $\int_{0}^{1}\frac{1}{x(x-1)}\mathrm{d}x=\int_{0}^{1}\left(\frac{1}{x}-\frac{1}{x+1}\right)\mathrm{d}x=\lim\limits_{\varepsilon\to0^+}\int_{0+\varepsilon}^{1-\varepsilon}\left(\frac{1}{x}-\frac{1}{x+1}\right)\mathrm{d}x$

$=\lim\limits_{\varepsilon\to0^+}\ln\frac{x}{1+x}\Big|_{0+\varepsilon}^{1-\varepsilon}=\infty$.

3. 设 $\lim\limits_{x\to+\infty}\left(\frac{x+c}{x-c}\right)^x=\int_{-\infty}^{c}x\mathrm{e}^{2x}\mathrm{d}x$. 求 c.

4. 若 f 在$[a,c)\cup(c,b]$上连续,且 $x=c$ 是 f 的一个奇异点,下列定义是否正确?为什么?

$$\int_{a}^{b}f(x)\mathrm{d}x=\lim_{\varepsilon\to0}\left|\int_{a}^{c-\varepsilon}f(x)\mathrm{d}x+\int_{c+\varepsilon}^{b}f(x)\mathrm{d}x\right|.$$

并讨论积分 $\int_{0}^{2}\frac{\mathrm{d}x}{1-x}$ 的敛散性.

5. 连续函数 $f(t)$的拉普拉斯变换定义如下:

$$F(p)=\int_{0}^{+\infty}\mathrm{e}^{-pt}f(t)\mathrm{d}t,$$

其中 F 的定义域是所有使积分收敛的 p 的集合.求下列函数 $f(t)=1$, $f(t)=\mathrm{e}^{at}$, $f(t)=t$ 的拉普拉斯变换.

5.5 定积分的应用

在科学技术中有很多量都可以用定积分来表达:固体的体积,曲线的长度,抽取地下液体所需做的功,防洪门所受的力,固体平衡点的坐标等. 在本节中我们将应用前面学习过的定积分理论来分析和解决一些几何和物理中的问题. 学习的目的不仅在于建立和计算这些几何量和物理量的公式,而且更重要的式学习将一个量表示成为定积分的微元法.

5.5.1 建立积分表达式的微元法

应用定积分解决问题,需要解决两个问题:

(1) 定积分表达的量应具备哪些特征？

(2) 怎样建立这些量的积分表达式？

在 5.1 节已经指出，曲边梯形的面积和变速直线运动物体的位移可以用定积分来表达. 它们都具有两个相同的特征：

1) 都是在区间$[a, b]$上非均匀连续变化的量；

2) 都具有区间可加性,即分布在$[a, b]$上的总量等于分布在$[a, b]$上各个子区间的局部量之和. 一般情况下，具有这两种特征的量都可以用定积分来描述.

现在来复习一下建立积分的步骤并设法简化它们. 对于区间$[a, b]$上以 $y=f(x)$为曲边的曲边梯形（图 5.5.1).

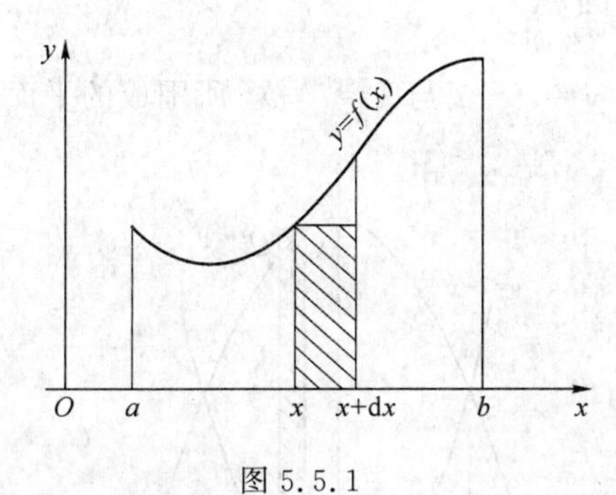

图 5.5.1

为计算整个区域面积,需要进行如下步骤：

(1)“分”. 将 $[a, b]$分成许多小的子区间;并取$[x, x+\Delta x]$ 作为代表.

(2)“匀”. 将在区间$[x, x+\Delta x]$上的曲边梯形近似看做高为 $f(x)$的矩形. 则有

$$\Delta A \approx f(x)\Delta x. \tag{5.5.1}$$

(3)“合”.

$$A \approx \sum f(x)\Delta x. \tag{5.5.2}$$

(4)“精”.

$$A = \lim_{\Delta x \to 0} \sum f(x)\Delta x = \int_a^b f(x)\mathrm{d}x. \tag{5.5.3}$$

通过以上步骤,可知确立积分表达式的关键在于找到原始值的近似值,即式(5.5.1). 把在曲线 $y=f(x)$下方区间$[a, x]$内的面积记为 $A(x)$,即

$$A(x) = \int_a^x f(t)\mathrm{d}t. \tag{5.5.4}$$

故原始面积 ΔA 是函数$A(x)$的增量,即 $\Delta A=A(x+\Delta x)-A(x)$. 且由于

$$\mathrm{d}A(x) = \mathrm{d}\int_a^x f(t)\mathrm{d}t = f(x)\mathrm{d}x,$$

ΔA 的近似值 $f(x)\Delta x$ 恰恰是$A(x)$的微分. 因此，积分元素恰恰是 $A(x)$的微分. 问题是：怎么求 $A(x)$的微分？实际上，$A(x)$是未知的，且不能通过计算 $A'(x)\Delta x$ 得到微分. 根据微

分定义,我们只需要找出线性依赖于 Δx 的 $f(x)\Delta x$,使得 $\Delta A-f(x)\Delta x$ 是关于 Δx 的高阶无穷小.这在实际应用中通常是已经做好了的.因此,以上4个步骤可以简化为如下两步:

(1) 在子区间 $[x, x+\mathrm{d}x]$ 上,找出积分元素并求原始量的近似值, $\mathrm{d}Q$,即

$$\Delta Q \approx \mathrm{d}Q = f(x)\mathrm{d}x. \tag{5.5.5}$$

(2) 构造积分

$$Q=\int_a^b f(x)\mathrm{d}x.$$

以上过程称为微元法.

5.5.2 平面图形的面积

例 5.5.1 求由抛物线 $y=x^2-1$ 与 $y=7-x^2$ 所围成的平面图形的面积 A(图 5.5.2).

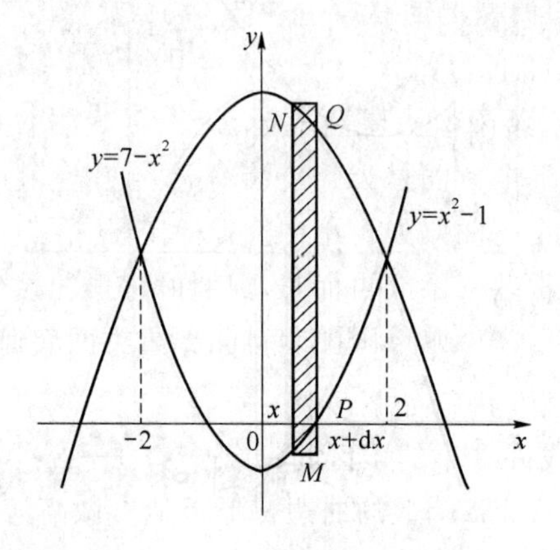

图 5.5.2

解 由于所求面积 A 非均匀连续分布在区间 $[-2, 2]$ 上且具有可加性,故我们可以用定积分来计算.

根据微元法,可通过如下步骤求出面积 A:

(1) 求微元.

从方程组

$$\begin{cases} y=x^2-1, \\ y=7-x^2, \end{cases}$$

易得两抛物线的交点的横坐标为 $x=\pm 2$.

划分区间 $[-2, 2]$ 并考虑子区间 $[x, x+\mathrm{d}x]$ 上,面积近似看做一个矩形,高为

$$MN=(7-x^2)-(x^2-1)=8-2x^2.$$

易得面积微元为

$$\mathrm{d}A=(8-2x^2)\mathrm{d}x.$$

(2) 建立积分.

总面积 A 就等于面积微元 $\mathrm{d}A=(8-2x^2)\mathrm{d}x$ 在区间$[-2, 2]$上的积分,即

$$A=\int_{-2}^{2}(8-2x^2)\mathrm{d}x=2\int_{0}^{2}(8-2x^2)\mathrm{d}x=\frac{64}{3}.$$

■

例 5.5.2　求由抛物线$\sqrt{y}=x$与直线 $y=-x$, $y=1$围成的平面图形的面积 A (图 5.5.3).

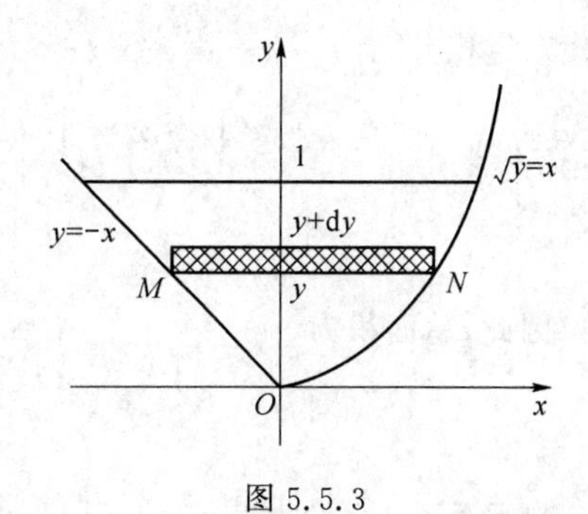

图 5.5.3

解　面积 A 可以看成非均匀连续分布在 y 上区间$[0, 1]$上的量. 根据微元法,可通过如下步骤求出面积 A:

(1) 求微元.

划分区间$[0, 1]$,并考虑在子区间$[y, y+\mathrm{d}y]$上,可将 ΔA 看做一矩形的面积,其宽度为

$$MN=\sqrt{y}-(-y).$$

则面积微元为

$$\mathrm{d}A=(\sqrt{y}+y)\mathrm{d}y.$$

(2) 建立积分.

因此,总面积为

$$A=\int_{0}^{1}(\sqrt{y}+y)\mathrm{d}y=\frac{7}{6}.$$

例 5.5.3　求椭圆$\frac{x^2}{a^2}+\frac{y^2}{b^2}=1(a>0, b>0)$围成的区域面积.

解　根据椭圆图形的对称性，所求面积 A 等于它在第一象限的面积 A_1 的四倍(图 5.5.4). 因此,

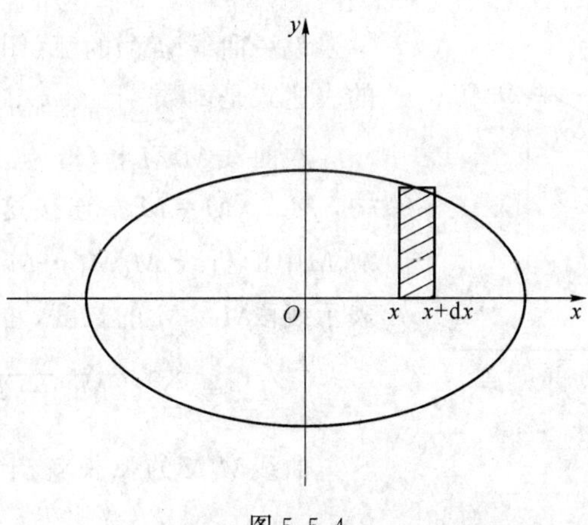

图 5.5.4

$$A = 4A_1 = 4\int_0^a y\mathrm{d}x.$$

利用椭圆的参数方程

$$\begin{cases} x = a\cos t, \\ y = b\sin t, \end{cases} \quad (0 \leqslant t \leqslant \frac{\pi}{2})$$

并代入定积分,有

$$\int_0^a y\mathrm{d}x = \int_{\frac{\pi}{2}}^0 b\sin t(-a\sin t)\mathrm{d}t = -ab\int_{\frac{\pi}{2}}^0 \sin^2 t\mathrm{d}t$$

$$= ab\int_0^{\frac{\pi}{2}} \sin^2 t\mathrm{d}t = ab \times \frac{1}{2} \times \frac{\pi}{2} = \frac{\pi}{4}ab.$$

因此,总面积为

$$A = 4A_1 = \pi ab.$$

■

例 5.5.4 求心形线 $\rho = a(1 + \cos\theta)$ $(a > 0)$. 围成图形的面积.

解 根据心形线图形的对称性,所求面积 A 等于它位于上半平面的面积 A_1 的两倍(图5.5.5).

易得面积微元为

$$\mathrm{d}A = \frac{1}{2}\rho^2(\theta)\mathrm{d}\theta = \frac{1}{2}a^2(1 + \cos\theta)^2\mathrm{d}\theta.$$

因此,总面积为

$$A = 2\int_0^\pi \frac{1}{2}\rho^2(\theta)\mathrm{d}\theta = a^2\int_0^\pi (1 + \cos\theta)^2\mathrm{d}\theta = \frac{3}{2}\pi a^2.$$

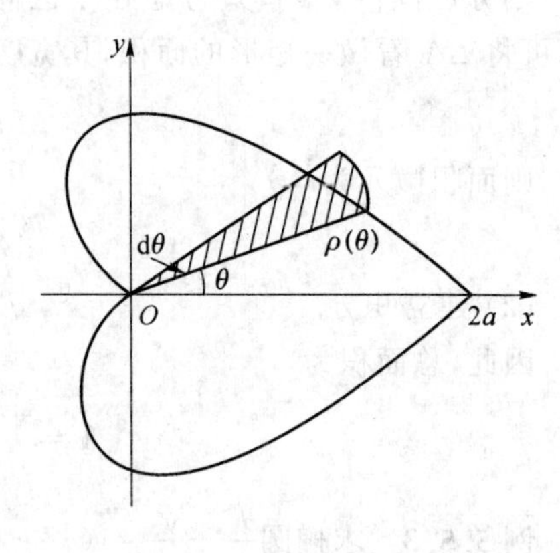

图 5.5.5

5.5.3 曲线的弧长

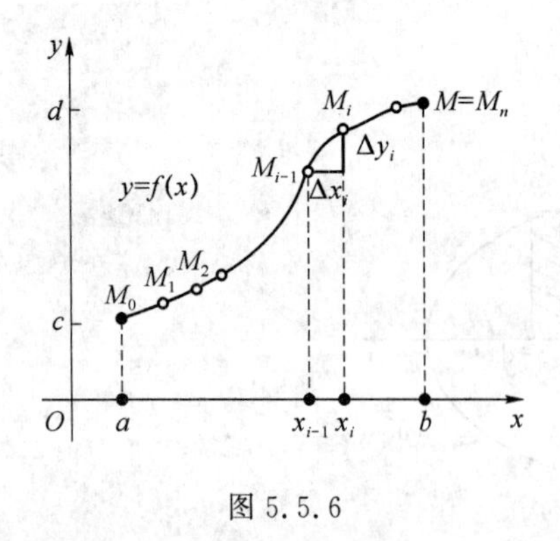

图 5.5.6

设一曲线$\widehat{M_0M}$的弧(图 5.5.6)在区间上(a, b)的表达式是函数 $y = f(x)$. 现在求该曲线的弧长.

在曲线$\widehat{M_0M}$上,取点 $M_0, M_1, \cdots, M_{i-1}, M_i, \cdots, M_{n-1}, M = M_n$. 连接这些点,可得内接在曲线$\widehat{M_0M}$中的折线 $M_0M_1\cdots M_{i-1}M_i\cdots M_{n-1}M_n$. 用 ΔL_i 表示线段$\overline{M_{i-1}M_i}$的长度,折线的长度为

$$L_n = \sum_{i=1}^n \overline{|M_{i-1} - M_i|} = \sum_{i=1}^n \Delta L_i.$$

曲线$\widehat{M_0M}$的弧长就当等于折线段$\overline{M_{i-1}M_i}$的最

大长度趋于零时折线总长度的极限（用 s 表示），如果该极限存在且与折线点 $M_0 M_1 \cdots M_{i-1} M_i \cdots M_n$ 的选取无关. 则弧 $\widehat{M_0 M}$ 的长度 s 就等于下列极限：

$$s = \lim_{\max \Delta L_i \to 0} \sum_{i=1}^{n} \Delta L_i.$$

如果在区间 $[a, b]$ 上，函数 $f(x)$ 与其导数 $f'(x)$ 都连续，则函数 $f(x)$ 在区间 $[a, b]$ 上是平滑的，且它的曲线图也是平滑曲线. 对于平滑曲线的弧长，有如下定理.

定理 5.5.5　平滑曲线的弧长的可计算性.

定理的证明超出了本书范围. 我们这里给出一种计算平滑曲线弧长的方法.

(1) 求弧长微元.

划分区间 $[a, b]$，使得曲线被分成若干个弧段. 对于子区间 $[x, x+\mathrm{d}x]$ 上的弧段 $\widehat{AB}$（图 5.5.7). 用 Δs 表示 $\widehat{AB}$ 的长度. 在子区间 $[x, x+\mathrm{d}x]$ 上，线段 $\overline{AB}$ 的长 $\sqrt{(\Delta x)^2+(\Delta y)^2}$ 逼近于弧长 $\widehat{AB}$. 因此，有

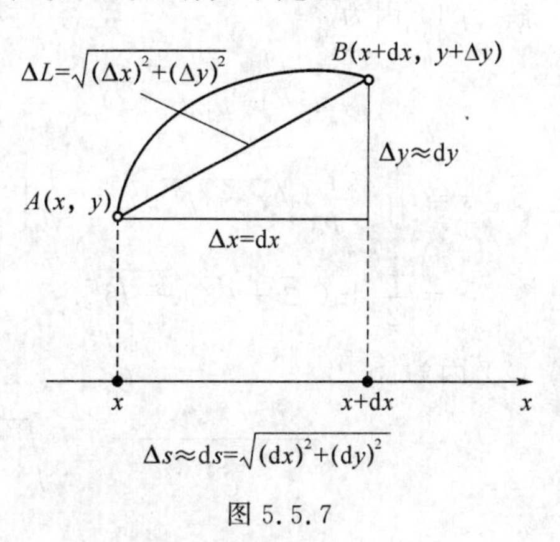

图 5.5.7

$$\Delta s \approx \Delta L = \sqrt{(\Delta x)^2+(\Delta y)^2} \approx \sqrt{(\mathrm{d}x)^2+(\mathrm{d}y)^2}.$$

故弧长微元为

$$\mathrm{d}s = \sqrt{(\mathrm{d}x)^2+(\mathrm{d}y)^2}. \tag{5.5.6}$$

而平滑曲线的表达式为 $y=f(x)$，用 $\mathrm{d}x$ 划分与求和，故有

$$\mathrm{d}s = \sqrt{1+\left(\frac{\mathrm{d}y}{\mathrm{d}x}\right)^2}\,\mathrm{d}x = \sqrt{1+[f'(x)]^2}\,\mathrm{d}x.$$

(2) 建立积分.

根据微元法，可得所给曲线的弧长为

$$s = \int_a^b \sqrt{1+[f'(x)]^2}\,\mathrm{d}x.$$

同样地，如果一平滑曲线的表达式为 $x=g(y)$，用 $\mathrm{d}y$ 划分与求和，则由式(5.5.5)，可得

$$\mathrm{d}s = \sqrt{1+\left(\frac{\mathrm{d}x}{\mathrm{d}y}\right)^2}\,\mathrm{d}y = \sqrt{1+[g'(y)]^2}\,\mathrm{d}y.$$

将这两个公式放在一起，我们得到如下平滑曲线的弧长公式.

平滑曲线的弧长公式

若 f 在区间 $[a, b]$ 上平滑，曲线 $y=f(x)$ 从 a 到 b 的弧长为

$$s = \int_a^b \sqrt{1+[f'(x)]^2}\,\mathrm{d}x.$$

若 g 在区间 $[c, d]$ 上平滑,曲线 $x=g(y)$ 从 c 到 d 的弧长为

$$s=\int_c^d \sqrt{1+[g'(y)]^2}\,\mathrm{d}y.$$

例 5.5.6 求下列平面曲线的弧长:

(1) $y=\frac{1}{2p}x^2$,其中 $p>0$ $(0\leqslant x\leqslant\sqrt{2}p)$; (2) $x=\frac{1}{4}y^2-\frac{1}{2}\ln y$,$(1\leqslant y\leqslant \mathrm{e})$.

解 (1) 因为

$$\sqrt{1+[f'(x)]^2}=\sqrt{1+\left(\frac{x}{p}\right)^2}=\frac{1}{p}\sqrt{x^2+p^2},$$

$$s=\int_0^{\sqrt{2}p}\frac{1}{p}\sqrt{x^2+p^2}\,\mathrm{d}x=\frac{1}{p}\left[\frac{x}{2}\sqrt{x^2+p^2}+\frac{p^2}{2}\ln\left(x+\sqrt{x^2+p^2}\right)\right]\Bigg|_0^{\sqrt{2}p}$$
$$=\frac{p}{2}[\ln(\sqrt{2}+\sqrt{3})+\sqrt{6}].$$

(2) 因为

$$\sqrt{1+[g'(y)]^2}=\sqrt{1+\frac{1}{4}\left(y-\frac{1}{y}\right)^2}=\frac{1}{2}\left(y+\frac{1}{y}\right),$$

$$s=\frac{1}{2}\int_1^{\mathrm{e}}\left(y+\frac{1}{y}\right)\mathrm{d}y=\frac{1}{4}(\mathrm{e}^2+1).$$

如果曲线用参数方程表示:

$$\begin{cases}x=\varphi(t),\\ y=\psi(t),\end{cases}(\alpha\leqslant t\leqslant\beta)$$

其中 $\varphi(t)$ 与 $\psi(t)$ 连续并有连续一阶导数,且在给定区间上 $(\varphi'(t), \psi'(t))\neq 0$,则 $\mathrm{d}x=\varphi'(t)\mathrm{d}t$,$\mathrm{d}y=\psi'(t)\mathrm{d}t$. 将这两式代入式(5.5.5),有

$$\mathrm{d}s=\sqrt{[\varphi'(t)]^2+[\psi'(t)]^2}\,\mathrm{d}t.$$

因此,可得如下公式.

当曲线的方程为 $\begin{cases}x=\varphi(t),\\ y=\psi(t),\end{cases}(\alpha\leqslant t\leqslant\beta)$. 弧长为

$$s=\int_\alpha^\beta\sqrt{[\varphi'(t)]^2+[\psi'(t)]^2}\,\mathrm{d}t.$$

例 5.5.7 计算星形线的长度:

$$\begin{cases}x=a\cos^3 t,\\ y=a\sin^3 t,\end{cases}(a>0).$$

解 因为曲线关于两坐标轴都对称(图 5.5.8),故先计算其落在第一象限部分的弧长. 有

$$\mathrm{d}s=\sqrt{(-3a\cos^2 t\sin t)^2+(3a\sin^2 t\cos t)^2}\,\mathrm{d}t=3a\sqrt{\cos^2 t\sin^2 t}\,\mathrm{d}t,$$

且参数 t 在第一象限内变化范围是 0 到$\frac{\pi}{2}$. 因此

$$\frac{1}{4}s=\int_0^{\frac{\pi}{2}}3a\sqrt{\cos^2 t\sin^2 t}\,dt=3a\int_0^{\frac{\pi}{2}}\cos t\sin t\,dt$$

$$=3a\left(\frac{\sin^2 t}{2}\right)\Big|_0^{\frac{\pi}{2}}=\frac{3a}{2}.$$

则

$$s=6a.$$

若所给曲线是用极坐标表式的，

$$\rho=\rho(\theta),\ \alpha\leqslant\theta\leqslant\beta,$$

则 $x=\rho(\theta)\cos\theta, y=\rho(\theta)\sin\theta$ 可看做曲线的参数方程. 因此，可得如下公式.

当曲线方程为 $\rho=\rho(\theta),\alpha\leqslant\theta\leqslant\beta$. 弧长为

$$s=\int_\alpha^\beta\sqrt{[x'(\theta)]^2+[y'(\theta)]^2}\,d\theta=\int_\alpha^\beta\sqrt{[\rho(\theta)]^2+[\rho'(\theta)]^2}\,d\theta.$$

例 5.5.8　求心形线：

$\rho=a(1+\cos\theta)$，其中 $a>0$(图 5.5.9)的长度.

解　极角 θ 从 0 到 π 变化，可得所求长度的一半. 这里，$\rho'(\theta)=-a\sin\theta$. 因此

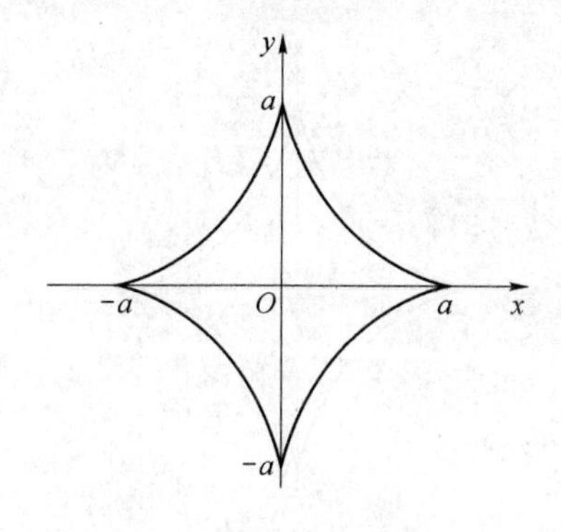

图 5.5.8

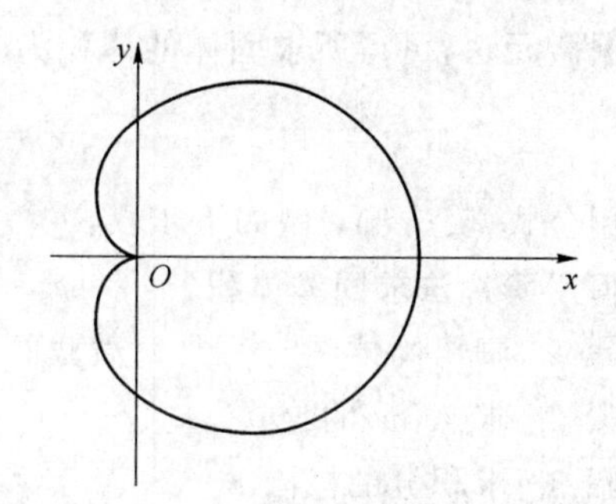

图 5.5.9

$$s=2\int_0^\pi\sqrt{a^2(1+\cos\theta)^2+a^2\sin^2\theta}\,d\theta=2a\int_0^\pi\sqrt{2+2\cos\theta}\,d\theta$$

$$=4a\int_0^\pi\cos\frac{\theta}{2}\,d\theta=8a\left[\sin\frac{\theta}{2}\right]\Big|_0^\pi=8a.$$

5.5.4　立体的体积

对于如图 5.5.10 所示的固体，对任意 $x\in[a,b]$，该固体的横截面积是一个已知的连续函数 $A(x)$. 下面我们用积分来表示该固体的体积.

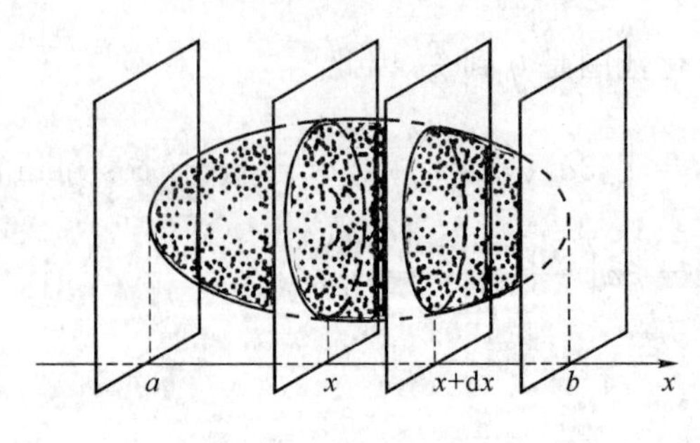

图 5.5.10

固体的体积在区间[a, b]上非均匀连续分布且积分可加. 为了用积分表示其体积，进行如下步骤：

(1) 求体积微元.

划分区间[a, b]使得固体被过分点的垂面切成很多薄片. 考虑子区间[x, $x+\mathrm{d}x$]上的薄片，由于横截面积在区间[x, $x+\mathrm{d}x$]上是一变量，故求薄片的体积并不容易. 在区间[x, $x+\mathrm{d}x$]将横截面得面积近似看做一常数 $A(x)$，即，我们用底面积 $A(x)$，厚度 $\mathrm{d}x$ 的博圆柱体近似代替薄片的体积. 于是，可得体积微元

$$\mathrm{d}V = A(x)\mathrm{d}x.$$

(2) 建立积分.

根据微元法，可得所求固体的体积为

$$V = \int_a^b A(x)\mathrm{d}x. \tag{5.5.7}$$

应用公式(5.5.6)，做如下步骤：

如何用薄片法求固体体积？

步骤 1. 画出固体图与一典型横截面.

步骤 2. 求 $A(x)$的公式.

步骤 3. 求积分的极限.

步骤 4. 将 $A(x)$积分可得固体体积.

例 5.5.9 一平面图形由双曲线 $xy=a(a>0)$，直线$x=a$，$x=2a$ 与 x 轴所围成（图 5.5.11(a)）. 求该图形绕下列轴线旋转所产生的旋转体的体积：

(1) 绕 x 轴(图 5.5.11(b))；

(2) 绕直线 $y=1$（图 5.5.11(c))；

(3) 绕 y 轴(图 5.5.11(d)).

解 (1) 容易看出所求体积在[a, $2a$]上非均匀连续分布且具有可加性. 为了求体积微元，划分区间[a, $2a$]，使得立体被过分点的垂面切成很多薄片. 对于在子区间[x, $x+\mathrm{d}x$]上的薄片，可近似的看成半径为 $y(x)=\dfrac{a}{x}$ 厚度为 $\mathrm{d}x$ 的圆盘. 于是，体积微元为

$$dV = \pi y^2 dx = \pi\left(\frac{a}{x}\right)^2 dx.$$

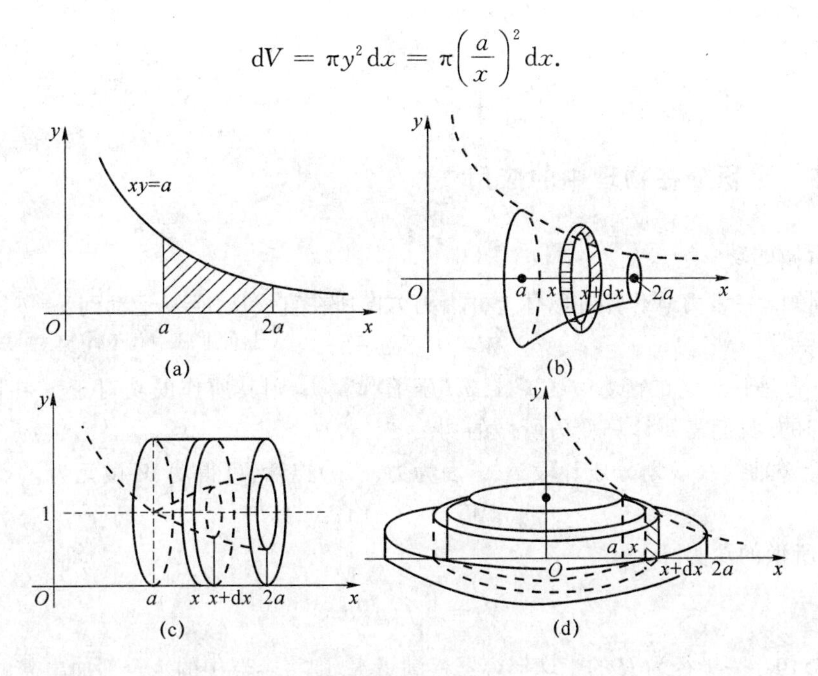

图 5.5.11

所求旋转体的体积为

$$V = \int_a^{2a} \pi\left(\frac{a}{x}\right)^2 dx = \frac{\pi a}{2}.$$

(2) 对于子区间$[x, x+dx]$,过 点 x 与 $x+dx$ 且垂直于 x 轴的两平面所截该立体都是圆环.将它们的面积近似看成都等于$A(x)$,即它可用半径为 1,圆孔半径为 $1-y(x)=1-\dfrac{a}{x}$ 的薄片代替. 于是

$$dV = A(x)dx = \left[\pi \times 1^2 - \pi\left(1-\frac{a}{x}\right)^2\right]dx = \pi\left(2\frac{a}{x}-\frac{a^2}{x^2}\right)dx,$$

且

$$V = \int_a^{2a} A(x)dx = \pi\int_a^{2a}\left(2\frac{a}{x}-\frac{a^2}{x^2}\right)dx = \pi a\left(2\ln 2-\frac{1}{2}\right).$$

(3) 从图 5.5.11(d)可以看出,若将矩形$y=0$,$y=b$ 与 $x=a$, $x=2a$ 绕 y 轴旋转,则可得一个内有圆孔的圆柱体. 现在不是矩形,而是曲面梯形.因此在区间$[a, 2a]$上,可将所求立体的体积看做非均匀分布的量.对于子区间$[x, x+dx]$,曲面梯形生成的旋转体可近似用高为 $y(x)=\dfrac{a}{x}$宽为 dx 的矩形代替. 于是,积分微元为

$$dV = 2\pi x \times y(x)dx = 2\pi x\frac{a}{x}dx = 2\pi a dx,$$

故

$$V = \int_a^{2a} 2\pi a \mathrm{d}x = 2\pi a^2.$$

5.5.5 定积分在物理中的应用

变力所做的功

众所周知，一常力 f 作用在物体上并沿力方向所在直线从 $x=a$ 运动到 $x=b$ 所做的功为

$$W = f \cdot (b-a).$$

现在，假设力是一连续的函数 $f(x)$ (e.g. 压缩弹簧)，则其所作的功对于 x 在区间$[a, b]$上是非均匀的.我们需要计算变力所做的功.

把沿着 x 轴的线段划分成片段 Δx. 因为力 $f(x)$连续,可得功 W 微元为

$$\mathrm{d}W = f(x)\mathrm{d}x.$$

因此,变力所做的功为

$$W = \int_a^b f(x)\mathrm{d}x.$$

例 5.5.10 一半径为 R 的半球形容器盛满了水.则将容器中的水全部抽出需做多少功?

解 选取如图 5.5.12 所示的坐标系，因为抽出各层水所做的功依赖于水层的深度，总功课看做是 W 在区间$[0, R]$上非均匀分布且积分加性.

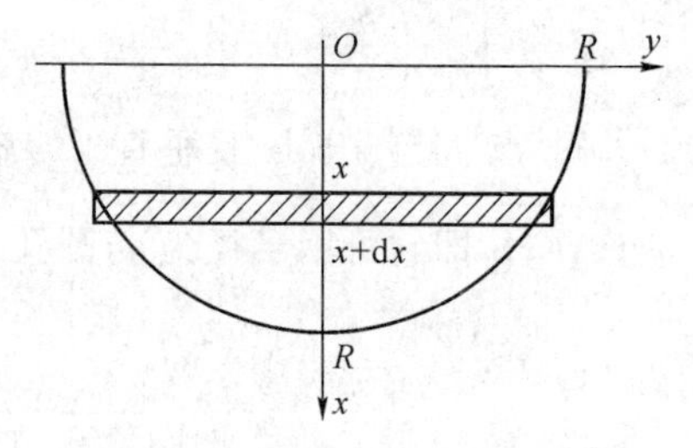

图 5.5.12

划分区间 $[0, R]$ 并考虑子区间$[x, x+\mathrm{d}x]$，则该层的水的体积课近似为

$$\mathrm{d}V = \pi y^2(x)\mathrm{d}x.$$

于是，注意到水的重力方向与位移,力的微元为

$$\mathrm{d}F = -\rho g \mathrm{d}V = -g\pi y^2(x)\mathrm{d}x.$$

因为 $x^2+y^2=R^2$,故抽出该层水克服重力所做的功近似为

$$\mathrm{d}W = -x\mathrm{d}F = xg\pi y^2(x)\mathrm{d}x = xg\pi(R^2-x^2)\mathrm{d}x.$$

于是，抽出容器中所有水所需做的功为

$$W = g\pi\int_0^R x(R^2-x^2)\mathrm{d}x = \frac{g\pi R^4}{4} \times 10^4 \text{ J}.$$

■

两带电点之间的作用力

根据库伦定律，两带电量分别为 q_1, q_2 且相距为 r 的点电荷之间的作用力为

$$F=k\frac{q_1q_2}{r^2},$$

其中 k 为常数.

考虑一带电点与一带电直导线之间的作用力. 因为导线上各点到带电点的距离不同，于是需要用积分计算它们之间的作用力.

例 5.5.11　有一长度为 l 的均匀带电直导线，电荷线密度为常数 δ，与该导线位于同一直线上，与其一端相距为 a 处有带电量为 q 的点电荷(图 5.5.13). 求它们之间的作用力.

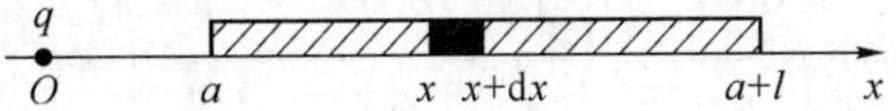

图 5.5.13

解　选取如图 5.5.13 坐标轴，则作用力可看做在区间 $[a, a+l]$ 上非均匀分布的量. 对于典型子区间 $[x, x+\mathrm{d}x]$，因为 $\mathrm{d}x$ 非常小，故这一小段可近似看做在 x 处的点电荷，带电量为

$$\mathrm{d}Q=\delta\mathrm{d}x.$$

$\mathrm{d}Q$ 与带电量 q 的点电荷之间的作用力可根据库伦定律求出，即作用力微元为

$$\mathrm{d}F=k\frac{q\mathrm{d}Q}{x^2}=k\frac{q\delta}{x^2}\mathrm{d}x.$$

因此，可得它们之间的作用力为

$$F=\int_a^{a+l}k\frac{q\delta}{x^2}\mathrm{d}x=kq\delta\left(\frac{1}{a}-\frac{1}{a+l}\right).$$

质心

回忆平面内一质点系统上质心的计算. 假设在 xOy 平面有 n 个质点 $P_1, P_2, \cdots, P_n$，其中质点 P_i 的质量为 m_i，且 P_i 的坐标为 $(x_i, y_i)(i=1, 2, \cdots, n)$. 我们知道质心坐标应为

$$\bar{x}=\frac{M_y}{m}, \bar{y}=\frac{M_x}{m},$$

其中 $m=\sum_{i=1}^{n}m_i$，M_x 与 M_y 分别是以上质点系统关于 x 和 y 轴的静力矩，即

$$M_x=\sum_{i=1}^{n}m_iy_i,\quad M_y=\sum_{i=1}^{n}m_ix_i.$$

设一材料曲线 $y=f(x)$ 在区间 $[a, b]$ 上的密度为 $\rho(x)$. 下面求该曲线的质心. 首先，将曲线划分成弧段 Δs，且用 $\mathrm{d}s$ 表示弧的微元. 因为密度是 $\rho(x)$ 且曲线的表达式为

$y=f(x)(a\leqslant x\leqslant b)$，可得质量 m 的微元为

$$dm=\rho(x)ds=\rho(x)\sqrt{1+[f'(x)]^2}dx.$$

Δs 关于 x 轴和 y 轴的静力矩微元分别为

$$dM_x=ydm=f(x)\rho(x)ds=f(x)\rho(x)\sqrt{1+[f'(x)]^2}dx,$$

$$dM_y=xdm=x\rho(x)ds=x\rho(x)\sqrt{1+[f'(x)]^2}dx.$$

因此，所给曲线的质心坐标可用下列定积分表示：

$$\bar{x}=\frac{\int_a^b dM_y}{\int_a^b dm}=\frac{\int_a^b x\rho\sqrt{1+[f'(x)]^2}dx}{\int_a^b \rho\sqrt{1+[f'(x)]^2}dx},$$

$$\bar{y}=\frac{\int_a^b dM_x}{\int_a^b dm}=\frac{\int_a^b f(x)\rho\sqrt{1+[f'(x)]^2}dx}{\int_a^b \rho\sqrt{1+[f'(x)]^2}dx}.$$

例 5.5.12 设线密度材料曲线 $x^2+y^2=a^2(a>0)$ 的密度为 ρ. 求位于 x 轴上方得半圆 $x^2+y^2=a^2(a>0)$ 的质心（图 5.5.14）.

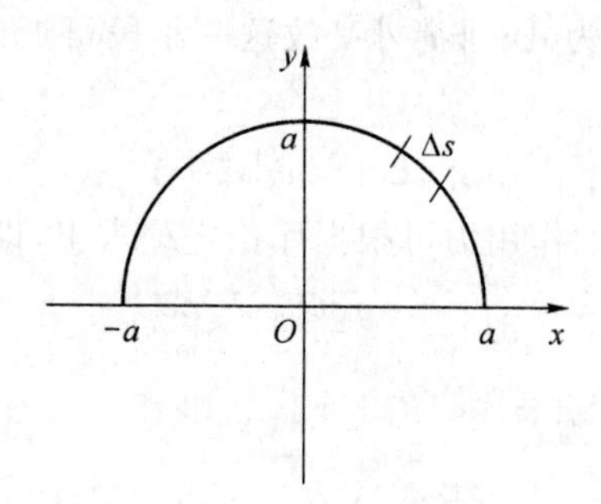

图 5.5.14

解 因为材料曲线的密度为常数 ρ 且曲线为方程 $y=f(x)(a\leqslant x\leqslant b)$，故可根据如下定积分求曲线的质心坐标：

$$\bar{x}=\frac{\int_a^b x\rho\sqrt{1+[f'(x)]^2}dx}{\int_a^b \rho\sqrt{1+[f'(x)]^2}dx},\ \bar{y}=\frac{\int_a^b f(x)\rho\sqrt{1+[f'(x)]^2}dx}{\int_a^b \rho\sqrt{1+[f'(x)]^2}dx}.$$

因为曲线是位于 x 轴上方得半圆 $x^2+y^2=a^2(a>0)$，故有

$$y=\sqrt{a^2-x^2}\quad(-a\leqslant x\leqslant a),ds=\sqrt{1+[f'(x)]^2}dx=\frac{a}{\sqrt{a^2-x^2}}dx.$$

因此，

$$\bar{x}=\frac{\int_{-a}^{a} x \frac{a}{\sqrt{a^2-x^2}}\mathrm{d}x}{\int_{-a}^{a}\frac{a}{\sqrt{a^2-x^2}}\mathrm{d}x}=0,\quad \bar{y}=\frac{\int_{-a}^{a}\sqrt{a^2-x^2}\frac{a}{\sqrt{a^2-x^2}}\mathrm{d}x}{\int_{-a}^{a}\frac{a}{\sqrt{a^2-x^2}}\mathrm{d}x}=\frac{2a^2}{\pi a}=\frac{2a}{\pi}.$$

习题 5.5

A

1. 求由下列各曲线所围成平面图形的面积：

(1) 抛物线 $y=\sqrt{x}$ 与直线 $y=x$；

(2) 抛物线 $y=\frac{1}{4}x^2$ 与直线 $3x-2y-4=0$；

(3) 曲线 $y=9-x^2$，$y=x^2$ 与直线 $x=0$，$x=1$；

(4) 曲线 $\sqrt{x}+\sqrt{y}=\sqrt{a}\,(a>0)$ 与坐标轴；

(5) 曲线 $y=\mathrm{e}^x$，$y=\mathrm{e}^{2x}$ 与直线 $y=2$；

(6) $y=x(x-1)(x-2)$ 与直线 $y=3(x-1)$；

(7) 闭曲线 $y^2=x^2-x^4$；

(8) 闭曲线 $\rho=a\sin 3\theta$，其中 a 是常数；

(9) 双纽线 $\rho^2=4\sin 2\theta$；

(10) 摆线 $\begin{cases}x=a(t-\sin t)\\ y=a(1-\cos t)\end{cases}$ $(0\leqslant t\leqslant 2\pi)$ 与 x 轴；

(11) 双纽线 $\rho^2=2\cos 2\theta$ 与圆 $\rho=1$ 的公共部分；

(12) 星线 $\begin{cases}x=a\cos^3 t\\ y=a\sin^3 t\end{cases}$ 之外，圆 $x^2+y^2=a^2$ 之内的部分.

2. 求 b 的值，使得直线 $x=b$ 平分曲线 $y=\frac{1}{x^2}$ 与 $1\leqslant x\leqslant 4$ 所围区域.

3. 求由抛物线 $y=x^2$，在点 $(1,1)$ 处的切线，及 x 轴所围区域的面积.

4. 求下列曲线的弧长：

(1) $y=\ln x$ 在 $\sqrt{3}\leqslant x\leqslant\sqrt{8}$ 之间的部分；

(2) $y=1-\ln\cos x$ 在 $0\leqslant x\leqslant\frac{\pi}{4}$ 之间的部分；

(3) $y=\left(\frac{x}{2}\right)^{\frac{2}{3}}$ 在 $0\leqslant x\leqslant 2$ 之间的部分；

(4) $y=\dfrac{\sqrt{x}}{3}(3-x)$ 在 $1\leqslant x\leqslant 3$ 之间的部分；

(5) $x^{\frac{2}{3}}+y^{\frac{2}{3}}=a^{\frac{2}{3}}(a>0)$；

(6) 圆的渐屈线 $\begin{cases} x=a(\cos t+t\sin t) \\ y=a(\sin t-t\cos t) \end{cases}(a>0)(0\leqslant t\leqslant 2\pi)$；

(7) $y(x)=\int_{-\sqrt{3}}^{x}\sqrt{3-t^2}\,\mathrm{d}t$ (整个弧长)；

(8) $y^2=\dfrac{2}{3}(x-1)^2$ 被抛物线 $y^2=\dfrac{x}{3}$ 所截部分；

(9) 曲线 $\rho=a\sin^3\dfrac{\theta}{3}\quad(a>0)$ (整个弧长)；

(10) 阿基米德螺线 $\rho=\alpha\varphi$ 从极点到第一个循环结束.

5. 弧 $\overset{\frown}{ON}$ 是摆线 $\begin{cases} x=a(t-\sin t) \\ y=a(1-\cos t) \end{cases}$ 的第一段弧，其中 O 是原点. 试在 $\overset{\frown}{ON}$ 上找一点 P 使得 $|\overset{\frown}{OP}|:|\overset{\frown}{PN}|=1:3$，其中 $|\overset{\frown}{OP}|$ 和 $|\overset{\frown}{PN}|$ 分别是 $\overset{\frown}{OP}$ 和 $\overset{\frown}{PN}$ 的长度.

6. 求下列各曲线所围成的图形按指定轴旋转所产生的旋转体体积：

(1) $y=x^2, y=\sqrt{x}$，绕 x 轴；

(2) $\dfrac{x}{a^2}+\dfrac{y^2}{b^2}=1$，分别绕 x 轴和 y 轴；

(3) $y=\sin x(0\leqslant x\leqslant\pi)$ 与 x 轴，分别绕 x 轴，y 轴和直线 $y=1$；

(4) $x^2+y^2=a^2$ 绕直线 $x=-b(b>a>0)$；

(5) 心形线 $\rho=4(1+\cos\theta)$ 和射线 $\theta=0$，$\theta=\dfrac{\pi}{2}$，绕极轴；

(6) 摆线 $\begin{cases} x=a(t-\sin t) \\ y=a(1-\cos t) \end{cases}$，$(0\leqslant t\leqslant 2\pi)$ 与 x 轴，绕 y 轴.

7. 立体底面为抛物线 $y=2x^2$ 与直线 $y=1$，围成的图形，而任一垂直于 y 轴的截面都分别是；

(1)正方形；(2) 等边三角形；(3) 半圆形. 求各种情况下立体的体积.

8. 区域由曲线 $y=f(x)(f\geqslant 0)$，直线 $x=a$，$x=b$ 和 x 轴所围成. 求下列旋转体的体积公式：

(1) 绕 x 轴.

(2) 绕 y 轴.

(3) 绕水平直线 $y=h$，其中

$$h=\max_{a\leqslant x\leqslant b}f(x).$$

9. 有一椭圆板，长短轴分别为 a 和 b. 将其垂直放入水中，且长轴与水平面平行. 分别求以下两种情况下该板一侧受到的水的压力.

(1) 水面刚好淹没该板的一半；

(2) 水面刚好淹没盖板.

10. 以下各种容器中均装满水,分别求把各容器中的水全部从容器口抽出克服重力所做的功.

(1) 容器为圆锥形,高为 H,底面半径为 R；

(2) 容器为圆台形,高为 H,上底半径为 R,下底半径为 r, $R>r$；

(3) 容器为抛物线 $y=2x^2(0\leqslant x\leqslant 2)$ 的弧段绕 y 轴旋转所产生的旋转体.

▶阅读材料:微积分基本定理的历史

牛顿与莱布尼茨计算微积分的方法

从早期数学家如 17 世纪前期的巴罗等奠定的基础中，艾萨克·牛顿爵士(1642—1727)(图 5.5.15)掌握了切线求积分的思想(定积分).他的讲解以时间、运动和速度的无力模型为基础.在一封给戈特弗里德·威廉·莱布尼茨(1646—1716)(图 5.5.16)的信中,牛顿阐明了微积分的两个最基本的问题：

1. 所给空间长度是连续不断的[在每一个瞬间],求任意时刻运动的速度[导数].

2. 所给运动速度是连续不断的,求任意时刻的空间长度[积分或者反导数].

图 5.5.15

图 5.5.16

这些指出了他对微积分基本定理的理解(不是证明).

牛顿没有用导数,而是利用变量的流数,用 x 表示,且没用反导数,而是利用他所谓的“流动”.牛顿认为线是由点运动产生的,面是由线运动产生的,且物体是由面运动产生的,并且他称这些为流动.他用流数项来表示流动的速度.

牛顿开始在代数领域思考传统的几何问题.牛顿的三个微积分专注被分发到英国皇家学会的同事手中,但直到牛顿死后很久才出版.

莱布尼茨关于积分、导数以及微积分的思想大体上来源于有限和与差的紧密分析.莱布尼茨也用公式对微积分基本定理做了早期的阐述,后来再 1693 年的一篇论文里,莱布尼茨写到:“求积分的所有问题可以简化到求一条具有特定切率的曲线.”

莱布尼茨与牛顿之间的一个丑闻,即这些思想发展建立的荣誉归功于谁,他们的追随者更使之扩大.在18世纪初之前,大多数英国数学家一直使用牛顿的流数和流动,抵制莱布尼茨的优越符号.

牛顿和莱布尼茨都用了一个直观的方法建立了微积分学,而后世的数学家给出了正式的证明,最主要的是柯西.

柯西奥古斯丁·路易·柯西(1789—1857)

图 5.5.17

微积分严谨的发展归功于柯西奥古斯丁·路易·柯西(1789—1857)(图 5.5.17).微积分基本定理的现代证明参见他1823年在皇家理工学院的微积分讲课稿.柯西的证明优美并且严密,并将微积分学的两大分支(微分与积分)统一成一个体系.

柯西出生在巴黎法国大革命开始的那一年.拉普拉斯是他的邻居,并且拉格朗日是他的朋友和支持者.他在16岁那年即1805年进入了巴黎综合理工学院学习工程学.此时柯西已经阅读了拉普拉斯的天体力学及拉格朗日的解析函数论.

1816年,他赢得了法国学院举办的在波在液体表面传播的竞赛.同年,当蒙日和卡诺被法国科学院开除之后,柯西被任命为代成员.最后,柯西被任命为巴黎综合理工学院的全职教授.他的经典作品康斯分析(1821)和摘要演算的教训(1823)包含了他对微积分严谨发展的贡献.1831年到1833年间,他由于法国政治震荡流亡国外,在意大利都灵大学担任教授,随后担任了巴黎大学的天体力学教授.柯西是一位多产的数学家,总共出版了789件作品.

严谨的微积分始于极限

微积分中导数、连续性、积分、数列和级数的收敛、发散的主要思想都是用极限来定义的.

极限因此成为微积分中最基本的概念.极限概念使微积分区别于其他数学分支,如代数、几何、数论和逻辑学.

目前采用的极限定义不到150年的时间.在这之前,极限的概念是模糊的,混淆直觉,并且很少被正确使用.事实上,在他关于微积分许多著作中,艾萨克·牛顿都没有承认极限的基础作用.

在自然哲学的数学原理中第一卷的开始部分,牛顿提供了一个极限的公式化定义:

“两个量,它们的比率在有限的时间内收敛到一个相等的极限定值,且在时间结束之前,比任意给定的差都更加接近对方,最终变为相等.”

关注微积分缺乏严谨基础是在18世纪后几年开始的.18世纪刚开始时的几年,极限的思想当然是混淆的.

1821 年，柯西在寻找微积分严谨的发展过程以呈现给他在巴黎理工学院的工科学生. 他从头开始微积分课程；以极限的现代定义为起点. 他的课堂笔记实际上是教科书，第一本称为正在分析(分析教程). 在他的作品中，柯西以极限为基础对连续与收敛，微分与积分作了严谨的定义. 他给出了他的极限的定义：

“当一个值由于一特定变量而无限接近一个固定值以至于它们的差可以任意小，则后面的值称为另一个值的极限.”

卡尔·魏尔施特拉斯 (1815—1897)，一位柏林大学的数学教授，在算术上严格地重述了最初柯西的极限定义，即我们今天用的 $\varepsilon-\delta$ 定义.

柯西对导数的定义如下：

“当 i 趋近于 0 时，$[f(x+i)-f(x)]/i$ 的极限. 比例 $[f(x+i)-f(x)]/i$ 的极限形式依赖于所给函数 $y=f(x)$ 的形式. 为表示其依赖性，我们给新函数一个名字：导函数.”

柯西继续去求所有初等函数的导函数并且给出了链式法则. 他还应用微分中值定理来证明一些基本微积分结论，例如一阶导数与函数的单调性准则.

柯西定义了连续函数在区间 $[a,b]$ 上的积分是所有窄矩形面积和的极限. 他还试着证明在给定区间上，对于所有连续函数，这一极限存在. 他的尝试证明用到了中值定理，但是有一些逻辑间隙.

柯西证明了积分中值定理 并用它证明连续函数的微积分基本定理，他所给出的证明形式如今应用到了微积分材料中.

柯西是第一个完全定义无穷级数收敛与绝对收敛，级数检比法与检根法的审敛准则的人.

他还是第一个提出复数理论，用傅里叶变换方法来求解微分方程的人. ◀

第 6 章

无穷级数

本章将介绍的无穷级数是高等数学的一个重要组成部分.无穷级数和无穷数列密切相关,它是数列极限的一种新的表现形式,这种形式具有项的结构性和加法运算相结合的特殊性,并可借助数列极限的理论来研究它.随着判别级数敛散性的一系列的定理的建立,无穷级数的理论又促进了极限理论的发展.无穷级数也是表达函数,研究函数性质,做近似运算以及求解微分方程等的一个强有力工具.作为无穷级数的一个重要分支——傅里叶级数,在电子技术和信息理论中应用广泛,是工程研究中不可或缺的一个数学工具.

本章首先介绍常数项级数的概念和性质,进而再介绍一些常数项级数的审敛准则.在此基础上讨论函数项级数,并研究两类重要的特殊的函数项级数:幂级数和傅里叶级数.

6.1 常数项级数的概念和性质

6.1.1 实例

例 6.1.1 (垂直距离). 已知三角形 ABC 中,$\angle A=\theta$,$\angle C=\frac{\pi}{2}$ 且 $|AC|=b$.作 $CD\perp AB$,$DE\perp BC$,$EF\perp AB$(如图 6.1.1 所示).这一过程无限重复下去,要求用 b 和 θ 表示所有垂线段的总长度

$$|CD|+|DE|+|EF|+|FG|+\cdots$$

解 由题意得,作垂线这一过程将无限持续下去.显然当 $\angle A=\theta$,$|AC|=b$,第一条垂线段 CD 的长度为

$$L_0=|CD|=b\sin\theta;$$

第二条垂线段 DE 的长度为

$$L_1=|DE|=b\sin^2\theta;$$

第三条垂线段 EF 的长度为

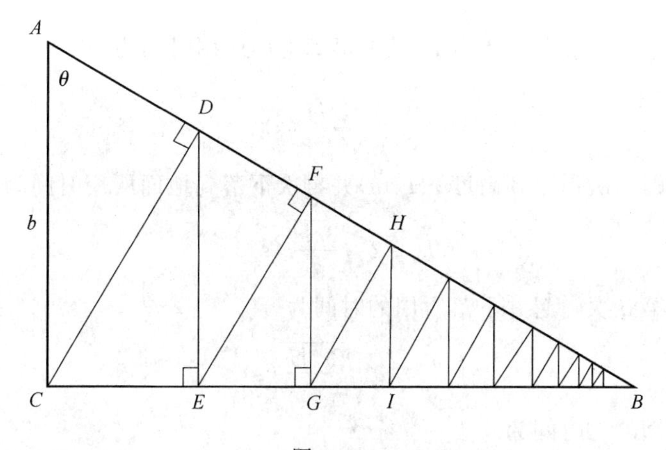

图 6.1.1

$$L_2 = |EF| = b\sin^3\theta;$$

$$\cdots$$

第 n 条垂线段的长度为

$$L_n = b\sin^{(n+1)}\theta.$$

因此,所有垂线段的总长度 L 为

$$L = b\sin\theta + b\sin^2\theta + b\sin^3\theta + \cdots + b\sin^{(n+1)}\theta + \cdots. \tag{6.1.1}$$

■

例 6.1.2　(弹性小球弹跳问题). 一弹性小球从距地面 H 米处无初速度自由下落.每次小球从距离地面 h 处下落后撞击到地面,它弹起的高度是 rh,其中 r 为小于 1 的正数.

(1) 假设小球反弹的次数是无穷的,求小球所走轨迹的总长度.

(2) 计算小球运动的总时间(其中 t 秒内小球下降距离为 $\frac{1}{2}gt^2$ 米).

解　(1) 小球从高 H 处落到地面所走距离为

$$S_0 = H(\text{m});$$

小球第一次弹起并落到地面所走距离为

$$S_1 = 2Hr(\text{m});$$

重复上述过程

$$S_2 = 2Hr^2(\text{m});$$

$$\cdots$$

小球第 n 次弹起并落到地面所走距离为

$$S_n = 2Hr^n(\text{m}).$$

因此,小球所走轨迹的总长度为

$$S = H + 2Hr + 2Hr^2 + \cdots + 2Hr^n + \cdots. \tag{6.1.2}$$

(2) 根据 $h=\frac{1}{2}gt^2$，第一次从高 H 处下落到地面所用时间为

$$T_0=\sqrt{\frac{2H}{g}}\,(\mathrm{s});$$

类似地，小球第一次弹起到高度 $rH(\mathrm{m})$ 并再次下落到地面所用时间为

$$T_1=2\sqrt{\frac{2rH}{g}}\,(\mathrm{s});$$

一般地，小球第 n 次弹起并下落所用的时间为

$$T_n=2\sqrt{\frac{2r^nH}{g}}\,(\mathrm{s}).$$

因而，小球运动的总时间为

$$T=\sqrt{\frac{2H}{g}}+2\sqrt{\frac{2rH}{g}}+2\sqrt{\frac{2r^2H}{g}}+\cdots+2\sqrt{\frac{2r^nH}{g}}+\cdots. \tag{6.1.3}$$

■

以上两例中，我们遇到了求无穷多个数和的问题. 区别于有限项和，无限项和有时候毫无意义，即它有可能不等于某个数值. 因此，首先需要清楚无穷数列和的意义是什么？

6.1.2 常数项级数的概念

定义 6.1.3 (无穷级数). 假设有一无穷数列为

$$a_1,a_2,a_3,\cdots,a_n,\cdots.$$

以下形式的表达式

$$a_1+a_2+a_3+\cdots+a_n+\cdots,$$

称为**常数项级数**或简称为**级数**. 它可以表示为

$$\sum_{n=1}^{\infty}a_n,\ \sum_{k=1}^{\infty}a_k,\text{或者}\sum a_n.$$

其中，a_n 为**该级数的通项**或者级数的第 n 项.

众所周知，实数加法是一个二元运算，也就是说实际上我们每次只能将两个数相加. 1+2+3作为“加法”有意义的唯一原因是我们可将数分组，然后每次将它们两两相加. 简言之，有限个实数的相加总会得到一个数，但是无限个实数相加则会完全不同. 这就是我们定义无穷级数的原因.

找出如下级数的有限和是不可能的

$$1+2+3+4+\cdots+n+\cdots,$$

因为如果开始增加项数，会得到累加的和 1,3,6,10,15,…，且第 n 项后，求得为 $n(n+1)/2$，当 n 增大时，它也会变得非常大.

然而，如果计算如下级数

$$\frac{1}{2}+\frac{1}{4}+\frac{1}{8}+\frac{1}{16}+\cdots+\frac{1}{2^n}+\cdots,$$

可得累加和为

$$\frac{1}{2},\frac{3}{4},\frac{7}{8},\frac{15}{16},\cdots,1-\frac{1}{2^n},\cdots.$$

当我们累加越来越多的项后，这些和越来越接近 1. 事实上，当累加此级数的足够多项后，可以使和按我们的意愿无限接近 1(图 6.1.2). 因此，此无穷级数的和为 1，即

$$\sum_{n=1}^{\infty}\frac{1}{2^n}=\frac{1}{2}+\frac{1}{4}+\frac{1}{8}+\frac{1}{16}+\cdots+\frac{1}{2^n}+\cdots=1.$$

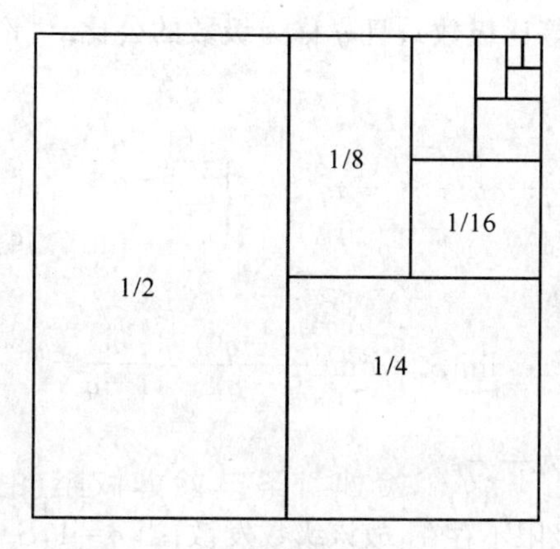

图 6.1.2

我们用一个类似思想来判别一个级数 $\sum_{n=1}^{\infty}a_n$ 的和是否存在. 一般说来，级数的前 n 项和 $S_n=\sum_{k=1}^{n}a_n(n=1,2,\cdots)$ 称为此级数的前 n 项部分和或者简称为**部分和**. 对于级数形式的部分和，它是一个实数列

$$S_1=a_1$$
$$S_2=a_1+a_2$$
$$S_3=a_1+a_2+a_3$$
$$\vdots$$
$$S_n=a_1+a_2+a_3+\cdots+a_n=\sum_{k=1}^{n}a_k$$
$$\vdots$$

每一个都可定义为一个有限实数. 我们可以利用部分和数列在 $n\to\infty$ 时是否有极限来判定一般级数是否有和.

定义 6.1.4 (收敛与发散). 若部分和数列$\{S_n\}$收敛,则称级数 $\sum\limits_{n=1}^{\infty} a_n$ **收敛.** 此时,称部分和数列$\{S_n\}$的极限,$\lim\limits_{n\to\infty} S_n = \lim\limits_{n\to\infty}\sum\limits_{k=1}^{n} a_n = S$ 为它的**和**,记作 $\sum\limits_{n=1}^{\infty} a_n = S$. 否则,称级数**发散.**

发散的级数没有和. 级数的和与其部分和的差,$R_n = S - S_n = \sum\limits_{k=n+1}^{\infty} a_k$ 称为该级数的**余项.**

例 6.1.5 (几何级数). 具有以下形式

$$a + aq + aq^2 + \cdots + aq^{n-1} = \sum_{n=0}^{\infty} aq^n \qquad (a \neq 0)$$

的级数称为**几何级数**(或者**等比级数**),且 q 称为**级数的公比.** 讨论它的敛散性.

解 该级数的部分和为

$$a+aq+aq^2+\cdots+aq^{n-1}=\begin{cases}\dfrac{a(1-q^n)}{1-q}, & q\neq 1,\\ na, & q=1.\end{cases}$$

因此,当$|q|<1$时有

$$\lim_{n\to\infty} S_n=\lim_{n\to\infty}\frac{a(1-q^n)}{1-q}=\frac{a}{1-q}.$$

所以,该级数收敛且它的和为$\dfrac{a}{1-q}$.

当$|q|>1$,因为$\{S_n\}$的极限不存在,故该级数发散;当 $q=1$,$S_n=na\to+\infty$ as $n\to+\infty$;当 $q=-1$,级数变为

$$a-a+a-a+\cdots+(-1)^{n-1}a+\cdots,$$

因为

$$S_n=\begin{cases}a, & n\text{ 是奇数},\\ 0, & n\text{ 是偶数},\end{cases}$$

$\{S_n\}$发散,故级数发散.

归纳上述结果,可得

几何级数

$$\sum_{n=0}^{\infty} aq^n = a + aq + aq^2 + \cdots + aq^{n-1} + \cdots \qquad (a \neq 0)$$

当$|q|<1$ 时收敛且它的和为

$$\sum_{n=0}^{\infty} aq^n = \frac{a}{1-q},\ |q|<1;$$

而当$|q|\geqslant 1$ 时,几何级数发散.

现在,我们来彻底解决例 6.1.1 与例 6.1.2 的问题. 对于三角形的垂线,因为它是公比为 $r=\sin\theta$ 的几何级数,所有垂线段的总长度为

$$L=\frac{b\sin\theta}{1-\sin\theta}.$$

对于小球的轨迹,式(6.1.2)与式(6.1.3)都是公比同为 $0<r<1$ 的几何级数(第二项开始).因此,轨迹总长度为

$$S=H+\frac{2Hr}{1-r}(\mathrm{m}),$$

且所用时间为

$$T=\sqrt{\frac{2H}{g}}+2\sqrt{\frac{2rH}{g}}\frac{1}{1-\sqrt{r}}=\sqrt{\frac{2H}{g}}\left(\frac{1+\sqrt{r}}{1-\sqrt{r}}\right)(\mathrm{s}).$$

例 6.1.6　将循环小数 5.232323…表示为两整数之比.

解　循环小数 5.232 323…可以写成如下形式:

$$5.\dot{2}\dot{3}=5+\frac{23}{100}+\frac{23}{100^2}+\frac{23}{100^3}+\frac{23}{100^4}+\cdots. \tag{6.1.4}$$

它是一个公比为 $q=\frac{23}{100}$的几何级数.因此

$$\begin{aligned}5.232\,323\cdots&=5+\frac{23}{100}+\frac{23}{100^2}+\frac{23}{100^3}+\frac{23}{100^4}+\cdots\\&=5+\frac{23}{100}\left(1+\frac{1}{100}+\frac{1}{100^2}+\frac{1}{100^3}+\cdots\right)\\&=5+\frac{23}{100}\times\frac{100}{99}\\&=5+\frac{23}{99}=\frac{518}{99}.\end{aligned}$$

■

例 6.1.7　求如下级数的和

$$\sum_{n=1}^{\infty}\frac{1}{n(n+1)}.$$

解　观察部分和数列中的一些模式有可能引导我们发现部分和 S_n 的公式.

由于

$$\frac{1}{k(k+1)}=\frac{1}{k}-\frac{1}{k+1},$$

部分和可改写为

$$S_n=\sum_{k=1}^{n}\frac{1}{k(k+1)}=\sum_{k=1}^{n}\left(\frac{1}{k}-\frac{1}{k+1}\right)=1-\frac{1}{n+1}.$$

我们可看到

$$\lim_{n\to\infty}S_n=1.$$

因此,该级数收敛且它的和为 1.

■

6.1.3 常数项级数的性质

从前面的讨论中,我们得出,级数和的问题与它的部分和数列的极限问题是一致的.因此,很容易证明级数遵循如下的基本性质.

定理 6.1.8 (组合级数的性质). 若 $\sum_{n=1}^{\infty} a_n$ 与 $\sum_{n=1}^{\infty} b_n$ 都收敛且它们的和分别为 S 与 $\overline{S}$,则

(1) $\forall \alpha,\beta \in R$,级数 $\sum_{n=1}^{\infty}(\alpha a_n + \beta b_n)$ 也收敛且

$$\sum_{n=1}^{\infty}(\alpha a_n + \beta b_n) = \alpha\sum_{n=1}^{\infty} a_n + \beta\sum_{n=1}^{\infty} b_n = \alpha S + \beta\overline{S};$$

(2) 若 $a_n \leqslant b_n (\forall n \in N)$,则 $\sum_{n=1}^{\infty} a_n \leqslant \sum_{n=1}^{\infty} b_n$.

定理 6.1.9 (结合性). 若级数收敛,在该级数的项中任意加括号后它的和不变(条件是级数项的顺序保持不变).

证明 设收敛级数 $\sum_{n=1}^{\infty} a_n$ 的部分和数列为$\{S_n\}$.在该级数中任意加入括号后,得到一个新的级数

$$(a_1+a_2+\cdots+a_{n_1})+(a_{n_1}+1+a_{n_1}+2+\cdots+a_{n_2}) \\ +\cdots+(a_{n_{k-1}+1}+a_{n_{k-1}+2}+\cdots+a_{n_k})+\cdots. \tag{6.1.5}$$

设级数(6.1.5)的部分和数列为$\{\overline{S}_k\}$.有

$$\overline{S}_1=S_{n1},\overline{S}_2=S_{n_2},\cdots,\overline{S}_k=S_{n_k},\cdots,$$

即$\{S_k\}$是$\{S_n\}$的一个子列.因为

$$\lim_{n\to\infty}S_n=S, \text{so} \lim_{n\to\infty}\overline{S}_k=S.$$

■

注意定理 6.1.9 的逆定理不一定成立.例如,级数

$$(1-1)+(1-1)+(1-1)+\cdots+(1-1)+\cdots$$

收敛,但原级数

$$1-1+1-1+\cdots+(-1)^{n-1}+\cdots$$

却是发散的.

定理 6.1.10 (增加或删减项). 在一个无穷级数中,任意删减,增加或改变有限项,不改变原级数的敛散性.

定理 6.1.11 (收敛的必要条件). 若级数 $\sum_{n=1}^{\infty} a_n$ 收敛,则必有$\lim_{n\to\infty} a_n=0$.

证明　设 $S_n=a_1+a_2+a_3+\cdots+a_n$ 且 S 为级数的和. 因为 $\sum\limits_{n=1}^{\infty}a_n$ 收敛,则数列 S_n 收敛. 当 n 很大时,S_n 与 S_{n-1} 都很接近 S,且它们的差 a_n 接近零. 即

$$\lim_{n\to\infty}a_n=\lim_{n\to\infty}(S_n-S_{n-1})=S-S=0.$$

■

定理 6.1.11 说明收敛级数的通项收敛于零是级数收敛的必要条件. 该定理可以用来证明给定级数的发散,我们称它为级数发散的通项判别法.

推论(级数发散的通项判别法)

若 $\lim\limits_{n\to\infty}a_n$ 不存在或者 $\lim\limits_{n\to\infty}a_n\neq 0$,则级数 $\sum\limits_{n=1}^{\infty}a_n$ 发散.

例 6.1.12　证明级数 $\sum\limits_{n=1}^{\infty}\dfrac{n^2}{4n^2-3}$ 发散.

解

$$\lim_{n\to\infty}a_n=\lim_{n\to\infty}\frac{n^2}{4n^2-3}=\frac{1}{4}\neq 0.$$

根据发散的第 n 项检验,故该级数发散. ■

注意. 一般说来,该定理的逆定理不成立. 若 $\lim\limits_{n\to\infty}a_n=0$,我们不能断定 $\sum\limits_{n=1}^{\infty}a_n$ 收敛. 观察到,对于调和级数 $\sum\limits_{n=1}^{\infty}\dfrac{1}{n}$,有 $a_n=\dfrac{1}{n}\to 0\ (n\to\infty)$,但我们可以证明调和级数是发散的.

定理 6.1.13　(*柯西收敛条件). 级数 $\sum\limits_{n=1}^{\infty}a_n$ 收敛,当且仅当对任意的 $\varepsilon>0$, $\exists N\in\mathbf{N}_+$,使得 $\forall p\in\mathbf{N}_+$,不等式

$$|a_{n+1}+a_{n+2}+\cdots+a_{n+p}|<\varepsilon$$

对于任意 $n>N$ 成立.

例 6.1.14　证明级数 $\sum\limits_{n=1}^{\infty}\dfrac{1}{\mathrm{n}^2}$ 收敛.

证明　$\forall n,p\in\mathbf{N}_+$,有

$$\begin{aligned}
&\frac{1}{(n+1)^2}+\frac{1}{(n+2)^2}+\cdots+\frac{1}{(n+p)^2}\\
&\quad<\frac{1}{n(n+1)}+\frac{1}{(n+1)(n+2)}+\cdots+\frac{1}{(n+p-1)(n+p)}\\
&\quad=\left(\frac{1}{n}-\frac{1}{n+1}\right)+\left(\frac{1}{n+1}-\frac{1}{n+2}\right)+\cdots+\left(\frac{1}{n+p-1}-\frac{1}{n+p}\right)\\
&\quad=\frac{1}{n}-\frac{1}{n+p}<\frac{1}{n}.
\end{aligned}$$

因此,$\forall\varepsilon>0$,取 $N=\left[\frac{1}{\varepsilon}\right]$,则不等式

$$\left|\frac{1}{(n+1)^2}+\frac{1}{(n+2)^2}+\cdots+\frac{1}{(n+p)^2}\right|<\frac{1}{n}<\varepsilon$$

对所有的 $n>N$ 都成立.根据定理 6.1.13,级数 $\sum_{n=1}^{\infty}\frac{1}{n^2}$ 收敛.

■

习题 6.1

A

1. 写出下列级数的一般形式.

(1) $1+\frac{1}{3}+\frac{1}{5}+\frac{1}{7}+\cdots$;

(2) $\frac{5}{2}+\frac{5}{6}+\frac{5}{12}+\frac{5}{20}+\frac{5}{30}+\cdots$;

(3) $-\frac{a}{3!}+\frac{a^2}{5!}-\frac{a^3}{7!}+\frac{a^4}{9!}+\cdots$;

(4) $\frac{3\sqrt{x+1}}{2}+\frac{5(x+1)}{2\times4}+\frac{7(x+1)\sqrt{x+1}}{2\times4\times6}+\frac{9(x+1)^2}{2\times4\times6\times8}+\cdots$.

2. 求下列级数的前 n 项和;再利用它求其中收敛级数的和.

(1) $2+\frac{2}{3}+\frac{2}{9}+\frac{2}{27}+\cdots+\frac{2}{3^{n-1}}+\cdots$;

(2) $1-\frac{1}{2}+\frac{1}{4}-\frac{1}{8}+\cdots+(-1)^{n-1}\frac{1}{2^{n-1}}+\cdots$;

(3) $1-2+4-8+\cdots+(-1)^{n-1}2^{n-1}+\cdots$;

(4) $\frac{1}{2\times3}+\frac{1}{3\times4}+\frac{1}{4\times5}+\cdots+\frac{1}{(n+1)(n+2)}+\cdots$.

3. 根据定义判断下列级数的敛散性,并求出其中收敛级数的和.

(1) $\sum_{n=0}^{\infty}\frac{2^n+1}{q^n}(|q|>2)$;

(2) $\sum_{n=0}^{\infty}\frac{1}{(2n+1)(2n+3)}$;

(3) $\sum_{n=1}^{\infty}(\sqrt{n+2}-2\sqrt{n+1}+\sqrt{n})$;

(4) $\sum_{n=1}^{\infty}\ln\frac{n}{n+1}$.

4. 写出下列级数的前 5 项,并求级数的和.

(1) $\sum\limits_{n=0}^{\infty}\frac{(-1)^n}{4^n}$;　　(2) $\sum\limits_{n=0}^{\infty}\frac{7}{4^n}$;

(3) $\sum\limits_{n=1}^{\infty}\left(\frac{6}{2^n}+\frac{1}{3^n}\right)$;　　(4) $\sum\limits_{n=1}^{\infty}\left(\frac{6}{2^n}-\frac{1}{3^n}\right)$.

5. 用两个整数的比表示下列数值.

(1) $0.\dot{2}\dot{4}=0.24\,24\,24\cdots$;　　(2) $0.\dot{4}1\dot{4}=0.414\,414\,414\cdots$;

(3) $1.\dot{1}42\dot{8}=1.1428\,1428\,1428\cdots$;　　(4) $2.1\dot{7}\dot{5}=2.1\,75\,75\,75\cdots$.

6. 已知级数的部分和为 $S_n=\frac{2n}{n+1}$. 写出该级数并求它的和.

7. 设两个级数 $\sum\limits_{n=1}^{\infty}a_n$ 与 $\sum\limits_{n=1}^{\infty}b_n$ 中,一个收敛一个发散,证明级数 $\sum\limits_{n=1}^{\infty}(a_n\pm b_n)$ 必发散. 若两个都发散,次结论是否扔成立?

8. 已知 $\sum\limits_{n=1}^{\infty}(-1)^{n-1}a_n=2$, $\sum\limits_{n=1}^{\infty}a_{2n-1}=5$, 求级数 $\sum\limits_{n=1}^{\infty}a_n$ 的和.

9. 已知级数 $\sum\limits_{n=1}^{\infty}a_n$ 的前 $2n$ 项和为 S_{2n}. 设 $S_{2n}\to A$ 且 $a_n\to 0(n\to+\infty)$. 证明级数 $\sum\limits_{n=1}^{\infty}a_n$ 收敛且它的和仍是 A.

10. 利用级数的性质判断下列级数的敛散性

(1) $\sum\limits_{n=1}^{\infty}\frac{\sqrt[n]{n}}{\left(1+\frac{1}{n}\right)^n}$;　　(2) $\sum\limits_{n=1}^{\infty}2^n\sin\frac{\pi}{2^n}$;

(3) $\sum\limits_{n=1}^{\infty}\left(\frac{1}{n}-\frac{1}{2^n}\right)$;　　(4) $\sum\limits_{n=1}^{\infty}n^2\ln\left(1+\frac{x}{n^2}\right)$, $(x\in\mathbf{R})$.

11. 下列命题是否正确? 若正确,证明之;若不正确,举出一个反例.

(1) 若 $a_n\leqslant b_n$ 且 $\sum\limits_{n=1}^{\infty}b_n$ 收敛,则 $\sum\limits_{n=1}^{\infty}a_n$ 收敛;

(2) 若正项级数 $\sum\limits_{n=1}^{\infty}a_n$ 收敛,则必有 $\lim\limits_{n\to\infty}\frac{a_{n+1}}{a_n}=\lambda<1$ 或者 $\lim\limits_{n\to\infty}\sqrt[n]{a_n}=\lambda<1$;

(3) 若数列 $\{a_n\}$ 单调递减 $a_n\to 0(n\to+\infty)$,则 $\sum\limits_{n=1}^{\infty}a_n$ 收敛;

(4) 若 $\sum\limits_{n=1}^{\infty}a_n$ 发散,则 $\sum\limits_{n=1}^{\infty}a_n^2$ 发散.

12. * 证明级数 $\sum_{n=1}^{\infty}(a_{n-1}-a_n)$ 收敛的充分必要条件是数列$\{a_n\}$收敛.

13. * 利用柯西收敛条件判断下列级数的敛散性。

(1) $\sum_{n=1}^{\infty}\frac{(-1)^{(n+1)}}{n}$; (2) $\sum_{n=1}^{\infty}2^n\frac{\sin nx}{2^n}$;

(3) $1+\frac{1}{2}-\frac{1}{3}+\frac{1}{4}+\frac{1}{5}-\frac{1}{6}+\cdots$; (4) $\sum_{n=1}^{\infty}\left(\frac{1}{3n+1}+\frac{1}{3n+2}-\frac{1}{3n+3}\right)$.

6.2 常数项级数的审敛准则

一般说来,求级数的精确和比较困难,我们在本节先建立一些不需要明确求和但可以判定级数收敛还是发散的准则.判别级数的敛散性既是一个重要的数学问题,又是一个具有实际意义的问题.如果不先判别级数是否收敛,就不能放心地进行求和计算.然而,对一般级数判别其敛散性是一个很复杂的问题,当通项比较复杂时,直接利用定义判别会出现很大的困难.在本节中,首先我们研究讨论最简单最常见的一类级数——正项级数敛散性的判别,然后研究交错项级数敛散性的判别准则,最后给出条件收敛和绝对收敛的定义.

6.2.1 正项级数的敛散准则

定义 (正项级数).若级数的所有项都是非负的,则称此级数为正项级数(或非负项级数),或简称为正级数.

对于正项级数,因为它的部分和数列单调增,故有如下定理.

定理 6.2.1 (充要条件). 正项级数 $\sum_{n=1}^{\infty}a_n$ 收敛当且仅当它的部分和数列有上界.

根据定理6.2.1,若级数$\sum_{n=1}^{\infty}a_n$,($a_n\geqslant 0$)发散,它的部分和数列 $S_n\to+\infty$,即$\sum_{n=1}^{\infty}a_n=+\infty$.

定理 6.2.2 (积分判别法). 设 $\sum_{n=1}^{\infty}a_n$ 是一个正项级数,并且函数 f 在$[1,+\infty)$上连续,非负且单调减,使得 $f(n)=a_n$.则,级数 $\sum_{n=1}^{\infty}a_n$ 收敛当且仅当无穷积分 $\int_1^{\infty}f(x)\mathrm{d}x$ 收敛(图6.2.1.)

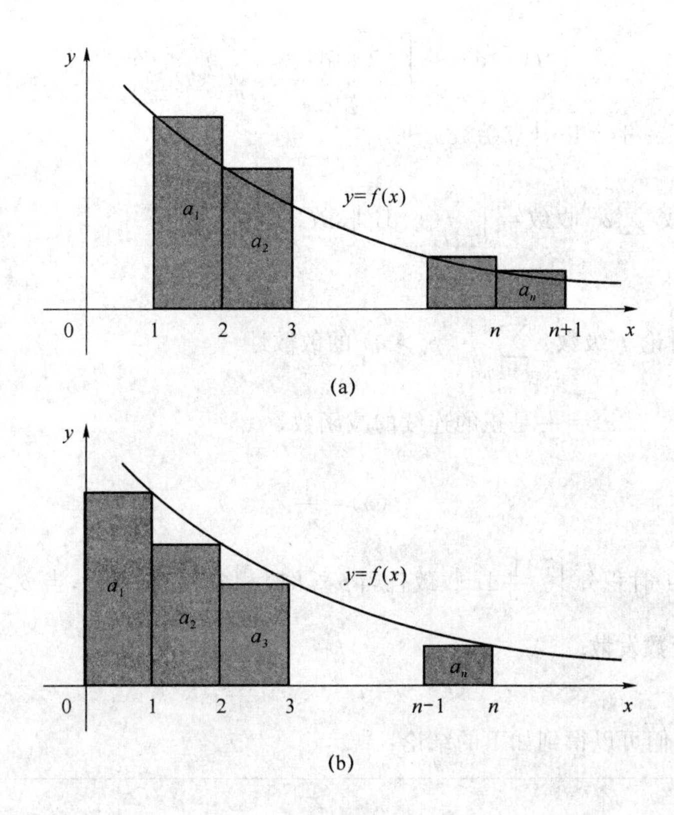

图 6.2.1

证明　因为 f 单调减,有

$$a_{k+1}=f(k+1)\leqslant f(x)\leqslant f(k)=a_k,\ \forall\, x\in[k,k+1],k\in\mathbf{N}_+.$$

故

$$a_{k+1}=\int_k^{k+1}a_{k+1}\,\mathrm{d}x\leqslant\int_k^{k+1}f(x)\,\mathrm{d}x\leqslant\int_k^{k+1}a_k\,\mathrm{d}x=a_k,k\in\mathbf{N}_+,$$

则

$$S_n-a_1=\sum_{k=1}^{n-1}a_{k+1}\leqslant\sum_{k=1}^{n-1}\int_k^{k+1}f(x)\,\mathrm{d}x\leqslant\sum_{k=1}^{n-1}a_k=S_{n-1},$$

即

$$S_n-a_1\leqslant\int_1^n f(x)\,\mathrm{d}x\leqslant S_{n-1}.\tag{6.2.1}$$

注意到数列$\left\{\int_1^n f(x)\,\mathrm{d}x\right\}$单调增加趋于 n. 因此,式(6.2.1) 表明$\lim\limits_{n\to\infty}S_n\ \exists\Leftrightarrow\lim\limits_{n\to\infty}\int_1^n f(x)\,\mathrm{d}x\ \exists$.

另一方面,$\forall\, b\in[1,+\infty)$,记 $n=[b]$. 由于 f 的非负性,有

$$\int_1^n f(x)\mathrm{d}x \leqslant \int_1^b f(x)\mathrm{d}x \leqslant \int_1^{n+1} f(x)\mathrm{d}x,$$

它表明$\lim\limits_{b\to\infty}\int_1^b f(x)\mathrm{d}x\ \exists \Leftrightarrow \lim\limits_{n\to\infty}\int_1^n f(x)\mathrm{d}x\ \exists$.

因此可得级数 $\sum\limits_{n=1}^{\infty} a_n$ 收敛$\Leftrightarrow \int_1^{\infty} f(x)\mathrm{d}x$ 收敛.

■

例 6.2.3 讨论 p 级数：$\sum\limits_{n=1}^{\infty}\frac{1}{n^p}(p>0)$ 的敛散性.

解 由于函数 $f(x)=\frac{1}{x^p}$是正的连续的减函数，

$$f(n)=\frac{1}{n^p}.$$

众所周知，当 $p>1$ 时积分 $\int_1^{\infty}\frac{1}{x^p}\mathrm{d}x$ 收敛且当 $p\leqslant 1$ 时积分发散. 因此，当 $p>1$ 时该级数收敛且当 $p\leqslant 1$ 时该级数发散.

■

综上所述，我们可以得到如下的结论：

> p 级数
>
> $$\sum_{n=1}^{\infty}\frac{1}{n^p}=\frac{1}{1^p}+\frac{1}{2^p}+\frac{1}{3^p}+\cdots+\frac{1}{n^p}+\cdots$$
>
> (p 是实常数)，当 $p>1$ 时收敛且当 $p\leqslant 1$ 时发散.

定理 6.2.4 (直接比较判别法). 假设 $\sum\limits_{n=1}^{\infty} a_n$ 与 $\sum\limits_{n=1}^{\infty} b_n$ 都是正项级数且 $\exists N\in\mathbf{N}_+$，使得 $a_n\leqslant b_n$对所有 $n>N$ 成立. 则

(1) 若 $\sum\limits_{n=1}^{\infty} b_n$ 收敛，$\sum\limits_{n=1}^{\infty} a_n$ 也收敛；

(2) 若 $\sum\limits_{n=1}^{\infty} a_n$ 发散，$\sum\limits_{n=1}^{\infty} b_n$ 也发散.

证明 根据定理 6.1.10，不妨设 $a_n\leqslant b_n$ 对所有 $n\in\mathbf{N}_+$成立，使得

$$S_n=\sum_{k=1}^{n} a_k \leqslant \sum_{k=1}^{n} b_k=\overline{S}_n.$$

因此，

(1) $\sum_{n=1}^{\infty} b_n$ 收敛$\Rightarrow\{\overline{S}_n\}$有上界$\Rightarrow\{S_n\}$有上界$\Rightarrow \sum_{n=1}^{\infty} a_n$ 收敛.

(2) 它是结论(1)的逆否命题.

■

例 6.2.5　讨论下列级数的敛散性：

(1) $\sum_{n=1}^{\infty}\sin\frac{\pi}{5^n}$；

(2) $\sum_{n=1}^{\infty}\frac{1}{\sqrt{n(n+1)}}$.

解　(1) 因为

$$\sin\frac{\pi}{5^n}<\frac{\pi}{5^n}, \forall n\in\mathbf{N}_+,$$

且几何级数 $\sum_{n=1}^{\infty}\frac{\pi}{5^n}$ 收敛，根据直接比较判别法，$\sum_{n=1}^{\infty}\sin\frac{\pi}{5^n}$ 也收敛.

(2) 因为

$$\frac{1}{\sqrt{n(n+1)}}>\frac{1}{\sqrt{(n+1)^2}}=\frac{1}{n+1}>\frac{1}{2n}(n>2),$$

而调和级数 $\sum_{n=1}^{\infty}\frac{1}{n}$ 发散，故 $\sum_{n=1}^{\infty}\frac{1}{\sqrt{n(n+1)}}$ 也发散.

■

定理 6.2.6　(极限比较判别法). 假设 $\sum_{n=1}^{\infty}a_n$ 与 $\sum_{n=1}^{\infty}b_n$ 都是正项级数，且 $\forall n\in\mathbf{N}_+, b_n>0, \lim\limits_{n\to\infty}\frac{a_n}{b_n}=\lambda$. 则

(1) 若 $0<\lambda<+\infty$，两级数同时收敛或者同时发散；

(2) 若 $\lambda=0$ 且 $\sum_{n=1}^{\infty}b_n$ 收敛，$\sum_{n=1}^{\infty}a_n$ 也收敛；

(3) 若 $\lambda=+\infty$ 且 $\sum_{n=1}^{\infty}b_n$ 发散，$\sum_{n=1}^{\infty}a_n$ 也发散.

证明　(1) 因为 $\lim\limits_{n\to\infty}\frac{a_n}{b_n}=\lambda$ 且 $0<\lambda<+\infty$，由极限定义，$\exists N\in\mathbf{N}_+$，使得对所有 $n>N$ 有

$$\left|\frac{a_n}{b_n}-\lambda\right|<\frac{\lambda}{2}\Rightarrow\frac{\lambda}{2}b_n<a_n<\frac{3\lambda}{2}b_n.$$

根据直接比较判别法及组合级数的性质，结论(1)成立.

结论(2)和结论(3)的证明与结论(1)的证明类似.

■

例 6.2.7 讨论下列级数的敛散性:

(1) $\sum\limits_{n=1}^{\infty}\dfrac{2n+1}{n^2+2n+1}$;

(2) $\sum\limits_{n=1}^{\infty}\dfrac{1}{n}\ln\left(1+\dfrac{1}{n}\right)$.

解 (1) 设 $a_n=\dfrac{2n+1}{n^2+2n+1}$. 对于 n 充分大时, a_n 与 $\dfrac{2n}{n^2}=\dfrac{2}{n}$ 等价,因此选取 $b_n=\dfrac{1}{n}$.

因为

$$\lim_{n\to\infty}\frac{a_n}{b_n}=\lim_{n\to\infty}\frac{\dfrac{2n+1}{n^2+2n+1}}{\dfrac{1}{n}}=2,$$

且级数 $\sum\limits_{n=1}^{\infty}\dfrac{1}{n}$ 发散, $\sum\limits_{n=1}^{\infty}\dfrac{2n+1}{n^2+2n+1}$ 也发散.

(2) 显然, $a_n=\dfrac{1}{n}\ln\left(1+\dfrac{1}{n}\right)\to 0, n\to+\infty$,因为 $\ln\left(1+\dfrac{1}{n}\right)\sim\dfrac{1}{n}(n\to+\infty)$,因此 $a_n\sim\dfrac{1}{n^2}$ $(n\to+\infty)$. 选取 $b_n=\dfrac{1}{n^2}$,则

$$\lim_{n\to\infty}\frac{a_n}{b_n}=\lim_{n\to\infty}\frac{\dfrac{1}{n}\ln\left(1+\dfrac{1}{n}\right)}{\dfrac{1}{n^2}}=1.$$

因为级数 $\sum\limits_{n=1}^{\infty}\dfrac{1}{n^2}$ 收敛,故 $\sum\limits_{n=1}^{\infty}\dfrac{1}{n}\ln\left(1+\dfrac{1}{n}\right)$ 也收敛.

■

尽管积分判别法和比较判别法都十分强大,但是它们都必须选取一个无穷积分或者一个比较用的级数,有时这是十分困难的. 因此,我们介绍只需考察级数本身性质即可判别敛散性的两种判别法:D'Alembert 比值判别法和柯西根植判别法.

定理 6.2.8 (达朗贝尔 D'Alembert)比值判别法或比值法). 设 $\sum\limits_{n=1}^{\infty}a_n$ 是满足 $a_n>0$ 的正项级数,且 $\lim\limits_{n\to\infty}\dfrac{a_{n+1}}{a_n}=\lambda$(有限或$\infty$).

(1) 若 $0\leqslant\lambda<1$,则 $\sum\limits_{n=1}^{\infty}a_n$ 收敛.

(2) 若 $\lambda>1$(包括 $\lambda=+\infty$),则 $\sum_{n=1}^{\infty} a_n$ 发散.

(3) 若 $\lambda=1$,比值法失效.

证明　(1) 因为 $\lambda<1$,取任一数 $q(\lambda<q<1)$. 则 $\exists N\in \mathbf{N}_+$,使得对任意的 $n>N$ 有

$$\frac{a_{n+1}}{a_n}<q\Rightarrow a_{n+1}<qa_n,$$

即

$$\begin{aligned}
&a_{N+1}=qa_N,\\
&a_{N+2}<qa_{N+1}<q^2a_N,\\
&a_{N+3}<qa_{N+2}<q^3a_N,\\
&\vdots\\
&a_{N+n}<q^na_N\\
&\vdots
\end{aligned}$$

现在,考察级数 $\sum_{n=1}^{\infty} a_{N+n}$ 与 $\sum_{n=1}^{\infty} aNq^n=a_N\sum_{n=1}^{\infty} q^n$. 因为 $a_N\sum_{n=1}^{\infty} q^n$ 是公比 $q<1$ 的几何级数,故收敛,则级数 $\sum_{n=1}^{\infty} a_{N+n}$ 收敛. 根据定理 6.1.10,级数 $\sum_{n=1}^{\infty} a_n$ 也收敛.

(2) 因为 $\lambda>1$,则 $\exists N\in \mathbf{N}_+$,使得对任意的 $n>N$

有
$$\frac{a_{n+1}}{a_n}>1\Rightarrow a_{n+1}>a_n,$$

故 $a_n\not\to 0(n\to+\infty)$. 因此, $\sum_{n=1}^{\infty} a_n$ 发散.

■

注意. 若 $\lambda=1$,则比值法不能确定所给级数收敛还是发散. 例如,对于收敛级数 $\sum_{n=1}^{\infty}\frac{1}{n^2}$,有

$$\frac{a_{n+1}}{a_n}=\frac{\frac{1}{(n+1)^2}}{\frac{1}{n^2}}=\frac{n^2}{(n+1)^2}\to 1(n\to\infty),$$

而对于发散级数 $\sum_{n=1}^{\infty}\frac{1}{n}$,也有

$$\frac{a_{n+1}}{a_n}=\frac{\frac{1}{(n+1)}}{\frac{1}{n}}=\frac{n}{(n+1)}\to 1(n\to\infty).$$

例 6.2.9 讨论下列级数的敛散性:

(1) $\sum\limits_{n=1}^{\infty}\frac{n!}{6^n}$; (2) $\sum\limits_{n=1}^{\infty}\frac{n!}{n^n}$;

(3) $\sum\limits_{n=1}^{\infty}\frac{1}{n^n}$; (4) $\sum\limits_{n=1}^{\infty}\frac{n\sin^2\frac{n\pi}{4}}{3^n}$.

解 (1) 根据比值法,因为

$$\frac{a_{n+1}}{a_n}=\frac{(n+1)!}{6^{n+1}}\bigg/\frac{n!}{6^n}=\frac{n+1}{6}\to+\infty, n\to+\infty,$$

级数 $\sum\limits_{n=1}^{\infty}\frac{n!}{6^n}$ 发散.

(2) 根据比值法,因为

$$\frac{a_{n+1}}{a_n}=\frac{(n+1)!}{(n+1)^{n+1}}\bigg/\frac{n!}{n^n}=\frac{1}{\left(1+\frac{1}{n}\right)^n}\to\frac{1}{\mathrm{e}}<1, n\to+\infty,$$

级数 $\sum\limits_{n=1}^{\infty}\frac{n!}{n^n}$ 收敛.

(3) $\frac{a_{n+1}}{a_n}=\frac{1}{(n+1)^{n+1}}\bigg/\frac{1}{n^n}=\left(\frac{n}{n+1}\right)^n\frac{1}{n+1}$,

$$\lim_{n\to\infty}\frac{a_{n+1}}{a_n}=\lim_{n\to\infty}\left[\frac{1}{\left(1+\frac{1}{n}\right)^n}\frac{1}{n+1}\right]=\frac{1}{\mathrm{e}}\times 0=0.$$

根据比值法,级数 $\sum\limits_{n=1}^{\infty}\frac{1}{n^n}$ 收敛.

(4) 因为当 $n=4k(k=1,2\cdots)$ 时 $a_n=0$,不能直接应用比值法.

设 $b_n=\frac{n}{3^n}>0$,

$$\lim_{n\to\infty}\frac{\mathrm{b}_{n+1}}{b_n}=\lim_{n\to\infty}\frac{\frac{n+1}{3^{n+1}}}{\frac{n}{3^n}}=\frac{1}{3}<1,$$

因此,级数 $\sum\limits_{n=1}^{\infty}\frac{n}{3^n}$ 收敛. 因为 $0\leqslant a_n\leqslant b_n$,级数 $\sum\limits_{n=1}^{\infty}\frac{n\sin^2\frac{n\pi}{4}}{3^n}$ 也收敛.

■

柯西根植判别法对于判定出现 n 次幂的级数非常方便,它的证明与比值法的证明类似,证明留给读者.

定理 6.2.10　(柯西根植判别法或根值法). 设 $\sum_{n=1}^{\infty} a_n$ 是一正项数，且 $\lim_{n\to\infty}\sqrt[n]{a_n}=\lambda$（有限或∞），

(1) 若 $0\leqslant\lambda<1$，则级数 $\sum_{n=1}^{\infty} a_n$ 收敛.

(2) 若 $\lambda>1$（包括 $\lambda=+\infty$），则级数 $\sum_{n=1}^{\infty} a_n$ 发散.

(3) 若 $\lambda=1$，根值法失效.

注意. 若比值法中 $\lambda=1$，则不需再试图取用根值法，因为 λ 还是等于 1.

例 6.2.11　讨论下列级数的敛散性：

(1) $\sum_{n=1}^{\infty}\frac{2+(-1)^n}{2^n}$；

(2) $\sum_{n=1}^{\infty}\frac{4n+1}{\left(1-\frac{2}{n}\right)^{n^2}}$.

解　(1) 根据根值法，因为

$$\sqrt[n]{a_n}=\sqrt[n]{\frac{2+(-1)^n}{2^n}}=\frac{\sqrt[n]{2+(-1)^n}}{2}\to\frac{1}{2}\quad(n\to+\infty),$$

级数收敛.

(2) 根据根值法，因为

$$\sqrt[n]{a_n}=\sqrt[n]{\frac{4n+1}{\left(1-\frac{2}{n}\right)^{n^2}}}=\frac{\sqrt[n]{4n+1}}{\left(1-\frac{2}{n}\right)^{n}}=\frac{\sqrt[n]{4n+1}}{\left(1-\frac{2}{n}\right)^{\left(-\frac{n}{2}\right)(-2)}}\to e^2\quad(n\to+\infty),$$

级数发散.

■

还应注意，是以上五个审敛判别法给出的都是级数收敛的充分条件. 若应用其中某一个判别法不能判定所给级数的敛散性，那么可试着采用其它审敛判别法或者级数的其他性质. 例如，对于级数 $\sum_{n=1}^{\infty}\frac{2+(-1)^n}{3^n}$，若采用 D'Alembert 比值判别法，由于

$$\frac{a_{n+1}}{a_n}=\frac{1}{3}\times\frac{2+(-1)^{n+1}}{2+(-1)^n},$$

极限不存在，因此 D'Alembert 比值判别法失效. 然而，由于 $a_n\leqslant\frac{1}{3^{n-1}}$，根据比较判别法，容易看出该级数收敛.

6.2.2 交错级数及其收敛性的莱布尼茨判别法

从现在开始,我们将学习如何处理通项不一定为正项的级数. 首先介绍一类简单而常见的级数:函数项符号交替变化的交错级数.

定义 6.2.12 (交错级数). 将具有形如

$$\sum_{n=1}^{\infty}(-1)^{n-1}a_n = a_1 - a_2 + a_3 - a_4 + \cdots + (-1)^{n-1}a_n + \cdots (a_n > 0; n \in \mathbf{N}_+) \tag{6.2.2}$$

的级数称为交错级数.

定义 6.2.13 (莱布尼茨型级数). 称交错级数 $\sum_{n=1}^{\infty}(-1)^{n-1}a_n$ 为莱布尼茨型级数,若

(1) 数列 $\{a_n\}$ 单调递减,即

$$a_n \geqslant a_{n+1} (\forall n \in \mathbf{N}_+);$$

(2) $\lim_{n\to\infty} a_n = 0$.

对于交错级数的敛散性,有如下准则.

定理 6.2.14 (莱布尼茨判别法). 若一交错级数是莱布尼茨型的,则级数收敛,且其和满足 $0 \leqslant S \leqslant a_1$.

证明 考察前 $2k$ 项部分和

$$S_{2k} = (a_1 - a_2) + (a_3 - a_4) + \cdots + (a_{2k-1} - a_{2k}).$$

因为 $a_n \geqslant a_{n+1}, \forall n \in N_+$,则数列 $\{S_{2k}\}$ 是非负的且关于 k 单调递增. 将和函数改写为如下形式:

$$S_{2k} = a_1 - (a_2 - a_3) - (a_4 - a_5) - \cdots - (a_{2k-2} - a_{2k-1}) - a_{2k} < a_1, \tag{6.2.3}$$

这表明 $\{S_{2k}\}$ 有上界. 因此,$\{S_{2k}\}$ 有极限

$$\lim_{k\to\infty} S_{2k} = S \tag{6.2.4}$$

且

$$0 \leqslant S \leqslant a_1.$$

现在,考察前 $2k+1$ 项的部分和

$$S_{2k+1} = S_{2k} + a_{2k+1}.$$

因为 $a_{2k+1} \to 0 (k\to\infty)$,有

$$\lim_{k\to\infty} S_{2k+1} = \lim_{k\to\infty} S_{2k} + \lim_{k\to\infty} a_{2k+1} = S.$$

因此,有

$$\lim_{n\to\infty} S_n = S.$$

■

对于莱布尼茨型级数,注意到

$$|S-S_n|=|(-1)^n(a_{n+1}-a_{n+2}+a_{n+3}-a_{n+4}+\cdots)|=a_{n+1}-a_{n+2}+a_{n+3}-a_{n+4}+\cdots$$

也是莱布尼茨型级数. 故有

$$|S-S_n|\leqslant a_{n+1}, \forall n\in \mathbf{N}_+.$$

推论 6.2.15　若(6.2.2)是莱布尼茨型级数,则余项的绝对值满足$|r_n|=|S-S_n|\leqslant a_{n+1}$.

例 6.2.16　讨论级数 $\sum\limits_{n=1}^{\infty}\frac{(-1)^{n-1}}{\sqrt{2n-1}}$ 的敛散性.

解　设 $a_n=\frac{1}{\sqrt{2n-1}}$.

数列$\left\{\frac{1}{\sqrt{2n-1}}\right\}$单调递减且$\lim\limits_{n\to\infty}\frac{1}{\sqrt{2n-1}}=0$,因此所求级数是莱布尼茨型级数. 根据莱布尼茨判别法,原级数收敛.

■

6.2.3　任意项级数的绝对收敛与条件收敛

任意给定一级数 $\sum\limits_{n=1}^{\infty}a_n$,我们考察级数 $\sum\limits_{n=1}^{\infty}|a_n|$,显然它是一正项级数.

定义 6.2.17　**(绝对收敛)**. 若绝对值级数 $\sum\limits_{n=1}^{\infty}|a_n|$ 收敛,则称级数 $\sum\limits_{n=1}^{\infty}a_n$ 绝对收敛.

定理 6.2.18　**(绝对收敛准则)**. 若级数 $\sum\limits_{n=1}^{\infty}a_n$ 绝对收敛,则该级数收敛.

证明　因为不等式

$$0\leqslant|a_n|+a_n\leqslant 2|a_n|$$

成立且 $\sum\limits_{n=1}^{\infty}2|a_n|$ 收敛,根据比较判别法,级数 $\sum\limits_{n=1}^{\infty}(|a_n|+a_n)$ 收敛. 则

$$\sum_{n=1}^{\infty}a_n=\sum_{n=1}^{\infty}(|a_n|+a_n)-\sum_{n=1}^{\infty}|a_n|$$

是两个收敛级数的差并且也收敛.

■

注意定理 6.2.18 的逆命题不一定成立. 例如,交错级数 $\sum\limits_{n=1}^{\infty}(-1)^{n-1}\frac{1}{n}$ 收敛但其绝对值

级数$\sum\limits_{n=1}^{\infty}\dfrac{1}{n}$发散.

定义 6.2.19 (条件收敛). 若级数$\sum\limits_{n=1}^{\infty}a_n$收敛但不绝对收敛,则称该级数条件收敛.

例 6.2.20 讨论下列级数的敛散性,若收敛,是绝对收敛还是条件收敛?

(1) $\sum\limits_{n=1}^{\infty}\dfrac{x^n}{n!}(x\in\mathbf{R})$;

(2) $\sum\limits_{n=1}^{\infty}(-1)^{n-1}(\sqrt[n]{2}-1)$.

解 (1) 若$x=0$,显然级数收敛;

若$x\neq 0$,令$a_n=\dfrac{|x|^n}{n!}$,因为

$$\frac{a_{n+1}}{a_n}=\frac{|x|^{n+1}}{(n+1)!}\bigg/\frac{|x|^n}{n!}=\frac{|x|}{n+1}\to 0\quad(n\to+\infty),$$

故级数$\sum\limits_{n=1}^{\infty}\dfrac{|x|^n}{n!}$收敛. 因此,根据绝对收敛准则,级数$\sum\limits_{n=1}^{\infty}\dfrac{x^n}{n!}$绝对收敛.

(2) 因为

$$\left|(-1)^{n-1}(\sqrt[n]{2}-1)\right|=\sqrt[n]{2}-1.$$

为求$\lim\limits_{n\to\infty}\dfrac{\sqrt[n]{2}-1}{\frac{1}{n}}$,令$\dfrac{1}{n}=x$,$x\to 0(n\to\infty)$. 根据 L'Hospital 法则,有

$$\lim_{x\to 0}\frac{2^x-1}{x}=\lim_{x\to 0}\frac{2^x\ln 2}{1}=\ln 2.$$

因此

$$\lim_{n\to\infty}\frac{\sqrt[n]{2}-1}{\frac{1}{n}}=\ln 2\neq 0.$$

因为$\sum\limits_{n=1}^{\infty}\dfrac{1}{n}$发散,根据极限比较判别法,$\sum\limits_{n=1}^{\infty}\left|(-1)^{n-1}-1(\sqrt[n]{2}-1)\right|=\sum\limits_{n=1}^{\infty}(\sqrt[n]{2}-1)$发散,即,所给级数并不绝对收敛.

而由于数列$\{\sqrt[n]{2}-1\}$单调递减且$\lim\limits_{n\to\infty}(\sqrt[n]{2}-1)=0$,故所给级数是莱布尼茨型的,并且它条件收敛.

■

绝对收敛的级数有许多条件收敛级数所不具备的性质.

定理 6.2.21　(*绝对收敛级数的重排定理). 若 $\sum\limits_{n=1}^{\infty} a_n$ 绝对收敛且$\{b_n\}$是数列$\{a_n\}$的任一重新排列,则 $\sum\limits_{n=1}^{\infty} b_n$ 仍绝对收敛且

$$\sum_{n=1}^{\infty} b_n = \sum_{n=1}^{\infty} a_n.$$

给定两个级数 $\sum\limits_{n=1}^{\infty} a_n$ 与 $\sum\limits_{n=1}^{\infty} b_n$,两级数的乘积应为两级数所有可能项的乘积 $a_i b_j\ (i,j=1,2,\cdots)$的和,即

$$\begin{array}{ccccccccc}
 & b_1 & b_2 & b_3 & \cdots & b_{n-1} & b_n & \cdots \\
a_1 & a_1b_1 & a_1b_2 & a_1b_3 & \cdots & a_1b_{n-1} & a_1b_n & \cdots \\
a_2 & a_2b_1 & a_2b_2 & a_2b_3 & \cdots & a_2b_{n-1} & a_2b_n & \cdots \\
a_3 & a_3b_1 & a_3b_2 & a_3b_3 & \cdots & a_3b_{n-1} & a_3b_n & \cdots \\
\vdots & \vdots & \vdots & \vdots & & \vdots & \vdots & \\
a_{n-1} & a_{n-1}b_1 & a_{n-1}b_2 & a_{n-1}b_3 & \cdots & a_{n-1}b_{n-1} & a_{n-1}b_n & \cdots \\
a_n & a_nb_1 & a_nb_2 & a_nb_3 & \cdots & a_nb_{n-1} & a_nb_n & \cdots \\
\vdots & \vdots & \vdots & \vdots & & \vdots & \vdots &
\end{array}$$

称 $\sum\limits_{n=1}^{\infty} c_n$ 是两级数 $\sum\limits_{n=1}^{\infty} a_n$ 与 $\sum\limits_{n=1}^{\infty} b_n$ 的柯西乘积,如果

$$c_n = a_1 b_n + a_2 b_{n-1} + \cdots + a_{n-1} b_2 + a_n b_1.$$

定理 6.2.22　(*绝对收敛级数的乘积). 若级数 $\sum\limits_{n=1}^{\infty} a_n$ 与 $\sum\limits_{n=1}^{\infty} b_n$ 都绝对收敛且它们的和分别为 A 与 B,则它们的柯西乘积收敛到 AB.

例 6.2.23　讨论乘积 $\left(\sum\limits_{n=0}^{\infty} x^n\right)\left(\sum\limits_{n=0}^{\infty} x^n\right)$ 的敛散性并求它的和.

解　当$|x|<1$时,几何级数 $\sum\limits_{n=0}^{\infty} x^n$ 绝对收敛. 根据定理6.2.22,当$|x|<1$时,所给乘积收敛. 柯西乘积为

$$\left(\sum_{n=0}^{\infty} x^n\right)\left(\sum_{n=0}^{\infty} x^n\right) = 1 + 2x + 3x^2 + \cdots + nx^{n-1} + \cdots = \sum_{n=0}^{\infty} (n+1)x^n. \quad (6.2.5)$$

因为当$|x|<1$时, $\sum\limits_{n=0}^{\infty} x^n = \dfrac{1}{1-x}$,故当 $|x|<1$时,级数(6.2.5) 的和为$\dfrac{1}{(1-x)^2}$.

■

习题6.2

A

1. 利用积分判别法判断下列级数的敛散性.

(1) $\sum\limits_{n=1}^{\infty}\frac{5}{n+1}$;

(2) $\sum\limits_{n=1}^{\infty}\frac{1}{2n-1}$;

(3) $\sum\limits_{n=1}^{\infty}\frac{1}{n^4}$;

(4) $\sum\limits_{n=1}^{\infty}\frac{1}{\sqrt[4]{n}}$;

(5) $\sum\limits_{n=1}^{\infty}\frac{\mathrm{e}^n}{1+\mathrm{e}^{2n}}$;

(6) $\sum\limits_{n=1}^{\infty}n\mathrm{e}^{-n}$;

(7) $\sum\limits_{n=3}^{\infty}\frac{(1/n)}{(\ln n)\sqrt{\ln^2 n-1}}$;

(8) $\sum\limits_{n=1}^{\infty}\frac{1}{n(1+\ln^2 n)}$.

2. 利用直接比较判别法判断下列级数的敛散性.

(1) $\sum\limits_{n=1}^{\infty}\frac{1}{n^2+n+1}$;

(2) $\sum\limits_{n=1}^{\infty}\frac{5}{2+3^n}$;

(3) $\sum\limits_{n=1}^{\infty}\frac{4+3^n}{2^n}$;

(4) $\sum\limits_{n=1}^{\infty}\frac{1}{2\sqrt{n}+\sqrt[3]{n}}$;

(5) $\sum\limits_{n=1}^{\infty}\frac{\sin^2 n}{2^n}$;

(6) $\sum\limits_{n=1}^{\infty}\frac{1+\cos n}{n^2}$;

(7) $\sum\limits_{n=1}^{\infty}\left(\frac{n}{3n+1}\right)^n$;

(8) $\sum\limits_{n=3}^{\infty}\frac{1}{\ln(\ln n)}$.

3. 利用极限比较判别法判断下列级数的敛散性.

(1) $\sum\limits_{n=1}^{\infty}\frac{2n+1}{n^2+n+1}$;

(2) $\sum\limits_{n=1}^{\infty}\frac{5n+2}{3n^3+2n^2+n+1}$;

(3) $\sum\limits_{n=1}^{\infty}\frac{1}{2^n-1}$;

(4) $\sum\limits_{n=1}^{\infty}\frac{2n^2+3n}{\sqrt{5+n^5}}$;

(5) $\sum\limits_{n=2}^{\infty}\frac{1}{(\ln n)^2}$;

(6) $\sum\limits_{n=2}^{\infty}\frac{(\ln n)^2}{n^3}$;

(7) $\sum\limits_{n=2}^{\infty}\frac{1}{1+\ln n}$;

(8) $\sum\limits_{n=3}^{\infty}\frac{(\ln n)^2}{n^{3/2}}$.

4. 利用比值法判断下列级数的敛散性.

(1) $\sum\limits_{n=1}^{\infty}\frac{3^n+5}{4^n}$；　　(2) $\sum\limits_{n=1}^{\infty}\frac{n^{\sqrt{2}}}{2^n}$；

(3) $\sum\limits_{n=1}^{\infty}n^2\mathrm{e}^{-n}$；　　(4) $\sum\limits_{n=1}^{\infty}n!\,\mathrm{e}^{-n}$；

(5) $\sum\limits_{n=1}^{\infty}\frac{(2n)!}{n!n!}$；　　(6) $\sum\limits_{n=1}^{\infty}\frac{n!}{10^n}$；

(7) $\sum\limits_{n=2}^{\infty}\frac{n\ln n}{2^n}$；　　(8) $\sum\limits_{n=3}^{\infty}\frac{(n+1)(n+2)}{n!}$.

5. 利用根值法判断下列级数的敛散性.

(1) $\sum\limits_{n=1}^{\infty}\left(\frac{2n+2}{3n+1}\right)^n$；　　(2) $\sum\limits_{n=1}^{\infty}\left(\frac{n^2+1}{2n^2+1}\right)^n$；

(3) $\sum\limits_{n=1}^{\infty}\frac{2^n}{n^2}$；　　(4) $\sum\limits_{n=1}^{\infty}\frac{n^2}{2^n}$；

(5) $\sum\limits_{n=1}^{\infty}\frac{(\ln n)^n}{n^n}$；　　(6) $\sum\limits_{n=1}^{\infty}\frac{n}{(\ln n)^n}$；

(7) $\sum\limits_{n=1}^{\infty}\left(\frac{1}{n}-\frac{1}{n^2}\right)^n$；　　(8) $\sum\limits_{n=1}^{\infty}\frac{(n!)^n}{(n^n)^2}$.

6. 已知

$$a_n=\begin{cases}n/2^n, & n\text{ 是奇数},\\ 1/2^n, & n\text{ 是偶数}.\end{cases}$$

级数 $\sum\limits_{n=1}^{\infty}a_n$ 是否收敛？并简述原因.

7. 已知

$$a_n=\begin{cases}n/2^n, & n\text{ 是素数},\\ 1/2^n, & \text{其他}.\end{cases}$$

级数 $\sum\limits_{n=1}^{\infty}a_n$ 是否收敛？并简述原因.

8. 判断下列正项级数的敛散性.

(1) $\sum\limits_{n=1}^{\infty}\frac{1}{2^n+1}$；　　(2) $\sum\limits_{n=1}^{\infty}\frac{1}{\sqrt{n^2+2}}$；

(3) $\sum\limits_{n=1}^{\infty}\left(1-\cos\frac{\pi}{n}\right)$；　　(4) $\sum\limits_{n=1}^{\infty}n\ln\left(1+\frac{3}{n^2}\right)$；

(5) $\sum_{n=1}^{\infty} \frac{1}{[\ln(n+1)]^n}$;　(6) $\sum_{n=1}^{\infty} \frac{n^{n+1}}{(n+1)^{n+2}}$;

(7) $\sum_{n=1}^{\infty} \frac{1}{n!}$;　(8) $\sum_{n=1}^{\infty} \frac{n!}{10^n}$;

(9) $\sum_{n=1}^{\infty} n \sin \frac{\pi}{3^n}$;　(10) $\sum_{n=1}^{\infty} \frac{\sqrt{n}}{n^2 - \ln n}$;

(11) $\sum_{n=1}^{\infty} \frac{\sqrt{n+2} - \sqrt{n-2}}{n^{\alpha}} (\alpha \in \mathbf{R})$;　(12) $\sum_{n=1}^{\infty} \frac{2^n n^2}{n!}$;

(13) $\sum_{n=1}^{\infty} \frac{n^3 [\sqrt{2} + (-1)^n]^n}{3^n}$;　(14) $\sum_{n=1}^{\infty} n! \left(\frac{x}{n}\right)^n (x > 0)$;

(15) $\sum_{n=1}^{\infty} n! \left(\frac{a}{n}\right)^n (a > 0)$;　(16) $\sum_{n=1}^{\infty} \left(\frac{an}{n+1}\right)^n (a > 0)$.

9. 判断下列交错级数的敛散性.

(1) $\sum_{n=1}^{\infty} \frac{(-1)^{n-1}}{\sqrt{n}}$;　(2) $\sum_{n=1}^{\infty} \frac{(-1)^{n+1}}{n^2}$;

(3) $\sum_{n=1}^{\infty} (-1)^n \frac{3n-1}{2n+1}$;　(4) $\sum_{n=1}^{\infty} (-1)^n \frac{2^n}{4n^2+1}$;

(5) $\sum_{n=1}^{\infty} (-1)^n \left(\frac{n}{10}\right)^n$;　(6) $\sum_{n=1}^{\infty} (-1)^{n+1} \frac{10^n}{n^{10}}$;

(7) $\sum_{n=2}^{\infty} (-1)^{n+1} \frac{1}{\ln n}$;　(8) $\sum_{n=2}^{\infty} (-1)^{n+1} \frac{\ln n}{\ln n^2}$;

(9) $\sum_{n=1}^{\infty} (-1)^n \frac{n^n}{n!}$;　(10) $\sum_{n=1}^{\infty} (-1)^{n+1} \frac{3\sqrt{n+1}}{\sqrt{n}+1}$.

10. 讨论下列级数的敛散性,若收敛,是绝对收敛还是条件收敛?

(1) $\sum_{n=1}^{\infty} (-1)^n \frac{1 \times 3 \times 5 \cdots (2n-1)}{3^n n!}$;　(2) $\sum_{n=1}^{\infty} \frac{(-1)^{n-1}}{\sqrt{2n-1}}$;

(3) $\sum_{n=1}^{\infty} \frac{(-1)^{n-1}}{n - \ln n}$;　(4) $\sum_{n=1}^{\infty} \frac{(-1)^n}{\sqrt{n}(n+2)}$;

(5) $\sum_{n=1}^{\infty} x^n \tan \frac{1}{\sqrt{n}} (x \in \mathbf{R})$;　(6) $\sum_{n=1}^{\infty} \sin(\pi \sqrt{n^2+1})$;

(7) $\sum_{n=1}^{\infty} (-1)^{n-1} (\sqrt{n+1} - \sqrt{n})$;　(8) $\sum_{n=1}^{\infty} \frac{\cos(n!)}{n\sqrt{n}}$;

(9) $\sum_{n=1}^{\infty} (-1)^{n-1} (\sqrt[n]{a} - 1) (a > 0, a \neq 1)$;　(10) $\sum_{n=1}^{\infty} (-1)^{\frac{n(n+1)}{2}} \frac{n}{2^n}$.

B

1. 求 p 的取值范围,使得级数收敛.

(1) $\sum_{n=2}^{\infty}\frac{1}{n(\ln n)^{p}}$;　　(2) $\sum_{n=3}^{\infty}\frac{1}{n\ln n[\ln(\ln n)]^{p}}$;

(3) $\sum_{n=1}^{\infty}n(1+n^{2})^{p}$;　　(4) $\sum_{n=1}^{\infty}\frac{\ln n}{n^{p}}$.

2. 设 $\sum_{n=1}^{\infty}a_n$ 与 $\sum_{n=1}^{\infty}b_n$ 都收敛,且 $a_n\leqslant c_n\leqslant b_n$,证明级数 $\sum_{n=1}^{\infty}c_n$ 也收敛.

3. 设 $a_n>0,b_n>0,\frac{a_{n+1}}{a_n}\leqslant\frac{b_{n+1}}{b_n}$. 若 $\sum_{n=1}^{\infty}b_n$ 收敛,证明级数 $\sum_{n=1}^{\infty}a_n$ 也收敛.

4. 证明若 $\sum_{n=1}^{\infty}a_n^2$ 收敛,则 $\sum_{n=1}^{\infty}\frac{a_n}{n}$ 绝对收敛.

5. 判断下列级数的敛散性,若收敛,是绝对收敛还是条件收敛?

(1) $\sum_{n=1}^{\infty}\frac{\ln n}{n^{1+\alpha}}(\alpha>0)$;　　(2) $\sum_{n=1}^{\infty}\left(\frac{\alpha^{n}}{n+1}\right)^{n}(a>0)$;

(3) $\sum_{n=1}^{\infty}\tan\frac{x^{n}}{\sqrt{n}}(x\in\mathbf{R})$;　　(4) $\sum_{n=2}^{\infty}(-1)^{n}\frac{\ln(\ln n)}{n}$;

(5) $\sum_{n=1}^{\infty}\frac{(-1)^{n-1}}{n^{p}+(-1)^{n-1}}(p\geqslant 1)$;　　(6) $\sum_{n=2}^{\infty}\frac{(-1)^{n}}{\sqrt{n}+(-1)^{n}}$.

6. 求级数 $\sum_{n=1}^{\infty}\frac{(-1)^{n-1}}{(2n-1)!}$ 和的近似值,使绝对值不超过 10^{-3}.

7. 设函数 $f(x)$ 在 $x=0$ 的某邻域内有二阶联系导数,并且 $\lim_{x\to 0}\frac{f(x)}{x}=0$. 证明级数 $\sum_{n=1}^{\infty}f\left(\frac{1}{n}\right)$ 绝对收敛.

6.3　幂级数

幂级数是一类重要的函数项级数,它在进一步研究函数的性质,近似计算和求解微分方程中起着重要的作用,是一个不可或缺的数学工具.

6.3.1 函数项级数

定义 6.3.1 (函数项级数). 具有如 $\sum_{n=1}^{\infty} u_n(x)$ 形式的级数,其中 $u_n(x)$ 是定义在集合 $A \subseteq \mathbf{R}$ 上关于 x 的函数,称为定义在集合 A 上的函数项级数.

定义 6.3.2 (收敛域). $\forall x_0 \in A$,若常数项级数 $\sum_{n=1}^{\infty} u_n(x_0)$ 收敛,则称函数项级数 $\sum_{n=1}^{\infty} u_n(x)$ 在 $x=x_0$ 处收敛,且称 x_0 为函数项级数的收敛点;若 $\sum_{n=1}^{\infty} u_n(x_0)$ 发散,x_0 称为发散点.所有收敛点所构成的集合称为该函数项级数的收敛域.

定义 6.3.3 (和函数). 设级数 $\sum_{n=1}^{\infty} u_n(x)$ 的收敛域为D,则 $\forall x_0 \in D$,级数 $\sum_{n=1}^{\infty} u_n(x_0)$ 都有和 $S(x_0)$.于是级数 $\sum_{n=1}^{\infty} u_n(x)$ 的和 $S(x)$ 是定义在 D 上关于 x 的函数,称为和函数并记作

$$\sum_{n=1}^{\infty} u_n(x) = S(x), x \in D.$$

定义 6.3.4 (部分和及余项). $S_n(x) = \sum_{k=1}^{n} u_k(x)$ 级数 $\sum_{n=1}^{\infty} u_n(x)$ 的部分和,且称

$$R_n(x) = S(x) - S_n(x) = \sum_{k=n+1}^{\infty} u_k(x), x \in D$$

为该级数的余项.

例 6.3.5 求级数 $\sum_{n=1}^{\infty} \frac{\sin nx}{n^2}$ 的收敛域.

解 因为

$$\forall x_0 \in (-\infty,\infty), \left|\frac{\sin nx_0}{n^2}\right| \leqslant \frac{1}{n^2},$$

故常数项级数 $\sum_{n=1}^{\infty} \frac{\sin nx_0}{n_2}$ 绝对收敛.

则 $\sum_{n=1}^{\infty} \frac{\sin nx}{n^2}$ 的收敛域为$(-\infty,\infty)$.

■

6.3.2 幂级数及其收敛性

定义 6.3.6 (幂级数). 具有如

$$\sum_{n=0}^{\infty} c_n x^n = c_0 + c_1 x + c_2 x^2 + \cdots + c_n x^n + \cdots, \tag{6.3.1}$$

形式的函数项级数称为幂级数，其中实常数 c_n 称为该级数的系数. 更一般地，具有如

$$\sum_{n=0}^{\infty} c_n (x-a)^n = c_0 + c_1(x-a) + c_2(x-a)^2 + \cdots + c_n(x-a)^n + \cdots \tag{6.3.2}$$

形式的级数称为$(x-a)$的幂级数或者中心在 a 处的幂级数或者关于$(x-a)$的幂级数. a 为中心点.

若作代换 $y=x-a$，则级数(6.3.2)转化为式(6.3.1)的形式. 因此这里只研究具有(6.3.1)形式的幂级数.

我们现在讨论幂级数(6.3.1)的收敛域. 首先，易知它在 $x=0$ 处必收敛. 此外，它的收敛域总是一个区间. 为了充分理解这些，首先证明如下定理，它对于幂级数中的所有定理都至关重要.

定理 6.3.7　(阿贝尔(Abel)定理). 对于级数(6.3.1).

(1) 若它在点 $x_1 \neq 0$ 处收敛，则当 x 满足$|x|<|x_1|$时，该级数据对收敛；

(2) 若它在点 $x_2 \neq 0$ 处发散，则当 x 满足$|x|>|x_2|$时，该级数发散.

证明　(1) 因为 $\sum\limits_{n=1}^{\infty} c_n x_1^n$ 收敛，故它的通项 $c_n x_1^n \to 0 (n\to\infty)$，这表明存在一个正数 M，使得 $\forall\ n\in \mathbf{N}_+$ 都有

$$|c_n x_1^n| \leqslant M.$$

因此，有

$$|c_n x^n| = |c_n x_1^n| \left|\frac{x}{x_1}\right|^n \leqslant M \left|\frac{x}{x_1}\right|^n.$$

因为几何级数 $\sum\limits_{n=1}^{\infty} M\left|\frac{x}{x_1}\right|^n$ 对所有满足$|x|<|x_1|$的 x 都收敛，根据比较准则，幂级数(6.3.1)对每一个满足$|x|<|x_1|$的 x 都绝对收敛.

(2) 假设存在一点 x_3 满足$|x_3|>|x_2|$，使幂级数(6.3.1)在 x_3 处收敛. 根据定理的(1)部分，级数(6.3.1)在 x_2 处绝对收敛，矛盾.

■

由阿贝尔定理知，存在一实数 R，使得当$|x|<R$ 时，级数(6.3.1)绝对收敛，且当$|x|>R$，级数(6.3.1)发散.

推论 6.3.8　对于级数(6.3.1)，存在一实数 $R(0\leqslant R\leqslant +\infty)$，使得

(1) 若 $R=0$，则该级数只在 $x=0$ 处收敛；

(2) 若 $R=+\infty$，该级数在$(-\infty,+\infty)$内收敛；

(3) 否则,当$|x|<R$时级数收敛,当$|x|>R$时级数发散,而当$x=-R$或者$x=R$时,级数可能收敛也可能发散.

称实数R为该幂级数的**收敛半径**,且称开区间$(-R,R)$为级数(6.3.1)的**收敛区间**.显然(6.3.1)的收敛域是以下四个收敛区间之一:$(-R,R)$,$[-R,R]$,$[-R,R)$,$(-R,R]$.

对于$(x-a)$的幂级数,收敛区间变成$(a-R,a+R)$,且它的收敛域有如下四种可能:$(a-R,a+R)$,$[a-R,a+R]$,$[a-R,a+R)$,$(a-R,a+R]$.

例 6.3.9 分别求下列幂级数的收敛半径,收敛区间及收敛域.

(1) $\sum_{n=0}^{\infty}\frac{x^n}{n+1}$; (2) $\sum_{n=0}^{\infty}(-1)^{n-1}\frac{x^{2n-1}}{2n-1}$;

(3) $\sum_{n=0}^{\infty}\frac{x^n}{n!}$; (4) $\sum_{n=0}^{\infty}n!\,x^n$.

解 (1) 令$u_n(x)=\frac{x^n}{n+1}$.根据比值法,有

$$\lambda(x)=\lim_{n\to\infty}\left|\frac{u_{n+1}(x)}{u_n(x)}\right|=\lim_{n\to\infty}\frac{|x|^{n+1}}{n+2}\Big/\frac{|x|^n}{n+1}=|x|.$$

因此,当$|x|<1$时,该级数绝对收敛.

当$|x|>1$时,$|u_{n+1}(x)|>|u_n(x)|$,因此$u_n(x)\not\to 0(n\to\infty)$.根据发散的第$n$项准则知,当$|x|>1$时该级数发散.

因此,收敛半径$R=1$,且收敛区间为$(-1,1)$.

当$x=\pm1$,级数分别变为$\sum_{n=0}^{\infty}\frac{1}{n+1}$和$\sum_{n=0}^{\infty}\frac{(-1)^n}{n+1}$. $\sum_{n=0}^{\infty}\frac{1}{n+1}$发散而$\sum_{n=0}^{\infty}\frac{(-1)^n}{n+1}$收敛.故收敛域为$[-1,1)$.

(2) 令$u_n(x)=(-1)^{n-1}\frac{x^{2n-1}}{2n-1}$.根据比值法,有

$$\lambda(x)=\lim_{n\to\infty}\left|\frac{u_{n+1}(x)}{u_n(x)}\right|=\lim_{n\to\infty}\left(\frac{|x|^{2n+1}}{2n+1}\Big/\frac{|x|^{2n-1}}{2n-1}\right)=|x^2|.$$

因此,当$|x|<1$时,该级数的绝对收敛.

当$|x|>1$时,$|u_{n+1}(x)|>|u_n(x)|$,因此$u_n(x)\not\to 0(n\to\infty)$,根据发散的第$n$项准则知,当$|x|>1$时该级数发散.

则,收敛半径$R=1$,且收敛区间为$(-1,1)$.

当$x=\pm1$时,级数分别变为$\sum_{n=0}^{\infty}\frac{(-1)^{n-1}}{2n-1}$和$\sum_{n=0}^{\infty}\frac{(-1)^n}{2n-1}$,且它们都收敛.故收敛域为$[-1,1]$.

(3) 令 $u_n(x)=\frac{x^n}{n!}$,因为

$$\lambda(x)=\lim_{n\to\infty}\left|\frac{u_{n+1}(x)}{u_n(x)}\right|=\lim_{n\to\infty}\frac{|x|^{n+1}}{(n+1)!}\Big/\frac{n!}{|x|^n}=0,\ \forall x\in\mathbf{R}.$$

根据比值法,该级数在每一点都绝对收敛,收敛半径 $R=+\infty$,收敛区间与收敛域都是 $(-\infty,+\infty)$.

(4) 令 $u_n(x)=n!\,x^n$,因为

$$\lambda(x)=\lim_{n\to\infty}\left|\frac{u_{n+1}(x)}{u_n(x)}\right|=\lim_{n\to\infty}\frac{(n+1)!\ |x|^{n+1}}{n!\ x^n}=\lim_{n\to\infty}[(n+1)|x|]=\infty,\ \forall x\in\mathbf{R}.$$

根据比值法,收敛半径 $R=0$,该级数在除 $x=0$ 外的其余各点都发散.

■

我们给出一个求幂级数收敛半径的方法.

定理 6.3.10　对于幂级数 $\sum_{n=0}^{\infty}c_nx^n$,若

$$\lim_{n\to\infty}\left|\frac{c_{n+1}}{c_n}\right|=\rho,$$

则它的收敛半径为

$$R=\begin{cases}\frac{1}{\rho}, & 若\ 0<\rho<+\infty,\\ +\infty, & 若\ \rho=0,\\ 0, & 若\ \rho=+\infty.\end{cases}$$

证明　考虑绝对值的级数 $\sum_{n=0}^{\infty}|c_nx^n|$,有

$$\lim_{n\to\infty}\frac{|c_{n+1}x^{n+1}|}{|c_nx^n|}=\lim_{n\to\infty}\frac{|c_{n+1}|}{|c_n|}|x|=\rho|x|.$$

(1) 若 $0<\rho<+\infty$,根据比值法,当 $\rho|x|<1$ 时(即 $|x|<\frac{1}{\rho}$),原级数绝对收敛. 当 $\rho|x|>1$(即 $|x|>\frac{1}{\rho}$)时,对于所有足够大的 n 必有 $|c_{n+1}x^n|>|c_nx^n|$,因此 $c_nx^n\not\to 0(n\to\infty)$,且根据发散的第 n 项准则,原级数发散. 故,$R=\frac{1}{\rho}$.

(2) 若 $\rho=0$,对所有的 $x\in(-\infty,+\infty)$,原级数绝对收敛,并且 $R=+\infty$.

(3) 若 $\rho=+\infty$,当 $x\neq 0$ 时绝对值级数发散. 由阿贝尔定理,当 $x\neq 0$ 时原级数同样也发散. 因此,$R=0$.

例 6.3.11 求下列幂级数的收敛半径,收敛区间及收敛域.

(1) $\sum\limits_{n=1}^{\infty} \frac{(-1)^n}{2n+1}\left(\frac{x}{2}\right)^n$;

(2) $\sum\limits_{n=1}^{\infty} \frac{3^n+(-2)^n}{n}(x-1)^n$;

(3) $\sum\limits_{n=0}^{\infty} \frac{x^{2n}}{4^n(n+1)^2}$.

解 (1) 令 $u_n(x)=\frac{(-1)^n}{2n+1}\left(\frac{x}{2}\right)^n, c_n=\frac{(-1)^n}{2^n(2^n+1)}$. 则

$$\rho=\lim_{n\to\infty}\left|\frac{(-1)^{n+1}}{2^{n+1}(2n+3)}\right|\Big/\left|\frac{(-1)^n}{2^n(2n+1)}\right|=\frac{1}{2}.$$

根据定理 6.3.10,收敛半径为 $R=2$,当 $|x|<2$ 时,所给级数绝对收敛,当 $|x|>2$ 时该级数发散. 因此,收敛区间为 $(-2,2)$.

当 $x=2$ 时,级数变为

$$\sum_{n=1}^{\infty} \frac{(-1)^n}{2n+1}\left(\frac{2}{2}\right)^n=\sum_{n=1}^{\infty} \frac{(-1)^n}{2n+1},$$

根据莱布尼茨准则,该级数收敛. 当 $x=-2$ 时,级数变为

$$\sum_{n=1}^{\infty} \frac{(-1)^n}{2n+1}\left(\frac{-2}{2}\right)^n=\sum_{n=1}^{\infty} \frac{1}{2n+1},$$

该级数发散. 因此,所给级数的收敛域为 $(-2,2]$.

(2) 令 $u_n(x)=\frac{3^n+(-2)^n}{n}(x-1)^n, c_n=\frac{3^n+(-2)^n}{n}$. 则

$$\rho=\lim_{n\to\infty}\left|\frac{3^{n+1}+(-2)^{n+1}}{n+1}\right|\Big/\left|\frac{3^n+(-2)^n}{n}\right|$$

$$=\lim_{n\to\infty}\frac{n}{n+1}\frac{3+\left(-\frac{2}{3}\right)^n(-2)}{1+\left(-\frac{2}{3}\right)^n}=3.$$

根据定理 6.3.10,收敛半径 $R=\frac{1}{3}$,当 $|x-1|<\frac{1}{3}$ 时所给级数绝对收敛,且当 $|x-1|>\frac{1}{3}$ 时该级数发散.

因此,收敛区间为 $\left(\frac{2}{3},\frac{4}{3}\right)$.

当 $x=\frac{2}{3}$ 时,级数变为

$$\sum_{n=1}^{\infty}\frac{3^n+(-2)^n}{n}\left(-\frac{1}{3}\right)^n=\sum_{n=1}^{\infty}\frac{(-1)^n+\left(\frac{2}{3}\right)^n}{n}. \tag{6.3.3}$$

级数 $\sum_{n=1}^{\infty}\frac{(-1)^n}{n}$ 收敛并且容易证明级数 $\sum_{n=1}^{\infty}\frac{1}{n}\left(\frac{2}{3}\right)^n$ 收敛.因此,级数(6.3.3)收敛.

当 $x=\frac{4}{3}$时,级数变为

$$\sum_{n=1}^{\infty}\frac{3^n+(-2)^n}{n}\frac{1}{3^n}=\sum_{n=1}^{\infty}\frac{1+\left(-\frac{2}{3}\right)^n}{n},$$

因为它是发散级数 $\sum_{n=1}^{\infty}\frac{1}{n}$ 与收敛级数 $\sum_{n=1}^{\infty}\frac{\left(-\frac{2}{3}\right)^n}{n}$ 的和,故该级数发散.

因此,所给级数的收敛域为$\left[\frac{2}{3},\frac{4}{3}\right)$.

(3) 此级数只包含偶数幂项.令 $t=x^2$,所给级数变为

$$\sum_{n=1}^{\infty}\frac{t^n}{4^n(n+1)^2}. \tag{6.3.4}$$

令 $a_n=\frac{1}{4^n(n+1)^2}$,则

$$\rho=\lim_{n\to\infty}\left|\frac{1}{4^{n+1}(n+3)^2}\right|\Big/\left|\frac{1}{4^n(n+1)^2}\right|=\lim_{n\to\infty}\frac{(n+1)^2}{4(n+3)^2}=\frac{1}{4}.$$

根据定理 6.3.10,级数(6.3.4)的收敛半径 $R=4$,且当$|x^2|<4$ 时,所给级数绝对收敛,当$|x^2|>4$ 时该级数发散.

因此,收敛区间为$(-2,2)$.

当 $x=\pm 2$ 时,所给级数变为 $\sum_{n=0}^{\infty}\frac{1}{(n+1)^2}$,该级数收敛.

因此,所给级数的收敛域为$[-2,2]$.

■

6.3.3　幂级数的性质和级数求和

幂级数的性质在幂级数求和以及函数展开成幂级数的研究中有着重要的应用,下面先介绍幂级数的代数性质.

定理 6.3.12　(代数性质). 假设幂级数 $\sum_{n=0}^{\infty}a_nx^n$ 与 $\sum_{n=0}^{\infty}b_nx^n$ 的收敛半径分别为 R_1 与

R_2. 令 $R=\min\{R_1,R_2\}$,则

(1) 线性组合 $\sum_{n=0}^{\infty}(\alpha a_n+\beta b_n)x^n$ 在$(-R,R)$内收敛,且

$$\sum_{n=0}^{\infty}(\alpha a_n+\beta b_n)x^n=\alpha\sum_{n=0}^{\infty}a_nx^n+\beta\sum_{n=0}^{\infty}b_nx^n.$$

(2) 柯西乘积在$(-R,R)$内收敛,且

$$\sum_{n=0}^{\infty}c_nx^n=\Big(\sum_{n=0}^{\infty}a_nx^n\Big)\Big(\sum_{n=0}^{\infty}b_nx^n\Big),$$

其中

$$c_n=a_0b_n+a_1b_{n-1}+\cdots+a_nb_0.$$

注意. 若 $R_1=R_2$,则两个级数的线性组合以及柯西乘积可能大于 $R_1(=R_2)$.

例如,级数 $\sum_{n=0}^{\infty}x^n$ 与 $\sum_{n=0}^{\infty}-x^n$ 的收敛半径为 $R_1=R_2=1$,但是它们的和 $\sum_{n=0}^{\infty}0x^n$ 的收敛半径为 $R=+\infty$.

定理 6.3.13 (解析性质). 设级数 $\sum_{n=0}^{\infty}c_nx^n$ 在$(-R,R)$上收敛且 $S(x)$是它的和函数. 则

(1) $S(x)$在区间$(-R,R)$上连续.

(2) $S(x)$在区间$(-R,R)$上可导,且 $S'(x)$是原级数逐项求导后所得级数的和,即,

$$S'(x)=\Big(\sum_{n=0}^{\infty}c_nx^n\Big)'=\sum_{n=0}^{\infty}(c_nx^n)'=\sum_{n=1}^{\infty}nc_nx^{n-1}. \tag{6.3.5}$$

并且,幂级数(6.3.5)与原级数 $\sum_{n=0}^{\infty}c_nx^n$ 有相同的收敛半径.

(3) $S(x)$在区间$(-R,R)$上可积,且 $S(x)$的积分是原级数逐项积分后所得级数的和,即,$\forall x\in(-R,R)$,有

$$\int_0^x S(t)\mathrm{d}t=\int_0^x\Big(\sum_{n=0}^{\infty}c_nt^n\Big)\mathrm{d}t=\sum_{n=0}^{\infty}\int_0^x c_nt^n\mathrm{d}t=\sum_{n=0}^{\infty}\frac{c_n}{n+1}x^{n+1}. \tag{6.3.6}$$

并且,幂级数(6.3.6)与原级数 $\sum_{n=0}^{\infty}c_nx^n$ 有相同的收敛半径.

由定理 6.3.12 和定理 6.3.13 可知,对和函数进行代数运算以及分析运算时,与多项式运算一样,将幂级数的每一项进行相应的运算即可.

注意. 由上述定理第(2)部分可推断出,幂级数的和函数在其收敛区间内任意阶可导.

例 6.3.14 求幂级数

$$\sum_{n=0}^{\infty}(-1)^n\frac{x^{n+1}}{n+1}=x-\frac{x^2}{2}+\frac{x^3}{3}-\cdots+(-1)^n\frac{x^{n+1}}{n+1}+\cdots \tag{6.3.7}$$

的和函数及其收敛域.

证明　设该级数的和函数为 $S(x)$. 根据比值法,可求得其收敛半径 $R=1$,因此

$$S(x)=\sum_{n=0}^{\infty}(-1)^n\frac{x^{n+1}}{n+1},x\in(-1,1).\tag{6.3.8}$$

为了求和函数 $S(x)$,将式(6.3.8)两端分别求导,得

$$S'(x)=\sum_{n=0}^{\infty}(-1)^n x^n=\frac{1}{1+x},x\in(-1,1).\tag{6.3.9}$$

将式(6.3.9)两端从 0 到 x 积分得

$$S(x)-S(0)=\int_0^x\frac{1}{1+u}\mathrm{d}u=\ln(1+x),x\in(-1,1).$$

由式(6.3.8)知,$S(0)=0$,因此

$$S(x)=\ln(1+x),x\in(-1,1).$$

当 $x=1$ 和 -1 时,级数(6.3.7)分别变为 $\sum\limits_{n=0}^{\infty}\frac{(-1)^n}{n+1}$ 和 $-\sum\limits_{n=0}^{\infty}\frac{1}{n+1}$,前者收敛到 $\ln 2$ 而后者发散. 因此,级数(6.3.7)的收敛域为 $(-1,1]$ 且

$$\sum_{n=0}^{\infty}(-1)^n\frac{x^{n+1}}{n+1}=\ln(1+x),x\in(-1,1).$$

■

例 6.3.15　确定函数

$$f(x)=x-\frac{x^3}{3}+\frac{x^5}{5}+\cdots+(-1)^n\frac{x^{2n+1}}{(2n+1)}+\cdots,-1<x<1.$$

解　将原级数逐项微分得

$$f'(x)=1-x^2+x^4+\cdots+(-1)^n x^{2n}+\cdots=\sum_{n=0}^{\infty}(-1)^n x^{2n},-1<x<1.$$

它是一个首项为 1 公比为 $r=-x^2$ 的几何级数,故该级数的和函数为

$$f'(x)=\frac{1}{1-(-x^2)}=\frac{1}{1+x^2}.$$

两端积分,可得

$$\int f'(x)\mathrm{d}x=\int\frac{1}{1+x^2}\mathrm{d}x=\arctan x+C.$$

因为 $\int f'(x)\mathrm{d}x=f(x)+C$, 易知

$$f(x)=\arctan x+C,$$

且从 $f(0)=0$ 中可得 $C=0$. 因此,函数 $f(x)$ 是 $\arctan x$.

即

$$\arctan x=x-\frac{x^3}{3}+\frac{x^5}{5}+\cdots+(-1)^n\frac{x^{2n+1}}{(2n+1)}+\cdots,-1<x<1.$$

■

习题 6.3

A

1. 试说明为什么能用常数项级数的审敛准则来判定函数项级数的敛散性并求出它的收敛域.

2. 证明级数 $\sum_{n=1}^{\infty}(-1)^n\frac{x^2}{(1+x^2)^n}$ 在$(-\infty,+\infty)$上收敛并求它的和函数.

3. 求下列函数项级数的收敛域.

(1) $\sum_{n=1}^{\infty}x^n$;　　(2) $\sum_{n=1}^{\infty}(x+5)^n$;

(3) $\sum_{n=1}^{\infty}nx^n$;　　(4) $\sum_{n=1}^{\infty}(2x)^n$;

(5) $\sum_{n=1}^{\infty}\frac{x^n}{n3^n}$;　　(6) $\sum_{n=1}^{\infty}\frac{\sin nx}{2^n}$;

(7) $\sum_{n=1}^{\infty}\frac{(-1)^n}{n}\left(\frac{1}{1+x}\right)^n$;　　(8) $\sum_{n=1}^{\infty}n\mathrm{e}^{-nx}$.

4. 设幂级数 $\sum_{n=1}^{\infty}a_n(x-2)^n$ 在 $x=0$ 处收敛且在 $x=3$ 处发散,可能吗?

5. 若幂级数 $\sum_{n=0}^{\infty}a_nx^n$ 在 $x=-3$ 处条件收敛,你能确定它的收敛半径吗?

6. 下面的推导过程是否正确?为什么?

由于

$$\frac{x}{1-x}=x+x^2+\cdots+x^n+\cdots,$$

$$\frac{-x}{1-x}=\frac{1}{1-\frac{1}{x}}=1+\frac{1}{x}+\frac{1}{x^2}+\cdots+\frac{1}{x^n}+\cdots.$$

以上两式相加可得

$$\cdots+\frac{1}{x^n}+\cdots+\frac{1}{x^2}+\frac{1}{x}+1+x+x^2+\cdots+x^n+\cdots=0.$$

7. 求下列级数的收敛半径，收敛区间和收敛域.

(1) $\sum_{n=1}^{\infty}(-1)^n\frac{2^nx^n}{\sqrt{n}}$；　(2) $\sum_{n=1}^{\infty}n!(2x-1)^n$；

(3) $\sum_{n=1}^{\infty}n^nx^n$；　(4) $\sum_{n=1}^{\infty}\frac{(-1)^{n-1}}{n+\sqrt{n}}x^n$；

(5) $\sum_{n=1}^{\infty}\frac{(x+2)^n}{n2^n}$；　(6) $\sum_{n=1}^{\infty}\frac{x^{2n-1}}{5^n}$；

(7) $\sum_{n=1}^{\infty}\frac{n!}{n^n}x^{2n-1}$；　(8) $\sum_{n=1}^{\infty}\frac{x^n}{(\ln n)^n}$；

(9) $\sum_{n=1}^{\infty}(-1)^n\frac{(2x+3)^n}{n\ln n}$；　(10) $\sum_{n=1}^{\infty}\frac{3^n+(-2)^n}{n}(2x-1)^n$.

8. 你能用多少种方法求幂级数 $\sum_{n=1}^{\infty}\frac{2+(-1)^n}{2^n}x^n$ 的收敛半径和收敛区间？

9. 求下列级数的收敛域及和函数.

(1) $\sum_{n=1}^{\infty}nx^{n-1}$；　(2) $\sum_{n=1}^{\infty}\frac{x^n}{n(n+1)}$；

(3) $\sum_{n=1}^{\infty}(n+1)(n+2)x^n$；　(4) $\sum_{n=1}^{\infty}(-1)^nn^2x^n$；

(5) $\sum_{n=1}^{\infty}\frac{x^{4n+1}}{4n+1}$；　(6) $\sum_{n=1}^{\infty}\frac{x^{n-1}}{n2^n}$.

B

1. 已知幂级数 $\sum_{n=0}^{\infty}a_nx^n$ 的收敛半径 $R=1$. 有人用以下方法求幂级数 $\sum_{n=0}^{\infty}b_nx^n=\sum_{n=0}^{\infty}\frac{a_n}{n!}x^n$ 的收敛半径：由于 $R=1$，根据定理 6.3.10，有

$$\lim_{n\to\infty}\left|\frac{a_{n+1}}{a_n}\right|=1,$$

因此有

$$\lim_{n\to\infty}\left|\frac{b_{n+1}}{b_n}\right|=\lim_{n\to\infty}\frac{1}{n+1}\left|\frac{a_{n+1}}{a_n}\right|=0.$$

从而级数 $\sum\limits_{n=0}^{\infty} b_n x^n$ 的收敛半径 $R=+\infty$.

这种方法正确吗？若不正确，请指出其中的错误.

2. 证明零阶贝塞耳函数

$$J_0(x)=\sum_{n=0}^{\infty}\frac{(-1)^n x^{2n}}{2^{2n}(n!)^2},$$

满足微分方程

$$x^2 J_0''(x)+xJ'(x)+x^2 J_0(x)=0.$$

3. 已知 $f(x)=\sum\limits_{n=1}^{\infty} n3^{n-1}x^{n-1}$.

(1) 证明 $f(x)$ 在区间 $\left(-\frac{1}{3},\frac{1}{3}\right)$ 上连续；

(2) 求 $\int_0^{\frac{1}{8}} f(x)\mathrm{d}x$.

6.4 函数的幂级数展开

前面我们介绍了幂级数收敛区间，幂级数的性质以及收敛区间内幂级数求和的问题.本节我们要研究相反的问题，即已知一个函数 $f(x)$，是否存在幂级数形式使得该幂级数的和即为给定的函数 $f(x)$？具体说来，包括一下问题：哪些函数可表示为幂级数？函数的幂级数表示是否唯一？如何求幂级数表示式？

6.4.1 泰勒与麦克劳林级数

假设函数 f 在 a 的某邻域内可用幂级数表示，即

$$f(x)=\sum_{n=0}^{\infty} c_n(x-a)^n=c_0+c_1(x-a)+\cdots+c_n(x-a)^n+\cdots, x\in(a-R,a+R). \tag{6.4.1}$$

此时，我们称函数 f 在区间 $(a-R,a+R)$ 内可展开为幂级数，且称此级数为函数 f 的幂级数展开.

若函数 f 可以表示成幂级数(6.4.1)的形式，我们尝试确定对应于函数 f 幂级数的系数 c_n.首先，若将 $x=a$ 代入式(6.4.1)，可得

$$f(a)=c_0.$$

此外，由定理 6.3.13，f 在$(a-R,a+R)$内任意阶可导，并可对该级数进行逐项求导：

$$f'(x)=c_1+2_{c_2}(x-a)+3_{c_3}(x-a)^2+4_{c_4}(x-a)^3+\cdots+nc_n(x-a)^{n-1}+\cdots,$$

$$f''(x)=2!\ c_2+3!\ c_3(x-a)+4\times 3c_4(x-a)^2+\cdots+n(n-1)c_n(x-a)^{n-2}+\cdots,$$

$$f'''(x)=3!\ c_3+4!\ c_4(x-a)+\cdots+n(n-1)(n-2)c_n(x-a)^{n-3}+\cdots,$$

$$\cdots$$

$$f(n)(x)=n!\ c_n+(n+1)!\ c_{n+1}(x-a)+\cdots,$$

$$\cdots$$

将 $x=a$ 代入上式得

$$c_1=f'(a),$$

$$c_2=\frac{1}{2!}f''(a),$$

$$c_3=\frac{1}{3!}f'''(a),$$

$$\vdots$$

定理 6.4.1　若 f 在点 a 处可展开为幂级数，即

$$f(x)=\sum_{n=0}^{\infty}c_n(x-a)^n, x\in(a-R,a+R),$$

则幂级数的系数为

$$c_n=\frac{1}{n!}f^{(n)}(a).$$

由以上定理可知，函数的幂级数展开是唯一的. 唯一性定理为函数的幂级数展开提供了很大的便利，只要建立了一些基本函数的展开式之后，就可以通过代数、三角变形或者变量替换，级数逐项求导/求积等方法求出比较复杂函数的幂级数展开式.

定义 6.4.2　(泰勒级数，麦克劳林级数). 设 f 在 a 点的某邻域内任意阶可导. 则称幂级数

$$\sum_{n=0}^{\infty}\frac{f^{(n)}(a)}{n!}(x-a)^n$$

$$=f(a)+f'(a)(x-a)+\frac{f''(a)}{2!}(x-a)^2+\cdots+\frac{f^{(n)}(a)}{n!}(x-a)^n+\cdots$$

为 f 在 $x=a$ 处的泰勒级数. 特别地

$$\sum_{n=0}^{\infty}\frac{f^{(n)}(0)}{n!}x^n=f(0)+f'(0)x+\frac{f''(0)}{2!}x^2+\cdots+\frac{f^{(n)}(0)}{n!}x^n+\cdots$$

称为 f 的麦克劳林级数.

若函数 f 在 a 点的某邻域内任意阶可导，根据定义我们总可以求得与函数 f 对应的泰

勒级数.通过前面级数的学习,我们知道函数级数的收敛是有一定的范围的,所以一个函数对应的泰勒级数还有一个收敛的问题,即,该泰勒级数在什么范围内是收敛的?如果收敛,泰勒级数的和等于原函数 f 吗?

例 6.4.3 求函数 $f(x)=\dfrac{1}{x}$ 在 $a=2$ 处的泰勒级数.该级数是否处处收敛到 f?

解 由泰勒级数的定义,需要求 $f(2),f'(2),\cdots,f^{(n)}(2),\cdots$. 易知 $f^{(n)}(x)=(-1)^n n!\ x^{-(n+1)}$,则

$$f^{(n)}(2)=\frac{(-1)^n n!}{2^{(n+1)}},n=1,2,\cdots$$

泰勒级数为

$$f(2)+f'(2)(x-2)+\frac{f''(2)}{2!}(x-2)^2+\cdots+\frac{f^{(n)}(2)}{n!}(x-2)n+\cdots$$

$$=\frac{1}{2}-\frac{(x-2)}{2^2}+\frac{(x-2)^2}{2^3}+\cdots+(-1)^n\frac{(x-2)^n}{2^{n+1}}+\cdots$$

它是一个首项为 $\dfrac{1}{2}$,公比 $r=-\dfrac{x-2}{2}$ 的几何级数.它的收敛区间为 $(0,4)$,且其和为 $f(x)=\dfrac{1}{x}$, $x\in(0,4)$.因此,当 $x\in(0,4)$ 时,该级数收敛到 f.

■

令 $S(x)$ 表示 f 在 a 处的泰勒级数的和.显然总有 $S(a)=f(a)$.但注意到在收敛区间内,$S(x)$ 并不一定处处等于 $f(x)$.事实上,这里有一个实例:f 在 a 处的幂级数在除了 $x=a$ 处外,其余各点都不收敛到 f.其中 f 的定义域与级数的收敛区间都是 $(-\infty,+\infty)$.

例 6.4.4 求函数

$$f(x)=\begin{cases}e^{-\frac{1}{x^2}}, & x\neq 0,\\ 0, & x=0.\end{cases}$$

的麦克劳林级数.该级数是否处处收敛到 $f(x)$?

解 由麦克劳林级数的定义,需要求 $f(0),f'(0),\cdots,f^{(n)}(0),\cdots$.可以证明函数 f 在 $x=0$ 点无穷次可微,且

$$f^{(n)}(0)=0,n=1,2,\cdots$$

故,可得函数 $f(x)$ 的麦克劳林级数为

$$\sum_{n=0}^{\infty}\frac{f^{(n)}(0)}{n!}x^n=0+0\,x+\frac{0}{2!}x^2+\cdots+\frac{0}{n!}x^n+\cdots=0.$$

该级数在整个实数域上处处收敛,且和函数为 0。但是该幂级数在除了 $x=0$ 处外其余

各点都不收敛到函数 $f(x)$.

■

令 $S_n(x)$ 表示泰勒级数的前 $n+1$ 项和，即

$$S_n(x) = \sum_{k=0}^{n} \frac{f^{(k)}(a)}{k!}(x-a)^k.$$

则

$$\text{级数在点 } x \text{ 处收敛到 } f \Leftrightarrow \lim_{n\to\infty} S_n(x) = f(x).$$

由第 3 章讨论过的泰勒公式可得

$$f(x) = \sum_{k=0}^{n} \frac{f^{(k)}(a)}{k!}(x-a)^k + R_n(x) = S_n(x) + R_n(x), \tag{6.4.2}$$

其中

$$R_n(x) = \frac{f^{(n+1)}(\xi)}{(n+1)!}(x-a)^{n+1}, \xi \text{ 在 } a \text{ 与 } x \text{ 之间}. \tag{6.4.3}$$

因此，马上可得如下定理.

定理 6.4.5　设 f 在 a 的某一邻域 $U(a)=(a-R,a+R)$ 内有任意阶导数. 则 f 在区间 $(a-R,a+R)$ 内等于其泰勒级数当且仅当

$$\lim_{n\to\infty} R_n(x) = 0, \forall x \in (a-R, a+R),$$

其中 $R_n(x)$ 是泰勒公式中的余项.

此时，我们称由函数 f 成生的泰勒级数为函数 f 的**泰勒展开**.

推论 6.4.6　设 $f \in C^\infty(a-R,a+R)$. 若 $\exists M>0$ 且 $N \in N_+$，使得

$$|f^{(n)}(x)| \leqslant M, \forall n > N, \forall x \in (a-R, a+R),$$

那么 f 在 $(a-R,a+R)$. 内必能展开为它在 a 处的泰勒级数.

6.4.2　函数的幂级数展开

为了将函数 $f \in C^\infty$ 展为幂级数，可首先写出它的泰勒级数，然后检验在区间 $(a-R,a+R)$ 内是否满足定理 6.4.5 或者推论 6.4.6 的条件，如果满足，则麦克劳林级数就是函数 f 在区间 $(a-R,a+R)$ 内的泰勒展开. 通常，选择 $a=0$，即幂级数就是它的麦克劳林级数. 下面我们给出一些常见函数的泰勒级数

e^x 的展开式

e^x 的麦克劳林级数为

$$e^x = 1 + x + \frac{x^2}{2!} + \cdots + \frac{x^n}{n!} + \cdots, x \in (-\infty, +\infty), \tag{6.4.4}$$

由于它的麦克劳林公式拉格朗日余项 $R_n(x)$ 满足

$$R_n(x)=\frac{e^{\theta x}x^n}{n!}\to 0(n\to\infty),\text{对任意 } x\in(-\infty,+\infty).$$

其中 $\theta\in(0,1)$. 所以可以得到式(6.4.4)成立.

sin x的展开式

$\sin x$ 的$(2k-1)$阶麦克劳林公式如下:

$$\sin x=x-\frac{x^3}{3!}+\frac{x^5}{5!}+\cdots+(-1)^{k-1}\frac{x^{2k-1}}{(2k-1)!}+$$

$$(-1)^k\frac{\cos\theta x}{(2k+1)!}x^{2k+1},x\in(-\infty,+\infty),\theta\in(0,1).$$

因为对所有 $n\in N_+$ 和 $x\in(-\infty,+\infty)$, $|\sin^{(n)}(x)|=\left|\sin\left(x+n\frac{\pi}{2}\right)\right|\leqslant 1$,根据推论6.4.6,有

$$\sin x=x-\frac{x^3}{3!}+\frac{x^5}{5!}+\cdots+(-1)^{k-1}\frac{x^{2k-1}}{(2k-1)!}+\cdots,x\in(-\infty,+\infty). \tag{6.4.5}$$

cos x的展开式

将式(6.4.5)两端求导得

$$\cos x=1-\frac{x^2}{2!}+\frac{x^4}{4!}+\cdots+(-1)^k\frac{x^{2k}}{(2k)!}+\cdots,x\in(-\infty,+\infty). \tag{6.4.6}$$

ln(1+x)的展开式

例 6.3.14 表明

$$\ln(1+x)=\sum_{k=0}^{\infty}(-1)^n\frac{x^{n+1}}{n+1}=x-\frac{x^2}{2}+\frac{x^3}{3}-\frac{x^4}{4}+\cdots+ \tag{6.4.7}$$

$$(-1)^{n-1}\frac{x^n}{n}+\cdots,x\in(-1,1).$$

根据函数幂级数展开的唯一性,式(6.4.7)就是 $\ln(1+x)$ 的麦克劳林展开式.

$(1+x)^\alpha$ (α 是实数)的展开式

$(1+x)^\alpha$ 的麦克劳林公式为

$$S(x)=1+\alpha x+\frac{\alpha(\alpha-1)}{2!}x^2+\cdots+$$

$$\frac{\alpha(\alpha-1)\cdots(\alpha-n+1)}{n!}x^n+\cdots,x\in(-1,1), \tag{6.4.8}$$

且它的收敛区间为$(-1,1)$.

$f(x)=(1+x)^\alpha$ 的 n 阶麦克劳林公式为

$$(1+x)^{\alpha}=1+\alpha x+\frac{\alpha(\alpha-1)}{2!}x^2+\cdots+\frac{\alpha(\alpha-1)\cdots(\alpha-n+1)}{n!}x^n+R_n(x),$$

其中

$$R_n(x)=\frac{\alpha(\alpha-1)\cdots(\alpha-n)}{(n+1)!}\frac{x^{n+1}}{(1+\theta x)^{n+1-\alpha}},x\in(-1,+\infty),\theta\in(0,1).$$

在$(-1,1)$当$n\to+\infty$证明$R_n(x)\to0$并不容易.为了证明麦克劳林公式(6.4.8)在$(-1,1)$内收敛到$(1+x)^{\alpha}$,应用如下方法.

将式(6.4.8)微分得

$$S'(x)=\alpha+\frac{\alpha(\alpha-1)}{1!}x+\cdots+\frac{\alpha(\alpha-1)\cdots(\alpha-n+1)}{(n-1)!}x^{n-1}+\cdots$$

$$=\alpha\left[1+(\alpha-1)x+\cdots+\frac{(\alpha-1)\cdots(\alpha-n+1)}{(n-1)!}x^{n-1}+\cdots\right].$$

等式两端同乘以$(1+x)$

$$(1+x)S'(x)=\alpha+[\alpha(\alpha-1)+1]x+\cdots+\left[\frac{\alpha(\alpha-1)(\alpha-n+1)}{(n-1)!}+\frac{\alpha(\alpha-1)\cdots(\alpha-n)}{n!}\right]x^n+\cdots$$

$$=\alpha\left[1+\alpha x+\cdots+\frac{\alpha(\alpha-1)\cdots(\alpha-n+1)}{n!}x^n+\cdots\right]=\alpha S(x),$$

即

$$(1+x)S'(x)=\alpha S(x).$$

解以上微分方程得通解为$S(x)=C(1+x)^{\alpha}$.则,$S(0)=1\Rightarrow C=1$且$S(x)=(1+x)^{\alpha}$.因此,有

$$(1+x)^{\alpha}=1+\alpha x+\frac{\alpha(\alpha-1)}{2!}x^2+\cdots+\frac{\alpha(\alpha-1)\cdots(\alpha-n+1)}{n!}x^n+\cdots,x\in(-1,1). \tag{6.4.9}$$

由于当$\alpha=n\in N_+$时,式(6.4.9)就是二项式公式,故式(6.4.9)又称为**二项式级数.**

特别地,分别令α等于-1和$-\frac{1}{2}$,可得如下常用的麦克劳林展开式:

$$\frac{1}{1+x}=1-x+x^2-\cdots+(-1)^n x^n+\cdots,x\in(-1,1). \tag{6.4.10}$$

$$\frac{1}{\sqrt{1+x}}=1-\frac{1}{2}x+\frac{1\times3}{2^2\times2!}x^2-\cdots+(-1)^n\frac{1\times3\cdots(2n-1)}{2^n n!}x^n+\cdots,\quad x\in(-1,1). \tag{6.4.11}$$

我们可以利用以上麦克劳林展开式求其他函数的麦克劳林展开式.这种方法称为简介展开法.

例 6.4.7 求 arctan x 与 arcsin x 的麦克劳林展开式.

解 式(6.4.10)中,将 x 用 x^2 替代,有

$$\frac{1}{1+x^2}=1-x^2+x^4-\cdots+(-1)^n x^{2n}+\cdots, x\in(-1,1).$$

对上式两端分别从 0 到 x 积分得

$$\arctan x=x-\frac{x^3}{3}+\frac{x^5}{5}-\cdots+(-1)^n\frac{x^{2n+1}}{2n+1}+\cdots, x\in(-1,1).$$

类似地,式(6.4.11)中,将 x 用 $-x^2$ 替代,进而两端积分得

$$\arcsin x=x+\frac{1}{2}\times\frac{x^3}{3}+\frac{1}{2^2}\times\frac{3}{2!}\frac{x^5}{5}+\cdots+$$

$$\frac{1\times3\cdots(2n-1)}{2^n n!}\frac{x^{2n+1}}{2n+1}+\cdots, x\in(-1,1).$$

例 6.4.8 求函数

$$f(x)=\frac{1}{1-x-2x^2}$$

的麦克劳林展开式及 $f^{(n)}(0)$.

解 上面通用的展开式在这里不能直接运用.我们先将 $f(x)$分成两项,即

$$f(x)=\frac{1}{(1+x)(1-2x)}=\frac{1}{3}\left(\frac{1}{1+x}+\frac{2}{1-2x}\right).$$

则

$$\frac{1}{1+x}=1-x+x^2-\cdots+(-1)^n x^n+\cdots=\sum_{n=0}^{\infty}(-1)^n x^n, x\in(-1,1).$$

将 x 用$(-2x)$替代得

$$\frac{1}{1-2x}=\sum_{n=0}^{\infty}(-1)^n(-2x)^n=\sum_{n=0}^{\infty}2^n x^n, x\in\left(-\frac{1}{2},\frac{1}{2}\right).$$

因此
$$f(x)=\frac{1}{3}\sum_{n=0}^{\infty}(-1)^n x^n+\frac{2}{3}\sum_{n=0}^{\infty}2^n x^n=\sum_{n=0}^{\infty}\frac{(-1)^n+2^{n+1}}{3}x^n,$$

$$x\in\left(-\frac{1}{2},\frac{1}{2}\right).$$

因为在麦克劳林公式中 x^n 的系数是$\frac{f^{(n)}(0)}{n!}$,故

$$f^{(n)}(0)=\frac{(-1)^n+2^{n+1}}{3}n!.$$

■

例 6.4.9　求函数 $f(x)=\sin x$ 在 $x=\frac{\pi}{4}$ 处的泰勒展开式.

解　因为

$$\begin{aligned}\sin x&=\sin\left[\frac{\pi}{4}+\left(x-\frac{\pi}{4}\right)\right]\\&=\sin\frac{\pi}{4}\cos\left(x-\frac{\pi}{4}\right)+\cos\frac{\pi}{4}\sin\left(x-\frac{\pi}{4}\right)\\&=\frac{1}{\sqrt{2}}\left[\cos\left(x-\frac{\pi}{4}\right)+\sin\left(x-\frac{\pi}{4}\right)\right],\end{aligned}$$

且

$$\cos\left(x-\frac{\pi}{4}\right)=1-\frac{\left(x-\frac{\pi}{4}\right)^2}{2!}+\frac{\left(x-\frac{\pi}{4}\right)^4}{4!}+\cdots+(-1)^k\frac{\left(x-\frac{\pi}{4}\right)^{2k}}{(2k)!}+\cdots,x\in(-\infty,+\infty),$$

$$\sin\left(x-\frac{\pi}{4}\right)=\left(x-\frac{\pi}{4}\right)-\frac{\left(x-\frac{\pi}{4}\right)^3}{3!}+\frac{\left(x-\frac{\pi}{4}\right)^5}{5!}+\cdots+(-1)^{k-1}\frac{\left(x-\frac{\pi}{4}\right)^{2k-1}}{(2k-1)!}+\cdots,x\in(-\infty,+\infty),$$

有

$$\sin x=\frac{1}{\sqrt{2}}\left[1+\left(x-\frac{\pi}{4}\right)-\frac{\left(x-\frac{\pi}{4}\right)^2}{2!}-\frac{\left(x-\frac{\pi}{4}\right)^3}{3!}+\frac{\left(x-\frac{\pi}{4}\right)^4}{4!}+\frac{\left(x-\frac{\pi}{4}\right)^5}{5!}+\cdots\right],x\in(-\infty,+\infty).$$

■

例 6.4.10　求函数 $f(x)=\frac{x-1}{3-x}$ 在 $x=1$ 处的泰勒展开式.

解　因为

$$\frac{1}{3-x}=\frac{1}{2-(x-1)}=\frac{1}{2}\times\frac{1}{1-\left(\frac{x-1}{2}\right)},$$

在式(6.4.10)中,将 x 用 $\left(-\frac{x-1}{2}\right)$ 替代得

$$\frac{1}{3-x}=\frac{1}{2}\left[1+\frac{x-1}{2}+\frac{(x-1)^2}{2^2}+\cdots+\frac{(x-1)^n}{2^n}+\cdots\right],$$

$$-\frac{x-1}{2}\in(-1,1)\text{或 }x\in(-1,3).$$

因此

$$\frac{x-1}{3-x}=\frac{1}{2}\left[(x-1)+\frac{(x-1)^2}{2}+\frac{(x-1)^3}{2^2}+\cdots+\frac{(x-1)^{n+1}}{2^n}+\cdots\right],$$

$$x\in(-1,3).$$

6.4.3 泰勒级数的应用

1. 近似计算

例 6.4.11 求 $\sqrt[5]{240}$ 的近似值,使误差不超过 10^{-4}.

解 因为

$$\sqrt[5]{240}=\sqrt[5]{243-3}=3\left(1-\frac{1}{34}\right)^{1/5},$$

根据 $(1+x)^{\alpha}$ 的麦克劳林公式,取 $\alpha=\frac{1}{5}$ 和 $x=-\frac{1}{3^4}$,有

$$\sqrt[5]{240}=3\left[1-\frac{1}{5}\times\frac{1}{3^4}-\frac{1\times 4}{5^2\times 2!}\times\frac{1}{3^8}-\frac{1\times 4\times 9}{5^3\times 3!}\times\frac{1}{3^{12}}-\cdots-\frac{1\times 4\cdots(5n-11)}{5^{n-1}(n-1)!}\frac{1}{3^{4(n-1)}}+R_n\left(-\frac{1}{3^4}\right)\right]$$

且

$$R_n\left(-\frac{1}{3^4}\right)=-\sum_{k=n+1}^{\infty}\frac{1\times 4\cdots(5k-11)}{5^{k-1}(k-1)!}\frac{1}{3^{4(k-1)}}.$$

因为

$$\begin{aligned}\left|3R_n\left(-\frac{1}{3^4}\right)\right| &= \left|3\sum_{k=n+1}^{\infty}\frac{1\times 4\cdots(5k-11)}{5^{k-1}(k-1)!}\frac{1}{3^{4(k-1)}}\right| \\ &< 3\times\frac{1\times 4\cdots(5n-6)}{5^n n!}\frac{1}{3^{4n}}\left[1+\frac{1}{3^4}+\left(\frac{1}{3^4}\right)^2+\cdots\right] \\ &= 3\times\frac{1\times 4\cdots(5n-6)}{5^n n!}\frac{1}{3^{4n}}\frac{1}{1-\frac{1}{81}} \\ &= \frac{1\times 4\cdots(5n-6)}{80\times 5n\times n!}\frac{1}{3^{4n-5}}.\end{aligned}$$

只需取 $n=2$ 即可得

$$\left|3R_n\left(-\frac{1}{3^4}\right)\right|<\frac{1}{40\times 25\times 27}=\frac{1}{27\,000},$$

因此取泰勒级数中的前两项得

$$\sqrt[5]{240}\approx 3\left(1-\frac{1}{5}\times\frac{1}{3^4}\right)\approx 2.992\,6.$$

■

例 6.4.12 求 $\ln 2$ 的近似值,使其误差不超过 10^{-4}.

解 根据 $\ln(1+x)$ 的麦克劳林公式,有

$$\ln 2=1-\frac{1}{2}+\frac{1}{3}-\cdots+(-1)^{n-1}\frac{1}{n}+\cdots.$$

如果我们用右端的级数去求其近似值,并使误差不超过 10^{-4},我们需要求前 10^4 项的代数和.这是因为该交错级数的收敛速度太慢.在科学计算中提高收敛速度是非常重要的.为此,我们用函数 $\ln\frac{1+x}{1-x}$的麦克劳林展开式来替代 $\ln(1+x)$.易得如下展开式:

$$\ln\frac{1+x}{1-x}=\ln(1+x)-\ln(1-x)=2\left(x+\frac{x^3}{3}+\frac{x^5}{5}+\cdots+\frac{x^{2n+1}}{2^{n-1}}+\cdots\right),x\in(-1,1) \tag{6.4.12}$$

令$\frac{1+x}{1-x}=2$,则 $x=\frac{1}{3}$.因此

$$\ln 2=2\left[\frac{1}{3}+\frac{1}{3}\left(\frac{1}{3}\right)^3+\frac{1}{5}\left(\frac{1}{3}\right)^5+\cdots+\frac{1}{2^{n-1}}\left(\frac{1}{3}\right)^{2n-1}+\cdots\right].$$

因为

$$\left|R_n\left(\frac{1}{3}\right)\right|=\sum_{k=n+1}^{\infty}\frac{2}{2k-1}\left(\frac{1}{3}\right)^{2k-1}<\frac{1}{3n}\sum_{k=n+1}^{\infty}\left(\frac{1}{9}\right)^{k-1}<\frac{1}{n9^n},$$

容易看出要使$\left|R_n\left(\frac{1}{3}\right)\right|<10^{-4}$,只需取 $n=4$.取幂级数(6.4.12)的前四项,得

$$\ln 2\approx 0.693\,14.$$

例 6.4.13　求积分 $\int_0^1 \mathrm{e}^{-x^2}\mathrm{d}x$ 的近似值,使得误差不超过 10^{-4}.

解　由于被积函数 e^{-x^2} 的原函数不是初等函数,故此积分不能用牛顿-莱布尼茨公式计算.我们可将被积函数 e^{-x^2} 用幂级数表示,然后再对它们逐项积分.

因为

$$\mathrm{e}^{-x^2}=1-x^2+\frac{x^4}{2!}-\frac{x^6}{3!}+\cdots+(-1)^n\frac{x^{2n}}{n!}+\cdots,x\in(-\infty,+\infty),$$

逐项积分后,得

$$\begin{aligned}\int_0^1 \mathrm{e}^{-x^2}\mathrm{d}x&=x\Big|_0^1-\frac{x^3}{3}\Big|_0^1+\frac{x^5}{5\times 2!}\Big|_0^1-\frac{x^7}{7\times 3!}\Big|_0^1+\cdots+(-1)^n\frac{x^{2n+1}}{(2n+1)n!}\Big|_0^1+\cdots\\&=1-\frac{1}{3}+\frac{1}{5\times 2!}-\frac{1}{7\times 3!}+\cdots+(-1)^n\frac{1}{(2n+1)n!}+\cdots.\end{aligned}$$

根据交错级数理论,要使$\frac{1}{(2n+1)n!}<10^{-4}$,只需 $n\geqslant 7$.取 $n=7$,得

$$\int_0^1 \mathrm{e}^{-x^2}\mathrm{d}x\approx\sum_{n=0}^{7}(-1)^n\frac{1}{(2n+1)n!}\approx 0.746\,84.$$

2. 欧拉公式

称复级数

$$\sum_{n=1}^{\infty}(u_n+\mathrm{i}v_n)$$

收敛,若实部级数

$$\sum_{n=1}^{\infty}u_n$$

且虚部级数

$$\sum_{n=1}^{\infty}v_n$$

都收敛.且定义

$$\sum_{n=1}^{\infty}(u_n+\mathrm{i}v_n)=\sum_{n=1}^{\infty}u_n+\mathrm{i}\sum_{n=1}^{\infty}v_n.$$

这里 $\mathrm{i}=\sqrt{-1}$ 是虚单位.

现在,考察 e^x 的幂级数展开式:

$$\mathrm{e}^x=\sum_{n=0}^{\infty}\frac{x^n}{n!}=1+x+\frac{x^2}{2!}+\cdots+\frac{x^n}{n!}+\cdots,x\in(-\infty,+\infty).$$

若将 x 用 $\mathrm{i}x$ 替代,有

$$\begin{aligned}\mathrm{e}^{\mathrm{i}x}&=1+\mathrm{i}x+\frac{(\mathrm{i}x)^2}{2!}+\frac{(\mathrm{i}x)^3}{3!}+\frac{(\mathrm{i}x)^4}{4!}+\cdots+\frac{(\mathrm{i}x)^n}{n!}+\cdots\\&=1+\mathrm{i}x-\frac{x^2}{2!}-\mathrm{i}\frac{x^3}{3!}+\frac{x^4}{4!}+\mathrm{i}\frac{x^5}{5!}-\frac{x^6}{6!}-\mathrm{i}\frac{x^7}{7!}+\frac{x^8}{8!}+\cdots\\&=\left(1-\frac{x^2}{2!}+\frac{x^4}{4!}-\frac{x^6}{6!}+\cdots\right)+\mathrm{i}\left(x-\frac{x^3}{3!}+\frac{x^5}{5!}-\frac{x^7}{7!}+\cdots\right)\\&=\cos x+\mathrm{i}\sin x\quad x\in(-\infty,+\infty).\end{aligned}$$

因此,可得如下非常有用的欧拉公式:

$$\mathrm{e}^{\mathrm{i}x}=\cos x+\mathrm{i}\sin x.\tag{6.4.13}$$

类似地,有

$$\mathrm{e}^{-\mathrm{i}x}=\cos x-\mathrm{i}\sin x,$$

因此

$$\cos x=\frac{\mathrm{e}^{\mathrm{i}x}+\mathrm{e}^{-\mathrm{i}x}}{2},\sin x=\frac{\mathrm{e}^{\mathrm{i}x}-\mathrm{e}^{-\mathrm{i}x}}{2\mathrm{i}}.$$

习题 6.4

1. 说明函数 f 在点 $x=a$ 处的泰勒级数和泰勒展开式之间的区别与联系.

2. 求下列函数的麦克劳林展开式.

(1) $x\mathrm{e}^{-x^2}$；　(2) $\sin^2 x$；

(3) $\cosh\dfrac{x}{2}$；　(4) $\arccos x$；

(5) $\dfrac{x}{\sqrt{2-x}}$；　(6) $\dfrac{x}{\sqrt{1+x^2}}$；

(7) $\ln(1-3x+2x^2)$；　(8) $(1+x)\ln(1+x)$；

(9) $\dfrac{x}{1+x-2x^2}$；　(10) $\sqrt[3]{27-x^3}$.

3. 设 $f(x)=x^3\mathrm{e}^{-x^2}$，求 $f^{(n)}(0)$.

4. 求下列函数在给定点 a 处的泰勒级数.

(1) $\dfrac{1}{x}, a=-3$；　(2) $x^3-2x-4, a=2$；

(3) $\mathrm{e}^x, a=2$；　(4) $\cos x, a=\dfrac{\pi}{3}$；

(5) $\dfrac{1}{x^2}, a=3$；　(6) $\dfrac{x}{x^2-5x+6}, a=5$；

(7) $\ln x, a=1$；　(8) $\dfrac{1}{4}\ln\dfrac{2+x}{2-x}+\dfrac{1}{2}\arctan(x-1), a=1$.

5. 求下列各数或积分的近似值，精确到 10^{-4}：

(1) e；　(2) $\cos 10°$；

(3) $\displaystyle\int_0^1 \frac{\sin x}{x}\mathrm{d}x$；　(4) $\displaystyle\int_0^{\frac{1}{4}} \sqrt{1+x^2}\,\mathrm{d}x$.

6. 函数 f 满足 $f'(x)=\sqrt{1+x^2}$ 且 $f(1)=2$.

(1) 利用线性近似估算 $f(1,1)$ 的值；

(2) $f(1,1)$ 比近似值大还是小？为什么？

(3) 利用二次逼近估算 $f(1,1)$ 的值.

7. 已知函数

$$f(x)=\begin{cases} e^{-\frac{1}{x^2}}, & x\neq 0, \\ 0, & x=0. \end{cases}$$

(1) 证明函数 f 可微且 $f'(0)=0$;

(2) 证明函数 f 有任意阶导数且 $f^{(n)}=0, n=0,1,2,\cdots$;

(3) $f(x)$的泰勒级数是否收敛到 $f(x)$?

6.5 傅里叶级数

法国数学家傅里叶发现,任何周期函数都可以用正弦函数和余弦函数构成的无穷级数来表示,这种无穷级数就是本节要学习的傅里叶(Fourier)级数.傅里叶级数为工程师提供了一个十分有效的数学工具,可以用它将一个波分解成不同的频率成分.它在数论、组合数学、信号处理、概率论、统计学、密码学、声学、光学等领域都有着广泛的应用.

傅里叶级数是一种特殊的三角级数,形如

$$\frac{a_0}{2}+\sum_{n=1}^{\infty}(a_n\cos nx+b_n\sin nx) \tag{6.5.1}$$

的函数项级数被称为**三角级数**,其中 $a_0, a_n, b_n (n=1,2,\cdots)$是实常数.本节中,我们将学习给定函数的三角级数表示.

6.5.1 正交三角函数系

定义 6.5.1 (正交性). 若函数 f 与 g 在区间$[a,b]$都可积,且 $\int_a^b f(x)g(x)\mathrm{d}x=0$,则称函数 f 与 g 在区间$[a,b]$上**正交**.此外,设$\{f_n(x)\}$是区间$[a,b]$上的函数列.若其中任意两个不同的函数在区间$[a,b]$上正交且有 $\int_a^b f_n^2(x)\mathrm{d}x\neq 0 (n=1,2,\cdots)$,则称$\{f_n(x)\}$是区间$[a,b]$上的**正交函数系**.

首先我们来看三角函数系

$$\{1,\cos x,\sin x,\cos 2x,\sin 2x,\cdots,\cos nx,\sin nx\}. \tag{6.5.2}$$

通过直接计算,$\forall m,n\in\mathbf{N}_+$,可以得到如下三角积分表.

三角积分表

$\int_{-\pi}^{\pi} 1\times\cos nx\,\mathrm{d}x = 0$;	$\int_{-\pi}^{\pi} 1\times\sin nx\,\mathrm{d}x = 0$;
$\int_{-\pi}^{\pi} \cos mx\cos nx\,\mathrm{d}x = 0,(m\neq n)$;	$\int_{-\pi}^{\pi} \sin mx\sin nx\,\mathrm{d}x = 0,(m\neq n)$;
$\int_{-\pi}^{\pi} \cos mx\sin nx\,\mathrm{d}x = 0$;	$\int_{-\pi}^{\pi} 1^2\,\mathrm{d}x = 2\pi$
$\int_{-\pi}^{\pi} \cos^2 nx\,\mathrm{d}x = \int_{-\pi}^{\pi} \sin^2 nx\,\mathrm{d}x = \pi.$	

上表表明，正交系中任意两个不同函数的乘积在区间$[-\pi,\pi]$上的积分等于零；且任何一个函数的平方在区间$[-\pi,\pi]$上的积分不等于零. 由定义 6.5.1，三角函数列(6.5.2)在区间$[-\pi,\pi]$上是一个正交三角函数系.

6.5.2　傅里叶级数

设 $f(x)$是一个周期为 2π 的可积函数，且可以展开为三角级数，即

$$f(x) = \frac{a_0}{2} + \sum_{n=1}^{\infty}(a_n\cos nx + b_n\sin nx). \tag{6.5.3}$$

因此就有如下问题：系数 a_0, a_n, b_n 与函数 $f(x)$有什么关系了？

我们假定等式(6.5.3)右端的级数逐项可积，则可利用正交三角函数系(6.5.2)来计算级数的系数 $a_0, a_1, a_2, \cdots, b_1, b_2, \cdots$

计算 a_0

对等式(6.5.3)两边从 $-\pi$ 到 π 积分得

$$\begin{aligned}\int_{-\pi}^{\pi} f(x)\,\mathrm{d}x &= \frac{a_0}{2}\int_{-\pi}^{\pi}\mathrm{d}x + \sum_{n=1}^{\infty}\left(a_n\int_{-\pi}^{\pi}\cos nx\,\mathrm{d}x + b_n\int_{-\pi}^{\pi}\sin nx\,\mathrm{d}x\right)\\ &= \frac{a_0}{2}\int_{-\pi}^{\pi}\mathrm{d}x = \pi a_0.\end{aligned}$$

则

$$a_0 = \frac{1}{\pi}\int_{-\pi}^{\pi} f(x)\,\mathrm{d}x.$$

计算 a_k

等式(6.5.3)两边同乘以 $\cos kx (k=1,2,\cdots)$后积分得

$$\begin{aligned}\int_{-\pi}^{\pi} f(x)\cos kx\,\mathrm{d}x &= \frac{a_0}{2}\int_{-\pi}^{\pi}\cos kx\,\mathrm{d}x + \sum_{n=1}^{\infty}\left(a_n\int_{-\pi}^{\pi}\cos nx\cos kx\,\mathrm{d}x + b_n\int_{-\pi}^{\pi}\sin nx\cos kx\,\mathrm{d}x\right)\\ &= a_k\int_{-\pi}^{\pi}\cos^2 kx\,\mathrm{d}x = \pi a_k.\end{aligned}$$

因此,

$$a_k = \frac{1}{\pi}\int_{-\pi}^{\pi} f(x)\cos kx\,dx \quad (k = 1,2,\cdots).$$

计算 b_k

等式(6.5.3)两边同乘以 $\sin kx(k=1,2,\cdots)$后积分得

$$\int_{-\pi}^{\pi} f(x)\sin kx\,dx = \frac{a_0}{2}\int_{-\pi}^{\pi}\sin kx\,dx + \sum_{n=1}^{\infty}\left(a_n\int_{-\pi}^{\pi}\cos nx\sin kx\,dx + b_n\int_{-\pi}^{\pi}\sin nx\sin kx\,dx\right),$$

则

$$b_k = \frac{1}{\pi}\int_{-\pi}^{\pi} f(x)\sin kx\,dx \quad (k = 1,2,\cdots).$$

综上所述,可得如下公式:

$$\begin{cases} a_k = \dfrac{1}{\pi}\displaystyle\int_{-\pi}^{\pi} f(x)\cos kx\,dx \quad (k = 0,1,2,\cdots), \\ b_k = \dfrac{1}{\pi}\displaystyle\int_{-\pi}^{\pi} f(x)\sin kx\,dx \quad (k = 1,2,\cdots). \end{cases}$$

定义 6.5.2 三角级数

$$\frac{a_0}{2} + \sum_{n=1}^{\infty}(a_n\cos nx + b_n\sin nx), \tag{6.5.4}$$

系数

$$\begin{cases} a_k = \dfrac{1}{\pi}\displaystyle\int_{-\pi}^{\pi} f(x)\cos kx\,dx \quad (k = 0,1,2,\cdots) \\ b_k = \dfrac{1}{\pi}\displaystyle\int_{-\pi}^{\pi} f(x)\sin kx\,dx \quad (k = 1,2,\cdots) \end{cases} \tag{6.5.5}$$

称为函数 f 在区间$[-\pi,\pi]$上的**傅里叶级数**. 式(6.5.5)中常数 a_k,b_k 称为函数 f 的**傅里叶系数**.

通过以上分析可知,若函数 f 可表示为一个三角级数,则此级数必为 f 的傅里叶级数.

例 6.5.3 求函数

$$f(x)=\begin{cases}1, -\pi<x<0, \\ x, 0\leqslant x\leqslant\pi.\end{cases}$$

的傅里叶级数.

解 显然,$f(x)$可积. 由定义 6.5.2,有

$$\begin{aligned} a_0 &= \frac{1}{\pi}\int_{-\pi}^{\pi} f(x)\,dx = \frac{1}{\pi}\int_{-\pi}^{0} dx + \frac{1}{\pi}\int_{0}^{\pi} x\,dx \\ &= 1 + \frac{\pi}{2}. \end{aligned}$$

$$
\begin{aligned}
a_n &= \frac{1}{\pi}\int_{-\pi}^{\pi} f(x)\cos nx\,\mathrm{d}x \\
&= \frac{1}{\pi}\int_{-\pi}^{0}\cos nx\,\mathrm{d}x + \frac{1}{\pi}\int_{0}^{\pi} x\cos nx\,\mathrm{d}x \\
&= \frac{1}{n\pi}(\sin nx)\Big|_{-\pi}^{0} + \frac{1}{n\pi}\Big[(x\sin nx)\Big|_{0}^{\pi} - \int_{0}^{\pi}\sin nx\,\mathrm{d}x\Big] \\
&= \frac{1}{n^2\pi}[(-1)^n - 1] = \begin{cases} -\dfrac{2}{n^2\pi}, & n\text{ 是奇数}, \\ 0, & n\text{ 是偶数}. \end{cases}
\end{aligned}
$$

$$
\begin{aligned}
b_n &= \frac{1}{\pi}\int_{-\pi}^{\pi} f(x)\sin nx\,\mathrm{d}x \\
&= \frac{1}{\pi}\int_{-\pi}^{0}\sin nx\,\mathrm{d}x + \frac{1}{\pi}\int_{0}^{\pi} x\sin nx\,\mathrm{d}x \\
&= \frac{1}{n\pi}(-\cos nx)\Big|_{-\pi}^{0} + \frac{1}{n\pi}\Big[(-x\cos nx)\Big|_{0}^{\pi} + \int_{0}^{\pi}\cos nx\,\mathrm{d}x\Big] \\
&= \frac{(-1)^n(1-\pi)-1}{n\pi}.
\end{aligned}
$$

因此，所给函数的傅里叶级数为

$$
\frac{1}{2}+\frac{\pi}{4}+\sum_{n=1}^{\infty}\left\{\frac{1}{n^2\pi}[(-1)^n-1]\cos nx+\frac{(-1)^n(1-\pi)-1}{n\pi}\sin nx\right\}.
$$

6.5.3　傅里叶级数的收敛性

由式(6.5.5)可知，若 f 在区间$[-\pi,\pi]$上可积，则它存在傅里叶级数. 可是，傅里叶级数(6.5.4)是否收敛？即使它收敛，它是否收敛到 f？由例 6.5.3 可以看出，f 的傅里叶级数在某些点处有可能不收敛到 f. 若 f 的傅里叶级数的和函数在某些点处不等于函数 f，怎样求这些点的和函数呢？这些问题的研究结果建立了一个函数展开为三角级数的严密理论. 这里我们不予证明，仅仅给出收敛定理.

定理 6.5.4　（收敛定理，狄利克雷(Dirichlet)定理）. 设 f 是一个周期为 2π 周期函数. 若 f 在区间$[-\pi,\pi]$满足以下两条件(**Dirichlet 条件**)：

(1) f 分段单调；

(2) f 除了有限个第一类间断点外都连续.

那么函数 f 的傅里叶级数处处收敛且其和函数 S 为

$$
S(x)=\begin{cases} f(x), & x\text{ 为 } f \text{ 的连续点}, \\ \dfrac{f(x-0)+f(x+0)}{2}, & x\text{ 为 } f \text{ 的间断点}. \end{cases}
$$

此时，傅里叶级数称为函数 f 的**傅里叶展开式**.

例 6.5.5　设 f 是一个周期为 2π 的周期函数，它在$(-\pi,\pi]$上的定义为

$$f(x)=\begin{cases}0, & -\pi<x<0,\\ x, & 0\leqslant x\leqslant\pi.\end{cases}$$

求函数 $f(x)$的傅里叶展开式.

解 所给定函数 f 的图形,称为**锯齿形波**,如图 6.5.1 所示. 显然,f 分段连续且分段单调. 由 Dirichlet 定理,可以展开为傅里叶级数.

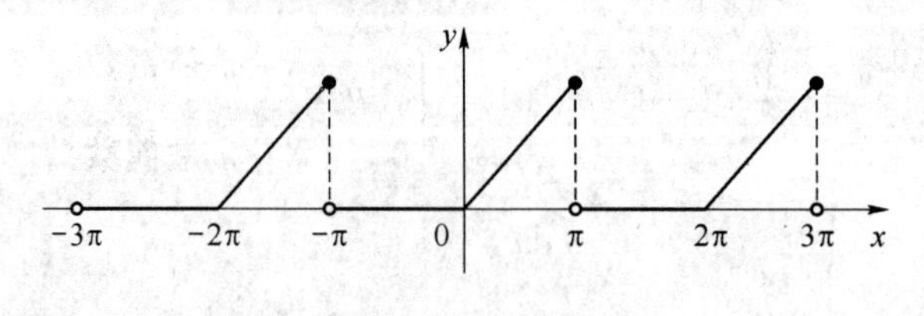

图 6.5.1

由公式(6.5.5)可得

$$a_0=\frac{1}{\pi}\int_{-\pi}^{\pi}f(x)\,\mathrm{d}x=\frac{1}{\pi}\int_0^{\pi}x\,\mathrm{d}x=\frac{\pi}{2},$$

$$\begin{aligned}a_n&=\frac{1}{\pi}\int_{-\pi}^{\pi}f(x)\cos nx\,\mathrm{d}x=\frac{1}{\pi}\int_0^{\pi}x\cos nx\,\mathrm{d}x\\&=\frac{1}{n\pi}\left(x\sin nx\Big|_0^{\pi}-\int_0^{\pi}\sin nx\,\mathrm{d}x\right)\\&=\frac{1}{n^2\pi[(-1)^n-1]}=\begin{cases}-\dfrac{2}{n^2\pi}, & n\text{ 是奇数},\\ 0, & n\text{ 是偶数}.\end{cases}\end{aligned}$$

$$\begin{aligned}b_n&=\frac{1}{\pi}\int_{-\pi}^{\pi}f(x)\sin nx\,\mathrm{d}x=\frac{1}{\pi}\int_0^{\pi}x\sin nx\,\mathrm{d}x\\&=\frac{1}{n\pi}\left(-x\cos nx\Big|_0^{\pi}+\int_0^{\pi}\cos nx\,\mathrm{d}x\right)=\frac{(-1)^{n+1}}{n}.\end{aligned}$$

因此,由 Dirichlet 定理可知,对于 $x\in(-\pi,\pi)$,

$$\begin{aligned}f(x)&=\frac{\pi}{4}-\left(\frac{2}{\pi}\cos x-\sin x\right)-\frac{\sin 2x}{2}-\left(\frac{2}{3^2\pi}\cos 3x-\frac{1}{3}\sin 3x\right)-\cdots\\&=\frac{\pi}{4}-\sum_{k=1}^{\infty}\left[\frac{2}{(2k-1)^2\pi}\cos(2k-1)x+\frac{(-1)^k}{k}\sin kx\right],\end{aligned}\tag{6.5.6}$$

当 $x=\pm\pi$,f 的傅里叶级数,即式(6.5.6)右端的级数收敛到$-\frac{1}{2}[f(-\pi+0)+f(\pi-0)]=\frac{\pi}{2}$.

由 f 的周期性得,f 的傅里叶级数在 $x=n\pi$($n=\pm1,\pm3,\pm5,\cdots$)收敛到$\frac{\pi}{2}$且在$(-\infty,+\infty)$上的其余各点均收敛到 $f(x)$.

由于傅里叶级数在 $x=\pi$ 收敛到$\frac{\pi}{2}$,将 $x=\pi$ 代入式(6.5.6),可得常数项级数的和,即

$$\sum_{n=1}^{\infty}\frac{1}{(2n-1)^2}=\frac{\pi^2}{8}.$$

■

例 6.5.6　设 f 是周期为 2π 的周期函数，且

$$f(x)=\begin{cases}0, & -\pi\leqslant x<0,\\ 1, & 0\leqslant x<\pi.\end{cases}$$

求它的傅里叶级数及和函数.

解　显然，f 满足 Dirichlet 条件. 根据公式(6.5.5)，有

$$a_0=\frac{1}{\pi}\int_{-\pi}^{\pi}f(x)\mathrm{d}x=\frac{1}{\pi}\int_{0}^{\pi}1\mathrm{d}x=1,$$

$$a_n=\frac{1}{\pi}\int_{-\pi}^{\pi}f(x)\cos nx\,\mathrm{d}x=\frac{1}{\pi}\int_{0}^{\pi}\cos nx\,\mathrm{d}x=0\quad(n=1,2,\cdots),$$

$$b_n=\frac{1}{\pi}\int_{-\pi}^{\pi}f(x)\sin nx\,\mathrm{d}x=\frac{1}{\pi}\int_{0}^{\pi}x\sin nx\,\mathrm{d}x$$

$$=\frac{1-(-1)^n}{n\pi}\begin{cases}\dfrac{2}{n\pi}, & n\text{ 是奇数},\\ 0, & n\text{ 是奇数}.\end{cases}$$

因此，f 的傅里叶级数为

$$\frac{1}{2}+\frac{2}{\pi}\sum_{n=1}^{\infty}\frac{\sin(2k-1)x}{2k-1}.\tag{6.5.7}$$

由 Dirichlet 定理可知，在区间$[-\pi,+\pi]$上傅里叶级数的和函数为

$$S(x)=\begin{cases}0, & -\pi<x<0,\\ 1, & 0<x<\pi,\\ \dfrac{1}{2}, & x=0,\pm\pi.\end{cases}$$

在区间$(-\infty,+\infty)$上，

$$S(x)=\begin{cases}f(x), & x\neq n\pi,\\ \dfrac{1}{2}, & x=n\pi.\end{cases}\quad n=0,\pm1,\pm2,\cdots$$

可简记为

$$f(x)=\frac{1}{2}+\frac{2}{\pi}\sum_{n=1}^{\infty}\frac{\sin(2k-1)x}{2k-1},-\infty<x<+\infty,x\neq n\pi$$

且称它为函数 $f(x)$的傅里叶展开式.

图(6.5.7)中区间$[-\pi,\pi)$上傅里叶级数的部分和如图 6.5.2 所示，其中

$$S_1(x)=\frac{1}{2}+\frac{2}{\pi}\sin x, S_2(x)=\frac{1}{2}+\frac{2}{\pi}\left(\sin x+\frac{\sin 3x}{3}\right),$$

$$S_3(x)=\frac{1}{2}+\frac{2}{\pi}\left(\sin x+\frac{\sin 3x}{3}+\frac{\sin 5x}{5}\right), S_4(x)=\frac{1}{2}+\frac{2}{\pi}\sum_{k=1}^{4}\frac{\sin(2k-1)x}{2k-1}.$$

■

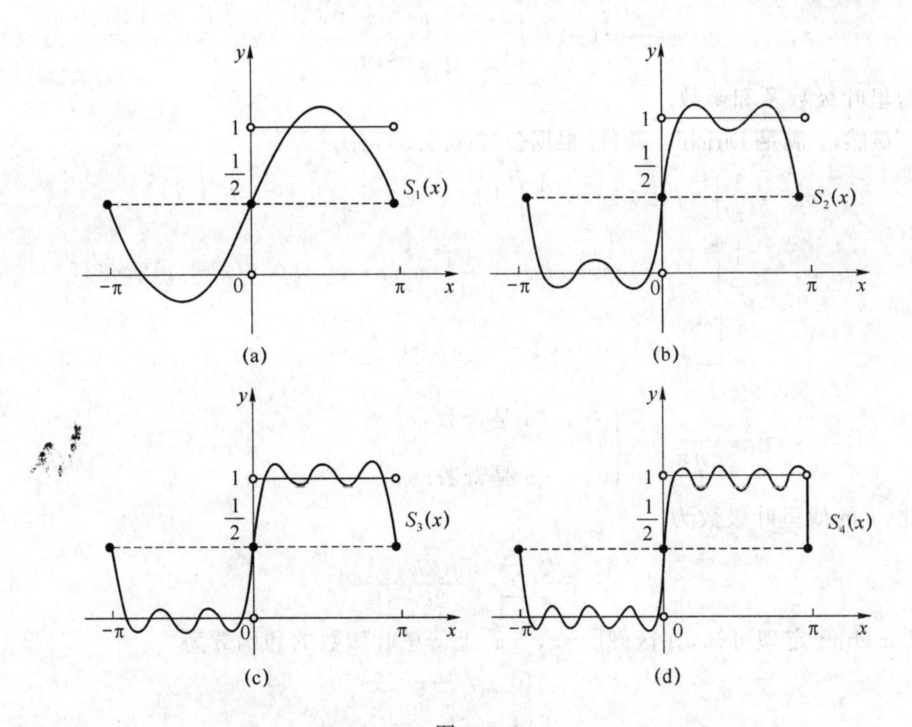

图 6.5.2

例 6.5.7 设 $f(x)$是周期为 2π 的周期函数,它在区间$[-\pi,\pi)$上的定义如下,

$$f(x)=\begin{cases}-\dfrac{3}{\pi}x, & -\pi\leqslant x<0,\\ \dfrac{3}{\pi}x, & 0\leqslant x<\pi.\end{cases}$$

求它的傅里叶展开式.

解 函数 f 的波形图,在电子学中称为**三角波**,如图 6.5.3 所示.显然它满足 Dirichlet 条件.

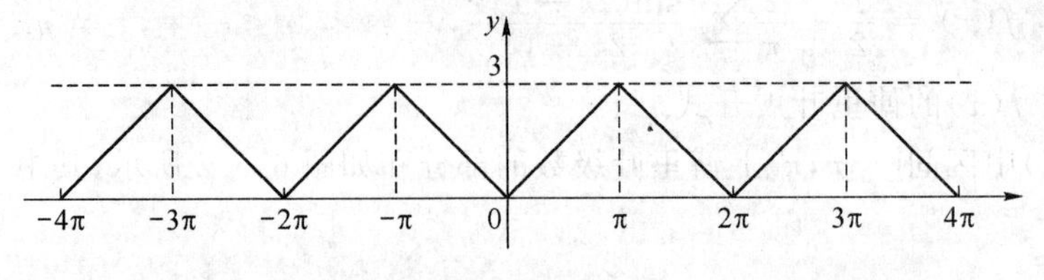

图 6.5.3

因为 f 是偶函数,故

$$b_n = \frac{1}{\pi}\int_{-\pi}^{\pi} f(x)\sin nx\,\mathrm{d}x = 0,(n = 1,2,\cdots),$$

且

$$a_0 = \frac{2}{\pi}\int_0^{\pi} f(x)\,\mathrm{d}x = \frac{2}{\pi}\int_0^{\pi} x\,\mathrm{d}x = 3,$$

$$\begin{aligned} b_n &= \frac{2}{\pi}\int_0^{\pi} f(x)\cos nx\,\mathrm{d}x = \frac{6}{\pi^2}\int_0^{\pi} x\cos nx\,\mathrm{d}x \\ &= \frac{6}{\pi^2}\left[x\sin nx\Big|_0^{\pi} - \int_0^{\pi}\sin nx\,\mathrm{d}x\right] = \frac{6}{n^2\pi^2}[(-1)^n - 1] \\ &= \begin{cases} 0, & n\text{ 是偶数}, \\ -\dfrac{12}{n^2\pi^2}, & n\text{ 是奇数}. \end{cases} \end{aligned}$$

因此,函数 f 的傅里叶展开式为

$$f(x) = \frac{3}{2} - \frac{12}{\pi^2}\sum_{k=1}^{\infty}\frac{\cos(2k-1)x}{(2k-1)^2}, x \in (-\infty, +\infty).$$

■

6.5.4　将定义在[0,π]上的函数展成正弦级数或余弦级数

傅里叶级数在数学物理以及工程中都具有重要的应用,但在求解振动性质的物理问题时,我们要解决将一个定义在[0,π]区间,满足 Dirichlet 条件的函数展开成傅里叶级数的问题.对于这个问题,我们的求解思路是:对于一个只在区间[0,π]上有定义的函数 f.为了将其展成傅里叶级数,可在区间[-π,0)上定义为任意函数,然后在按照式(6.5.5)求出相应的傅里叶级数.

在区间[-π,0)上对函数 f 进行补充定义,我们称之为将函数 f 延拓到[-π,0)上.在不同的延拓中,有两类是极为简单而重要的:一个是偶延拓,一个是奇延拓.偶延拓是在区间[-π,0)上以偶开拓的方法,补充定义使之成为[-π,π]上的一个偶函数,用这种方法得到的傅里叶级数将是余弦级数;奇延拓是在区间[-π,0)上以奇偶开拓的方法,补充定义,使之成为[-π,π]上的一个奇函数,用这种方法得到的傅里叶级数将正余弦级.

定义 6.5.8　设函数 f 在区间[0,π]上有定义.

若有

$$F(x) = \begin{cases} f(x), & 0 \leqslant x \leqslant \pi, \\ f(-x), & -\pi \leqslant x < 0. \end{cases}$$

则函数 F 称为函数 f 的**偶延拓**.

若有

$$F(x)=\begin{cases} f(x), & 0<x\leqslant\pi, \\ 0, & x=0, \\ -f(-x), & -\pi\leqslant x<0. \end{cases}$$

则函数 F 称为函数 f 的**奇延拓**.

若 F 是 f 的偶延拓,则 F 的傅里叶系数为:

$$\begin{cases} b_0 = 0,(n=1,2,\cdots), \\ a_n = \dfrac{2}{\pi}\displaystyle\int_0^{\pi} f(x)\cos\frac{n\pi}{\pi}x\mathrm{d}x \quad (n=0,1,2,\cdots), \end{cases} \tag{6.5.8}$$

F 的傅里叶展开式为

$$\frac{a_0}{2}+\sum_{n=1}^{\infty}a_n\cos\frac{n\pi}{\pi}x, x\in[-\pi,\pi].$$

因此在区间$[0,\pi]$函数 f 的傅里叶展开式为

$$\frac{a_0}{2}+\sum_{n=1}^{\infty}a_n\cos\frac{n\pi}{\pi}x, x\in[0,\pi] \tag{6.5.9}$$

称为函数 f 的傅里叶**余弦级数**.

若 F 是 f 的奇延拓,则 F 的傅里叶系数为:

$$\begin{cases} a_n = 0,(n=0,1,2,\cdots), \\ b_n = \dfrac{2}{\pi}\displaystyle\int_0^{\pi} f(x)\sin\frac{n\pi}{\pi}x\mathrm{d}x \quad (n=1,2,\cdots). \end{cases} \tag{6.5.10}$$

F 的傅里叶展开式为

$$\sum_{n=1}^{\infty}b_n\sin\frac{n\pi}{\pi}x,$$

函数 $f(x)$的傅里叶展开式为

$$\sum_{n=1}^{\infty}b_n\sin\frac{n\pi}{\pi}x, x\in[0,\pi], \tag{6.5.11}$$

称为函数 f 的傅里叶**正弦级数**.

例 6.5.9 求函数

$$f(x)=\begin{cases} 1, & 0\leqslant x\leqslant\dfrac{\pi}{2}, \\ 0, & \dfrac{\pi}{2}<x\leqslant\pi \end{cases}$$

在区间$(0,\pi)$上余弦级数.

解　根据题目要求，首先对函数进行偶延拓(实际计算不涉及延拓函数的具体表达式)，然后根据式(6.5.8)计算，有

$$a_0 = \frac{2}{\pi}\int_0^{\frac{\pi}{2}} 1\mathrm{d}x = 1,$$

且

$$a_n = \frac{2}{\pi}\int_0^{\frac{\pi}{2}} f(x)\cos nx\,\mathrm{d}x = \frac{2}{\pi}\int_0^{\frac{\pi}{2}} \cos nx\,\mathrm{d}x = \frac{2}{n\pi}\sin\frac{n\pi}{2} \quad (n = 1,2,\cdots).$$

因此，

$$f(x) = \frac{1}{2} + \sum_{n=0}^{\infty}\frac{2}{n\pi}\sin\frac{n\pi}{2}\cos nx.$$

显然延拓后的函数在区间$\left(0,\frac{\pi}{2}\right)\cup\left(\frac{\pi}{2},\pi\right)$均连续，故上式 x 的取值范围为 $x\in\left(0,\frac{\pi}{2}\right)\cup\left(\frac{\pi}{2},\pi\right)$.

■

例 6.5.10　求函数

$$f(x)=\begin{cases}1, & 0<x<\frac{\pi}{2},\\ 0, & \frac{\pi}{2}<x<\pi\end{cases}$$

在区间$(0,\pi)$上正弦级数.

解　根据题目要求，需要进行奇延拓. 根据式(6.5.10)，有

$$a_n = 0 \quad (n = 0,1,2,\cdots).$$

且

$$b_n = \frac{2}{\pi}\int_0^{\pi} f(x)\sin nx\,\mathrm{d}x = \frac{2}{\pi}\int_0^{\frac{\pi}{2}} \sin nx\,\mathrm{d}x = \frac{2}{n\pi} \quad (n = 1,2,\cdots).$$

因此，

$$f(x) = \sum_{n=0}^{\infty}\frac{2}{n\pi}\sin nx.$$

显然延拓后的函数在区间$\left(0,\frac{\pi}{2}\right)\cup\left(\frac{\pi}{2},\pi\right)$均连续，故上式 x 的取值范围为 $x\in\left(0,\frac{\pi}{2}\right)\cup\left(\frac{\pi}{2},\pi\right)$.

■

习题6.5

A

1. 什么是正交函数系？证明函数系：

$$\sin\omega t, \sin 2\omega t, \cdots, \sin n\omega t, \cdots, t\in\left[0, \frac{T}{2}\right], \omega=\frac{2\pi}{T},$$

在给定区间上是正交函数系.

2. 函数的傅里叶级数与傅里叶展开式有什么区别？

3. 在指定区间上，求下列函数的傅里叶展开式.

(1) $f(x)=1, -\pi<x\leqslant\pi$;

(2) $f(x)=x^2, -\pi<x\leqslant\pi$;

(3) $f(x)=1-x, -\pi<x\leqslant\pi$;

(4) $f(x)=\mathrm{e}^x+1, -\pi\leqslant x\leqslant\pi$;

(5) $f(x)=\begin{cases}-1, & -\pi<x<0,\\ 1, & 0<x<\pi.\end{cases}$

(6) $f(x)=\begin{cases}x, & -\pi<x\leqslant 0,\\ 2x, & 0<x\leqslant\pi.\end{cases}$

4. 设函数 $f(x)$ 是一个周期函数，周期为 2π，且在一个周期内的表达式为

$$f(x)=\begin{cases}0, & 2<|x|\leqslant\pi,\\ x, & |x|\leqslant 2.\end{cases}$$

不展为傅里叶级数，求它在区间 $[-\pi,\pi]$ 上的和函数 $S(x)$，并求 $S(\pi)$，$S\left(\frac{3}{2}\pi\right)$ 以及 $S(-10)$.

5. 求下列各函数的傅里叶级数，它们在一个周期内的的定义如下.

(1) $f(x)=2\sin\frac{x}{3}, -\pi\leqslant x<\pi$;

(2) $f(x)=\begin{cases}1, & 0\leqslant x\leqslant\pi,\\ 0, & -\pi<x<0;\end{cases}$

(3) $f(x)=|x|, -\pi<x\leqslant\pi$.

6. 将下列函数在给定区间上展开为指定形式的傅里叶级数.

(1) $f(x)=\frac{1}{2}(\pi-x), x\in[0,\pi]$，正弦级数；

(2) $f(x)=|2x-1|, x\in(0,\pi)$,余弦级数;

(3) $f(x)=\begin{cases}0, & x\in\left[0,\dfrac{\pi}{2}\right] \\ \pi-x, & x\in\left[\dfrac{\pi}{2},\pi\right]\end{cases}$,余弦级数.

B

1. 在区间$[0,\pi]$上证明下列等式:

(1) $x(\pi-x)=\dfrac{\pi^2}{6}-\sum\limits_{n=1}^{\infty}\dfrac{\cos 2nx}{n^2}$;

(2) $x(\pi-x)=\dfrac{\pi}{8}\sum\limits_{n=1}^{\infty}\dfrac{\sin(2n-1)}{(2n-1)^3}x$.

2. 利用习题 B 里第一题的结果,证明:

(1) $\sum\limits_{n=1}^{\infty}\dfrac{(-1)^{n-1}}{n^2}=\dfrac{\pi^2}{12}$;

(2) $\sum\limits_{n=1}^{\infty}\dfrac{(-1)^{n-1}}{(2n-1)^3}=\dfrac{\pi^3}{32}$.

6.6　其他形式的傅里叶级数

6.6.1　周期为 $2l$ 的周期函数的傅里叶展开式

在实际应用问题中,我们有时会遇到函数的周期是 $2l$ 而不是 2π. 设 f 周期为 $2l$ 的周期函数,其中 l 是任意正实数. 现在,我们来研究这类函数的的傅里叶展开.

为了应用式(6.5.4)和式(6.5.5),做如下转换

$$x=\frac{l}{\pi}t,$$

由于 $x\in[-l,l]$,易知 $t\in[-\pi,\pi]$,且复合函数 $g(t)=f\left(\dfrac{l}{\pi}t\right)$刚好也是周期为 2π 的周期函数. 由上一节所学知识,可得函数 g 的傅里叶级数为

$$\frac{a_0}{2}+\sum_{n=1}^{\infty}(a_n\cos nt+b_n\sin nt),$$

其中

$$\begin{cases} a_n = \dfrac{1}{\pi}\displaystyle\int_{-\pi}^{\pi} g(t)\cos nt\,\mathrm{d}t = \dfrac{1}{\pi}\displaystyle\int_{-\pi}^{\pi} f\left(\dfrac{l}{\pi}t\right)\cos nt\,\mathrm{d}t \quad (n=0,1,2,\cdots), \\ b_n = \dfrac{1}{\pi}\displaystyle\int_{-\pi}^{\pi} g(t)\sin nt\,\mathrm{d}t = \dfrac{1}{\pi}\displaystyle\int_{-\pi}^{\pi} f\left(\dfrac{l}{\pi}t\right)\sin nt\,\mathrm{d}t \quad (n=1,2,\cdots). \end{cases}$$

用 x 替换 t,可得函数 f 的傅里叶级数.我们有如下的定义:

定义 6.6.1 (周期为 $2l$ 的函数的傅里叶级数). 三角级数

$$\frac{a_0}{2} + \sum_{n=1}^{\infty}\left(a_n\cos\frac{n\pi}{l}x + b_n\sin\frac{n\pi}{l}x\right), \tag{6.6.1}$$

其中系数 a_n 及 b_n 为

$$\begin{cases} a_n = \dfrac{1}{l}\displaystyle\int_{-l}^{l} f(x)\cos\dfrac{n\pi x}{l}\mathrm{d}x \quad (n=0,1,2,\cdots), \\ b_n = \dfrac{1}{l}\displaystyle\int_{-l}^{l} f(x)\sin\dfrac{n\pi x}{l}\mathrm{d}x \quad (n=1,2,\cdots), \end{cases} \tag{6.6.2}$$

称为周期为 $2l$ 的函数 $f(x)$ 的**傅里叶级数**.

与周期为 2π 的函数类似,周期为 $2l$ 的函数的傅里叶级数有如下收敛定理.

定理 6.6.2 (收敛定理,Dirichlet 定理). 设 f 是周期为 $2l$ 的周期函数.若 f 在区间$[-l,l]$上满足 Dirichlet 条件,则,函数 f 的傅里叶级数在区间$[-\infty,\infty]$上必收敛,且其和函数

$$S(x)=\begin{cases} f(x), & x \text{ 是连续点}; \\ \dfrac{f(x-0)+f(x+0)}{2}, & x \text{ 是间断点}. \end{cases}$$

这时,称此级数为函数 f 的**傅里叶展开式**.

例 6.6.3 设函数 f 是周期为 $2l=4$ 的周期函数,在区间$[-2,2]$上的定义如下

$$f(x)=\begin{cases} x, & -2\leqslant x<0, \\ 1, & 0\leqslant x<1, \\ 0, & 1\leqslant x<2. \end{cases}$$

求 $f(x)$ 的傅里叶展开式及其傅里叶级数和.

解 因为函数 $f(x)$ 在区间$[-2,2]$上满足 Dirichlet 条件,有

$$a_0 = \frac{1}{2}\int_{-2}^{2} f(x)\mathrm{d}x = \frac{1}{2}\int_{-2}^{0} x\mathrm{d}x + \frac{1}{2}\int_{0}^{1} 1\times\mathrm{d}x = -\frac{1}{2},$$

$$\begin{aligned} a_n &= \frac{1}{2}\int_{-2}^{2} f(x)\cos\frac{n\pi}{2}x\mathrm{d}x \\ &= \frac{1}{2}\int_{-2}^{0} x\cos\frac{n\pi}{2}x\mathrm{d}x + \frac{1}{2}\int_{0}^{1}\cos\frac{n\pi}{2}x\mathrm{d}x + \frac{1}{2}\int_{1}^{2} 0\times\mathrm{d}x \\ &= \frac{2}{n^2\pi^2}(1-\cos n\pi) + \frac{1}{n\pi}\sin\frac{n\pi}{2} \end{aligned}$$

且

$$
\begin{aligned}
a_n &= \frac{1}{2}\int_{-2}^{2} f(x)\sin\frac{n\pi}{2}x\mathrm{d}x \\
&= \frac{1}{2}\int_{-2}^{0} x\sin\frac{n\pi}{2}x\mathrm{d}x + \frac{1}{2}\int_{0}^{1}\sin\frac{n\pi}{2}x\mathrm{d}x + \frac{1}{2}\int_{1}^{2} 0\times\mathrm{d}x \\
&= \frac{1}{n\pi}\left(1-\cos\frac{n\pi}{2}-2\cos n\pi\right).
\end{aligned}
$$

由于 $f(x)$ 在除 $A=\{x\mid x=4k-2,4k,4k+1,k=0,\pm1,\pm2,\cdots\}$ 点外处处连续，当 $x\in(-\infty,+\infty)\setminus A$，可得

$$
f(x)=-\frac{1}{4}+\sum_{n=1}^{\infty}\left\{\left[\frac{2}{n^2\pi^2}(1-\cos n\pi)+\frac{1}{n\pi}\sin\frac{n\pi}{2}\right]\cos\frac{n\pi}{2}x+\left[\frac{1}{n\pi}\left(1-\cos\frac{n\pi}{2}-2\cos n\pi\right)\right]\sin\frac{n\pi}{2}x\right\}.
$$

根据定理 6.6.2，可得函数 $f(x)$ 的傅里叶级数和为

$$
S(x)=\begin{cases}
f(x), & x\in(-\infty,+\infty)\setminus A; \\
\dfrac{f(-2-0)+f(-2+0)}{2}=\dfrac{0-2}{2}=-1, & x=4k-2; \\
\dfrac{f(-0)+f(+0)}{2}=\dfrac{0+1}{2}=\dfrac{1}{2}, & x=4k; \\
\dfrac{f(1-0)+f(1+0)}{2}=\dfrac{1+0}{2}=\dfrac{1}{2}, & x=4k+1.
\end{cases}\quad(k=0,\pm1,\pm2,\cdots)
$$

例 6.6.4　求以 $2l=6$ 为周期，在 $[-3,3]$ 定义为

$$
f(x)=\begin{cases}-1, & -3\leqslant x<0, \\ 1, & 0\leqslant x<3.\end{cases}
$$

的函数 $f(x)$ 的傅里叶展开式.

解　观察到 $f(x)$ 是区间 $[-3,3]$ 上的奇函数，因此

$$
a_n=0\quad(n=0,1,2,\cdots),
$$

且

$$
\begin{aligned}
b_n &= \frac{2}{l}\int_0^l f(x)\sin\frac{n\pi}{l}x\mathrm{d}x=\frac{2}{3}\int_0^3 1\times\sin\frac{n\pi}{3}x\mathrm{d}x \\
&= -\frac{2}{n\pi}\left(\cos\frac{n\pi}{3}x\right)\Big|_0^3=-\frac{2}{n\pi}(\cos n\pi-1) \\
&= \frac{2}{n\pi}[1-(-1)^n]=\begin{cases}0, & n=2k, \\ \dfrac{4}{\pi(2k-1)}, & n=2k-1,\end{cases}(k=1,2,\cdots).
\end{aligned}
$$

由于 $f(x)$ 在除 $A=\{x\mid x=3k,k=0,\pm1,\pm2,\cdots\}$ 点外是连续的，当 $x\in(-\infty,+\infty)\setminus A$，可得

$$f(x)=\sum_{k=1}^{\infty}\frac{4}{\pi(2k-1)}\sin\frac{(2k-1)\pi}{3}x.$$

■

例 6.6.5 求以 $2l=4$ 为周期,在$[-2,2]$上定义为

$$f(x)=\begin{cases}\dfrac{1}{2\delta}, & |x|<\delta,\\ 0, & \delta\leqslant|x|\leqslant 2.\end{cases}$$

的函数 f 的傅里叶展开式.

解 函数 f 的波形图,称为**矩形脉冲**,如图 6.6.1 所示.

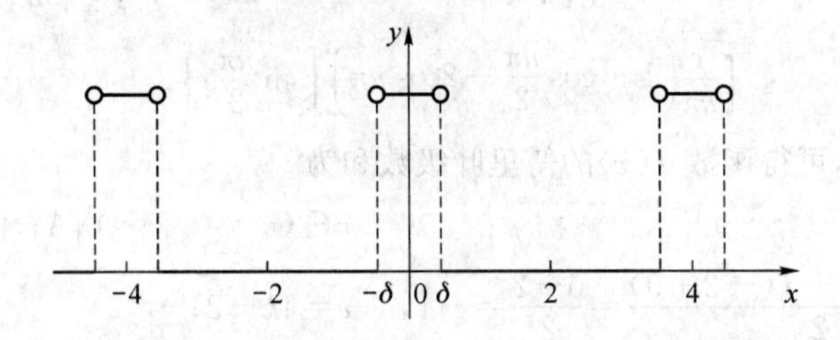

图 6.6.1

观察到 $f(x)$是一个偶函数,因此

$$b_n=0,(n=1,2,\cdots),$$

且

$$a_0=\frac{2}{l}\int_0^l f(x)\mathrm{d}x=\int_0^{\delta}\frac{1}{2\delta}\mathrm{d}x=\frac{1}{2},$$

$$a_n=\frac{2}{l}\int_0^l f(x)\cos\frac{n\pi}{l}x\,\mathrm{d}x=\int_0^{\delta}\frac{1}{2\delta}\cos\frac{n\pi}{2}x\,\mathrm{d}x$$

$$=\frac{1}{n\pi\delta}\sin\frac{n\pi\delta}{2},(n=1,2,\cdots).$$

因此,当 $x\in[-2,-\delta)\cup(-\delta,\delta)\cup(\delta,2]$,

$$f(x)=\frac{1}{4}+\frac{1}{\pi\delta}\sum_{n=1}^{\infty}\frac{1}{n}\sin\frac{n\pi\delta}{2}\cos\frac{n\pi x}{2}.$$

当 $x=\pm\delta$,傅里叶级数收敛到$\frac{1}{4\delta}$. 由于 $f(x)$的周期为 4,故傅里叶级数在 $x=4n\pm\delta(n=0,\pm 1,\pm 2,\cdots)$处收敛到$\frac{1}{4\delta}$,在数轴上其余各点收敛到 $f(x)$.

■

6.6.2* 傅里叶级数的复数形式

在这一部分,介绍傅里叶级数的复数形式,它在信号处理等方面的应用非常广.

设函数 f 是以 $2l$ 为周期的周期函数.它的傅里叶级数为

$$\frac{a_0}{2}+\sum_{n=1}^{\infty}\left(a_n\cos\frac{n\pi}{l}x+b_n\sin\frac{n\pi}{l}x\right),$$

其中系数为

$$\begin{cases}a_n=\dfrac{1}{l}\displaystyle\int_{-l}^{l}f(x)\cos\frac{n\pi x}{l}\mathrm{d}x\quad(n=0,1,2,\cdots),\\ b_n=\dfrac{1}{l}\displaystyle\int_{-l}^{l}f(x)\sin\frac{n\pi x}{l}\mathrm{d}x\quad(n=1,2,\cdots).\end{cases}$$

令 $\omega=\dfrac{\pi}{l}$.根据欧拉公式,有

$$\cos\frac{n\pi x}{l}=\cos n\omega x=\frac{1}{2}(\mathrm{e}^{\mathrm{i}n\omega x}+\mathrm{e}^{-\mathrm{i}n\omega x}),$$

$$\sin\frac{n\pi x}{l}=\sin n\omega x=\frac{1}{2\mathrm{i}}(\mathrm{e}^{\mathrm{i}n\omega x}-\mathrm{e}^{-\mathrm{i}n\omega x}),$$

将这些代入到级数里有

$$\begin{aligned}&\frac{a_0}{2}+\sum_{n=1}^{\infty}\left[\frac{a_n}{2}(\mathrm{e}^{\mathrm{i}n\omega x}+\mathrm{e}^{-\mathrm{i}n\omega x})-\frac{b_n\mathrm{i}}{2}(\mathrm{e}^{\mathrm{i}n\omega x}-\mathrm{e}^{-\mathrm{i}n\omega x})\right]\\&=\frac{a_0}{2}+\sum_{n=1}^{\infty}\left(\frac{a_n-\mathrm{i}b_n}{2}\mathrm{e}^{\mathrm{i}n\omega x}+\frac{a_n+\mathrm{i}b_n}{2}\mathrm{e}^{-\mathrm{i}n\omega x}\right).\end{aligned}$$

令

$$c_0=\frac{a_0}{2},c_n=\frac{a_n-\mathrm{i}b_n}{2},c_{-n}=\frac{a_n+\mathrm{i}b_n}{2}\quad(n=1,2,\cdots).$$

傅里叶级数的复数形式为

$$\sum_{n=-\infty}^{\infty}c_n\mathrm{e}^{\mathrm{i}n\omega x}.\tag{6.6.3}$$

这里

$$c_0=\frac{a_0}{2}=\frac{1}{2l}\int_{-l}^{l}f(x)\mathrm{d}x,$$

且

$$c_{\pm n}=\frac{a_n\mp\mathrm{i}b_n}{2}=\frac{1}{2l}\int_{-l}^{l}f(x)(\cos n\omega x\mp\mathrm{i}\sin n\omega x)\mathrm{d}x=\frac{1}{2l}\int_{-l}^{l}f(x)\mathrm{e}^{\mp\mathrm{i}n\omega x}\mathrm{d}x\quad(n=1,2,\cdots).$$

系数的统一形式为

$$c_n = \frac{1}{2l}\int_{-l}^{l} f(x)\mathrm{e}^{-\mathrm{i}n\omega x}\,\mathrm{d}x \quad (n = 0, \pm 1, \pm 2, \cdots). \tag{6.6.4}$$

则称具有形如(6.6.4)系数的级数(6.6.3)为函数 f 的傅里叶展开式的复数形式.

例 6.6.6 将例 6.6.5 中的矩形脉冲的傅里叶展开式化为复数形式.

解 根据例 6.6.5 的结果,容易看出

$$c_0 = \frac{a_0}{2} = \frac{1}{4},$$

$$c_n = \frac{a_n - \mathrm{i}b_n}{2} = \frac{1}{2n\pi\delta}\sin\frac{n\pi\delta}{2} \quad (n = \pm 1, \pm 2, \cdots).$$

因此

$$f(x) = \frac{1}{4} + \frac{1}{2\pi\delta}\sum_{\substack{n=-\infty \\ (n\neq 0)}}^{\infty}\frac{1}{n}\sin\frac{n\pi\delta}{2}\mathrm{e}^{\mathrm{i}n\omega x}, x \in [-2,2]\backslash\{-\delta,\delta\}. \tag{6.6.5}$$

根据周期性,展开式(6.6.5)在数轴上除了点 $x = 4n \pm \delta (n = 0, \pm 1, \pm 2, \cdots)$ 外其余各点全都成立.

■

本题中展开式(6.6.5)也可以利用复数形式的公式(6.6.4)而直接求得.

习题 6.6

A

1. 写出下列各函数在给定的区间上的傅里叶展开式.

(1) $f(x) = x(l - x), x \in [-l, l), l \neq 0$;

(2) $f(x) = 1 - |x|, x \in (-1, 1)$;

(3) $f(x) = \begin{cases} -x, & x \in (-2, 0), \\ 2, & x \in (0, 2); \end{cases}$

(4) $f(x) = \begin{cases} 2 - x, & x \in [0, 4], \\ x - 6, & x \in (4, 8); \end{cases}$

(5) $f(x) = \begin{cases} 1 + \cos\pi x, & x \in (-1, 1), \\ 0, & x \in (-2, -1] \cup [1, 2]; \end{cases}$

(6) $f(x) = |2x - 1|, x \in (-1, 1)$;

(7) $f(x) = x|x|, x \in (-2, 2)$.

2. 假设周期函数在区间$(a,b]$（其中 a,b 为非零实数）上满足 Dirichlet 条件，周期为 $b-a$. 写出它在区间$[a,b]$上的傅里叶展开式及其系数公式.

3. 将下列函数在给定区间上展开为指定形式的傅里叶级数：

(1) $f(x)=|2x-1|, x\in(0,1)$，余弦级数；

(2) $f(x)=\begin{cases} x, & x\in(0,1), \\ 1, & x\in(1,2), \end{cases}$ 正弦级数；

(3) $f(x)=x-1, x\in[0,2]$，余弦级数，并利用它的傅里叶展开求出常数项级数 $\sum_{n=1}^{\infty}\frac{1}{n^2}$ 的和.

4*. 将周期函数 $f(t)=\frac{h}{T}t, t\in[0,T)(h\neq 0)$ 展开为复数形式的傅里叶级数，其中 T 为周期.

参考文献

［1］ C. B. Boyer. *Newton as an Originator of Polar Coordinates*. American Mathematical Monthly 56：73—78(1949).

［2］ J. Coolidge. *The Origin of Polar Coordinates*. American Mathematical Monthly 59:78—85(1952).

［3］ Z. Ma, M. Wang and F. Brauer. *Fundamentals of Advanced Mathematics*. Higher Education Press (2005).

［4］ D. E. Smith. *History of Mathematics, Vol* Ⅱ. Boston：Ginn and Co., 324 (1925).

［5］ J. Stewart. *Calculus*. Higher Education Press (2004).